한국산업인력공단 최근 출제기준 및

NCS 기반 개정판!!

# 1주일 완성!!
# 피부미용사
# 필기시험 총정리문제

대한민국 대표브랜드

국가자격 시험문제 전문출판

에듀크라운
국가자격시험문제 전문출판
www.educrown.co.kr

최고의 적중률!! 최고의 합격률!!
크라운출판사
미용·피부미용·이용·조리 등 서비스서적사업부
http://www.crownbook.com

# 이 책을 펴내며

그동안 미용사(피부) 국가기술자격제도 도입을 위해 수많은 관계자들이 오랜 기간 동안 노력한 결과, 2008년도부터 국가에서 인정하는 자격시험을 치르게 되었습니다. 이는 향후 국내 피부미용업계의 전문인 배출과 진보적인 기술의 발달을 가져다주는 계기 가 마련되는 중요한 국가정책으로 발돋움하게 되리라 믿어 의심치 않습니다. 오늘날 피부미용에 대한 국민들의 관심과 열정은 교육 관련 분야의 미용 관련 학과 증 설과 미용 관련 학회 활동을 활발하게 하는 원동력이 되었고, 수많은 논문 및 연구 사례 들이 발표되었으며 국민들의 건강증진에 도움을 주는 데 한몫을 하고 있습니다.

이 교재는 전문직업으로 각광받고 있는 피부미용 종사자들에게 도움이 되고자 강단에 서 직접 학생들을 교육하며 터득한 노하우를 적극 활용해 기존의 교재에서 부족한 점을 보완, 수정하였습니다. 특히 한국산업인력공단의 새 출제기준에 맞춰 성공적인 시험대비 를 할 수 있도록 심혈을 기울여 집필한 교재입니다.

본 교재는 한국산업인력공단의 출제기준에 따라 1과목 피부미용이론, 2과목 해부생리학, 3과목 피부미용기기학, 4과목 화장품학, 5과목 공중위생관리학의 총 5과목으로 분류하 였으며, 지침에 따라 세부내용을 수록하여 이론적인 틀을 잡는 데 주안점을 두었습니다. 특히 핵심이론정리와 섹션별 예상문제, 실력다지기 모의고사 5회분을 수록하여 수험생 들이 쉽게 공부할 수 있도록 하였습니다. 이 밖에도 특별부록으로 실전 적중문제를 수록 하여 실제 시험을 가상으로 테스트해 볼 수 있도록 시험 대비에 만전을 기하도록 하였 습니다.

이 책이 수험생 여러분의 미용사(피부) 자격증 취득을 위한 지침서가 되어 수험생 여러 분이 국가기술자격 취득으로 국내뿐 아니라 해외까지 우리나라의 우수한 미용 기술을 전파하는 초석이 되길 간절히 바랍니다.

저자 드림

## 01  미용사(피부) 자격시험 안내

### 개 요

피부미용업무는 공중위생분야로서 국민의 건강과 직결되어 있는 중요한 분야로 향후 국가의 산업구조가 제조업에서 서비스업 중심으로 전환되는 차원에서 수요가 증대되고 있다. 머리, 피부미용, 화장 등 분야별로 세분화 및 전문화되고 있는 미용의 세계적인 추세에 맞추어 피부미용을 자격제도화함으로써 피부미용분야 전문인력을 양성하여 국민의 보건과 건강을 보호하기 위하여 자격제도를 제정하였다.

### 수행직무

얼굴 및 신체의 피부를 아름답게 유지·보호·개선 관리하기 위하여 각 부위와 유형에 적절한 관리법과 기기 및 제품을 사용하여 피부미용을 수행한다.

### 진로 및 전망

피부미용사, 미용강사, 화장품 관련 연구기관, 피부미용업 창업, 유학 등

### 자격시험 안내

**1. 시행처** : 한국산업인력공단

**2. 시험과목**
- 필기 : 피부미용학, 피부학·해부생리학, 피부미용기기학, 공중위생관리학(공중보건학, 소독, 공중위생법규), 화장품학 등에 관한 사항
- 실기 : 피부미용실무

**3. 검정방법**
- 필기 : 객관식 4지 택일형, 60문항(60분)
- 실기 : 작업형(2~3시간 정도)

**4. 합격기준 (필기·실기)** : 100점을 만점으로 하여 60점 이상

※ 안전등급

| 안전등급(Safety Level) : 1등급 | |
| --- | --- |
| • 시험장소 구분 | 실내 |
| • 주요시설 및 장비 | 가위 등 |
| • 보호구 | 해당사항 없음 |

- 보호구(작업복 등) 착용, 정리정돈 상태, 안전사항 등이 채점 대상이 될 수 있습니다.
- 반드시 수험자 지참공구 목록을 확인하여 주시기 바랍니다.

# 01 미용사(피부) 자격시험 안내

## 필기시험 출제기준

| 직무분야 | 이용·숙박·여행·오락·스포츠 | 중직무분야 | 이용·미용 | 자격종목 | 미용사(피부) | 적용기간 | 2022.7.1. ~ 2026.12.31. |
|---|---|---|---|---|---|---|---|

• 직무내용 : 고객의 상담과 피부분석을 통해 안정감 있고 위생적인 환경에서 얼굴, 신체 부위별 피부를 미용기기와 화장품을 이용하여 서비스를 제공하는 직무

| 필기검정방법 | 객관식 | 문제수 | 60 | 시험시간 | 1시간 |
|---|---|---|---|---|---|

### ◼ 제1과목 피부미용이론

| 주요항목 | 세부항목 | 세세항목 |
|---|---|---|
| 1. 피부미용이론 | 1. 피부미용개론 | 1. 피부미용의 개념<br>2. 피부미용의 역사 |
| | 2. 피부분석 및 상담 | 1. 피부분석의 목적 및 효과<br>2. 피부상담<br>3. 피부유형분석<br>4. 피부분석표 |
| | 3. 클렌징 | 1. 클렌징의 목적 및 효과<br>2. 클렌징 제품<br>3. 클렌징 방법 |
| | 4. 딥클렌징 | 1. 딥클렌징의 목적 및 효과<br>2. 딥클렌징 제품<br>3. 딥클렌징 방법 |
| | 5. 피부유형별 화장품 도포 | 1. 화장품 도포의 목적 및 효과<br>2. 피부유형별 화장품 종류 및 선택<br>3. 피부유형별 화장품 도포 |
| | 6. 매뉴얼 테크닉 | 1. 매뉴얼 테크닉의 목적 및 효과<br>2. 매뉴얼 테크닉의 종류 및 방법 |
| | 7. 팩·마스크 | 1. 목적과 효과<br>2. 종류 및 사용방법 |
| | 8. 제모 | 1. 제모의 목적 및 효과<br>2. 제모의 종류 및 방법 |
| | 9. 신체 각 부위(팔, 다리 등)관리 | 1. 신체 각 부위(팔, 다리 등)관리의 목적 및 효과<br>2. 신체 각 부위(팔, 다리 등)관리의 종류 및 방법 |
| | 10. 마무리 | 1. 마무리의 목적 및 효과<br>2. 마무리의 방법 |
| | 11. 피부와 부속기관 | 1. 피부 구조 및 기능<br>2. 피부 부속기관의 구조 및 기능 |
| | 12. 피부와 영양 | 1. 3대 영양소, 비타민, 무기질<br>2. 피부와 영양<br>3. 체형과 영양 |
| | 13. 피부장애와 질환 | 1. 원발진과 속발진<br>2. 피부질환 |
| | 14. 피부와 광선 | 1. 자외선이 미치는 영향<br>2. 적외선이 미치는 영향 |
| | 15. 피부면역 | 1. 면역의 종류와 작용 |
| | 16. 피부노화 | 1. 피부노화의 원인<br>2. 피부노화현상 |

### ◼ 제2과목 해부생리학

| 주요항목 | 세부항목 | 세세항목 |
|---|---|---|
| 2. 해부생리학 | 1. 세포와 조직 | 1. 세포의 구조 및 작용<br>2. 조직구조 및 작용 |
| | 2. 뼈대(골격)계통 | 1. 뼈(골)의 형태 및 발생<br>2. 전신뼈대(전신골격) |
| | 3. 근육계통 | 1. 근육의 형태 및 기능<br>2. 전신근육 |

## 01 미용사(피부) 자격시험 안내

| 주요항목 | 세부항목 | 세세항목 |
|---|---|---|
| 2. 해부생리학 | 4. 신경계통 | 1. 신경조직<br>2. 중추신경<br>3. 말초신경 |
| | 5. 순환계통 | 1. 심장과 혈관<br>2. 림프 |
| | 6. 소화기계통 | 1. 소화기관의 종류<br>2. 소화와 흡수 |

### ▣ 제3과목 피부미용기기학

| 주요항목 | 세부항목 | 세세항목 |
|---|---|---|
| 3. 피부미용기기학 | 1. 피부미용기기 및 가구 | 1. 기본용어와 개념<br>2. 전기와 전류<br>3. 기기·가구의 종류 및 기능 |
| | 2. 피부미용기기 사용법 | 1. 기기·가구 사용법<br>2. 유형별 사용방법 |

### ▣ 제4과목 화장품학

| 주요항목 | 세부항목 | 세세항목 |
|---|---|---|
| 4. 화장품학 | 1. 화장품학개론 | 1. 화장품의 정의<br>2. 화장품의 분류 |
| | 2. 화장품 제조 | 1. 화장품의 원료<br>2. 화장품의 기술<br>3. 화장품의 특성 |
| | 3. 화장품의 종류와 기능 | 1. 기초 화장품<br>2. 메이크업 화장품<br>3. 모발 화장품<br>4. 바디(Body)관리 화장품<br>5. 네일 화장품<br>6. 향수<br>7. 에센셜(아로마) 오일 및 캐리어 오일<br>8. 기능성 화장품 |

### ▣ 제5과목 공중위생관리학

| 주요항목 | 세부항목 | 세세항목 |
|---|---|---|
| 5. 공중위생관리학 | 1. 공중보건학 | 1. 공중보건학 총론<br>2. 질병관리<br>3. 가족 및 노인보건<br>4. 환경보건<br>5. 식품위생과 영양<br>6. 보건행정 |
| | 2. 소독학 | 1. 소독의 정의 및 분류<br>2. 미생물 총론<br>3. 병원성 미생물<br>4. 소독방법<br>5. 분야별 위생·소독 |
| | 3. 공중위생관리법규<br>(법, 시행령, 시행규칙) | 1. 목적 및 정의<br>2. 영업의 신고 및 폐업<br>3. 영업자 준수사항<br>4. 면허<br>5. 업무<br>6. 행정지도감독<br>7. 업소 위생등급<br>8. 위생교육<br>9. 벌칙<br>10. 시행령 및 시행규칙 관련사항 |

# 01 미용사(피부) 자격시험 안내

## 실기시험 출제기준

| 직무분야 | 이용·숙박·여행·오락·스포츠 | 중직무분야 | 이용·미용 | 자격종목 | 미용사(피부) | 적용기간 | 2022.7.1. ~ 2026.12.31. |
|---|---|---|---|---|---|---|---|

• 직무내용 : 고객의 상담과 피부분석을 통해 안정감 있고 위생적인 환경에서 얼굴, 신체 부위별 피부를 미용기기와 화장품을 이용하여 서비스를 제공하는 직무
• 수행준거 : 1. 피부미용 실무를 위한 준비 및 위생사항 점검을 수행할 수 있다.
　　　　　2. 피부의 타입에 따른 클렌징 및 딥클렌징을 할 수 있다.
　　　　　3. 피부의 타입별 분석표를 작성할 수 있다.
　　　　　4. 눈썹정리 및 왁싱 작업을 수행할 수 있다.
　　　　　5. 손을 이용한 얼굴 및 신체 각 부위(팔, 다리 등)관리를 수행할 수 있다.

| 실기검정방법 | 작업형 | 시험시간 | 2시간 15분 정도 |
|---|---|---|---|

| 주요항목 | 세부항목 | 세세항목 |
|---|---|---|
| 1. 피부미용 위생관리 | 1. 피부미용 작업장 위생 관리하기 | 1. 위생관리 지침에 따라 피부미용 작업장 위생 관리 업무를 책임자와 협의하여 준비, 수행할 수 있다.<br>2. 쾌적함을 주는 피부미용 작업장이 되도록 체크리스트에 따라 환풍, 조도, 냉·난방시설에 대한 위생을 점검할 수 있다.<br>3. 위생관리 지침에 따라 피부미용 작업장 청소 및 소독 점검표를 기록할 수 있다.<br>4. 피부미용 작업장 소독계획에 따른 작업장 소독을 통해 작업장의 위생 상태를 관리할 수 있다. |
| | 2. 피부미용 비품 위생 관리하기 | 1. 위생관리 지침에 따라 피부미용 비품의 위생관리 업무를 책임자와 협의하여 준비, 수행할 수 있다.<br>2. 위생관리 지침에 따라 적절한 소독방법으로 피부관리실 내부의 비품을 소독하여 보관할 수 있다.<br>3. 소독제에 대한 유효기간을 점검할 수 있다.<br>4. 사용종류에 알맞은 피부미용 비품의 정리정돈을 수행할 수 있다. |
| | 3. 피부미용사 위생관리하기 | 1. 위생관리 지침에 따라 피부미용사로서 깨끗한 위생복, 마스크, 실내화를 구비하여 착용할 수 있다.<br>2. 장신구는 피하고 가벼운 화장과 예의 있는 언행으로 작업장 근무수칙을 준수할 수 있다.<br>3. 위생관리 지침에 따라 두발, 손톱 등 단정한 용모와 신체 청결을 유지할 수 있다. |
| 2. 얼굴관리 | 1. 얼굴클렌징하기 | 1. 얼굴피부 유형별 상태에 따라 클렌징 방법과 제품을 선택할 수 있다.<br>2. 눈, 입술 순서로 포인트 메이크업을 클렌징할 수 있다.<br>3. 얼굴피부 유형에 맞는 제품과 테크닉으로 클렌징할 수 있다.<br>4. 온습포 또는 경우에 따라 냉습포로 닦아내고 토닉으로 정리할 수 있다. |
| | 2. 눈썹정리하기 | 1. 눈썹정리를 위해 도구를 소독하여 준비할 수 있다.<br>2. 고객이 선호하는 눈썹형태로 정리할 수 있다.<br>3. 눈썹정리한 부위에 대한 진정관리를 실시할 수 있다. |
| | 3. 얼굴 딥클렌징하기 | 1. 피부 유형별 딥클렌징 제품을 선택할 수 있다.<br>2. 선택된 딥클렌징 제품을 특성에 맞게 적용할 수 있다.<br>3. 피부미용기기 및 기구를 활용하여 딥클렌징을 적용할 수 있다. |
| | 4. 얼굴 매뉴얼 테크닉하기 | 1. 얼굴의 피부 유형과 부위에 맞는 매뉴얼 테크닉을 하기 위한 제품을 선택할 수 있다.<br>2. 선택된 제품을 피부에 도포할 수 있다.<br>3. 5가지 기본 동작을 이용하여 매뉴얼 테크닉을 적용할 수 있다.<br>4. 얼굴의 피부상태와 부위에 적정한 리듬, 강약, 속도, 시간, 밀착 등을 조절하여 적용할 수 있다. |
| | 5. 영양물질 도포하기 | 1. 피부 유형에 따라 영양물질을 선택할 수 있다.<br>2. 피부 유형에 따라 영양물질을 필요한 부위에 도포할 수 있다.<br>3. 제품의 특성에 따른 영양물질이 흡수되도록 할 수 있다. |
| | 6. 얼굴 팩·마스크하기 | 1. 피부 유형에 따른 팩과 마스크 종류를 선택할 수 있다.<br>2. 제품 성질에 맞는 팩과 마스크를 적용할 수 있다.<br>3. 관리 후 팩과 마스크를 안전하게 제거할 수 있다. |
| | 7. 마무리하기 | 1. 얼굴관리가 끝난 후 토닉으로 피부정리를 할 수 있다.<br>2. 고객의 얼굴피부 유형에 따른 기초화장품류를 선택할 수 있다.<br>3. 영양물질을 흡수시키고 자외선 차단제를 사용하여 마무리할 수 있다. |

# 01 미용사(피부) 자격시험 안내

| 주요항목 | 세부항목 | 세세항목 |
|---|---|---|
| 3. 신체 각 부위별 피부관리 | 1. 신체 각 부위별 클렌징하기 | 1. 화장품 성분에 대한 지식을 이해하고 피부상태에 따라 클렌징 방법과 제품을 선택할 수 있다.<br>2. 클렌징 방법을 이해하고 클렌징 제품을 팔, 다리에 도포하여 순서에 맞게 연결 동작으로 가볍게 시행할 수 있다.<br>3. 마무리를 위하여 온습포 등으로 잔여물을 닦아낸 후 토너로 피부를 정리할 수 있다. |
| | 2. 신체 부위별 딥클렌징하기 | 1. 전신 피부 유형별 딥클렌징 제품을 선택할 수 있다.<br>2. 선택된 딥클렌징 제품을 특성에 따라 전신 피부 유형에 맞게 적용할 수 있다.<br>3. 피부미용기기 및 기구를 활용하여 딥클렌징을 적용할 수 있다. |
| | 3. 신체 부위별 피부관리하기 | 1. 손, 팔, 다리의 피부 유형과 피부 상태를 파악하여 피부관리에 적합한 제품을 선택, 도포 할 수 있다.<br>2. 손, 팔, 다리의 피부 상태를 파악하고 목적에 맞는 매뉴얼 테크닉을 적용, 피부관리를 할 수 있다. |
| | 4. 신체 부위별 팩·마스크하기 | 1. 전신 피부 유형에 따른 팩과 마스크 종류를 선택할 수 있다.<br>2. 제품 성질에 맞게 팩과 마스크를 적용할 수 있다.<br>3. 관리 후 팩과 마스크를 안전하게 제거할 수 있다. |
| | 5. 신체 부위별 관리 마무리하기 | 1. 전신관리가 끝난 후 토닉으로 피부정리를 할 수 있다.<br>2. 고객의 전신 피부 유형에 따른 기초화장품류를 선택할 수 있다.<br>3. 해당 부위에 맞는 제품을 선택 후 특성에 따라 적용할 수 있다.<br>4. 피부손질이 끝난 후 전신을 가볍게 이완할 수 있다. |
| 4. 피부미용 특수관리 | 1. 제모하기 | 1. 신체 부위별 왁스를 선택하고 도구를 준비할 수 있다.<br>2. 제모할 부위에 털의 길이를 조절할 수 있다.<br>3. 제모할 부위를 소독할 수 있다.<br>4. 수분제거용 파우더와 왁스를 적용할 수 있다.<br>5. 부위에 맞게 부직포를 밀착하여 떼어 낸 후 남은 털을 족집게로 정리할 수 있다.<br>6. 냉습포로 닦아낸 후 진정 제품으로 정돈할 수 있다. |
| | 2. 림프관리하기 | 1. 림프관리 시 금기해야 할 상태를 구분할 수 있다.<br>2. 림프관리 시 적용할 피부상태와 신체부위를 구분할 수 있다.<br>3. 림프절과 림프선을 알고 적절하게 관리할 수 있다.<br>4. 셀룰라이트 피부를 파악하여 림프관리를 적용할 수 있다.<br>5. 림프정체성 피부를 파악하여 림프관리를 적용할 수 있다. |

## 02  한국산업인력공단 미용사(피부) 관련 Q & A

### 공개문제 관련 사항

**Q1  미용사(피부) 실기시험은 과제 구성이 어떻게 됩니까?**

**A1**  미용사(피부) 실기시험은 공개된 바와 같이 1과제 얼굴관리, 2과제 팔다리관리, 3과제 림프를 이용한 피부관리의 순으로 구성되어 시험이 시행됩니다. 공개문제 등은 수정사항에 의해 새로 등재되므로 정기적으로 확인을 해야 합니다.

**Q2  과제별 시험 시간은 어떻게 됩니까?**

**A2**  시험시간은 전체 2시간(순수작업시간 기준)이며, 각 과제별 시간은 1과제 85분, 2과제 35분, 3과제 15분으로 전체 2시간 15분(순수작업시간 기준)입니다.

**Q3  기본 준비 작업은 어떻게 해야 하나요?**

**A3**  과제 시작 전에 준비작업시간을 따로 부여하며, 이때 과제에 필요한 작업물과 도구, 베드 등을 작업에 적합하게 준비한 다음 대기하고 있으면 됩니다. 모델은 바로 작업이 가능한 상태로 되어 있어야 하며, 눕혀서 대기하면 됩니다.

**Q4  손을 이용한 피부관리와 마사지는 어떤 차이가 있나요?**

**A4**  미용사(피부)의 피부관리는 마사지라는 용어를 사용하지 않습니다. 시중의 마사지와 손을 이용한 피부관리(매뉴얼 테크닉)는 목적하는 바가 분명히 다릅니다. 피부미용에서의 손을 이용한 피부관리는 원칙적으로 화장품 등의 물질의 원활한 도포 및 그것을 돕기 위한 일련의 손 동작을 의미하며 근육을 강하게 누르거나 마사지하여 일정 부위를 자극하거나 쾌감을 유도하는 일련의 마사지 법과는 분명한 차이가 있습니다.

**Q5  피부관리계획표의 작성은 어떻게 하나요?**

**A5**  당일날 시험장에서 얼굴부위별 타입에 대한 내용과 사용할 딥클렌징제를 지정(당일 시험장 측에서 제시함)하면 그에 따른 피부관리계획표를 작성하게 되며, 이는 대동한 모델의 피부타입과는 관계없이 이루어집니다. 그리고 이후의 작업은 모델의 피부타입과는 관계없이 피부관리계획표상의 제품을 기준으로 수행하면 됩니다. 기타 피부관리계획표의 기재사항은 공개문제를 참고하면 됩니다.

**Q6  눈썹정리 과제는 어떻게 작업하면 됩니까?**

**A6**  눈썹정리는 가위, 눈썹칼, 족집게를 이용하여 하면 됩니다. 족집게의 사용 시는 반드시 시험위원의 입회 및 지시에 따라야 되며, 3개 이상만 뽑아내면 됩니다. 넓은 면의 잔털과 모양내기는 눈썹칼을 이용하면 됩니다. 눈썹정리 시 제거한 눈썹은 옆에 티슈에 모아 놓았다가 시험위원의 지시에 따라 휴지통에 버리면 됩니다(하나도 없는 경우는 미리 눈썹정리를 다 해 온 것으로 판단하여 채점상 불이익을 받을 수 있습니다.). 단, 눈썹정리 시 한쪽 눈썹에만 작업해야 합니다.

**Q7  딥클렌징 과제는 어떻게 작업하면 됩니까?**

**A7**  모델의 피부 타입과는 관계없이 4가지 타입 중 당일 지정해주는 제품 타입을 이용하여 관리를 해야 합니다.

**Q8  팩은 어떻게 하면 되나요?**

**A8**  시험장에서 지정해주는 얼굴과 목 타입에 맞는 제품을 사용하면 됩니다. 얼굴에서 T존과 U존, 그리고 목 부위의 세 부위별로 타입을 제시(전체가 한 가지 타입이 될 수도 있고, 세 부위가 각각 다른 타입이 될 수도 있음)하여 팩을 도포하도록 되어있습니다.

**Q9  마스크는 어떻게 하면 되나요?**

**A9**  석고 마스크와 고무모델링 마스크 중 시험장에서 지정해주는 제품을 사용하면 됩니다. 마스크를 위한 기본 전처리를 실시한 후, 얼굴에서 목의 경계부위까지(턱 하단 포함) 코와 입에 호흡을 할 수 있도록 도포하면 됩니다.

**Q10  팔, 다리 관리시간은 어떻게 되고 또 관리 부위는 어떻게 되나요?**

**A10**  10분 동안 팔 관리를 하고, 이어 다리 부위를 15분 동안 관리하는 방식으로 진행됩니다. 관리부위는 공개된 것처럼 오른쪽 팔과 오른쪽 다리 부위 총 2부위를 대상으로 순서대로 작업하게 됩니다. 팔은 전체를 관리대상으로 하고, 다리의 경우도 전체를 대상으로 범위가 넓어졌습니다. 다리는 서혜부를 제외한 아래쪽 전부를 말하며, 뒤쪽도 포함되므로 뒤쪽은 다리를 들어서(다리를 세우거나, 개구리 다리 모양으로 옆으로 해서) 관리를 하면 됩니다.

**Q11  제모는 어떻게 하나요?**

**A11**  제모는 제공되는 왁스를 종이컵에 덜어가서 사용하여 작업하면 됩니다. 제모작업의 부위는 양쪽 팔 또는 다리 전체 중 제모하기에 적합한 부위를 선택하여 한 번만 작업하며, 제모면적은 수험자 지참 재료인 부직포(7×20cm)를 이용할 때 적합한 정도인 4~5×12~15cm 정도면 됩니다. 단, 부직포를 제거할 때는 시험위원의 입회하에 작업을 하면 됩니다.

**Q12  림프를 이용한 관리는 어떻게 하나요?**

**A12**  림프를 이용한 관리는 15분의 시간으로 진행되며, 림프관리 시에는 종료와 동시에 끝낼 수 있도록 하면 됩니다. 림프를 이용한 관리의 시술 부위는 얼굴과 목을 대상으로 하며 림프절을 따라 손을 이용하여 피부관리를 하면 되며, 순서는 데콜테 부위의 에플라쥐를 가볍게 하신 후 손 동작의 시작점은 프로펀더스(Profundus)부터 시작하면 되고, 목관리–얼굴관리 순으로 하고 마지막 동작은 에플라쥐로 끝내면 됩니다.

## 02 한국산업인력공단 미용사(피부) 관련 Q & A

**Q13** 시중의 피부관리실 등을 보면 업소에 따라 피부관리하는 방법이 상당히 다르고 또 업소나 사람마다 행하는 시술법이 다른 것 같은데 어떤 것을 기준으로 하게 되나요?

**A13** 미용사(피부)는 기능사 등급의 시험입니다. 즉 피부미용사의 업무를 행하기 위한 기본적인 동작과 시술을 보는 것이기 때문에 화려한 테크닉이나 특별한 작업 방법을 요구하지 않습니다. 손을 이용한 피부관리는 기본 동작의 정확도, 연결성, 리드미컬한 움직임 등 기본 동작과 자세 등을 가장 중점으로 채점하는 것을 기본 방향으로 하고 있습니다.

**Q14** 시험 시 검정장에서 제공되는 것은 무엇이 있나요?

**A14** 공통으로 사용되는 기자재(왁스 워머, 온장고 등)와 베드 등은 검정장에서 준비가 됩니다. 지참 시 필요한 준비물은 공개문제 혹은 원서 접수 시에 www.Q-net.or.kr에서 확인이 가능합니다.

**Q15** 모델은 직접 데리고 와야 하나요?

**A15** 수험자가 모델을 대동하고 와야 합니다. 그리고 자신이 데려온 모델은 자신이 관리하게 되며, 사전 준비 시간에 모델에게 필요한 준비물(가운, 슬리퍼 등)은 모델에게 미리 주셔야 합니다.

**Q16** 모델의 조건은 어떻게 되나요?

**A16** 모델은 기본적으로 메이크업을 하고 와야 하며, 모델의 나이 상한 제한은 없어졌으며, 만 14세가 되는 해 출생자부터 모델로서 가능합니다. 그리고 국적이 한국인 사람 외에 조선족이나 중국계 한족 및 동남아인, 백인 등은 모델로서 가능합니다만 피부색 등이 일반적인 한국인과 많이 달라 시험위원의 채점에 지장을 줄 수 있는 모델은 불가합니다. 그 외에 심한 민감성 피부 혹은 심한 농포성 여드름이 있는 사람(스크럽이나 고마쥐의 1회 관리 시에도 문제가 생기는 피부를 의미), 성형수술(코, 눈, 턱윤곽술, 주름제거 등)한지 6개월 이내인 사람, 임신 중인 사람, 피부관리에 적합하지 않은 피부질환을 가진 사람 등은 모델이 될 수 없으며, 눈썹이 없거나 적어(일반적인 기준으로 가로길이의 2/3 정도가 되지 않는 경우) 눈썹관리 작업에 적합하지 않은 사람, 체모가 없거나 아주 적어 제모시술에 적합하지 않은 사람은 감점 등의 불이익이 있을 수 있습니다. 여성 수험자는 여성 모델을, 남성 수험자는 남성 모델을 준비하면 되며 사전에 모델에게 작업에 요구되는 노출에 대한 동의를 받으셔야 합니다.

**Q17** 남자가 응시하게 되는 경우는 모델을 어떻게 해야 하나요?

**A17** 남자의 경우는 남자수험자들만 따로, 남성 모델을 대상으로 피부관리를 하게 됩니다. 그리고 모델은 기본적으로 화장이 되어 있어야 하며, 만약 화장이 필요한 남성 모델의 경우 검정장의 대기실에서 모델조건에 맞는 화장을 할 수 있도록 할 예정이니 이를 위한 준비를 따로 하면 됩니다. 그리고 남자 모델은 시험장의 베드에서 관리를 받기 위해 상의를 탈의하여야 하며, 다리 관리 시에는 하의를 탈의하거나, 다리 관리 범위에 지장이 없도록 하의를 관리하도록 해야 됩니다.

**Q18** 볼에 화장품을 덜어서 사용해야 합니까?

**A18** 기본적으로 관리 시 위생상태의 유지를 위해 한번의 양으로 모두 사용되지 않는 한 필요한 양만큼 볼에 덜어둔 뒤 관리 시 사용되는 것이 권장됩니다. 볼 3개를 모두 사용했을 경우에는 티슈 등으로 닦아낸 뒤 소독을 하고 재사용하는 것은 허용됩니다(필요한 경우 소형 볼을 더 지참할 수 있음).

**Q19** 습포는 어떻게 사용해야 합니까?

**A19** 온습포 혹은 냉습포는 관리에 반드시 사용되어야 하는 단계가 있습니다. 그외의 경우에는 습포를 사용하는 것에 대하여는 관리상의 선택 혹은 방법으로 간주하여 점수화하지는 않습니다(언제 사용해야 하는 것은 채점과 관계된 사항이므로 답변하지 않습니다.). 그리고 온습포의 사용은 비치된 온장고를 이용하면 되며, 반드시 사용할 때마다 가져와야 합니다. 그리고 온장고 이용 시에는 집게(비치될 예정임, 개인 집게 사용가능)와 트레이(쟁반)를 사용하여 습포를 가져오면 됩니다.

**Q20** 1과제의 손을 이용한 관리 시 관리 부위는 어디까지 입니까?

**A20** 1과제의 손을 이용한 관리 시 관리 대상이 되는 부위는 데콜테까지입니다. 단, 가슴 및 겨드랑이 안쪽 부위는 포함하지 않습니다.

## 02 한국산업인력공단 미용사(피부) 관련 Q & A

### 재료 관련 사항

**Q1 위생복(관리사 가운)과 실내화, 마스크는 어떤 것으로 준비해야 합니까?**

**A1** 위생복은 흰색 반팔 가운 및 흰색 바지로, 몸의 모든 복식은 흰색으로 통일하면 됩니다. 실내화는 앞, 뒤가 트이지 않은 실내화(운동화는 안되며, 반드시 실내화를 지참해야 함)를 준비하면 되고 관리 작업상 굽이 있는 경우도 가능합니다. 마스크의 경우는 약국 등에서 판매하는 일회용 흰색 마스크를 사용하면 됩니다. 즉, 복장은 외부에서 보았을 때 머리부분의 액세서리를 제외하고 모두 흰색(양말 등 포함)이면 되며, 반팔 위생복 밖으로 긴팔 옷을 입거나, 위생복 안의 옷이 위생복 밖으로 절대 나오지 않아야 합니다. 기타 자세한 사항은 "미용사(피부) 수험자 복장 감점 적용범위"를 참고하기 바랍니다.

**Q2 타월은 어떻게 준비하고 또 사용 용도는 무엇인가요?**

**A2** 타월은 대·중·소로 지정된 사이즈(대형의 경우 10% 정도의 크기 차이는 무방합니다.)로 준비하면 되며, 대형은 베드 깔개와 1, 3과제에서의 모델을 덮는 용도로, 중형은 2과제에서 신체 부위를 가리는 용도 및 목 등 부위 받침용으로, 소형은 기타 및 습포용으로 사용하면 됩니다. 수량은 대형과 중형은 지정된 수량을 준비하면 되고, 소형은 작업에 필요한 습포의 양에 따라 최소 5장 이상 가져오면 됩니다(온장고에는 최대 6장까지 보관할 수 있습니다.). 그리고 대형의 경우 보통 피부미용업소에서 사용하는 베드용 타월의 폭으로 되어있는 것(100~135×180cm)도 가능합니다.

**Q3 모델용 가운은 어떻게 준비하나요?**

**A3** 모델용 가운은 지정된 색의 가급적 무늬가 없는 것으로 준비하면 됩니다. 현란하거나 큰 무늬를 제외한 작은 무늬(일명 땡땡이 등)가 있는 정도는 허용하며, 밴드형과 벨크로(찍찍이)형 중 하나를 준비하면 됩니다. 그리고 겉가운은 검정시설 상 모델 대기실과 검정장이 떨어져 있어 이동을 해야 하는 경우가 많으므로 이때 사용하는 것으로 색깔 역시 지정된 색 계통으로 일반 가운형을 준비하면 됩니다.

**Q4 남성 모델용 옷은 색상이 상하의 통일인가요?**

**A4** 남성 모델용 옷은 상의는 흰색, 하의는 베이지 혹은 남색으로 준비하면 됩니다.

**Q5 모델용 슬리퍼는 특별한 제한이 없나요?**

**A5** 모델용 슬리퍼는 특별한 제한은 없습니다.

**Q6 알콜 및 분무기는 분무기에 알콜을 넣어오면 되는 건가요?**

**A6** 펌프식 혹은 스프레이식의 분무기에 알콜을 넣어오면 되고 이것은 화장품, 기구 혹은 손 등의 소독 시에 사용됩니다. 그리고 스프레이식을 사용하여 소독하는 것에 대한 감점 등의 사항은 없습니다.

**Q7 정리대를 가져가야 하나요?**

**A7** 정리대(왜건)는 기본적인 검정장 시설에 속하므로 모두 구비되어 있습니다. 그러므로 가져올 필요가 없습니다.

**Q8 미용솜과 일반솜은 무엇을 얘기하는 건가요?**

**A8** 미용솜은 일반 화장솜을, 일반솜은 탈지면(코튼)을 의미합니다. 둘 다 소독용 혹은 클렌징용으로 사용됩니다.

**Q9 볼과 대야(해면 볼)는 어떤 사이즈를 준비하면 됩니까?**

**A9** 볼은 소형의 유리 혹은 플라스틱 볼을 준비하면 되고 화장품을 덜어서 사용하는 용도로 이용됩니다. 그리고 해면 볼(대야)은 물을 떠놓거나 해면을 담아 사용하기에 적절한 사이즈를 준비하면 됩니다.

**Q10 팩 시 거즈와 아이패드는 어떻게 사용되고 준비하여야 합니까?**

**A10** 거즈는 팩 시 얼굴 전체에 깔고 그 위에 팩을 도포하는 용도로 사용되는 것이 아니고, 팩이나 딥클렌징 시 입술을 덮는 용으로 사용되는 거즈를 의미합니다. 아이패드도 역시 팩이나 딥클렌징 시 눈을 덮는 용도로 사용되며, 상품화된 아이패드를 사용하거나, 아니면 일반적으로 화장솜을 덮어서 사용해도 됩니다(단, 마스크 시에는 얼굴 전체에 깔고 그 위에 마스크를 도포하는 용도로 사용됩니다).

**Q11 제모시의 부직포는 무엇이며 제시된 규격대로만 준비해야 합니까?**

**A11** 부직포는 제모시에 사용되는 머슬린 천으로 사용되는 용도의 종이(혹은 천)를 의미하며 일반적으로 롤로 말려서 상품화되어 판매되고 있습니다. 규격에 맞추어 준비해오면 되고, 한 장만 사용하므로 정해진 크기의 부직포를 가지고 제모작업을 할 수 있을 정도로 제모부위를 정하면 됩니다.

**Q12 보관통의 재질은 반드시 금속이어야 하나요?**

**A12** 보관통의 재질은 금속, 플라스틱, 유리 모두 관계없이 준비하면 됩니다.

## 02  한국산업인력공단 미용사(피부) 관련 Q & A

**Q13 딥클렌징용 화장품 4가지를 모두 준비해야 하나요?**

**A13** 딥클렌징 시에는 지정된 타입을 사용하는 것이므로 목록의 4가지를 모두 준비해 와야 하며, 각각을 피부타입 별로 따로 더 많이 준비할 필요는 없습니다. 이 중 효소는 가루를 물에 개어서 크림상으로 만들어 사용하는 것을 준비해야 합니다. AHA의 경우는 액체형으로 준비하며, 시중에 있는 제품 중에서 함량표시가 되어있는 것이 많지 않으므로 함유표시는 있되, 함량이 겉으로 표시 안 된 제품을 가져오는 경우 함량을 확인하여 준비하고 만약에 지정된 함량 이상의 것을 사용하였을 때 심한 트러블이 생기는 경우는 수험자에게 귀책이 돌아갈 수 있습니다.

**Q14 팩은 어떤 피부타입을 준비하면 됩니까?**

**A14** 팩은 기본적으로 중성(정상), 지성, 건성의 3가지 피부타입을 기본으로 준비하면 되고, 필요에 따라 여드름 혹은 민감성 등 기타 타입을 1~2가지 정도 더 준비해도 무방하지만 필수조건은 아닙니다. 그리고 팩은 기본적으로 크림 타입을 준비해 오면 되며, 투명하거나 팩의 도포 타입 및 도포 방향 등을 구별할 수 없는 것은 제외됩니다.

**Q15 탈컴파우더는 베이비파우더를 준비해 와도 됩니까?**

**A15** 탈컴파우더를 사용하는 목적과 실제 효과가 베이비파우더와 유사하므로 베이비파우더로 대체해도 되지만 탈컴파우더를 권장합니다(이와 관련해서 감점 등은 없습니다.).

**Q16 진정로션 혹은 젤 용으로 알로에 젤을 사용해도 됩니까?**

**A16** 일반적으로 알로에의 함유량이 높은 알로에 젤이 진정용으로 많이 사용되고 있으므로 가능합니다.

**Q17 아이크림과 립크림은 같이 사용하는 경우가 많은데 같이 사용해도 되나요?**

**A17** 아이크림과 립크림은 각각 따로 준비해도 되고 같이 사용해도 됩니다.

**Q18 메이크업 리무버와 클렌징 제품이 혼동됩니다. 설명해 주세요.**

**A18** 메이크업 리무버는 포인트 메이크업 리무버와 페이셜 클렌저를 의미하며, 클렌징 제품은 바디 클렌징 제품으로 현재 시험에서는 알콜을 함유하고 있는 화장수 등으로 가볍게 닦아내는 클렌징을 하도록 되어 있으므로 이에 필요한 화장품을 준비하면 됩니다(추후 스크럽 및 클렌저를 사용하는 클렌징을 요구하는 문제가 공개되는 경우에는 거기에 맞는 제품을 준비하면 됩니다.).

**Q19 팔, 다리 관리용 화장품은 어떤 타입이 사용됩니까?**

**A19** 팔, 다리 관리용 화장품은 오일타입 및 크림타입 둘 다 사용이 가능합니다.

**Q20 화장품은 어떤 형태로 가져와야 합니까?**

**A20** 화장품은 판매되는 제품으로 가져오면 되고, 사용하던 것도 무방하지만 덜어 오는 것은 안 됩니다. 그리고 외부 등에 관련된 화장품의 타입이나 용도 등이 프린트 혹은 스티커(제품회사에서 붙인, 단 인쇄된 것이어야 하며, 조잡하게 프린트 되어 개인이 만들 수 있는 것과 구분이 되지 않는 것은 붙이지 말 것) 등으로 적혀져 있으면 됩니다. 모든 피부용의 경우 "all skin type 혹은 모든 피부용"이라고 적혀 있지 않아도 범용 혹은 모든 피부에 사용할 수 있다는 등의 내용이 설명서 혹은 제품에 안내되어 있으면 사용 가능합니다. 그리고 딥클렌징제의 경우는 4가지 타입으로 목록상의 제품 성상에 맞는 제품이면 사용이 가능합니다. 그리고 화장품은 브랜드를 차별하지 않으며, 같은 회사의 라인으로 통일시킬 필요도, 제품용량의 일정 이상이 들어있을 필요도 없습니다.

**Q21 기타 자신이 가지고 오고 싶은 도구를 가져오는 것은 가능한가요?**

**A21** 목록상의 재료의 수량을 더 가져오는 것은 가능합니다. 그러나 개인 왁스 및 왁스 워머는 따로 전원이 준비되지 못하므로 불가능하고 베개 등은 타월로 대체 가능하므로 불필요하며, 면시트 등은 검정장의 시설에 따라 적용사항이 다를 수 있으니 불필요합니다. 기타 작업의 결과에 영향을 주지 않는 범위 내의 화장품 등은 더 가져와도 됩니다.

> ※ 지참준비물은 문제의 변경이나 기타 다른 사유로 수량 및 품목 등이 변경될 수도 있으니 정기적인 확인을 부탁드립니다.
>
> ※ 기타 세부 사항은 본 공단 홈페이지(http://www.q-net)의 「고객지원 – 자료실 – 공개문제」에 공개되어 있는 내용을 참고하기 바랍니다.

# 03  미용사(피부) 실기시험 공개문제

| 자격종목 | 미용사(피부) | 과제명 | 피부관리 |
|---|---|---|---|

## 수험자 유의사항(전 과제 공통)

1. 수험자와 모델은 시험위원의 지시에 따라야 하며, 지정된 시간에 시험장에 입실해야 합니다.
2. 수험자는 수험표 및 신분증(본인임을 확인할 수 있는 사진이 부착된 증명서)을 지참해야 합니다.
3. 수험자는 반드시 위생복[상의는 흰색 반팔 가운, 하의는 흰색 긴바지로 모든 복식은 흰색으로 통일. 1회용 가운 제외], 마스크 및 실내화(색상은 흰색 통일)를 착용하여야 하며, 복장 등에 소속을 나타내거나 암시하는 표시가 없어야 합니다.
4. 수험자 및 모델은 눈에 보이는 표식(예 : 네일 컬러링, 디자인 등)이 없어야 하며, 표식이 될 수 있는 액세서리(예 : 반지, 시계, 팔찌, 발찌, 목걸이, 귀걸이 등)를 착용할 수 없습니다.
5. 수험자는 시험 중에 필요한 물품(습포, 왁스 등)을 가져오거나 관리상 필요한 이동을 제외하고 지정된 자리를 이탈하거나 다른 수험자와 대화 등을 할 수 없으며, 질문이 있는 경우는 손을 들고 시험위원이 올 때까지 기다려야 합니다.
6. 사용되는 해면과 코튼은 반드시 새 것을 사용하고 과제 시작 전 사용에 적합한 상태를 유지하도록 미리 준비해야 합니다.
7. 시험 시 사용되는 타월은 대형과 중형의 경우 지참재료상의 지정된 수량만큼만 사용하고, 소형은 필요 시 더 사용할 수 있습니다.
8. 수험자는 작업에 필요한 습포를 시험 시작 전 미리 준비(온습포는 과제당 6매까지 온장고에 보관)할 수 있으며, 비닐백(지퍼백 등)에 비번호 기재 후 보관하여야 합니다.
9. 모델은 반드시 화장[파운데이션, 마스카라, 아이라인, 아이섀도, 눈썹 및 입술화장(립스틱 사용 등)]이 되어 있어야 합니다(남자모델의 경우도 동일).
10. 모델은 만 14세 이상의 신체 건강한 남, 여(년도 기준)로 아래의 조건에 해당하지 않아야 합니다.
    ① 심한 민감성 피부 혹은 심한 농포성 여드름이 있는 사람 등 피부관리에 적합하지 않은 피부질환을 가진 사람
    ② 성형수술(코, 눈, 턱윤곽술, 주름제거 등)한지 6개월 이내인 사람
    ③ 호흡기 질환, 민감성 피부, 알레르기 등이 있는 사람
    ④ 임신 중인 사람
    ⑤ 정신질환자
    ※ 수험자가 동반한 모델도 신분증을 지참하여야 하며, 공단에서 지정한 신분증을 지참하지 않은 경우, 모델로 시험에 참여가 불가능합니다.
    ※ 여성 수험자는 여성 모델을, 남성 수험자는 남성 모델을 대동해야 하며 사전에 대동한 모델에게 작업에 요구되는 노출에 대한 동의를 받으셔야 합니다.
11. 관리 대상부위를 제외한 나머지 부위는 노출이 없도록 수건 등으로 덮어두시오(단, 팔은 노출이 가능).
12. 팩과 딥클렌징 제품을 제외한 화장품은 어느 한 피부타입에만 특화되지 않고 모든 피부타입에 사용해도 괜찮은 타입(올 스킨 타입 혹은 범용)을 사용해야 합니다.
13. 수험자 또는 모델은 핸드폰을 사용할 수 없습니다.
14. 작업에 필요한 각종 도구를 바닥에 떨어뜨리는 일이 없도록 하여야 하며, 특히 눈썹칼, 가위 등을 조심성 있게 다루어 안전사고가 발생되지 않도록 주의해야 합니다.
15. 제시된 작업시간 안에 세부 작업을 끝내며, 각 과제의 마지막 작업 시에는 주변정리를 함께 끝내야 하되, 각 세부 작업 시험시간을 초과하는 경우는 해당되는 세부 작업을 0점 처리합니다.
16. 다음 사항은 실격에 해당하여 채점대상에서 제외됩니다.
    ① 시험 전체 과정을 응시하지 않은 경우
    ② 시험 도중 시험실을 무단 이탈하는 경우
    ③ 부정한 방법으로 타인의 도움을 받거나 타인의 시험을 방해하는 경우
    ④ 무단으로 모델을 수험자간에 교환하는 경우
    ⑤ 국가기술자격법상 국가기술자격 검정에서의 부정행위 등을 하는 경우
    ⑥ 수험자가 위생복을 착용하지 않은 경우
    ⑦ 모델이 가운을 미착용한 경우(여성 : 속가운, 남성 : 베이지색 또는 남색 반바지)
    ⑧ 수험자 유의사항 내의 모델 조건에 부적합한 경우
    ⑨ 주요 화장품을 대부분 덜어서 가져온 경우
17. 시험응시 제외 사항
    ① 모델을 데려오지 않은 경우
18. 득점 외 별도 감점 사항
    ① 복장상태, 사전 준비상태 중 어느 하나라도 미준비하거나 준비 작업이 미흡한 경우
    ② 모델이 가운을 미착용한 경우(여성 : 겉가운, 남성 : 흰색 반팔 티셔츠)
    ③ 관리 범위를 지키지 않은 경우(관리 범위 중 일부를 하지 않거나 범위를 벗어나는 것 모두 해당)
    ④ 작업순서를 지키지 않은 경우
    ⑤ 눈썹을 사전에 모두 정리를 해서 오는 경우
    ⑥ 필요한 기구 및 재료 등을 시험 도중에 꺼내는 경우
19. 마스크 작업 시 마스크 종류 및 순서가 틀린 경우(예 : 팩과 마스크의 순서를 바꿔서 작업한 경우 등), 지압 및 강한 두드림 등 안마행위를 하는 경우 및 눈썹과 체모가 없는 경우는 해당 작업을 0점 처리합니다.
20. 항목별 배점은 얼굴관리 60점, 부위별 관리 25점, 림프를 이용한 피부관리 15점입니다.

# 03 미용사(피부) 실기시험 공개문제

## 국가기술자격검정 실기시험문제

| 자격종목 | 미용사(피부) | 작업명 | 얼굴관리 |
|---|---|---|---|

**번호 :**

- **제1과제 : 얼굴관리**
- **시험시간 : 2시간 15분**
  - 1과제 : 1시간 25분(준비작업시간 및 위생 점검시간 제외)

### 1. 요구사항

※ 다음과 같이 준비 작업을 하시오.

① 클렌징 작업 전, 과제에 사용되는 화장품 및 사용 재료를 관리에 편리하도록 작업대에 정리하시오.

② 베드는 대형 수건을 미리 세팅하고, 재료 및 도구의 준비, 개인 및 기구 소독을 하시오.

③ 모델을 관리에 적합하게 준비(복장, 헤어터번, 노출관리 등)하고 누워 있도록 한 후 시험위원의 준비 및 위생 점검을 위해 대기하시오.

※ 아래 과정에 따라 모델에게 피부미용 작업을 하시오.

| 순서 | 작업명 | 요구내용 | 시간 | 비고 |
|---|---|---|---|---|
| 1 | 관리계획표 작성 | 제시된 피부타입 및 제품을 적용한 피부 관리계획을 작성하시오. | 10분 | – |
| 2 | 클렌징 | 지참한 제품을 이용하여 포인트 메이크업을 지우고 관리범위를 클렌징한 후 코튼 또는 해면을 이용하여 제품을 제거하고 피부를 정돈하시오. | 15분 | 도포 후 문지르기는 2~3분 정도 유지하시오. |
| 3 | 눈썹정리 | 족집게와 가위, 눈썹칼을 이용하여 얼굴형에 맞는 눈썹 모양을 만들고, 보기에 아름답게 눈썹을 정리하시오. | 5분 | 눈썹을 뽑을 때 감독 확인하에 작업하시오.(한쪽 눈썹만 작업하시오.) |
| 4 | 딥클렌징 | 스크럽, AHA, 고마쥐, 효소의 4가지 타입 중 지정된 제품을 이용하여 얼굴에 딥클렌징한 후 피부를 정돈하시오. | 10분 | 제시된 지정타입만 사용하시오. |
| 5 | 손을 이용한 관리 (매뉴얼 테크닉) | 화장품(크림 혹은 오일타입)을 관리 부위에 도포하고 적절한 동작을 사용하여 관리한 후 피부를 정돈하시오. | 15분 | – |
| 6 | 팩 | 팩을 위한 기본 전처리를 실시한 후 제시된 피부타입에 적합한 제품을 선택하여 관리 부위에 적당량을 도포하고, 일정시간 경과 뒤 팩을 제거한 다음 피부를 정돈하시오. | 10분 | 팩을 도포한 부위는 코튼으로 덮지 마시오. |
| 7 | 마스크 및 마무리 | 마스크를 위한 기본 전처리를 실시한 후, 지정된 제품을 선택하여 관리부위에 작업하고, 일정시간 경과 뒤 마스크를 제거한 다음 피부를 정돈한 후 최종마무리와 주변정리를 하시오. | 20분 | 제시된 지정 마스크만 사용하시오. |

# 03 미용사(피부) 실기시험 공개문제

## 2. 수험자 유의사항

① 지참 재료 중 바구니는 웨건의 크기(가로×세로)보다 큰 것은 사용할 수 없습니다.

② 관리계획표는 제시된 조건에 맞는 내용으로 시험에서의 작업에 의거하여 작성하시오.

③ 필기도구는 흑색 볼펜만을 사용하여 작성하시오.

④ 눈썹정리 시 족집게를 이용하여 눈썹을 뽑을 때는 시험위원의 입회하에 실시하되, 시험위원의 지시를 따르시오(작업을 하고 있다가 시험위원이 지시하면 족집게를 사용하며, 작업을 하지 않고 기다리지 마시오).

⑤ 고마쥐 제품 사용 시 도포는 얼굴에 하되 밀어내는 것은 이마 전체와 오른쪽 볼 부위만을 대상으로 하시오.

⑥ 팩은 요구되는 피부타입에 따라 제품을 선택하여 사용하고, 붓 또는 스파튤라를 사용하여 관리 부위에 도포하시오.

⑦ 마스크의 작업부위는 얼굴에서 목 경계부위까지로 작업 시 코와 입에 호흡을 할 수 있도록 해야 합니다.

⑧ 얼굴관리 중 클렌징, 손을 이용한 관리, 팩 작업에서의 관리 범위는 얼굴부터 데콜테[가슴(breast)은 제외)]까지 말하며 겨드랑이 안쪽 부위는 제외됩니다.

⑨ 모든 작업은 총 작업시간의 90% 이상을 사용하시오(단, 관리계획표 작성은 제외).

| 자격종목 | 미용사(피부) | 작업명 | 관리계획표 작성 |
|---|---|---|---|

※ 시험시간 : 2시간 15분

　- 1과제 세부과제 : 10분

※ 아래 예시에서 주어진 조건에 맞는 관리계획표를 작성하시오.

　1. 얼굴의 피부타입은 팩 사용의 부위별 피부타입을 기준으로 결정하시오.
　　[단, T존과 U존의 피부타입만으로 판단하며, 피부의 유·수분함량을 기준으로 한 타입(건성, 중성(정상), 지성, 복합성)만으로 구분하시오]

　2. 팩 사용을 위한 부위별 피부 상태(타입)
　　• T존 :

　　• U존 :

　　• 목 부위 :

　3. 딥클렌징 사용제품 :

　4. 마스크 :

※ 기타 유의사항

　관리계획표상의 클렌징, 매뉴얼 테크닉용 화장품은 본인이 시험장에서 사용하는 제품의 제형을 기준으로 하시오.

## 03  미용사(피부) 실기시험 공개문제

### 국가기술자격검정 실기시험문제

| 관리계획 차트(Care Plan Chart) | | | |
|---|---|---|---|
| 비번호 | 형별 | 시험일자 : 20   .   .   (      부) | |
| 관리목적 및 기대효과 | 관리목적 : | | |
| | 기대효과 : | | |
| 클렌징 | ☐ 오일 | ☐ 크림 | ☐ 밀크 / 로션 | ☐ 젤 |
| 딥클렌징 | ☐ 고마쥐(Gommage) | ☐ 효소(Enzyme) | ☐ AHA | ☐ 스크럽 |
| 매뉴얼 테크닉 제품타입 | ☐ 오일 | ☐ 크림 | | |
| 손을 이용한 관리형태 | ☐ 일반 | ☐ 림프 | | |
| 팩 | T존 : ☐ 건성타입 팩 | ☐ 정상타입 팩 | ☐ 지성타입 팩 | |
| | U존 : ☐ 건성타입 팩 | ☐ 정상타입 팩 | ☐ 지성타입 팩 | |
| | 목부위 : ☐ 건성타입 팩 | ☐ 정상타입 팩 | ☐ 지성타입 팩 | |
| 마스크 | ☐ 석고 마스크 | ☐ 고무모델링 마스크 | | |
| 고객관리계획 | 1주 : | | |
| | 2주 : | | |
| 자가관리조언(홈케어) | 제품을 사용한 관리 : | | |
| | 기타 : | | |

• 관리계획표는 요구하는 피부타입에 맞추어 시험장에서의 관리를 기준으로 하시오.
• 고객관리계획은 향후 주단위의 관리계획을, 자가관리조언은 가정에서의 제품 사용을 위주로 간단하고 명료하게 작성하며 **수정 시 두 줄로 긋고 다시 쓰시오.**
• 향후 관리는 총 기간을 2주로 하고 각 주관리에 대한 내용을 기술
  ex) 클렌징 → 딥 클렌징(효소, 고마쥐, 스크럽, AHA 중 택 1) → 메뉴얼 테크닉 → 크림팩(타입 등 표기) → 크림(제품 타입 등 표기)
• 체크하는 부분은 주가 되는 하나만 하시오.
• 고객관리계획에서 마스크에 대한 사항은 제외하며, 마무리에 대한 사항은 작성하시오.

## 03 미용사(피부) 실기시험 공개문제

### 국가기술자격검정 실기시험문제

| 자격종목 | 미용사(피부) | 작업명 | 팔, 다리 관리 |
|---|---|---|---|

**번호 :**

- •제2과제 : **팔, 다리 관리**
- •시험시간 : **2시간 15분**
  - 2과제 : 35분(준비작업시간 제외)

### 1. 요구사항

※ 팔, 다리 관리를 하기 위한 준비 작업을 하시오.

   ① 과제에 사용되는 화장품 및 사용재료는 작업에 편리하도록 작업대에 정리하시오.

   ② 모델을 관리에 적합하도록 준비하고 베드 위에 누워서 대기하도록 하시오.

※ 아래 과정에 따라 모델에게 피부미용 작업을 실시하시오.

| 순서 | 작업명 | | 요구내용 | 시간 | 비고 |
|---|---|---|---|---|---|
| 1 | 손을 이용한 관리 (매뉴얼 테크닉) | 팔(전체) | 모델의 관리부위(오른쪽 팔, 오른쪽 다리)를 화장수를 사용하여 가볍고 신속하게 닦아낸 후 화장품(크림 혹은 오일타입)을 도포하고, 적절한 동작을 사용하여 관리하시오. | 10분 | 총 작업시간의 90% 이상을 유지하시오. |
| | | 다리(전체) | | 15분 | |
| 2 | 제모 | | 왁스 워머에 데워진 핫 왁스를 필요량만큼 용기에 덜어서 작업에 사용하고, 팔 또는 다리에 왁스를 부직포 길이에 적합한 면적만큼 도포한 후 체모를 제거하고 제모 부위의 피부를 정돈하시오. | 10분 | 제모는 좌·우 구분이 없으며 부직포 제거 전 손을 들어 감독의 확인을 받으시오. |

### 2. 수험자 유의사항

   ① 손을 이용한 관리는 팔과 다리가 주 대상범위이며, 손과 발의 관리 시간은 전체 시간의 20%를 넘지 않도록 하시오.

   ② 제모 시 손 또는 발을 제외한 좌·우측 팔 전체 또는 다리 전체 중 작업을 수행하기 적합한 부위를 선택하여 한 번만 제거하시오.

   ③ 관리 부위에 체모가 완전히 제거되지 않았을 경우 족집게 등으로 잔털 등을 제거하시오.

   ④ 제모 작업은 7×20cm 정도의 부직포 1장을 이용한 도포 범위(4~5×12~14cm)를 기준으로 하시오.

# 03  미용사(피부) 실기시험 공개문제

## 국가기술자격검정 실기시험문제

| 자격종목 | 미용사(피부) | 작업명 | 림프를 이용한 피부관리 |
|---|---|---|---|

**번호 :**

- 제3과제 : **림프를 이용한 피부관리**
- 시험시간 : **2시간 15분**
  - 3과제 : 15분(준비작업시간 제외)

### 1.  요구사항

※ 림프관리에 적합한 준비 작업을 하시오.

  ① 과제에 사용되는 화장품 및 사용 재료는 작업에 편리하도록 작업대에 정리하시오.

  ② 모델을 작업에 적합하도록 준비하시오.

※ 아래 과정에 따라 모델에게 피부미용 작업을 실시하시오.

| 순서 | 작업명 | 요구내용 | 시간 | 비고 |
|---|---|---|---|---|
| 1 | 림프를 이용한 피부관리 | 적절한 압력과 속도를 유지하며 목과 얼굴 부위에 림프절 방향에 맞추어 피부관리를 실시하시오. (단, 에플라쥐 동작을 시작과 마지막에 하시오.) | 15분 | 종료시간에 맞추어 관리하시오. |

### 2.  수험자 유의사항

  ① 작업 전 관리 부위에 대한 클렌징 작업은 하지 마시오.

  ② 관리 순서는 에플라쥐를 먼저 실시한 후 첫 시작 지점은 목 부위(Profundus)부터 하되, 림프절 방향으로 관리하며 림프절의 방향에 역행되지 않도록 주의하시오.

  ③ 적절한 압력과 속도를 유지하고 정확한 부위에 실시하시오.

# 03  미용사(피부) 실기시험 공개문제

지급재료목록

| 일련번호 | 지참 도구 및 재료명 | 규격 | 단위 | 수량 | 비고 |
|---|---|---|---|---|---|
| 1 | 핫 왁스 | 400~500mℓ | 개 | 1 | 7인당 1개 |
| 2 | 화장솜 | 100개 | 통 | 1 | 20인당 1개 |

수험자 지참도구 및 재료

| | | 자격종목 및 등급 | 미용사(피부) | | |
|---|---|---|---|---|---|
| 일련번호 | 지참 도구 및 재료명 | 규격 | 단위 | 수량 | 비고 |
| 1 | 위생복 | 상의 흰색 반팔 가운, 하의 긴 바지 | 벌 | 1 | 모든 복식은 흰색 통일 |
| 2 | 실내화 | 흰색 | 켤레 | 1 | 실내화만 허용 |
| 3 | 마스크 | 흰색 | 개 | 1 | – |
| 4 | 대형타월 | 100×180cm, 흰색 | 장 | 2 | 베드용, 모델용 |
| 5 | 중형타월 | 65×130cm, 흰색 | 장 | 1 | – |
| 6 | 소형타월 | 35×80cm, 흰색 | 장 | 5장 이상 | 습포, 건포용 |
| 7 | 헤어밴드(터번) | 벨크로(찍찍이)형 | 개 | 1 | 분홍색 or 흰색 |
| 8 | 여성모델용 속가운 및 겉가운 | 밴드(고무줄, 벨크로형 일반형(겉가운) | 벌 | 1 | 분홍색 or 흰색 |
| 9 | 남성모델용 옷 | 박스형 반바지 & 반팔 T-셔츠 | 벌 | 1 | 하의 – 베이지 or 남색, 상의 – 흰색 |
| 10 | 모델용 슬리퍼 | – | 켤레 | 1 | – |
| 11 | 필기도구 | 볼펜 | 자루 | 1 | 검은색(유색 – 지워지는 펜 불가) |
| 12 | 알콜 및 분무기 | – | 개 | 1 | 1인 사용량 |
| 13 | 일반솜 | – | 봉지 | 1 | 탈지면, 1인 사용량 |
| 14 | 비닐봉지, 비닐백 | 소형 | 장 | 각 1 | 쓰레기 처리용, 습포 보관용(두터운 비닐백) |
| 15 | 미용솜 | – | 통 | 1 | 화장솜 |
| 16 | 면봉 | – | 봉지 | 1 | 1인 사용량 |
| 17 | 티슈 | – | 통 | 1 | 1인 사용량 |
| 18 | 붓 | 클렌징, 팩용 | 개 | 2 | 바디용 불가 |
| 19 | 해면 | 스폰지, 면타입 | 세트 | 1 | 1인 사용량 |
| 20 | 스파튤라 | – | 개 | 3 | 클렌징, 팩용 |
| 21 | 볼(Bowl) | – | 개 | 3 | 클렌징, 팩 등 |
| 22 | 가위 | 소형 | 개 | 1 | 눈썹정리, 제모 |
| 23 | 족집게 | – | 개 | 1 | 눈썹정리, 제모 |
| 24 | 브러시 | – | 개 | 1 | 눈썹정리, 제모 |
| 25 | 눈썹칼 | Safety Razor | 개 | 1 | 눈썹정리 |
| 26 | 거즈 | – | 장 | 1 | – |
| 27 | 아이패드 | – | 개 | 2 | 거즈, 화장솜으로 대용 가능 |
| 28 | 나무스파튤라 | – | 개 | 1 | 제모용 |
| 29 | 부직포 | 7×20cm | 장 | 1 | 제모용 |
| 30 | 장갑 | 라텍스 | 켤레 | 1 | 제모용 |
| 31 | 종이컵 | 100mℓ | 개 | 1 | 제모용 |
| 32 | 보관통 | 컵 형 | 개 | 2 | 스파튤라, 붓 등 |
| 33 | 보관통 | 뚜껑달린 통 | 개 | 2 | 알콜 솜 등 |
| 34 | 해면볼 | 소형 | 개 | 1 | – |
| 35 | 바구니 | – | 개 | 2 | 정리용 사각 |
| 36 | 트레이(쟁반) | 소형 | 개 | 1 | 습포용 |
| 37 | 효소 | – | 개 | 1 | 파우더형 |
| 38 | 고마쥐 | – | 개 | 1 | 크림형 or 젤형 |
| 39 | AHA | 함량 10% 이하 | 개 | 1 | 액체형 |
| 40 | 스크럽제 | – | 개 | 1 | 크림형 or 젤형 |
| 41 | 팩 | 크림타입 | 세트 | 1 | 정상, 건성, 지성 |
| 42 | 스킨토너(화장수) | – | 개 | 1 | 모든 피부용 |
| 43 | 크림, 오일 | 매뉴얼 테크닉용 | 개 | 1 | 모든 피부용 |
| 44 | 탈컴 파우더 | – | 개 | 1 | 제모용 |
| 45 | 진정로션 혹은 젤 | – | 개 | 1 | 제모용 |
| 46 | 영양크림 | – | 개 | 1 | 모든 피부용 |
| 47 | 아이 및 립크림 | – | 개 | 1 | 모든 피부용(공용사용가능) |
| 48 | 포인트 메이크업 리무버 | 아이, 립 | 개 | 1 | 모든 피부용 |
| 49 | 클렌징 제품 | 얼굴 등 | 개 | 1 | 모든 피부용 |
| 50 | 고무볼 | 중형 | 개 | 1 | 마스크용 |
| 51 | 석고 마스크 | 파우더타입 | 개 | 1 | 1인 사용량 |
| 52 | 고무모델링 마스크 | 파우더타입 | 개 | 1 | 1인 사용량 |
| 53 | 베이스크림 | 크림타입 | 개 | 1 | 석고 마스크용 |
| 54 | 모델 | – | 명 | 1 | 모델기준 참조 |

※ 공개문제 및 수험자 지참 준비물에 언급된 도구 및 재료 중 기타 실기시험에서 요구한 작업 내용에 영향을 주지 않는 범위 내에서 수험자가 피부 미용에 필요하다고 생각되는 재료 및 도구는 추가 지참 가능
※ 해면은 스폰지 타입과 면(코튼) 타입의 지참 및 혼용 사용 가능
※ 타월류의 경우는 비슷한 크기이면 무방
※ 팩과 마스크, 딥클렌징용 제품을 제외한 다른 모든 화장품은 모든 피부용을 지참
※ 바구니의 경우 왜건 크기보다 크면 사용할 수 없음
※ 부직포는 지정된 길이에 맞게 미리 잘라서 오면 됨
※ 모델 기준 : 연도 기준으로 만 14세 이상의 신체 건강한 남, 예[단, ① 심한 민감성 피부 혹은 심한 농포성 여드름이 있는 사람 등 피부관리에 적합하지 않은 피부질환을 가진 자, ② 성형수술(코, 눈, 턱윤곽술, 주름제거 등)한지 6개월 이내인 자, ③ 호흡기 질환, 민감성 피부, 알레르기 등이 있는 자, ④ 임신 중인 자, ⑤ 정신질환자는 제외]
※ 수험자가 동반한 모델도 신분증을 지참하여야 하며, 공단에서 지정한 신분증을 지참하지 않은 경우, 모델로 시험에 참여가 불가능합니다.
※ 젤리화, 크로스화, 벨크로형(찍찍이) 형태의 실내화 등도 지참 가능하며 감점사항 아님
※ 여성 수험자는 여성 모델을, 남성 수험자는 남성 모델을 준비하면 되며 사전에 모델에게 작업에 요구되는 노출에 대한 동의를 받아야 함
※ 수험자의 복장 상태 중 위생복 속 반팔 또는 긴팔 티셔츠가 밖으로 나온 것도 감점 사항에 해당됨
※ 큐넷(www.q-net.or.kr.) 자료실 내 2023년 미용사(피부) 공개 문제 내의 수험자 유의 사항(전과제 공통) 등 관련 자료를 사전에 반드시 확인하여 준비

# CONTENTS

## Part 01 핵심이론정리

### 제1과목 피부미용이론

### 제2과목 해부생리학

### 제3과목 피부미용기기학

### 제4과목 화장품학

### 제5과목 공중위생관리학

## Part 02 실력다지기 모의고사

## Part 03 실전 적중문제

## Part 04 상시시험 문제분석 특강 자료

# Part 01

## 핵심이론정리

### Chapter 01 피부미용개론

#### 01 피부미용의 개념

피부미용은 두피를 제외한 얼굴과 신체의 근육 및 피부에 기술을 행하여 영양을 공급하고 피부의 생리기능을 높여 건강한 피부를 유지시켜 주는 것을 말한다. 또한 미용상의 문제점을 핸드 테크닉 및 피부미용기기를 사용하여 해소하고 피부와 신체를 아름답게 가꾸는 전신 미용술을 의미한다.

혈점

**TIP 세계 여러 나라의 피부미용 용어**

- 독일 : Kosmetik
- 프랑스 : Esthetique
- 영국 : Cosmetic
- 일본 : エステ(에스테)
- 미국 : Skin Care, Esthetic, Aesthetic

**✿ 풀어보고 넘어가자**

피부미용에 대한 개념으로 틀린 것은?

① 얼굴과 신체의 근육 및 피부에 생리기능을 높인다.
② 핸드 테크닉과 피부미용기기를 사용한다.
❸ 두피를 포함한 얼굴 및 피부를 대상으로 한다.
④ 피부와 신체를 아름답게 가꾸는 전신 미용술이다.

해설 두피 및 두발은 피부미용에서 제외된다.

#### 02 피부미용의 변천사

(1) 서양

① **이집트시대**
  ㉠ 이집트시대의 미용은 종교의식을 중심으로 행해졌다.
  ㉡ 나귀우유와 진흙을 사용하여 목욕하는 클레오파트라의 방법은 오늘날까지 알려져 있다.
  ㉢ 화장법에 있어서 백납을 사용하였고 피부 관리를 위해 올리브 오일과 진흙 등을 사용했다.

② **그리스시대**
  ㉠ 그리스인은 '건강한 신체에 건강한 정신이 깃든다'라고 믿고 건강한 신체를 중요시하였다.
  ㉡ 건강한 아름다움을 위하여 천연향과 오일을 이용한 마사지 요법이 성행하였고 여성들은 메이크업보다는 깨끗한 피부를 가꾸는 데 주안점을 두었다.

③ **로마시대**
  ㉠ 공중 목욕문화가 발달하였고 갈렌(Galen)에 의해 콜드 크림의 원조인 연고가 제조되었다.
  ㉡ 포도주, 오렌지즙 등을 이용하여 각질과 피지를 관리하고 염소젖과 오일, 옥수수, 밀가루 등을 이용한 마사지법이 성행하였다.
  ㉢ 남녀 모두 피부미용에 관심이 많았으며 향수, 화장품을 많이 사용하였다.

④ **중세시대**
  현대 아로마요법의 기초가 되는 시기로 여러 약초를 끓인 물을 이용하여 수증기를 피부에 쐬는 스팀요법이 처음 활용되었다.

⑤ **르네상스**
  위생과 청결의 개념이 없었으며, 악취 제거를 위해 향수문화가 발달하였다.

⑥ **근세**
  ㉠ 위생과 청결이 중시되어 비누가 널리 사용되었다.
  ㉡ 훗페란트에 의해 마사지와 운동요법이 강조되었고, 클렌징 크림이 개발되었다.

⑦ **현대(20세기 이후)**
  ㉠ 화장품의 종류가 다양해지고 대량생산으로 대중화되었다.
  ㉡ 생화학, 생리학, 전기학 등의 과학기술을 이용한 피부미용기술이 발전되었다.

(2) 우리나라

① **상고시대**
  미백 효과를 위해 쑥과 마늘을 사용하였다.

② **삼국시대**
  백분의 제조기술이 상당히 높은 수준이었다.

③ **고려시대**
  피부 보호 및 미백 효과가 있는 면약이 개발되었다.

④ **조선시대**
  ㉠ 조선시대에는 내면과 외면의 미가 동일하다는 사상이 나타나 청결을 중시하여 목욕을 즐겼다.
  ㉡ 사대부의 가정백과라 할 수 있는 《규합총서》에는 두발 형태와 화장법 등 미용에 관한 내용이 소개되어 있다.

⑤ **근대**
  1916년 '박가분'이 우리나라 최초로 기업화되어 판매되었다.

⑥ 현대

1960년 이후 본격적으로 화장품 산업이 발전하였고, 1980년 이후 색조 화장품과 기능성 화장품이 출시되어 화장품 산업이 더욱 확대되었다.

🌸 풀어보고 넘어가자

우리나라의 피부미용 역사에 관한 설명으로 옳은 것은?

① 고려시대에는 기생 중심의 비분대화장이 성행하였다.
② 삼국시대에는 면약이 개발되었다.
③ 조선시대에는 내면미보다 외형미가 강조되었다.
❹ 1916년 박가분이 개발되어 널리 보급되었다.

해설 박가분은 최초로 기업화된 화장품이다. 고려시대에는 기생 중심의 분대화장과 일반인의 비분대화장으로 화장법이 이원화되었으며, 면약이 개발되었다. 조선시대에는 유교의 영향으로 외형미와 내면미가 동일시되었다.

## 03 피부미용사의 기본 조건

### (1) 피부미용사의 내적 조건

① 피부미용사는 전문교육을 이수하여 피부 관리 수행능력을 갖추어야 한다.
② 직업에 대한 자부심과 신념이 있어야 한다.
③ 고객에 대해 항상 친절한 매너를 갖추고 서비스 정신이 투철해야 한다.
④ 전문적인 지식과 기술향상을 위해 항상 노력해야 한다(세미나, 연수, 전문지 구독 등).

### (2) 피부미용사의 외적 조건

① 항상 깨끗하고 단정한 복장과 신발 상태를 유지한다.
② 구취, 몸냄새가 나지 않도록 항상 청결에 힘쓴다.
③ 손톱을 짧고 깨끗하게 유지한다.
④ 짙은 화장을 피하고 깔끔하고 전문가적 이미지를 구현하는 화장을 한다.
⑤ 관리 전·후 손을 소독한다.
⑥ 업무에 지장을 주는 반지, 팔찌 등 액세서리는 피한다.

## Chapter 02 피부분석 및 상담

## 01 피부분석 목적 및 효과

### (1) 정의

피부분석은 고객의 피부 상태와 피부 유형을 파악하기 위하여 실시하며 관리 전에 피부조직의 상태, 피부의 유·수분도, 피지 분비 상태, 민감도, 색소침착, 모공 상태, 탄력성 등 다양한 피부의 상태를 과학적인 분석방법을 통해 정확히 파악하는 것이다.

### (2) 목적 및 효과

① 성공적이고 올바른 피부 관리를 하기 위한 기초 자료로 이용한다.
② 고객의 피부 타입에 맞는 적절한 케어와 제품을 선택하고 홈케어 교육도 병행한다.

### (3) 피부상담

① 관리를 받으러 온 방문동기와 목적을 파악한다.
② 전문적인 지식을 갖추고 피부 관리에 대한 조언을 한다.
③ 피부의 문제점과 원인을 명확히 파악하고 앞으로의 관리방법과 계획을 세운다.

## 02 피부 유형분석

### (1) 피부 유형분석 방법

① 문진(問診)
㉠ 고객에게 질문하여 그 답변에 따라 피부의 유형을 판독한다.
㉡ 고객의 직업, 알레르기 유무, 질병, 사용약제, 사용화장품과 피부 관리 습관, 식생활, 스트레스 등을 파악한다.

② 견진(見診)
㉠ 육안으로 직접 보거나 확대경, 우드램프 등을 통하여 피부 유형을 판독한다.
㉡ 피부의 유분함량, 모공크기, 예민 상태, 혈액순환 상태 등의 판독이 가능하다.

③ 촉진(觸診)
㉠ 피부를 만져보거나 집어서 판독한다.
㉡ 피부의 수분보유량, 각질화 상태, 탄력성 등을 파악할 수 있다.

④ 기기 판독법
㉠ 우드램프(Wood Lamp)
자외선을 이용한 광학 피부분석기로 피부 상태에 따라 특정한 형광색이 나타난다.

| 피부 상태 | 측정기 반응 색상 |
|---|---|
| 정상 피부 | 청백색 |
| 건성, 수분 부족 피부 | 연보라색 |
| 민감, 모세혈관 확장피부 | 진보라색 |
| 피지, 여드름 | 오렌지색 |
| 노화 각질, 두꺼운 각질층 | 흰색 |
| 색소침착 부위 | 암갈색 |
| 비립종 | 노란색 |
| 먼지, 이물질 | 반짝이는 하얀 형광색 |

㉡ 확대경(Magnifying Glass)
육안의 5배율의 확대경을 통해 면포, 색소침착, 잔주름 등의 피부 상태를 분석한다.

㉢ 피부분석기(Skin Scope)
피부표면의 조직 등을 80~200배 정도 확대하여 관찰할 수 있는 기기로 측정결과를 모니터나 사진을 통해 정확히 알 수 있다.

② 유분·수분·pH 측정기

피부 표면의 유분 및 수분, pH를 측정하여 판독한다.

**(2) 피부 상태분석 방법**

① **유분 함유량**

세안 후 티슈로 눌러봤을 때 피지가 묻어나오는 정도로 확인한다.

② **수분 함유량**

㉠ 볼 아래의 피부를 위 방향으로 올려보았을 때 잔주름이 가로로 형성된 정도를 파악한다.

㉡ 잔주름이 많이 형성되면 수분 보유량이 부족하므로 수분 부족 피부로 판단한다.

③ **각질화 상태**

손으로 만졌을 때 부드럽거나 거친 느낌, 또는 표면이 일정치 않거나 매끄러운 느낌으로 알 수 있다.

④ **모공 크기**

㉠ 정상 피부 : T-존 부위는 볼 부위에 비해 모공의 크기가 큰 편이다.

㉡ 지루성, 여드름성 피부 : T-존 부위의 모공이 눈에 띄게 크며, 코 주변의 뺨 및 얼굴 전면까지 모공이 큰 경우도 있다.

⑤ **탄력 상태**

탄력 상태는 피부조직의 긴장감(Turgor)과 탄력섬유조직의 긴장도(Tonus)에 따라 탄력성을 판단한다.

---

**TIP 📖 탄력상태의 판단**

• 피부의 긴장감(Turgor)
  – 피부를 잡아당겼다 놓았을 때 원래 상태로 돌아가는 능력
  – 결합조직, 콜라겐 섬유, 세포 내 물질들의 수분보유능력에 의해 결정된다.
• 탄력섬유의 긴장도(Tonus) : 턱뼈 위의 근육 등이 잘 잡힐 경우 탄력성이 저하된 것이며, 잘 안 잡힐 경우 탄력성이 좋은 것이다.

---

❀ **풀어보고 넘어가자**

**피부의 수분보유량, 각질화 상태, 탄력성 등을 판독할 수 있는 피부분석 방법은?**

① 견진    ② 문진    ❸ 촉진    ④ 소진

**해설**📝 촉진을 통해 피부의 수분보유량, 각질화 상태, 탄력성 등을 판독할 수 있다.

---

# 03 피부 유형별 특성

**(1) 중성 피부(Normal Skin)**

① **특징**

㉠ 피부 표면이 매끄럽고 부드럽다.

㉡ 피지 분비 및 수분 공급 기능이 적절하다.

㉢ 피부 이상인 색소, 여드름, 잡티 현상이 없다.

㉣ 피부결이 섬세하고 모공이 미세하여 피부색이 맑다.

㉤ 탄력성이 좋고, 피부조직이 정상적인 상태에서 단단하며 주름이 없다.

② **관리**

㉠ 규칙적인 기초 손질을 지속적으로 하여 피부의 유분과 수분의 균형을 유지시킨다.

㉡ 혈액순환과 신진대사를 돕는 마사지와 팩을 일주일에 1~2회 정도 실시한다.

㉢ 적당한 유분과 다량의 수분을 함유한 크림을 바른다.

㉣ 비타민 A, E와 천연보습인자가 함유된 제품을 사용하여 노화 방지에 힘쓴다.

**(2) 건성 피부(Dry Skin)**

① **특징**

㉠ 각질층의 수분과 피부의 유연성이 부족하다.

㉡ 화장이 들뜨고 피부가 얇아 실핏줄이 생기기 쉽다.

㉢ 주름 발생이 쉬우므로 노화현상이 빨리 온다.

㉣ 모공이 작고 윤기가 없다.

㉤ 피지보호막이 얇아 피부가 손상되면 색소가 침착되어 주근깨, 기미가 생길 수 있다.

② **관리**

㉠ 화장수는 알콜 성분이 적은 것을 사용한다.

㉡ 아이크림은 아침과 저녁에 꼭 발라 건조로 인한 잔주름을 주의한다.

㉢ 수분부족 현상을 막기 위해 생수를 많이 마신다.

㉣ 잦은 세안과 세정력이 강한 제품은 피하며 미온수로 세안한다.

㉤ 일주일에 2~3회 정도 팩을 하여 충분한 수분과 유분을 공급해 준다.

㉥ 기미와 주근깨가 생길 수 있으므로 비타민 C가 많은 야채나 과일을 섭취한다.

③ **종류**

㉠ 일반 건성 피부

피지선의 기능과 한선 및 보습능력의 저하로 인하여 유·수분 함량이 부족하다.

㉡ 표피 건성 피부

외부 환경의 영향 또는 잘못된 피부 관리와 화장품 사용이 주된 원인이며 잔주름이 생기기 쉽다.

㉢ 진피 건성 피부

과도한 자외선과 공해에 의한 진피 손상, 다이어트로 인한 영양 결핍 등으로 인해 발생하는 피부 자체 수분공급의 문제이며 굵은 주름살이 생기기 쉽다.

**(3) 지성 피부**

① **특징**

㉠ 화장이 잘 받지 않으며 쉽게 지워진다.

㉡ 피지 분비가 많아 여드름과 뾰루지가 잘 생기며 피부가 거칠고 모공이 넓다.

② 관리
ㄱ 세안이나 팩을 한 후에 마무리를 할 때는 수렴 화장수를 사용한다.
ㄴ 여드름은 노폐물이나 각질이 피부 표면을 막아서 생기므로 각질을 잘 제거한다.
ㄷ 여드름 전용스킨을 사용하고, 일주일에 2~3회는 팩을 통하여 모공 속에 피지와 노폐물을 제거하도록 한다.

(4) 복합성 피부(Combination Skin)
① 특징
ㄱ 피부결이 곱지 못하며 피부조직이 전체적으로 일정하지 않다.
ㄴ T-존 부위는 피지 분비가 많아 여드름이나 뾰루지가 생기기 쉽고 모공이 크다.
ㄷ T-존을 제외한 부위는 세안 후 당김 현상이 있고 눈가에 잔주름이 쉽게 생긴다.
② 관리
ㄱ 얼굴 부위별 상태에 따라 관리한다(볼은 건성 피부, 이마는 지성 피부).
ㄴ T-존 부위는 피지조절케어를 병행한다.
ㄷ 볼은 클렌징 로션, T-존은 클렌징 폼으로 한 번 더 세안하여 남아있는 피지와 먼지를 제거한다.

(5) 민감성 피부(Sensitive Skin)
① 특징
ㄱ 여드름, 발진, 알레르기 등 피부 트러블이 쉽게 일어난다.
ㄴ 화장품을 바꾸어 사용하면 처음에는 예민한 반응을 일으킨다.
ㄷ 냉(冷), 열(熱), 햇빛, 오염물질, 기후조건에 의해 얼굴이 쉽게 달아오르고 가려움을 느낀다.
② 관리
ㄱ 과도한 영양 공급이나 물리적인 자극을 피한다.
ㄴ 알콜이 함유되어 있지 않은 저자극성 제품을 사용한다.

(6) 여드름 피부(Acne Skin)
① 특징
ㄱ 피부가 조금 두껍고 거친 편이며 칙칙하다.
ㄴ 피지 분비가 많아 번들거리며 지저분해지기 쉽다.
② 여드름의 형태
ㄱ 면포성 여드름
• 폐쇄 면포(백두, White Head) : 모공의 입구가 좁게 닫혀 있는 상태로 흰색을 띠고 있는 면포
• 개방 면포(흑두, Black Head) : 열려진 모낭 입구 밖으로 피지의 끝부분이 노출되어 검게 착색된 면포
ㄴ 구진(Papule) : 세균에 감염되어 빨갛게 부풀어 올라 발진한다.
ㄷ 농포(Pustule) : 농을 형성한다.
ㄹ 결절(Nodule) : 구진보다 크고 단단한 덩어리가 피부 깊숙이 형성한다.
ㅁ 낭종(낭포, Cyst) : 진피층 깊은 곳까지 파괴되어 영구적인 여드름 흉터를 남긴다.
③ 관리
ㄱ 유분기가 적은 제품을 쓰는 것이 안전하며 지루성 피부 상태의 개선과 피지 감소를 위해 지루성 피부 전용 세정제를 사용한다.
ㄴ 살리실산, 비타민 A, AHA 등의 성분을 함유한 화장품을 이용한다.
ㄷ 알칼리성인 일반 비누의 사용은 여드름균의 번식을 초래하여 여드름을 악화시킬 수 있다.

(7) 노화 피부(Ageing Skin)
① 특징
ㄱ 피부 건조화로 잔주름이 발생한다.
ㄴ 탄력성이 저하되어 모공이 넓어진다.
ㄷ 노폐물 축적으로 표피가 두꺼워진다.
ㄹ 자외선 방어능력 저하로 색소침착이 생긴다.
ㅁ 표피와 진피의 구조 변화로 피부가 얇아진다.
② 관리
ㄱ 유분과 수분이 충분히 함유되어 있는 화장품을 사용하고 선크림, 선로션 등의 자외선 차단제와 자외선을 막아주는 메이크업 화장품을 사용한다.
ㄴ 자외선, 건조, 찬바람 등 피부를 노화시키는 자극에 대처하여 피부를 보호한다.

🌸 풀어보고 넘어가자

**다음 중 여드름 피부의 특징이 아닌 것은?**

① 화이트헤드와 블랙헤드가 많다.
② 화장이 잘 지워진다.
③ 피지 분비가 많아 전체적으로 번들거린다.
❹ 세안 후 얼굴이 심하게 당기며 주름 발생이 쉽다.

해설7 건성 피부는 유·수분 부족으로 당김현상이 심하며 주름도 쉽게 발생한다.

## 04 피부분석표

### 피부분석카드 Ⅰ

| 성 명 | | 수험번호 | | 날 짜 | |
|---|---|---|---|---|---|
| 고객명 | | 주 소 | | | |
| 생년월일 | | 전화번호 | | 직 업 | |

| 병력과 부적응증 | | | | | |
|---|---|---|---|---|---|
| • 심장병 | ☐ | • 갑상선 | ☐ | • 화장품 부작용 | ☐ |
| • 고혈압 | ☐ | • 간질 | ☐ | • 금속판/핀 | ☐ |
| • 당뇨 | ☐ | • 알레르기 | ☐ | • 현재 복용 중인 약 | ☐ |
| • 임신 | ☐ | • 수술 여부 | ☐ | • 기타 | ☐ |

| 고객 피부 타입 | | | | | | |
|---|---|---|---|---|---|---|
| • 피지 분비에 따른 피부 타입 | 정상 ☐ | 건성 ☐ | 지성 ☐ | 복합성 ☐ | | |
| • 피부의 수분량 | 높다 ☐ | 보통 ☐ | 낮다 ☐ | | | |
| • 피부결 | 곱다 ☐ | 복합적 ☐ | 거칠다 ☐ | | | |
| • 주름 | 표면주름 ☐ | 표정주름 ☐ | 노화주름 ☐ | | | |
| • 피부의 탄력성 | 좋다 ☐ | 보통 ☐ | 나쁘다 ☐ | | | |
| • 피부의 혈액순환 | 좋다 ☐ | 보통 ☐ | 나쁘다 ☐ | | | |
| • 피부의 민감도 | 정상 ☐ | 민감 ☐ | 과민감 ☐ | | | |
| • 자외선 민감도 | Ⅰ ☐ | Ⅱ ☐ | Ⅲ ☐ | Ⅳ ☐ | Ⅴ ☐ | |

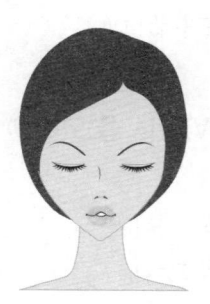

| 코메도 | | 사마귀 | |
|---|---|---|---|
| 구진 | | 흉터 | |
| 농포 | | 켈로이드 | |
| 주사 | | 과색소 | |
| 모세혈관확장 | | 혈관종 | |
| 섬유종(쥐젖) | | 기타 질환 | |

**피부분석카드 Ⅱ**

| 구 분 | 관리순서 및 제품의 주요기능 및 함유성분 설명 | | |
|---|---|---|---|
| 클렌징 | 제품 타입 :<br>주성분 : | | |
| 딥클렌징 | 기기 | 제품 | 성분과 목적 |
| | 전기세정 ☐<br>프리마돌 ☐ | 스크럽 ☐<br>효소 ☐<br>고마쥐 ☐ | |
| | 스티머 ☐ | A.H.A ☐ | |
| 기기 적용 및 목적 | 이온영동법 ☐<br>감응전류 ☐<br>흡입기구 ☐<br>직접 고주파 ☐<br>간접 고주파 ☐<br>초음파 ☐ | 관리목적 : | |
| 마사지 | 종류 | 주요 성분 | 목적 |
| | 오일 ☐<br>크림 ☐<br>젤 ☐ | | |
| 마스크 및 팩 | 제품 타입 | 주요 성분 | 목적 |
| | | | |
| 고객관리 주요목적<br>(시술에 대한<br>전체적인 소견) | | | |
| 고객관리 계획<br>(총관리 횟수와<br>관리주기) | | | |
| 가정관리 조언 | 아침 | 저녁 | |
| | | | |

## Chapter 03 클렌징

### 01 클렌징(Cleansing)의 개념

(1) 목적 및 효과

① 노폐물을 제거하여 피부를 청결한 상태로 유지시키며 피부세포의 호흡과 신진대사를 원활하게 한다.

② 피부기능을 원활하게 유지시켜 노화를 막고 영양의 흡수를 도와 건강한 피부를 유지하게 한다.

✿ 풀어보고 넘어가자

클렌징에 대한 설명으로 옳은 것은?

① 유·수분 보충을 위해 실시한다.
② 기미, 주근깨 등을 제거해준다.
③ 스크럽, 고마쥐, 효소 등을 이용한다.
❹ 피부 표면의 더러움을 제거해준다.

해설 클렌징은 먼지, 피부 표면의 더러움, 메이크업 잔여물을 제거해준다.

### 02 클렌징(Cleansing)의 단계

(1) 포인트 메이크업 클렌징(1차 클렌징)

아이 메이크업 리무버를 사용하여 아이섀도, 마스카라, 눈썹, 아이라인, 입술을 닦아내는 과정을 말한다.

(2) 안면 클렌징(2차 클렌징)

얼굴과 목 등의 전체적인 클렌징 방법으로 피부 타입에 맞는 클렌징 제품을 선택하여 부드럽게 클렌징 마사지 한 다음 티슈로 닦아 낸다.

(3) 화장수 도포(3차 클렌징)

피부 유형에 맞는 전문제품을 선택하여 면 패드에 묻힌 후 얼굴과 목 등의 부위를 부드럽게 닦아 낸다.

TIP 티슈와 해면

• 티슈 : 유분이 많은 크림 타입의 클렌징제를 사용했을 경우 티슈로 유분기를 제거한다.
• 해면 : 유분이 적은 로션 타입이나 젤 타입을 사용했을 경우 해면으로 제거한다.
⇒ 이후 습포처리

### 03 습포(Steam Towel)

(1) 습포의 목적

습포는 적절한 온도와 습도를 부여하여 피부 관리 단계의 효용을 높이는 데 있다.

(2) 습포의 종류

① 온습포

ⓐ 잔여물 및 노폐물 제거에 이용한다.

ⓑ 피부의 온도를 상승시켜 모공을 확대시킨다.

ⓒ 혈액순환을 촉진시키고 근육의 이완을 돕는다.

ⓓ 예민한 피부, 모세혈관 확장피부, 화농성 여드름 피부는 피한다.

② 냉습포

ⓐ 주로 피부 관리의 마지막 단계에서 사용한다.

ⓑ 모공을 수축시키는 수렴효과가 있다.

ⓒ 진정효과가 있다.

> 🌸 풀어보고 넘어가자
>
> 다음 중 온습포의 효과가 아닌 것은?
>
> ① 불순물을 제거한다.
> ② 모공을 확장시킨다.
> ❸ 예민한 피부의 진정에 효과적이다.
> ④ 혈액순환을 촉진시킨다.
>
> 해설 🍀 온습포는 예민한 피부, 화농성 피부에는 가급적 사용을 금한다.

## 04. 클렌징 제품

(1) 클렌징 크림(Cleansing Cream)

① 친유성의 크림 상태(W/O) 제품이다.

② 유분이 많아 이중세안을 해야 한다.

③ 세정력이 뛰어나 진한 메이크업을 하고 난 후 적합하다.

④ 지성 피부나 예민한 피부를 가진 사람은 가급적 피해야 한다.

(2) 클렌징 로션(Cleansing Lotion)

① 친수성의 로션 상태(O/W) 제품이다.

② 이중세안이 필요 없다.

③ 자극이 적고 건성, 노화, 민감성 피부에 좋다.

④ 사용 후 느낌이 산뜻하나 클렌징 크림보다 세정력이 약하다.

(3) 클렌징 오일(Cleansing Oil)

① 물과 친화력이 있는 오일 성분을 배합시킨 제품이다(수용성 오일).

② 물에 쉽게 용해되어 진한 화장을 한 다음 사용하기 좋다.

③ 건성·예민성·노화 피부에 적합하다.

(4) 클렌징 젤(Cleansing Gel)

① 오일 성분이 전혀 함유되지 않은 제품이다.

② 세정력이 뛰어나며 이중세안이 필요 없다.

③ 지방에 예민, 알레르기성 피부, 여드름 피부에 적합하다.

(5) 클렌징 워터(Cleansing Water)

① 화장수 + 계면활성제 + 에탄올을 소량으로 배합한 제품이다.

② 가벼운 화장을 지우거나 피부를 닦아낼 때 사용한다.

③ 아이 & 립 메이크업의 리무버 용도로 사용한다.

(6) 클렌징 폼(Cleansing Foam)

① 계면활성제형 세안화장품으로 비누처럼 거품이 난다.

② 비누의 단점인 피부 당김과 자극을 제거한 제품이다.

③ 유성 더러움인 경우, 닦아내는 타입의 세안제 사용 후 이중세안용으로 적합하다.

(7) 비누(Soap)

① 조직을 유연하게 하고 각질을 부풀게 한다.

② 알칼리 작용으로 피부에 있는 노폐물을 제거한다.

③ 탈수·탈지 현상을 일으켜 피부를 건조하게 만든다.

④ 민감성·건성 피부의 경우 순한 약산성 비누를 사용하는 것이 좋다.

(8) 물(Water)

① 찬물(10~15℃)

가벼운 세정효과가 있고 혈관을 수축하고 신선감, 긴장감을 준다.

② 미지근한 물(15~21℃)

가벼운 세정효과가 있고 각질 제거가 용이하다.

③ 따뜻한 물(21~35℃)

세정 및 각질 제거 효과가 크며 혈관을 가볍게 확장시켜 혈액순환을 돕는다.

④ 뜨거운 물(35℃ 이상)

세정 및 각질 제거의 효과가 매우 크며 혈관을 확장시키고 혈액순환이 촉진된다.

> 🌸 풀어보고 넘어가자
>
> 클렌징 제품의 특징과 피부 타입이 잘못 연결된 것은?
>
> ① 로션 타입 : 자극이 적어 건성, 노화, 민감성 피부에 적합
> ② 젤 타입 : 오일성분이 없어 여드름 피부에 적합
> ❸ 오일 타입 : 친유성으로 지성 피부에 적합
> ④ 클렌징 폼 : 이중세안에 적합
>
> 해설 🍀 오일 타입은 수용성 오일로 건성, 노화, 예민성 피부에 적합하다.

## 05. 화장수

(1) 화장수의 정의와 기능

① 스킨, 로션, 스킨 소프너, 스킨 토너, 스킨 프레시너, 아스트리젠트 로션 등으로 표현된다.

② 화장을 지우거나 세안 후 마지막 마무리 단계에서 피부 정리와 유·수분의 균형을 맞추기 위해 사용한다.

③ 세안 후 남아있는 노폐물이나 메이크업 잔여물을 닦아내 피부를 청결하게 한다.

④ 피부를 약산성으로 조절하여 피부를 정상 상태로 환원시켜 주고 각질층에 수분을 공급해준다.

## (2) 화장수의 종류

### ① 유연 화장수
- ㉠ 유분과 수분을 보충하여 피부 각질층을 촉촉하고 부드럽게 한다.
- ㉡ 건성, 노화 피부에 사용한다.

### ② 수렴 화장수(아스트리젠트)
- ㉠ 모공을 수축시켜 피부결을 정리, 신선감과 청량감을 준다.
- ㉡ 지성, 중성, 복합성 피부에 사용한다.
- ㉢ 모공 확장, 피지, 땀에 오염되기 쉬운 여름철에는 모든 피부에 사용된다.

### ③ 소염 화장수
- ㉠ 모공 수축, 신선감, 청량감을 준다.
- ㉡ 살균 소독을 통하여 피부를 청결하게 한다.
- ㉢ 지성, 여드름, 복합성 피부 T-존 부위의 염증이 생긴 피부에 사용된다.

## (3) 클렌징 시술 시 유의 사항
- ① 눈과 입은 전용 리무버를 사용하도록 한다.
- ② 클렌징 시간은 3분을 넘기지 않는 것이 좋다.
- ③ 메이크업의 정도, 피부 상태에 따라 적합한 제품을 사용한다.

> **풀어보고 넘어가자**
>
> 유연 화장수에 대한 설명으로 바른 것은?
>
> ❶ 유·수분을 보충해준다.
> ② 모공수축 효과가 있다.
> ③ 지성 피부에 효과적이다.
> ④ 염증이 생긴 피부에 적당하다.
>
> **해설** ① 유연 화장수는 유·수분을 보충하고 각질층을 촉촉하고 부드럽게 정돈한다.
> ②, ③은 수렴 화장수의 특징이고 ④는 소염 화장수의 특징이다.

# Chapter 04 딥클렌징

## 01 딥클렌징의 개요

## (1) 목적 및 효과
- ① 일반 클렌징을 통하여 제거할 수 없는 죽은 각질 세포를 제거하여 피부 안색을 맑게, 피부결을 매끈하게 한다.
- ② 모낭 내의 피지, 면포, 여드름 및 불순물들이 쉽게 배출되도록 도와준다.
- ③ 각질 제거 후 영양물질의 흡수를 촉진시켜 피부 재생, 노화방지를 위한 조건을 제공한다.

> **풀어보고 넘어가자**
>
> 다음 중 딥클렌징의 효과로 옳지 않은 것은?
>
> ❶ 메이크업의 잔여물 제거가 주목적이다.
> ② 피부의 각화현상을 정상화시켜준다.
> ③ 모낭 내의 피지, 면포 배출을 도와준다.
> ④ 죽은 각질세포를 제거하여 활성 성분의 침투효과를 높인다.
>
> **해설** 클렌징은 메이크업의 잔여물 제거가 주목적이다.

## 02 딥클렌징의 제품 및 방법

## (1) 물리적 딥클렌징

### ① 특징
- ㉠ 손이나 기계 등을 이용한 물리적 자극으로 노화된 각질을 제거해내는 방법이다.
- ㉡ 예민한 피부, 염증성 피부, 모세혈관 확장 피부는 절대 피한다.
- ㉢ 과각화, 지성, 면포성 여드름, 여드름 상흔이 있는 피부, 모공이 큰 피부는 도움이 된다.

### ② 종류
- ㉠ 스크럽(Scrub) 타입
  - 알갱이가 있는 세안제이며 얼굴에 도포한 후 마찰을 통하여 제거한다.
  - 자연적 재료(곡류씨, 살구씨, 흑설탕, 고령토나 조개껍질가루)나 폴리에틸렌류의 미세한 알갱이를 인공적으로 만들어 사용하기도 한다.
- ㉡ 고마쥐(Gommage) 타입
  도포 후 적당히 말랐을 때 근육의 결 방향으로 밀어서 죽은 각질세포를 제거한다.

## (2) 생물학적 딥클렌징 : 효소(Enzyme)
- ① 단백질을 분해하는 효소가 촉매제로 작용하여 죽은 각질을 분해한다.
- ② 피부에 발라두고 적절한 온도와 습도를 만들어주면 효소가 작용하여 효과가 나타난다.
- ③ 예민, 모세혈관 확장, 염증성 피부 등 모든 피부에 특별한 자극 없이 노폐물과 각질을 제거한다.

## (3) 화학적 딥클렌징
- ① AHA(α-hydroxy Acid)
  - ㉠ 과일에서 추출한 천연 과일산이다.
    - → 글리콜릭산(Glycolic Acid), 주석산(Tartar Acid), 사과산(Malic Acid), 젖산(Lactic Acid), 구연산(Citric Acid)
  - ㉡ 각질의 응집력을 약화시켜 각질이 쉽게 제거된다.
  - ㉢ 노화된 각질로 인해 거칠어진 피부를 유연하게 한다.

TIP A.H.A
• 글리콜릭산(Glycolic Acid) : 사탕수수에서 추출
• 주석산(Tartar Acid) : 포도에서 추출
• 사과산(Malic Acid) : 사과에서 추출
• 젖산(Lactic Acid) : 발효유에서 추출
• 구연산(Citric Acid) : 감귤류에서 추출

② BHA(β-hydroxy Acid)
지용성 : 모공 속의 피지를 흡수, 모공 입구의 각질을 제거
→ 여드름 감소 효과

(4) 복합적 딥클렌징
① 물리적 딥클렌징, 효소 딥클렌징, AHA를 복합적으로 이용한다.
② 스크럽제에 단백질 분해효소나 AHA 같은 과일산이 함유된 제품을 사용하여 두 가지 이상의 효과를 제공한다.

풀어보고 넘어가자

필링에 대한 설명으로 틀린 것은?

① 사후 관리가 매우 중요하다.
② 각질 제거, 색소침착에 효과적이다.
③ 피부의 재생을 유도한다.
❹ 예민성 피부에 적용하면 효과적이다.

해설 필링은 강한 자극을 주므로 예민성 피부에는 신중을 기해야 한다.

## Chapter 05 피부 유형별 화장품 도포

### 01 목적 및 효과

(1) 세정 작용
피부 표면의 먼지, 노폐물, 메이크업 잔여물 등을 제거하여 피부를 청결하게 한다.

(2) 피부 정돈 작용
pH를 정상화시키며 유분과 수분을 공급하여 피부를 정돈시킨다.

(3) 피부 보호
① 피부 표면의 건조를 방지한다.
② 공기 중의 세균과 건조, 습도, 바람, 자외선 등의 외적 자극으로부터 보호한다.

(4) 영양 공급 및 신진대사 활성화 작용
건강한 피부를 유지시키기 위한 영양 공급과 신진대사를 활성화시킨다.

### 02 피부 유형별 화장품 선택 및 도포

(1) 중성 피부

① 관리목적
유·수분의 균형을 맞춰 계절의 변화를 고려하여 가장 이상적인 현재의 상태를 유지하는 것이 중요하다.
② 관리방법
㉠ 클렌징 : 부드러운 로션 타입을 선택하여 노폐물을 제거한다.
㉡ 딥클렌징 : 주 1회 효소(Enzyme) 타입을 이용하여 관리해준다.
㉢ 화장수 : pH 균형을 위한 정상 피부용 화장수를 사용한다.
㉣ 매뉴얼 테크닉 : 주 1회 보습용 영양 크림이나 마사지 크림을 이용하여 혈액순환과 신진대사를 촉진한다.
㉤ 팩 : 주 1회 보습효과가 있는 팩을 사용한다.
㉥ 마무리 : 보습용 크림과 자외선 차단(SPF15 권장)을 통한 보습과 보호에 중점을 둔다.

(2) 건성 피부
① 관리목적
㉠ 피부의 건조함과 잔주름 개선에 주안점을 둔다(피부 표면에 유·수분 공급).
㉡ 정상기능 회복을 위해 매뉴얼 테크닉을 사용한다.
② 관리방법
㉠ 클렌징 : 부드러운 로션이나 크림 타입을 선택하여 노폐물과 메이크업을 제거한다.
㉡ 딥클렌징 : 주 1회 효소 타입을 사용한다.
㉢ 화장수 : 알콜 함량이 낮고 보습효과가 높은 화장수를 선택한다.
㉣ 매뉴얼 테크닉 : 주 1~2회 보습 영양 크림이나 마사지 크림을 이용하여 혈액순환을 촉진시킨다.
㉤ 팩 : 주 1~2회 콜라겐(Collagen), 히알루론산(Hyaluronic Acid), 세라마이드(Ceramide) 등의 성분이 든 팩제를 사용한다.
㉥ 마무리 : 잔주름 예방을 위한 아이크림과 보습용 크림을 사용하고 자외선 차단제(SPF 15)로 피부를 보호한다.

(3) 지성 피부
① 관리목적
㉠ 피지 분비를 조절하여 맑고 깨끗한 피부를 유지한다.
㉡ 과다하게 분비된 피지를 제거한다.
② 관리방법
㉠ 클렌징 : 오일성분이 없는 젤 타입의 클렌징제를 선택한다.
㉡ 딥클렌징 : 주 1회 효소 타입이나 고마쥐 타입을 선택하여 묵은 각질과 피지를 제거한다.
㉢ 화장수 : 수렴효과가 높은 화장수를 선택한다.
㉣ 매뉴얼 테크닉 : 주 1회 지성용 보습크림이나 유분함량이 적은 크림을 이용하여 비교적 짧은 시간 동안 관리한다.
㉤ 팩 : 주 1~2회 보습 및 피지 흡착효과가 높은 클래이 팩(Clay Pack)을 선택하여 관리한다.
㉥ 마무리 : 지성 피부용 보습크림과 자외선 차단제(SPF 15)를 사용한다.

### (4) 복합성 피부

#### ① 관리목적

㉠ 유·수분의 균형적인 관리에 주안점을 둔다.

㉡ 부위에 따라 차별적인 관리를 시행한다.

#### ② 관리방법

㉠ 클렌징 : 부드러운 로션 타입을 선택하여 노폐물과 메이크업을 제거한다.

㉡ 딥클렌징 : T-존은 물리적 제품(고마쥐, 스크럽)을 사용하고, U-존은 효소 타입을 사용한다.

㉢ 화장수 : 보습과 수렴효과가 있는 화장수를 선택한다.

㉣ 매뉴얼 테크닉 : 주 1회 보습용 영양 크림이나 마사지 크림을 이용하여 혈액순환을 촉진한다.

㉤ 팩

• T-존 : 피지 흡착효과가 높은 클레이 팩을 선택하여 관리한다.

• U-존 : 보습효과가 있는 팩으로 주 1회 관리한다.

㉥ 마무리 : 보습용 크림과 자외선 차단제(SPF 15)를 사용한다.

### (5) 민감성 피부

#### ① 관리목적

㉠ 피부를 안정감 있게 유지하고 보호한다.

㉡ 피부자극을 최소화하고 진정시킨다.

#### ② 관리방향

㉠ 클렌징 : 저자극의 민감성 전용 클렌징제를 사용한다.

㉡ 딥클렌징 : 물리적인 제품은 피하고 저자극의 크림 타입을 사용하여 2주에 1회 시행하고, 민감도에 따라 생략도 가능하다.

㉢ 화장수 : 진정 및 보습효과가 있는 무알콜(Alcohol Free Toner) 화장수를 선택한다.

㉣ 매뉴얼 테크닉 : 민감성용 보습크림을 사용하여 부드럽고 짧게 실시한다.

㉤ 팩 : 수분공급과 진정효과가 우수한 성분(Azulene)의 팩을 선택하여 주 1회 실시한다.

㉥ 마무리 : 민감성 피부용 보습크림을 사용한다.

### (6) 여드름 피부

#### ① 관리목적

㉠ 피지제거 및 피지 분비 조절로 트러블을 감소시킨다.

㉡ 항균, 소독, 소염 등에 중점을 두어 관리한다.

㉢ 여드름의 적절한 예방과 꾸준한 관리로 증상을 악화시키지 않는다.

㉣ 여드름으로 인한 흉터 및 색소관리에 중점을 둔다.

#### ② 관리방법

㉠ 유분기가 적은 제품을 쓰는 것이 안전하다.

㉡ 피부 소독 기능, 알콜이 함유된 제품을 사용하는 것이 좋다.

㉢ 살리실산, 비타민 A, AHA 등의 성분이 함유된 화장품을 이용한다.

㉣ 지루성 피부 상태의 개선과 피지 감소를 위해 전문적인 세정제를 사용한다.

㉤ 알칼리성인 일반 비누의 사용은 여드름 균의 번식을 초래하여 여드름을 악화시킬 수 있다.

❋ 풀어보고 넘어가자

**피부 유형에 따른 화장품 선택이 적절한 것은?**

① 예민성 피부에는 스크럽 타입으로 딥클렌징해준다.

② 건성 피부에는 클레이 타입으로 피지를 흡착시켜준다.

❸ 복합성 피부의 T-존은 수렴 화장수를 사용한다.

④ 지성 피부는 클렌징 크림을 이용해 클렌징한다.

해설 / 복합성 피부의 T-존은 수렴 화장수를 사용하고, U-존은 유연 화장수를 사용하여 차별적인 관리를 시행한다.

## Chapter 06 매뉴얼 테크닉

### 01 매뉴얼 테크닉의 개요

### (1) 정의

① 마사지(Massage)라고도 하며, 마사지의 어원은 '문지르다'를 뜻하는 그리스어 'Masso'에서 유래되었다.

② 인체의 근육조직을 쓰다듬기, 마찰하기, 두드리기, 주무르기 등을 하는 행위를 말한다.

③ 혈액순환과 신진대사를 증진시켜 체내 노폐물의 배설작용을 돕고 피로회복을 통해 건강한 몸을 유지한다.

### (2) 목적 및 효과

① 화장품의 흡수율을 높이고 긴장된 근육의 이완 및 통증을 완화시키며 피부조직의 탄력성을 증진시킨다.

② 혈액순환 및 림프순환을 촉진시켜 신진대사를 증진시킨다.

③ 심리적으로 안정감을 주고 신경을 진정시켜 긴장을 풀어준다.

④ 조직의 노폐물과 노화된 각질을 제거하여 피부의 청정작용을 한다.

### (3) 매뉴얼 테크닉(Manual Technic)을 삼가야 하는 경우

① 심장에 관련된 질병과 고혈압 증상이 있는 경우

② 일광욕 후 피부가 자극을 받은 경우

③ 임신 말기의 임산부, 수술 직후나 당뇨병 환자

④ 정맥류, 혈우병, 부종 등 혈액순환에 관한 질병이 있는 경우

⑤ 감염성이 있는 피부질환, 염증이나 알레르기 등 각종 피부질환환자

⑥ 생리 전후 피부가 트러블을 일으키기 쉬운 민감한 상태일 경우

❋ 풀어보고 넘어가자

**마사지의 목적과 거리가 먼 것은?**

① 혈액순환 촉진　　　　② 탄력 유지

③ 피부노화 예방　　　　❹ 메이크업 클렌징

해설 / 마사지는 혈액순환 촉진, 신진대사 촉진, 노화 예방, 탄력 증가 등의 효과가 있다.

## 02 매뉴얼 테크닉의 종류 및 방법

### 기본동작

- 쓰다듬기 : 무찰법, 경찰법(Effleurage)
- 문지르기 : 마찰법, 강찰법(Friction)
- 반죽하기 : 유찰법, 유연법(Petrissage)
- 두드리기 : 고타법, 경타법, 타진법(Tapotemet)
- 떨기 : 흔들기, 진동법(Vibration)

### (1) 경찰법(쓰다듬기)

① 동작

주로 매뉴얼 테크닉의 시작과 끝에 많이 사용한다.

경찰법

② 효과

㉠ 혈액순환을 돕고 모세혈관을 확장시킨다.

㉡ 신경을 안정시킨다.

㉢ 림프의 순환을 촉진시키며 자율신경계에 영향을 주어 피부의 긴장을 완화한다.

### (2) 강찰법(문지르기)

① 동작

손가락의 끝부분을 피부에 대고 원을 그리며 조금씩 이동하는 동작이다.

강찰법

② 효과

㉠ 혈액순환을 돕는다.

㉡ 근육의 긴장을 이완시킨다.

㉢ 피부의 탄력성을 증진시키며 신진대사를 활성화시켜 결체조직에 효과를 미친다.

㉣ 피지선을 자극하여 노폐물을 제거한다.

### (3) 유연법(반죽하기)

① 동작

㉠ 손가락을 이용하여 근육을 잡아 쥐었다가 놓는 방법이다.

㉡ 피부조직을 약간 들었다 놓으며 짜면서 반죽하듯이 주무른다.

유연법

② 효과

㉠ 근육의 탄력성을 높여준다.

㉡ 혈관 확장, 신진대사를 활성화시킨다.

㉢ 피하조직과 결체조직을 강화시키고 부기를 해소한다.

> **TIP 유연법의 종류**
>
> - 강한 유연법
>   풀링(Fulling) : 피부를 주름잡듯이 행하는 동작
> - 압박 유연법
>   - 롤링(Rolling) : 피부를 나선형으로 굴리는 동작
>   - 린징(Wringing) : 피부를 양손을 이용하여 비틀듯이 행하는 동작
>   - 처킹(Chucking) : 피부를 가볍게 상·하로 움직이는 동작

### (4) 고타법(두드리기)

① 동작

㉠ 양손을 동시에 사용하여 빠르게 두드리는 동작이다.

㉡ 손가락 끝, 손바닥 전체, 손의 측면, 주먹 등 손의 모양에 따라 두드리는 강도가 달라진다.

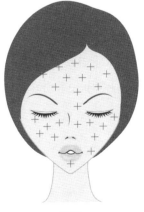

고타법

② 효과

㉠ 혈액순환을 촉진시킨다.

㉡ 경직된 근육을 이완시킨다.

ⓒ 피부의 탄력성을 증진시킨다.

② 신경을 자극하여 피부조직에 원기를 회복시킨다.

> **TIP** 고타법의 종류
> - 태핑(Tapping) : 손가락을 이용하여 두드리는 동작
> - 슬래핑(Slapping) : 손바닥을 이용하여 두드리는 동작
> - 커핑(Cupping) : 손바닥을 오목하게 하여 두드리는 동작
> - 해킹(Hacking) : 손의 바깥 옆면을 이용하여 두드리는 동작
> - 비팅(Beating) : 주먹을 가볍게 쥐고 두드리는 동작

### (5) 진동법(떨기)

**① 동작**

피부를 흔들어서 진동시키는 동작으로 손 전체나 손가락에 힘을 주고 두 손을 동시에 움직이며 피부에 빠르고 고른 진동을 준다.

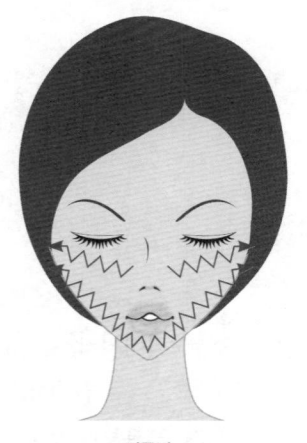

진동법

**② 효과**

ⓐ 피부의 탄력을 증가시킨다.

ⓑ 혈액순환과 림프순환을 촉진시킨다.

ⓒ 경직된 근육을 이완시켜 경련과 마비에 효과적이다.

> **TIP** 닥터 자켓법(Dr. Jacquet)
> - 엄지와 검지 또는 중지 사이에 피부를 잡아 모아서 부드럽게 꼬집듯이 마사지하는 방법이다.
> - 피부 속의 노폐물을 배출시키는 데 효과적인 방법으로 여드름 피부에 많이 적용된다.

> 🌸 풀어보고 넘어가자
>
> 마사지의 처음과 끝을 알리는 동작으로 피부의 긴장을 완화시키는 마사지 기법은?
>
> ❶ 쓰다듬기(Effleurage)  ② 문지르기(Friction)
> ③ 반죽하기(Petrissage)  ④ 떨기(Vibration)
>
> 해설✓ 쓰다듬기는 매뉴얼 테크닉의 시작과 끝에 쓰이며 진정효과가 있다.

## Chapter 07 팩과 마스크

### 01. 팩과 마스크의 개요

### (1) 정의

**① 팩**

ⓐ Package 의 '포장하다, 둘러싸다'에서 유래되었다.

ⓑ 피부에 영양을 공급하는 재료를 피부 위에 두껍게 바르는 것으로, 도포 후 차단막을 형성하지 않고 외부 공기와 통하며 굳지 않는다.

**② 마스크**

피부에 영양을 공급하는 재료를 얼굴에 도포한 후 딱딱하게 굳어져 외부의 공기유입과 수분 증발을 차단해 피부를 유연하게 하고, 유효성분의 침투를 돕는다.

### (2) 목적 및 효과

① 흡착작용에 의해 모공 속의 노폐물을 제거한다.

② 수분 증발을 억제시켜 피부를 유연하고 촉촉하게 한다.

③ 피부에 유효성분을 침투시켜 피부에 필요한 수분과 영양을 보충한다.

④ 피부의 기능을 정상적으로 회복시키고 색소 분열을 조절하여 피부색을 맑게 한다.

### 02. 팩과 마스크의 종류

### (1) 제거 방법에 따른 분류

**① 필오프 타입(Peel off Type)**

ⓐ 얼굴에 얇은 필름막을 떼어내는 팩으로 필름막을 떼어낼 때 약간의 자극이 있다.

ⓑ 필름막을 떼어낼 때 노폐물, 죽은 각질 세포가 제거된다.

**② 워시오프 타입(Wash off Type)**

ⓐ 물로 씻어서 제거하는 팩이다.

ⓑ 보습효과가 뛰어나고 피부에 자극을 주지 않으며 가볍게 제거하므로 사용 후 상쾌한 느낌을 받는다.

**③ 티슈오프 타입(Tissue off Type)**

ⓐ 티슈로 닦아내는 팩이다.

ⓑ 보습과 영양공급 효과가 뛰어나 건성, 노화 피부에 적당하다.

### (2) 형태에 따른 분류

**① 파우더 타입(Powder Type)**

ⓐ 피부의 습기와 지방을 흡수하는 파우더의 성질을 이용한다.

ⓑ 증류수, 화장수 등과 섞어 사용한다.

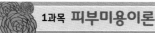 
② 크림 타입(Cream Type)

유화형 팩을 바른 후 10~20분의 일정 시간이 지나면 제품은 그대로 있고 유효성분만 흡수된다.

③ 젤 타입(Gel Type)

수성의 젤 형태로 만들어졌으며 피부 진정효과와 보습효과가 있다.

④ 점토 타입(Clay Type)

우수한 흡착 능력으로 피지, 노폐물 제거에 효과적이며 지성 피부에 사용한다.

⑤ 종이 타입(Sheet Type)

콜라겐이나 다른 활성성분을 건조시킨 종이를 증류수, 화장수 등의 용액에 적신 팩이다.

⑥ 고무 타입

㉠ 고무 모양으로 응고되며 해초에서 추출한 알긴산이 주성분이다.

㉡ 차단막 효과로 앰플이나 세럼 등을 효과적으로 흡수한다.

(3) 팩의 온도에 따른 분류

① 웜 마스크(Warm Mask)

㉠ 열 발생으로 혈관을 확장시켜 혈액순환을 돕고 피지선과 한선의 활동을 촉진한다.

㉡ 석고 마스크, 파라핀 마스크 등이 있다.

② 콜드 마스크(Cold Mask)

㉠ 차가운 팩으로 신선함과 상쾌함을 느낄 수 있고 수렴작용을 한다.

㉡ 냉스팀 타월팩이나 냉동요법이 있다.

(4) 기능성 특수팩

① 석고 마스크

㉠ 열작용과 적당한 압력에 의해 유효성분이 피부에 깊숙이 침투되는 것을 도와주며 얼굴, 가슴, 다리 등 신체부위에 적절하게 사용할 수 있다.

㉡ 효과

• 노폐물 배출을 돕고 피부에 생기와 탄력을 부여한다.

• 늘어진 부위를 당겨주는 리프팅 효과가 있다.

㉢ 대상

노화 피부, 건성 피부, 늘어진 피부에 효과적이다.

㉣ 주의사항

• 민감성 피부, 모세혈관 확장 피부, 화농성 여드름 피부는 피한다.

• 석고 마스크를 사용하기 전에 폐쇄공포증이 있는지 확인한다.

② 모델링 마스크(고무팩)

㉠ 해초 추출물인 알긴산을 원료로 피부에 영양을 공급한다.

㉡ 효과

• 피부의 노폐물을 제거하고 유효성분이 보다 효과적으로 흡수된다.

• 신진대사 촉진, 진정, 탄력효과 증진, 수분 공급, 소염, 재생 효과가 뛰어나다.

㉢ 대상

모든 피부에 효과적이며 민감성 피부, 여드름 피부에도 효과가 크다.

③ 콜라겐 벨벳 마스크

㉠ 콜라겐을 건조시켜 종이 형태로 만든 것이다.

㉡ 효과

피부의 수분 밸런스를 회복시키며 세포 재생과 노화방지, 피부 탄력 강화, 미백에 효과적이다.

㉢ 대상

모든 피부에 효과적이며 수분이 부족한 건성 피부, 노화 피부, 여드름 피부, 필링 후 재생 관리에 특히 좋다.

④ 파라핀 마스크

㉠ 파라핀 내의 열과 오일이 모공을 열어 노폐물을 제거하고 유효성분을 피부 깊숙이 침투시키며 진피층까지 수분을 공급하므로 보습력이 강하다.

㉡ 효과

• 수분 부족 피부의 수분 밸런스를 회복시킨다.

• 발한작용에 의한 슬리밍 효과가 있다.

• 발열작용으로 혈액순환을 촉진, 유효성분의 침투를 촉진한다.

㉢ 대상

모든 피부에 효과적이며 수분이 부족한 건성 피부, 노화 피부에 특히 효과적이다.

(5) 천연팩

① 천연팩은 반드시 1회분만 만들고 즉시 사용한다.

② 천연물질 중에는 자체에 소량의 독성이 있는 경우도 있어 민감한 피부의 경우 트러블을 일으킬 수 있다.

● 천연팩의 종류와 효과

| 종류 | 효과 | 적용피부 |
|---|---|---|
| 레몬팩 | 미백, 청결, 이완작용, 탄력 강화 | 기미, 색소침착, 노화 피부 |
| 사과팩 | 노폐물 제거 | 여드름, 지성 피부 |
| 포도팩 | 수렴 | 기미, 색소침착 피부 |
| 오이팩 | 수분 공급, 미백, 소염, 피부 진정 | 여드름, 기미, 색소침착, 일소 피부 |
| 감자팩 | 소염, 피부진정 | 여드름, 일소 피부 |
| 살구씨팩 | 미백, 노화방지, 영양공급 | 기미, 건성, 노화 피부 |
| 계란노른자팩 | 영양공급 | 건성, 노화 피부 |
| 계란흰자팩 | 청결, 피지 제거 | 여드름, 지성 피부 |
| 벌꿀팩 | 영양공급, 수분공급 | 건성, 노화 피부 |
| 요구르트팩 | 영양공급, 보습, 유연 효과 | 건성, 노화 피부 |

(6) 한방팩

① 한방에 사용되는 재료를 원료로 한다.

② 냉장고나 서늘한 곳에 밀봉하여 보관한다.

③ 재료는 가루로 만들어 사용하거나 농축 액화시켜 사용한다.

④ 색소침착, 건성, 여드름 피부 등 문제성 피부의 개선 효과가 뛰어나다.

## ◉ 한방팩의 종류와 효과

| 한방재료 | 성분 및 특성 | 효과 | 용도 |
|---|---|---|---|
| 감초 | 콩과의 다년생 초본 | 세포 재생, 진정, 소염, 신진대사 촉진 | 여드름, 피부 트러블 |
| 녹두 | 콩과에 딸린 1년생 식물 | 해독, 표백, 미백 | 지성, 여드름 피부 |
| 맥반석 | 무수규산 산화 나트륨, 산화 알루미늄, 아연, 주석 | 흡착제거능력, 미네랄 공급, pH 조절 | 여드름 피부, 기미, 무좀 |
| 백강잠 | 동물성 한약재로 흰가루병에 걸려서 죽은 누에를 말린 것 | 색소침착 방지 | 기미, 미백, 주근깨, 노화 |
| 의이인 | 벼과의 1년생 초본으로 율무종자의 종피를 제거한 것 | 항산화능력, 색소침착 방지 | 기미, 색소침착 피부, 사마귀 |
| 토사자 | 메꽃과에 딸린 한해살이 기생식물 | 진정, 색소침착 방지 | 여드름, 피부 트러블 |
| 해초 | 당분, 비타민 A, 섬유질, 미네랄 | 미네랄 공급, 보습 | 수분부족, 탄력 저하 피부 |

## 03 팩의 사용방법

(1) 팩은 딥클렌징 또는 마사지 후 사용하고 피부 유형에 맞는 제품을 선택한다.

(2) 선택한 제품은 사용방법과 양을 정확히 알고 사용한다.

(3) 일반적으로 팩의 도포시간은 10~30분 사이이며 제품에 따라 다르다.

(4) 일반적으로 팩을 바르는 순서는 턱, 볼, 코, 이마, 목의 방향으로 안에서 바깥으로 바른다. 팩을 제거할 때에는 아래에서 위로 제거한다.

(5) 눈 부위는 진정용 화장수를 적신 화장솜으로 가리고 눈과 입 주변을 제외한 얼굴과 목에 도포한다.

> 🌸 풀어보고 넘어가자
>
> 피부 유형과 팩의 선택이 바르게 연결된 것은?
>
> ① 지성 피부 – 콜라겐 벨벳 마스크
> ② 건성 피부 – 머드팩
> ③ 민감성 피부 – 석고 마스크
> ❹ 노화 피부 – 파라핀 마스크
>
> 해설 🌸 파라핀 마스크는 온열효과로 유효성분을 깊숙이 침투시켜 노화나 건성피부에 효과적이다.

# Chapter 08 제모

## 01 제모의 개요

(1) 목적 및 효과

다리, 팔 등의 털을 제거하여 미용상 아름답고 매끄러운 피부를 표현할 수 있고 얼굴의 솜털을 제거하여 마사지 효과를 상승시킬 수 있다.

## 02 제모의 종류 및 방법

(1) 영구적 제모(Epilation)

① 전기분해법

모근 하나하나에 전기침을 꽂은 후에 순간적으로 전류를 흘려보내 모근을 파괴시키는 방법이다.

② 레이저 제모

㉠ 사용이 편리하고 효율적이며 안전하다.

㉡ 레이저의 에너지가 털에 흡수된 후 열에너지로 확산되어 털을 만드는 세포를 영구적으로 파괴시키는 방법이다.

(2) 일시적 제모(Depilation)

피부 표면에 나와 있는 털의 모간 또는 일부의 모근을 제거하는 방법으로 털이 곧 다시 자라게 되므로 정기적으로 제모를 실시해야 한다.

① 면도기를 이용한 제모

㉠ 다리, 액와, 얼굴 등 짧은 시간에 가장 손쉽게 할 수 있는 방법으로 모간만 제거된다.

㉡ 털이 곧 바로 자라며 정기적으로 할수록 털이 굵고 거세게 자란다.

㉢ 목욕이나 샤워 후 털이 부드러워졌을 때 클렌저로 충분히 거품을 내어 모공을 확장시킨 후 사용한다.

② 핀셋을 이용한 제모

㉠ 털이 자라난 방향대로 뽑는다.

㉡ 눈썹 수정과 같은 좁은 부위에 난 털을 제거할 때, 왁스제모 후 덜 뽑힌 털을 제거할 때 이용한다.

㉢ 모간까지 털이 제거되어 다시 털이 자라기까지 시일이 걸리나 지속적으로 실시했을 때는 피부가 늘어지는 단점이 있다.

③ 화학적 제모

㉠ 넓은 부위의 털을 통증 없이 제거할 수 있다.

㉡ 크림, 액체, 연고 형태로 함유된 화학성분이 털을 연화시켜 피부 표면의 모간부분만 털을 제거하는 방법이다.

㉢ 강알칼리성으로 피부를 자극하여 염증을 유발시킬 수 있으므로 사용 전 패치테스트를 하는 것이 안전하다.

④ 왁스를 이용한 제모

㉠ 모근으로부터 털이 제거되므로 털이 다시 자라 나오는데 좀 더 많은 시일이 걸린다.

㉡ 온왁스(Warm Wax)

• 약 50℃ 정도에서 유동상태가 된 왁스를 피부에 바른 후 곧 면밴드에 부착시켜 한 번에 떼어내면 털이 제거된다.

• 온도가 너무 높으면 화상을 당할 수 있으므로 왁스 사용 전에 왁스의 온도를 감지한 뒤 사용해야 한다.

㉢ 냉왁스(Cold Wax)

• 실내온도에서 유동상태로 되어 있어 데우지 않고 바로 사용할 수 있다.

• 굵거나 거센 털은 온왁스에 비하여 잘 제거되지 않는 단점이 있다.

온왁스 제모 시 유의사항이 아닌 것은?

❶ 왁스의 온도를 고객의 팔 안쪽에 확인한다.
② 시술 후 수딩로션을 발라준다.
③ 털이 난 방향으로 왁스를 도포한다.
④ 예민부위는 제모를 금한다.

해설 ▸ 왁스의 온도는 관리사의 팔 안쪽에 테스트한다.

## 03 부위별 제모

### (1) 액와(겨드랑이)

① 왁스는 털이 난 방향으로 도포한다.
② 겨드랑이는 팔을 머리 쪽으로 올리게 한 자세를 취하고 털이 긴 경우 적당한 길이로 자른다.
③ 겨드랑이는 다른 부위보다 털이 굵고 거칠어 많이 아플 수 있으므로 면밴드를 밀착시켜 털의 성장 반대방향으로 재빨리 떼어낸다.

### (2) 팔

팔의 위에서 아랫방향으로 왁스를 도포하고 반대방향으로 털을 제거한다.

### (3) 다리

① 대퇴부는 위에서 아랫방향으로 도포한다. 하퇴부는 무릎에서 발목 방향으로 도포하고 반대방향으로 제거한다.
② 종아리는 엎드려서, 무릎은 세워서 제모한다.

### (4) 눈썹

① 눈썹 윗부분, 눈두덩이, 눈썹 사이의 순서로 주변의 잔털을 왁스로 제모한다.
② 왁스 사용 후 눈썹 가위와 핀셋을 이용하여 눈썹 형태를 완성시킨다.

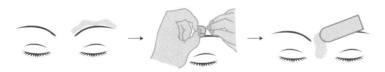

눈썹 제모

### (5) 코 밑

입술 부위는 민감한 부위이므로 떼어낼 때 한 손은 입술 중간 위에 대고 면밴드를 사용하여 재빨리 떼어낸다.

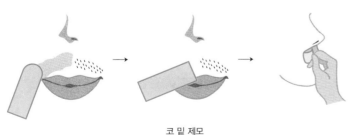

코 밑 제모

### (6) 제모 시 주의사항

① 사마귀, 점 부위에 털이 난 경우 제모를 금한다.
② 제모 부위는 제모 전에 유분기와 땀이 없도록 청결하게 한 후 제모한다.
③ 정맥류, 혈관 이상, 당뇨병 등의 증상이 있는 경우 제모를 금한다.
④ 피부감염 방지를 위해 제모 후 24시간 내에 목욕, 비누사용, 세안, 메이크업, 햇빛 자극을 피한다.
⑤ 햇빛 또는 다른 요인에 의해 피부가 자극을 받아 예민해져 있는 경우 상처, 피부질환, 염증이 있는 경우 제모를 금한다.

## Chapter 09 전신관리

### 01 전신관리의 개요

#### (1) 목적 및 효과

① 정신적·육체적인 피로해소에 도움을 주고 긴장을 완화시킨다.
② 전신 피부에 영양분을 흡수시켜 피부노화 방지를 돕는다.
③ 혈액순환과 림프순환을 촉진시켜 신체에 쌓인 독소를 배출하고 영양의 흡수를 용이하게 한다.

#### (2) 전신관리의 단계

① 수(水)요법, 전신 각질 제거, 전신 마사지, 전신 랩핑, 마무리 단계로 이루어진다.
② 전신 마사지의 기본이 되는 마사지는 오일이나 크림들을 바르고 5가지 기본동작을 하는 스웨디시 마사지(Swedish Massage)이다.

전신관리의 효과와 거리가 먼 것은?

① 피로회복　　　　　② 노폐물 배설
③ 피부결의 유연성 향상　　❹ 피부질환의 치료

해설 ▸ 피부질환의 치료는 의료영역이다.

### 02 전신관리의 종류 및 방법

#### (1) 수요법(Hydro Therapy)

① 건강과 피부미용을 위해 물의 다양한 물리적·화학적 성질을 이용할 뿐만 아니라 각종 미용제품을 이용하는 방법이다.
② 부력에 의한 작용, 수압에 의한 역학적 작용, 물의 함유성분에 따른 생물학적 효과 등의 작용이 있어 수압, 물의 온도, 함유성분이 중요시된다.
③ **수요법의 종류**
　㉠ 목욕 관리
　　• 월풀(Whirlpool)은 수많은 분출구로 물을 분출시켜 신체의

각 부분을 마사지하고 다량의 기포를 이용해 거품효과를 겸할 수 있는 욕조이다.

- 입욕 시 해초 제품, 아로마 제품, 소금 등을 혼합하여 이들 성분을 체내에 공급한다.
- 물과 공기방울에 의한 특수 마사지 효과를 통해 신진대사를 활발히 하고 노폐물 제거와 심신의 안정을 꾀한다.

ⓒ 비시 샤워(Vichy Shower) : 누운 상태에서 수많은 물줄기가 척추와 전신에 안락한 마사지를 함으로써 긴장을 완화시킨다.

ⓒ 제트 샤워(Jet Shower)
- 4~5m 떨어진 거리에서 고압의 물을 분출하여 전신 마사지를 하는 방법이다.
- 체형관리에 효과적이며 척추나 관절 부위의 자극에도 유효하다.
- 부위별 자극 강도에 따라 물의 분출 형태와 압력을 조절한다.

## (2) 전신 각질 제거

① 미세한 알갱이가 들어 있는 스크럽 제품이나 타월, 브러시 등으로 가볍게 마찰하여 피부의 죽은 각질을 제거하는 방법이다.

② 스크럽에 사용되는 물질은 다양한 천연곡물과 폴리에틸렌 등이 있고 각질 제거 효과를 보다 강화시키기 위하여 브러시 세정기를 사용하기도 한다.

## (3) 전신 마사지

### ① 스웨디시 마사지(Swedish Massage)

ⓐ 부드럽게 진행되며, 전신에 걸쳐 흐르는 혈관을 자극하여 혈액순환을 도와 노폐물을 제거하는 것으로 서양의 대표적인 수기요법이다.

ⓑ 효과 및 방법
- 관절의 기능과 운동범위를 향상시킨다.
- 근육의 긴장을 이완시켜 혈액순환을 증진시킨다.
- 대사물질, 노폐물을 배출시켜 통증을 경감시킨다.
- 환자들의 심리적 스트레스와 긴장을 경감시키는 효과가 있다.
- 근육과 뼈의 기능과 구조를 고려하여 심장을 향해 혈액이 쉽게 돌아갈 수 있도록 말초에서 중추로, 즉 심장에서 먼 곳으로부터 심장을 향하여 하는 것이 원칙이다.
- 에플러라지(Effleurage), 프릭션(Friction), 탑포먼트(Tapotement), 페트리사지(Petrissage), 바이브레이션(Vibration)의 5가지로 구성되어 있다.

### ② 림프드레나쥐(Lymph Drainage)

ⓐ 림프의 순환을 촉진시켜 대사 물질의 노폐물을 체외로 배출시키는 것을 돕고 조직의 대사를 원활하게 해주는 마사지 기법이다.

ⓑ 효과 및 방법
- 림프 마사지는 림프시스템을 자극하여 혈액과 림프의 흐름을 원활히 하여 각질과 모공 속의 노폐물을 제거하고 노화를 예방하여 피부를 탄력있게 한다.

- 림프의 방향대로 실행해야 한다.
- 일반적인 마사지에서와 같이 많은 오일을 사용하지 않으며 피부 수분유지가 필요할 때에는 한 부위에 2~3방울 정도 오일을 사용한다.
- 정지상태의 회전동작(Rotary Technique), 원동작(Stationary Circles), 퍼올리기 동작(Scoop Technique), 펌프동작(Pump Technique)의 4가지 기본동작으로 구성되어 있다.
- 민감한 피부, 여드름 피부, 모세혈관 확장 피부와 안면 또는 전신에 부종이 심한 경우에 시술하면 좋다.
- 셀룰라이트, 염증성 피부, 수술 후 상처 회복에도 효과가 좋다.
- 급성 혈전증, 만성적 염증성 질환, 심부전증, 천식의 경우에는 시술할 수 없다.

### TIP 림프

- 우리 몸에는 혈액이 흐르는 혈액계와 림프액이 흐르는 림프계가 있다.
- 림프계는 비타민, 호르몬을 비롯하여 노폐물과 기초대사물질, 영양물질 등 혈관벽을 통과하기 어려운 큰 분자량을 가진 물질들을 수송한다.
- 림프는 체내에 고루 분포하고 있으며, 신진대사와 면역에 매우 중요하다.
- 목, 겨드랑이나 서혜부 근처에는 림프구나 조직액의 여과기 구실을 하는 림프절(Lymph Node)이 있다.

### ③ 아로마 마사지(Aroma Massage)

ⓐ 아로마 마사지는 아로마테라피의 한 방법으로 건강과 미를 향상시키기 위하여 식물에서 추출한 에센셜 오일을 마사지와 병행하여 사용하는 기법이다.

ⓑ 마사지 시 에센셜 오일을 사용할 경우 피부를 통해 흡수되는 효과뿐만 아니라 마사지와 향기가 주는 심리적 효과까지 얻을 수 있다.

ⓒ 효과 및 방법
- 아로마 마사지는 신경을 안정시켜 피로회복과 스트레스를 해소하고, 이로 인해 피부의 재생기능을 촉진하여 여드름 피부 미용에도 효과가 있다.
- 신체의 기능을 원활하게 하고 혈액순환 및 생리기능, 면역기능을 증진시켜 주고 각종 통증이나 경직된 근육을 이완시킬 수 있다.
- 에센셜 오일은 순도가 높고 매우 고농축이므로 피부에 직접 바르지 않고 식물성 오일과 희석하여 사용한다.

### TIP 아로마테라피

- 아로마테라피는 식물의 뿌리, 꽃, 잎 등에서 추출한 에센셜 오일을 후각이나 피부를 통해 인체에 흡수시켜 건강과 미를 향상시켜 주는 자연요법이다.
- 아로마 에센셜 오일들은 종류에 따라서 효능이 다르나 만성피로와 스트레스를 회복시키고 정신적·육체적 치료에 뛰어난 효과를 보인다.
- 부작용이 적어 누구나 손쉽게 사용할 수 있다.
- 아로마테라피의 방법에는 흡입법, 목욕법, 찜질법, 매뉴얼 테크닉(마사지), 습포법 등이 있다.

④ 경락 마사지
  ㉠ 경락이란 동양의학(한의학)의 기본이론 중 하나로서 눈에 보이지 않는 인체 기혈운행의 통로, 즉 기혈의 순환계를 의미한다.
  ㉡ 정체된 신체 부위의 기(에너지) 흐름을 원활하게 하기 위해 수기(手技)를 이용하여 경락에 적절한 압력과 자극을 주는 마사지이다.
  ㉢ 효과 및 방법
    • 얼굴 축소 효과가 탁월하다.
    • 근육의 긴장과 통증을 완화시킨다.
    • 여성 호르몬 분비를 촉진시켜 노화를 지연시킨다.
    • 신진대사를 원활히 하여 피부탄력을 유지시키고 피부를 맑게 한다.
    • 미용학적으로 얼굴과 몸의 균형 장애를 바로 잡아주는 역할을 한다.
    • 체내에 축적된 독소를 제거하여 에너지와 호르몬의 불균형을 해소함으로써 비만에도 효과가 있다.

 **TIP 경락**
• 경락은 인체에 세로로 흐르는 경맥과 가로로 흐르는 낙맥을 통틀어 말하는 것이다.
• 경락은 기(에너지)와 혈(혈액)을 통해 장부와 조직의 기능을 유기적으로 조절해주는 역할을 한다.
• 경락 내에 에너지가 원만하게 흐르면 신체가 건강하다.

⑤ 아유르베딕 마사지
  ㉠ 인도의 전통의학에서 근원한 마사지 방법으로 정신과 육체, 영혼을 조화롭게 만드는 것을 목표로 한다.
  ㉡ 식물성 오일, 에센셜 오일 등을 사용한다.
  ㉢ 아유르베딕 마사지의 종류
    • 시로다라 마사지 : 이마에 따뜻한 오일을 떨어뜨려 마사지하는 것으로 두통, 불면증, 스트레스 해소에 도움을 주고 마음을 평온하게 한다.
    • 아비앙가 마사지 : 두 명의 시술자가 동시에 시술하며 전신에 따뜻한 오일을 바르면서 리드미컬하게 강약을 조절하며 마사지하는 것으로 심신의 깊은 휴식과 피로회복에 효과가 있다.
    • 우드바타나 마사지 : 파우더 또는 오일을 이용한 마사지법으로 비만에 효과적이다.
    • 피지칠 마사지 : 많은 양의 허브 오일을 이용하여 전신을 이완시키며 관절염에 효과가 있다.
    • 마르마 마사지 : 허브 오일을 이용하여 인체 107개의 급소(마르마)를 자극하여 생체의 균형을 회복시키며 순환계 장애로 인한 근육통과 신경통에 효과적이다.

⑥ 타이 마사지
  ㉠ 태국 전통의 의술기법 중의 하나로 명상, 요가, 호흡법을 이용하여 신체조직을 누르거나 비틀거나 이완시킴으로써 신체를 정화하고 운동시키는 스트레칭 마사지이다.
  ㉡ 타이 마사지는 '센'을 자극하여 정체된 에너지를 해소해주는 마사지법이다.

  ㉢ 효과 및 방법
    • 마사지 시간은 2시간~2시간 30분 정도 소요한다.
    • 근육과 관절이 좋아지고 유연성이 증대되며 통증을 완화시킨다.
    • 시술자는 에너지의 완벽한 균형을 찾기 위하여 손, 발, 팔꿈치를 이용하여 센 라인이 있는 중요한 포인트를 따라 압력을 주고 스트레칭시킨다.

(4) 손과 발 관리
  ① 혈액순환을 촉진시켜 주는 효과가 있다.
  ② 발은 풋 배스(Foot Bath)를 사용하는 것이 좋으며 손과 발의 죽은 각질세포를 제거하고 부드럽고 건강하게 관리한다.

(5) 전신 랩핑
  ① 해조, 머드, 클레이 등이 이용되는데, 이는 미네랄과 비타민 등의 영양분을 함유하고 있다.
  ② 순환 촉진, 독소 제거, 피부 보습과 탄력 강화 효과를 갖는다.

 **Chapter 10 마무리**

**01 피부 관리의 마무리**

(1) 정의
  ① 안면관리와 전면관리가 끝난 후 기초 화장품을 이용하여 피부를 정리하는 단계이다.
  ② 얼굴의 경우 스킨, 로션, 아이 크림, 수분 크림, 에센스, 영양 크림, 자외선 차단제 순으로 마무리한다.

(2) 목적 및 효과
  ① 피부를 정돈한다.
  ② 피부에 유·수분을 공급한다.
  ③ 외부의 자극으로부터 피부를 보호한다.
  ④ 피부의 노화를 방지하고 건강한 피부를 유지시킨다.

**02 마무리의 방법**

(1) 계절별 피부 관리
  ① 봄
    ㉠ 꽃가루와 황사로 인해 피부가 쉽게 더러워진다.
    ㉡ 자외선이 강해져 피부가 자극을 받게 되므로 여드름과 뾰루지 등의 트러블이 쉽게 발생한다.
    ㉢ 봄철 피부 관리방법
      • 클렌징 크림으로 메이크업과 더러움을 닦아낸 후 부드러운

클렌징 폼으로 나머지 더러움을 말끔히 씻어내는 이중세안이 필요하다.

- 자외선 보호 효과가 있는 제품으로 기초 손질을 해주고 마지막 단계에서는 자외선 차단 크림을 바른다.

② 여름
  ㉠ 고온다습한 날씨로 인하여 피부 자체의 보호 능력이 약해져 있다.
  ㉡ 강한 햇볕이 피부를 쉽게 노화시키고 피부의 탄력성을 떨어뜨린다.
  ㉢ 땀과 피지 분비물이 많이 분비되어 얼굴이 쉽게 번들거리고 모공이 넓어지며 피부가 늘어지기 쉽다.
  ㉣ 여름철 피부 관리방법
    - 피부에 수분과 영양을 공급해주고 햇볕으로 인해 달아오른 피부를 진정시켜준다.
    - 자외선 차단제를 발라 피부를 보호한다.
    - 고온과 자외선으로 인해 수분이 손실되어 건조하고 거칠어진 피부는 수분공급 전용 에센스를 사용한다.

③ 가을
  ㉠ 여름의 강한 자외선 영향으로 두터운 각질층이 일어나면서 피부의 노화 촉진, 잔주름 증가, 피부 당김 등의 현상이 나타난다.
  ㉡ 멜라닌 색소가 증가하여 기미, 주근깨가 두드러지며 얼굴색도 칙칙해진다.
  ㉢ 가을철 피부 관리방법
    - 팩으로 두터워진 각질층을 제거한다.
    - 보습 효과가 뛰어난 스킨과 로션, 에센스로 수분과 영양을 충분히 공급한다.

④ 겨울
  ㉠ 하얀 각질이 일어나고 당김 현상과 주름이 생기기 쉽다.
  ㉡ 정상 피부를 가진 사람도 공기가 건조하여 건조한 피부로 변해버리기 쉽다.
  ㉢ 겨울철 피부 관리방법
    - 일주일에 2~3회 정도 꾸준히 마사지하여 영양과 수분을 공급한다.
    - 수분이 부족한 눈과 입 주변은 화장솜에 스킨을 충분히 적셔 5분 정도 피부에 올려놓은 후 보습 에센스로 가볍게 마무리한다.

(2) 시간대별 피부 관리
  ① 아침
    ㉠ 수분 지속력이 좋은 보습제와 자외선 차단 크림을 바른 후 메이크업을 하는 것이 좋다.
    ㉡ 미지근한 물로 가볍게 세안하고 중성이나 순한 약산성의 클렌징 제품을 사용하여 피부에 자극을 주지 않도록 세안한다.
  ② 점심
    T-존 부위와 같이 피지 분비가 왕성한 곳은 기름종이(Oil Paper)를 사용하여 피지와 피부의 번들거림을 제거한다.

③ 저녁
  ㉠ 관리 포인트 : 노폐물 관리 및 클렌징
  ㉡ 1차 클렌징 : 눈과 입술은 메이크업 전용 리무버를 사용해서 세심하게 클렌징한다.
  ㉢ 2차 클렌징 : 오일이나 크림을 사용하여 피부를 마사지하듯이 문질러 주며 메이크업을 깨끗이 지우고 티슈로 닦아낸다.
  ㉣ 3차 클렌징
    - 클렌징 폼을 이용하여 이중세안하고 마지막은 찬물로 헹궈 모공을 조여준다.
    - 세안 후 수분과 유분을 공급하여 피부의 건조를 막는다.

🌸 풀어보고 넘어가자

**여름철 피부 상태를 설명한 것으로 틀린 것은?**

① 각질층이 두꺼워지고 거칠어진다.
② 표피의 색소침착이 뚜렷해진다.
③ 고온다습한 환경으로 피부에 활력이 없어지고 피부가 지친다.
❹ 버짐이 생기며 혈액순환이 둔화된다.

해설🌸 겨울철에는 건조한 기후와 찬바람의 영향으로 버짐이 생기며 혈액순환이 둔화된다.

## 03 얼굴형에 따른 메이크업

(1) 긴 얼굴형
  ① 얼굴형 : 이마의 끝과 턱에 섀도 컬러를 넣어 얼굴의 길이가 짧아 보이도록 하여 단점을 보완한다.
  ② 눈썹 : 직선 형태의 눈썹이 어려보이고 활동적인 느낌을 준다.
  ③ 블러셔 : 볼 아래는 가로로 바르고 이마와 턱은 어둡게 하여 긴 느낌을 줄인다.

(2) 통통한 얼굴형
  ① 얼굴형 : 이마 가운데, 콧등, 턱은 밝은 색 파운데이션을 써서 하이라이트를 준다.
  ② 눈썹 : 각진 형이나 올라간 눈썹 모양으로 그려 날카롭고 세련된 느낌을 준다.
  ③ 블러셔 : 오렌지나 브라운 계열의 색을 이용하여 볼 뼈 아래에 사선으로 길게 넣고 뺨 위쪽에는 부드러운 느낌을 주는 컬러를 넣는다.

(3) 네모난 얼굴형
  ① 얼굴형 : 이마 양옆, 턱의 양끝의 각진 부분과 얼굴의 옆면은 섀도로 어둡게 표현한다. 이마 가운데, 콧등은 하이라이트 컬러로 돌출되어 보이도록 한다.
  ② 눈썹 : 아치형이나 화살형이 여성적이고 우아한 느낌을 준다.
  ③ 블러셔 : 약간 둥글게 바르고 진한 색으로 턱 선을 커버한다.

(4) 역삼각형 얼굴
  ① 얼굴형 : 이마의 양끝과 턱은 섀도로 어둡게 하고 턱의 중앙은 하이라이트 컬러로 밝고 도톰하게 표현한다.

② 눈썹 : 아치형 눈썹이 이미지를 부드럽게 보이게 한다.

③ 블러셔 : 핑크 계열의 색으로 부드럽게 보이게 한다.

**(5) 마름모 얼굴형**

① 얼굴형 : 이마 옆, 턱 선은 하이라이트 컬러를 주고 돌출된 볼 뼈와 뾰족한 턱 선은 섀도 컬러로 어둡게 하여 전체적으로 둥그런 느낌이 나게 한다.

② 눈썹 : 아치형이나 화살형이 우아하고 부드럽게 보이게 한다.

③ 블러셔 : 볼 뼈를 감싸듯이 살짝 둥글게 발라 지적이고 부드러워 보이게 한다.

> 🌸 풀어보고 넘어가자
>
> 얼굴형에 따른 화장술의 설명으로 옳은 것은?
>
> ① 삼각형의 경우 아래로 처진 눈썹을 그려준다.
> ② 사각형의 경우 일자형의 눈썹을 그려준다.
> ③ 마름모형 얼굴의 경우 광대뼈 부분을 밝게 표현한다.
> ❹ 역삼각형 얼굴의 경우 볼을 밝게 표현한다.
>
> 해설 ✐ 역삼각형 얼굴은 이마의 양끝과 턱은 섀도로 어둡게 표현하고 볼은 밝게 표현한다.

## 04. TPO에 따른 메이크업

**(1) 시간(Time)**

낮에는 내츄럴한 메이크업을 연출하며 밤에는 진한 메이크업을 연출한다.

**(2) 장소(Place)**

실내·외, 회사, 학교, 종교적인 장소, 조명 등에 따라 분위기에 적합한 메이크업을 연출한다.

**(3) 목적(Occasion)**

① 소셜 메이크업(Social Make-up) : 성장화장이라고도 하며 정성들여서 하는 짙은 화장을 말한다.

② 데이타임 메이크업(Daytime Make-up) : 평상시의 자연스러운 화장을 말한다.

③ 스테이지 메이크업(Stage Make-up) : 무용, 패션쇼 등에서의 무대용 화장을 말한다.

④ 컬러포토 메이크업(Color Photo Make-up) : 천연색 사진을 찍을 경우의 화장을 말하며 무대화장과는 달리 매우 자연스럽게 표현한다.

> TIP 📖 TPO 메이크업
>
> • 시간(Time), 장소(Place), 상황(Occasion)에 따라 표현을 차별화하는 메이크업이다.
> • 메이크업의 효과를 높이기 위해서는 전체적인 코디네이션이 중요하다.

> 🌸 풀어보고 넘어가자
>
> 가볍고 산뜻한 메이크업으로 보통의 외출 시 하는 메이크업은?
>
> ① 소셜 메이크업          ② 스테이지 메이크업
> ③ 컬러포토 메이크업      ❹ 데이타임 메이크업
>
> 해설 ✐ 데이타임 메이크업은 낮에 외출 시 하는 가벼운 메이크업을 말한다.

## Chapter 11 피부와 피부 부속기관

### 01. 피부구조 및 생리기능

피부는 신체의 표면을 덮고 있는 조직이며 물리적·화학적으로 외부 환경으로부터 신체를 보호하는 동시에 전신의 대사(代謝)에 필요한 생화학적 기능을 영위하는 생명유지에 불가결한 기관이다. 피부의 총면적은 1.6㎡~1.8㎡이며 중량은 체중의 약 16%에 달한다.

**(1) 피부의 구조**

① 표피(Epidermis)

㉠ 특징

• 피부의 가장 상층부에 위치한다.

• 외배엽에서 유래하며 신경과 혈관이 없다.

• 세균, 유해물질, 자외선으로부터 피부를 보호한다.

㉡ 표피 구성세포

• 각질형성 세포(Keratinocyte, 각화 세포)

  – 표피의 주요 구성 성분으로 표피 세포의 80%를 차지한다.

  – 표피의 바깥 부분에서부터 각질층, 과립층, 유극층, 기저층으로 이루어져 있다.

  – 손·발바닥 부위에는 각질층과 과립층 사이에 투명층이 존재한다.

• 멜라닌 세포(Melanocyte, 색소 세포)

  – 표피에 존재하는 세포의 약 5~10%를 차지하고 있으며 대부분 기저층에 위치한다.

  – 자외선을 흡수 또는 산란시켜 자외선으로부터 피부가 손상되는 것을 방지한다.

  – 멜라닌 세포의 수는 피부색에 관계없이 일정하며, 멜라닌 세포가 계속적으로 생산하는 멜라닌 양에 의해 피부색이 결정된다.

• 랑게르한스 세포(Langerhans Cell)

  – 유극층에 대부분 존재한다.

  – 주로 피부의 면역에 관계한다.

• 머켈 세포(Merkel Cell)

  기저층에 위치하며 신경섬유의 말단과 연결되어 있어 촉각을 감지하는 세포로 작용하기 때문에 촉각 세포라고도 한다.

ⓒ 구조

| 기저층 | • 표피의 가장 아래층<br>• 기저 세포(각질형성 세포, Keratinocyte)와 멜라닌을 만들어 내는 멜라닌 세포(Melanocyte)가 4~10:1의 비율로 존재<br>• 모세혈관으로부터 영양을 공급받아 세포분열을 통해 새로운 세포생성 |
|---|---|
| 유극층 | • 살아 있는 유핵 세포로 구성<br>• 피부에서 가장 두꺼운 층<br>• 면역기능을 담당하는 랑게르한스 세포 존재<br>• 림프액이 흐름(영양 공급, 노폐물 배출, 혈액순환 작용) |
| 과립층 | • 케라토하이알린과립이 존재<br>• 각화과정 시작(유핵과 무핵 세포가 공존)<br>• 외부 물질로부터 수분 침투를 막음 |
| 투명층 | • 주로 손·발바닥에 존재<br>• 엘라이딘(Elaidin)이라는 반유동 물질 함유<br>• 수분에 의한 팽윤성이 적음 |
| 각질층 | • 납작한 무핵 세포로 라멜라 구조를 이룸<br>• 케라틴, 천연보습인자, 지질 존재<br>• 외부 자극으로부터 피부 보호, 이물질 침투를 막음 |

② 진피

㉠ 특징

• 피부의 90%를 차지하며 표피 두께의 10~40배 정도로 실질적인 피부이다.

• 점성을 갖는 탄력적인 조직으로 무정형의 기질과 교원섬유, 탄력섬유 등의 섬유성 단백질로 구성되어 있다.

• 교감 신경, 부교감 신경이 지나가고 혈관, 림프가 있어 표피에 영양분을 공급한다.

㉡ 진피의 구조

• 유두층(Papillary Layer) = 유두진피(Papillary Dermis)

- 표피와 진피 사이는 둥글고 작은 물결모양의 탄력 조직인 돌기가 표피 쪽으로 돌출된 유두로 이루어져 있다.

- 유두층은 미세한 교원질(콜라겐)과 섬유 사이의 빈 공간으로 이루어져 있다.

- 세포성분과 기질성분이 많고 모세혈관, 신경종말이 풍부하게 분포되어 있다.

• 망상층(Reticular Layer) = 망상진피(Reticular Dermis)

- 그물 모양의 결합조직으로 진피의 대부분을 이루며 피하조직과 연결된다.

- 망상층의 섬유질은 일정한 방향으로 배열되며 신체 부위에 따라 달라지므로 외과 수술 시 랑거선을 따라 절개하면 상처의 흔적이 최소화된다.

- 혈관, 림프관, 피지선, 한선, 모낭, 신경총 등이 복잡하게 분포되어 있다.

㉢ 진피의 구성 물질

• 교원섬유(교원질)

- 진피의 90%를 차지하고 있는 단백질로 콜라겐(Collagen)으로 구성되어 있다.

- 섬유아세포에서 만들어지며 교원섬유는 탄력섬유와 그물 모양으로 서로 짜여 있어 피부에 탄력성과 신축성을 부여한다.

- 노화가 진행되면서 피부 탄력감소와 주름 형성의 원인이 된다.

• 탄력섬유(Elastic Fiber)

- 엘라스틴으로 구성되어 있으며 신축성과 탄력성이 있어 1.5배까지 늘어난다.

- 섬유아세포에서 생성되며 피부 이완과 주름에 관여한다.

• 기질(Ground Substance)

- 진피의 결합섬유(Collagen, Elastin)와 세포 사이를 채우고 있는 물질로 형태가 없는 젤(Gel) 상태이다.

- 친수성 다당체로 물에 녹아 끈적끈적한 점액 상태로 무코다당체라고도 한다.

- 기질의 구성 성분은 히알루론산(Hyaluronic Acid), 황산콘드로이틴(Chondroitin Sulfate), 프로테오글리칸 등으로 이루어져 있다.

TIP

| 진피의 구조 | 진피의 구성 | 진피에 존재하는 세포 |
|---|---|---|
| 유두층<br>망상층 | 교원섬유<br>탄력섬유<br>기질 | 섬유아세포<br>대식세포<br>미만세포 |

③ 피하지방층

㉠ 진피에서 내려온 섬유가 엉성하게 결합되어 형성된 망상조직으로 그 사이에 벌집 모양의 수많은 지방 세포들이 자리잡고 있다.

㉡ 체온유지, 수분조절, 탄력성 유지, 외부의 충격으로부터 몸을 보호한다.

㉢ 진피와 근육, 골격 사이에 있으며 눈꺼풀, 귀 등에는 덜 발달되어 있다.

㉣ 여성의 곡선미를 연출하며 지방층의 두께에 따라 비만의 정도가 결정된다.

(2) 피부의 기능

① 보호기능

㉠ 물리적 자극 : 압력, 충격, 마찰 등 외부 자극으로부터 방어 기능을 한다.

㉡ 화학적 자극 : 피부 표면의 피지막과 각질층의 케라틴 단백질이 화학물질에 대한 저항성을 나타낸다.

㉢ 태양 광선에 대한 보호 : 멜라닌 색소는 자외선으로부터 피부 손상을 막아준다.

㉣ 세균 침입에 대한 보호기능

• 피부 표면의 피지막은 pH 5.5 약산성이므로 살균 및 세균의 발육을 억제한다.

• 각질층은 세균이나 미생물의 침투 시 외부 자극으로부터 방어기능을 한다.

• 랑게르한스 세포는 병원균에 대한 항체를 생산하여 면역을 강화한다.

② 체온 조절작용

땀 분비, 피부 혈관의 확장과 수축작용을 통해 열을 발산하여 체온을 조절한다.

③ 분비 및 배출기능

㉠ 피지선은 피지를 분비하여 피부 건조 및 유해물질이 침투하는 것을 막는다.

㉡ 한선은 땀을 분비하여 체온 조절 및 노폐물을 배출하고 수분 유지에 관여한다.

④ 감각기능

㉠ 피부는 가장 중요한 감각기관 중의 하나이다.

㉡ 촉각은 손가락, 입술, 혀 끝 등이 예민하고 발바닥이 가장 둔하다.

㉢ 온각과 냉각은 혀 끝이 가장 예민하다.

㉣ 통각은 피부의 감각기관 중 가장 많이 분포되어 있다.

㉤ 압각은 피부를 압박하였을 때 느껴지며 너무 약하게 누르면 간지러움을 느낀다.

⑤ 흡수기능

㉠ 피부는 이물질이 흡수하는 것을 막아주고 선택적으로 투과시킨다.

㉡ 경피흡수 : 피부 표면에 접촉된 물질이 모낭, 피지선, 한선을 통해 진피까지 도달하는 것으로 주로 지용성 물질이 침투가 잘된다.

㉢ 강제흡수 : 피부에 흡수되기 어려운 수용성 물질을 강제로 흡수시키는 방법이다(피부의 수분량 또는 온도가 높을 경우, 혈액순환이 빠를 경우, 물질의 입자가 작고 지용성일수록 흡수가 잘된다).

⑥ 비타민 합성기능

자외선 조사에 의해 피부 내에서 비타민 D가 생성된다.

⑦ 호흡기능

피부도 산소를 흡수하고 신진대사 후 발생한 이산화탄소를 피부 밖으로 방출한다.

⑧ 저장기능

피부는 수분, 에너지와 영양분, 혈액을 저장한다.

(3) 피부의 pH

① pH는 용액의 수소이온 농도를 지수로 나타낸 수소이온 지수이다.

② 피부 표면의 산성도를 측정할 때에는 pH로 정의한다.

③ 피부 표면은 pH 5.5의 약산성 보호막이 있어 세균으로부터 피부를 보호한다.

🌸 풀어보고 넘어가자

진피의 구조 중 그물 모양의 결합조직으로 진피의 대부분을 이루며 피하조직과 연결되어 있는 층은?

① 유극층　　❷ 망상층　　③ 유두층　　④ 기저층

해설 망상층은 혈관, 림프관, 피지선, 한선, 모낭, 신경총 등이 복잡하게 분포되어 있으며 위로는 유두층, 아래로는 피하조직과 연결되어 있다.

## 02 피부 부속기관의 구조 및 기능

(1) 한선(Sweat Gland, 땀샘)

① 위치 : 한선은 진피와 피하지방의 경계부에 위치한다.

② 모양 : 실뭉치 모양으로 엉켜 있다.

③ 분비량 : 땀을 만들어 피부 표면에 분비하며 1일 $700 \sim 900cc$ 정도 분비한다.

④ 기능 : 체온조절, 피부습도유지, 노폐물 배출, 산성 보호막 형성

| 구분 | 에크린선(Eccrine Sweat Gland) 소한선 | 아포크린선(Apocrine Gland) 대한선, 체취선 |
|---|---|---|
| 특징 | • 실뭉치 같은 모양으로 진피 깊숙이 위치<br>• 나선형 한공을 갖고 있으며 피부에 직접 연결<br>• $pH3.8 \sim 5.6$의 약산성인 무색, 무취의 맑은 액체를 분비<br>• 체온조절에 중요한 역할을 함<br>• 온열성 발한, 정신성 발한, 미각성 발한을 함 | • 에크린선보다 크며 피부 깊숙이 존재<br>• 나선형 한공을 갖고 있으며 모공과 연결<br>• 점성이 있고 우윳빛을 띠는 액체<br>• $pH5.5 \sim 6.5$ 정도의 단백질 함유량이 많은 땀을 생성하며 특유의 짙은 체취를 냄<br>• 사춘기 이후에 주로 발달<br>• 성, 인종을 결정짓는 물질을 함유<br>• 정신적 스트레스에 반응, 성적으로 흥분될 때 활성화 |
| 위치 | 전신에 분포하나 특히 손바닥, 발바닥, 이마 등에 집중 분포(입술, 음부, 손톱 제외) | 귀 주변, 겨드랑이, 유두 주변, 배꼽 주변, 성기 주변 등 특정 부위에만 존재 |
| 성분 | 99%는 수분, 1%는 Na, K, Ca, Cl, 단백질, 철, 인, 아미노산 성분 | 분비물의 성분은 정확하지 않으나 지질, 단백질, 물 등의 성분 함유 |

(2) 피지선(Sebaceous Gland : 기름샘, 모낭샘)

① 특징

㉠ 진피의 망상층에 위치하며 포도송이 모양으로 모낭과 연결되어 피지선을 통해 피지를 배출한다.

㉡ 손바닥과 발바닥을 제외한 신체의 대부분에 분포하며 주로 T-Zone 부위, 목, 가슴 등에 분포한다.

㉢ 모낭이 없기 때문에 피지선이 직접 피부 표면으로 연결되어 피지를 분비하는 피지선을 독립피지선이라고 한다.

예 윗입술, 구강점막, 유두, 눈꺼풀 등

㉣ 트리글리세라이드(Triglyceride), 왁스 에스테르(Wax Ester), 스쿠알렌(Squalene), 콜레스테롤(Cholesterol) 등으로 구성되어 있다.

② 기능

㉠ 피부와 모발에 촉촉함과 윤기를 부여하고, 체온저하를 막아준다.

㉡ 피부의 pH를 약산성으로 유지시켜 세균, 이물질의 침투를 막고 피부를 보호한다.

㉢ 피지의 지방 성분은 땀과 기름을 유화시키는 역할을 한다.

(3) 모발

① 특징

㉠ 단단하게 각화된 경단백질인 케라틴이 주성분이다.

㉡ 약 $130 \sim 140$만 개 정도 분포하며, 온몸에 퍼져 있는 솜털이 감각을 느낄 수 있게 한다.

② 기능

　㉠ 보호기능 : 체온조절, 외부의 물리적·화학적·기계적 자극으로부터 피부를 보호한다.

　㉡ 지각기능 : 감각을 전달한다.

　㉢ 장식기능 : 성적매력, 외모를 장식하는 미용적 효과를 갖는다.

　㉣ 노폐물을 배출하고, 충격을 완화하는 기능을 갖는다.

③ 모발 형태

| 굵기에 따른 분류 | 길이에 따른 분류 |
|---|---|
| • 취모 : 부드럽고 섬세한 엷은 색의 털(태아의 피부)<br>• 연모 : 성인 피부의 대부분을 덮고 있는 섬세한 털<br>• 성모 : 머리카락, 눈썹, 속눈썹, 수염, 겨드랑이, 음모 | • 장모 : 긴 털(머리카락, 수염, 음모)<br>• 단모 : 짧은 털(눈썹, 속눈썹) |

④ 모발의 구조

　㉠ 모간 : 피부 위로 솟아 있는 부분이다.

　㉡ 모근 : 피부 내부에 있는 부분으로 모발 성장의 근원이 되는 부분이다.

　　• 모낭 : 모근을 싸고 있는 주머니 모양의 조직으로 피지선과 연결되어 모발에 윤기를 준다.

　　• 모구 : 모근의 뿌리 부분으로 둥근 모양의 부위, 이곳에서부터 털이 성장한다.

　　• 모유두 : 모구 중심부의 우묵한 곳에 모발의 영양을 관장하는 혈관과 신경세포가 분포한다.

　　• 모모세포 : 세포분열과 증식에 관여하여 새로운 모발을 형성한다.

　㉢ 기모근(Arrector Pili Muscle, 입모근)

　　진피의 유두진피에서 비스듬히 내려가 피지선 아래 모낭과 연결되어 있다. 기모근은 자율신경에 영향을 받으며 춥거나 무서울 때, 외부의 자극에 의해 수축이 되어 모발을 곤두서게 한다(속눈썹, 눈썹, 겨드랑이를 제외한 대부분의 모발에 존재).

⑤ 모발의 단면

　㉠ 모표피 : 모발의 가장 바깥쪽을 싸고 있는 얇은 비늘 모양의 층이다.

　㉡ 모피질 : 모발의 85~90% 차지, 멜라닌 색소 함유, 피질 세포 사이가 간충 물질로 채워진다.

　㉢ 모수질 : 모발의 중심부, 수질세포로 공기를 함유, 태아의 체모(취모)에는 없다.

⑥ 모발주기(모주기)

| 1단계 성장기 | • 전체 모발의 80~90%<br>• 모발의 생성, 성장<br>• 평균 성장기간 : 남성 3~5년, 여성 4~6년 |
|---|---|
| 2단계 퇴화기 | • 전체 모발의 1~2%<br>• 수명 1~1.5개월 정도<br>• 모발의 성장이 정지<br>• 모유두와 모구가 분리되고 모근이 위쪽으로 올라감 |
| 3단계 휴지기 | • 전체 모발의 14~15%<br>• 모낭이 수축되고 모근이 위쪽으로 올라가 탈락<br>• 가벼운 물리적 자극에도 탈락 |

(1) 손·발톱(Nail, 조갑)

① 특징

　㉠ 손가락과 발가락의 끝을 보호해 주기 위해 경단백질인 케라틴과 아미노산으로 이루어진 피부의 부속기관이다.

　㉡ 조갑의 경도는 함유된 수분의 함량이나 각질의 조성에 따라 좌우된다.

② 구조

　㉠ 조체(Nail Body) : 손톱 본체

　㉡ 조근(Nail Root) : 손톱 뿌리 부분

　㉢ 자유연(Free Edge) : 손톱 끝

　㉣ 조상(Nail bed) : 손톱 밑의 피부, 신경조직과 모세혈관 존재

　㉤ 조모(Matrix) : 손톱 뿌리 밑에서 세포분열을 통해 손톱을 생산해내는 부분

　㉥ 반월(Lunula) : 완전히 각질화되지 않아 반달 모양으로 희게 보이는 손톱의 아랫부분

③ 손·발톱의 성장

　㉠ 개인차가 있으나 1일 평균 0.1mm, 1개월에 3mm 정도 자란다.

　㉡ 완전히 대체되는데 4~6개월 걸리며 발톱은 손톱보다 성장이 느리다.

④ 건강한 손·발톱의 조건

　㉠ 조상에 강하게 부착되어 있어야 하며 세균에 감염되지 않아야 한다.

　㉡ 단단하고 탄력이 있으며 수분이 7~10% 함유되어 있어야 한다.

　㉢ 조체는 매끄럽고 광택이 나며 연한 핑크빛을 띠고 투명해야 한다.

🌸 풀어보고 넘어가자

다음 에크린한선에 대한 설명으로 옳은 것은?

① 단백질을 함유하고 있다.
② 성, 인종을 결정 짓는 물질을 함유하고 있다.
❸ 소한선으로 불린다.
④ 모공과 연결되어 있다.

해설 ✔ 에크린한선은 소한선으로 불리며, 전신에 분포되어 체온조절에 중요한 역할을 한다.

## 03 피부 유형분석

(1) 정상(중성)피부의 성상 및 특징

① 특징

　㉠ 가장 이상적인 피부 유형이다.

　㉡ 피부결이 섬세하고 피부색이 맑다.

　㉢ 충분한 수분과 피지를 가지고 있다.

　㉣ 피부 이상(색소, 여드름, 잡티 등) 현상이 없다.

　㉤ 피부 탄력이 좋고, 표정주름 이외에는 주름이 없다.

　㉥ T-존 부위에 약간의 모공이 보이며, 피부색이 맑다.

　㉦ 여름에는 지성화, 겨울에는 건성화되기 쉽다.

② 관리
ㄱ 계절에 맞는 피부 관리를 한다.
ㄴ 유·수분 균형에 중점을 두고 현재의 피부 상태를 유지시킨다.
ㄷ 내·외적인 요인에 따라 변화하기 쉬우므로 꾸준한 관리가 필요하다.

(2) 건성 피부의 성상 및 특징
① 특징
ㄱ 모공이 작거나 거의 보이지 않는다.
ㄴ 유·수분량이 적어 건조함을 느끼며 각질이 들뜨기 쉽다.
ㄷ 피부 손상과 주름 발생이 쉬우므로 노화 현상이 빨리 온다.
ㄹ 피지보호막이 얇아 피부가 손상되면 색소가 침착되어 기미, 주근깨가 생길 수 있다.

② 관리
ㄱ 적당한 수분과 충분한 유분을 공급한다.
ㄴ 쉽게 예민해질 수 있으므로 피부를 보호해야 한다.
ㄷ 알콜 성분의 화장품은 건조를 심화시키므로 가급적 피한다.
ㄹ 일주일에 2~3회 정도 팩을 하여 유·수분을 충분히 공급한다.
ㅁ 기미, 주근깨가 생길 수 있으므로 비타민 C가 많은 야채나 과일을 섭취한다.

(3) 지성 피부의 성상 및 특징
① 특징
ㄱ 일반적으로 피부가 두껍다.
ㄴ 모공이 넓고 메이크업이 잘 지워진다.
ㄷ 여드름과 뾰루지가 잘 생기며 피부가 거칠다.
ㄹ 피지 분비가 많아 얼굴이 번들거리며, 트러블이 발생하기 쉽다.
ㅁ 피부색이 전체적으로 칙칙하거나 모세혈관이 확장되어 붉은색을 띠기 쉽다.

② 관리
ㄱ 적당한 딥클렌징으로 과도한 각질과 피지를 제거한다.
ㄴ 모공을 막을 수 있는 크림 타입보다는 젤과 로션 타입의 크림을 사용한다.
ㄷ 블랙헤드와 염증성 여드름의 경우 전문가와 상담한다.

(4) 민감성 피부의 성상 및 특징
① 특징
ㄱ 모세혈관 확장이 눈에 보인다.
ㄴ 사소한 자극에도 예민하게 반응한다.
ㄷ 정상 피부에 비해 조절 기능과 면역 기능이 저하되어 있다.
ㄹ 예민함이 지속되면 피부가 얇은 부위에 색소침착이 일어난다.
ㅁ 화장품을 바꾸어 사용하면 처음에 자주 예민한 반응을 일으킨다.

② 관리
ㄱ 강한 마사지 테크닉이나 딥클렌징은 피한다.

ㄴ 과도한 영양 공급이나 물리적인 자극을 피한다.
ㄷ 알콜이 함유되어 있지 않은 저자극성 제품을 사용한다.
ㄹ 충분한 수분과 적당한 유분 공급으로 피부 보호막을 유지한다.

(5) 복합성 피부의 성상 및 특징
① 특징
ㄱ 얼굴 부위에 따라 상반되거나 전혀 다른 피부 유형이 공존한다.
ㄴ 피부결이 곱지 못하며 피부조직이 전체적으로 일정하지 않다.
ㄷ 환경적 요인, 피부 관리 습관, 호르몬 불균형 등으로 인해 발생한다.
ㄹ T-존 부위는 피지 분비가 많아 여드름이나 뾰루지가 생기기 쉽고 모공이 크다.
ㅁ T-존을 제외한 부위는 세안 후 당김현상이 있고 눈가에 잔주름이 쉽게 생긴다.

② 관리
ㄱ 얼굴 부위별 상태에 따라 관리한다(볼 – 건성 피부, 이마 – 지성 피부).
ㄴ U-존 부위는 수분과 영양분의 공급에 힘쓴다.
ㄷ T-존 부위는 피지조절 케어를 병행하여 관리한다.

(6) 노화 피부의 성상 및 특징
① 특징
ㄱ 각질층이 두껍다.
ㄴ 안색이 불균형하다.
ㄷ 탄력성이 저하되어 모공이 넓어진다.
ㄹ 자외선 방어능력 저하로 색소침착이 생긴다.
ㅁ 신진대사가 원활하지 않아 피부 재생이 느리다.
ㅂ 피부 건조화로 잔주름이 발생하며 굵은 주름도 생길 수 있다.

② 관리
ㄱ 적당한 운동을 통해 건강관리에 힘쓴다.
ㄴ 노화된 각질을 정리하기 위해 정기적인 딥클렌징을 한다.
ㄷ 자외선 차단제와 자외선을 막아주는 메이크업 화장품을 사용한다.
ㄹ 자외선, 건조, 찬바람 등 피부를 노화시키는 자극에 대처하여 피부를 보호한다.

🌸 풀어보고 넘어가자
복합성 피부의 특징이다. 틀린 것은?
① T존 부위는 피지 분비가 많아 모공이 넓다.
② U존 부위는 건조하여 당김현상이 있다.
③ 얼굴 부위별로 다른 피부 유형이 공존한다.
❹ 사소한 자극에도 예민하게 반응한다
해설 ✐ 민감성 피부는 조절능력과 면역기능 저하로 자극에 예민한 반응을 보인다.

## Chapter 12 피부와 영양

### 01. 영양

생명 유지에 필요한 물질을 영양소라고 하는데 음식물을 통해 영양소를 섭취하고 신진대사에 의해 생명 유지에 관계하는 것을 영양이라고 한다.

#### (1) 영양소

| 3대 영양소 | 5대 영양소 | 6대 영양소 | 7대 영양소 |
|---|---|---|---|
| • 탄수화물<br>• 단백질<br>• 지방 | • 탄수화물<br>• 단백질<br>• 지방<br>• 무기질<br>• 비타민 | • 탄수화물<br>• 단백질<br>• 지방<br>• 무기질<br>• 비타민<br>• 물 | • 탄수화물<br>• 단백질<br>• 지방<br>• 무기질<br>• 비타민<br>• 물<br>• 식이섬유 |

① 열량 영양소 : 에너지 공급(탄수화물, 단백질, 지방)
② 구성 영양소 : 신체조직 구성(단백질, 무기질, 물)
③ 조절 영양소 : 생리기능과 대사조절(비타민, 무기질, 물)

### 02. 피부와 영양

균형 있는 영양상태는 건강한 신체를 유지시켜줌과 동시에 체내의 원활한 신진대사 활동을 통해 피부를 건강하게 만들어 준다.

#### (1) 3대 영양소

① 탄수화물(Carbohydrate)
  ㉠ 기능
   • 에너지 공급원(1g당 4kcal)으로 혈당을 유지한다.
   • 과잉섭취 시 글리코겐 형태로 간에 저장된다.
  ㉡ 종류
   • 단당류 : 포도당(혈액), 과당(꿀, 과일), 갈락토스(우유)
   • 이당류 : 맥아당(포도당+포도당), 서당(포도당+과당), 유당(포도당+갈락토스)
   • 다당류 : 여러 종류의 단당류나 다당류가 결합된 형태(전분, 글리코겐, 덱스트린, 섬유소)
  ㉢ 피부에 미치는 영향
   • 과잉 시 : 피부의 산도를 높이고 피부의 저항력을 감소시켜 피부염이나 부종 유발
   • 부족 시 : 발육부진, 체중감소, 신진대사 기능 저하

② 단백질(Protein)
  ㉠ 기능
   • 에너지 공급원(1g당 4kcal)으로 피부, 모발, 근육 등 신체조직의 구성 성분이다.

• pH 평형유지, 효소와 호르몬 합성, 면역세포와 항체를 형성한다.
  ㉡ 종류
   • 필수 아미노산(10여종) : 체내에서 합성이 불가능하며 반드시 식품을 통해 흡수(이소로이신, 로이신, 리신, 메티오닌, 페닐알라닌, 트레오닌, 트립토판, 발린, 히스티딘, 아르기닌)
   • 비필수 아미노산 : 체내에서 합성 가능(필수 아미노산 10종을 제외한 나머지)

③ 지방(Lipid)
  ㉠ 기능
   • 에너지 공급원(1g당 9kcal)이다.
   • 지용성 비타민의 흡수 촉진, 혈액 내 콜레스테롤 축적을 방해한다.
   • 신체의 장기를 보호하고 피부의 건강 유지 및 재생을 도와준다.
  ㉡ 종류

| 구분 | 종류 |
|---|---|
| 단순 지방질 | • 중성 지방 : 동물성(소기름, 돼지기름)과 식물성(야자유, 면실류 등)<br>• 밀납 : 벌꿀 생산과정에서 얻어지며 공기 중에 변질되지 않음 |
| 복합 지방질 | • 인지질 : 세포막 형성, 신경전달<br>• 당지질 : 당과 지질이 결합<br>• 지단백 : 지방산과 단백질의 복합제 |
| 유도 지방질 | • 지방산 : 포화 지방산(상온에서 고체 : 육류 버터), 불포화 지방산(상온에서 액체 : 생선, 면실류)<br>• 콜레스테롤, 스테롤 |

#### (2) 비타민

① 기능
  ㉠ 생리작용 조절, 체내 대사에 작용한다.
  ㉡ 체내에서 합성되지 않아 음식으로 섭취해야 하며 빛, 열, 공기 중에 노출 시 쉽게 파괴된다.

② 종류
  ㉠ 지용성 비타민 : 지방에 녹으며 과잉섭취 시 체내에 축적되므로 중독증상이 나타날 수 있다.

| 비타민 A(Retinol)<br>상피보호 비타민 | • 피부세포를 형성하여 건강한 피부를 유지하고 주름과 각질 예방<br>• 함유식품 : 간, 해조류, 계란, 녹황색 채소 등 |
|---|---|
| 비타민 D(Calciferol)<br>항구루병 비타민 | • 자외선을 통해 피부에 합성 가능 |
| 비타민 E<br>(Tocophrol)<br>항산화 비타민 | • 인체에 매우 중요한 항산화제, 호르몬 생성, 임신 등 생식기능에 관여함<br>• 노년기 갈색 반점 억제, 혈액순환을 촉진하여 피부 혈색을 좋게 함<br>• 함유식품 식물성 기름, 계란, 푸른 잎채소 등 |
| 비타민 K<br>(응혈성 비타민) | • 혈액 응고에 관여하며 모세혈관벽을 튼튼하게 함<br>• 피부염과 습진에 효과적 |

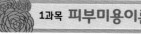
© 수용성 비타민 : 물에 녹으며 체내 대사를 조절하지만 체내에 축적되지 않는다.

| 비타민 B₁ (티아민) | • 탄수화물 대사에 도움을 주며 민감성 피부, 상처 치유<br>• 지루, 여드름 증상, 알레르기성 증상에 작용 |
|---|---|
| 비타민 B₂ (리보플라빈) | • 피지 분비 조절, 보습력 및 피부탄력 증가시킴<br>• 일광에 과민한 피부, 습진, 머리비듬, 입술 및 구상의 질병에 효과적 |
| 비타민 B₅ (판토텐산) | • 비타민 이용을 촉진하고, 감염·스트레스에 대한 저항력을 증진시킴 |
| 비타민 B₆ (피리독신) | • 세포 재생에 관여하고 여드름, 모세혈관 확장 피부에 효과적 |
| 비타민 B₇ | • 탈모와 습진 예방, 신진대사 활성화<br>• 지방 분해촉진, 혈중 콜레스테롤 저하 |
| 비타민 B₈ | • 건강한 모발 유지, 근육통 완화, 단백질, 엽산, 판토텐산의 이용을 촉진 |
| 비타민 B₉ (엽산) | • 세포의 증식과 재생에 관여<br>• 아미노산대사 촉진, DNA·RNA 합성 및 적혈구 생성에 필수적 |
| 비타민 B₁₂ | • 세포조직 형성, 세포 재생의 모든 과정을 촉진 |
| 비타민 C (항산화 비타민) | • 모세혈관을 간접적으로 튼튼하게 함. 콜라겐 형성에 관여<br>• 멜라닌 색소 형성 억제, 항산화제로 작용<br>• 유해 산소의 생성 봉쇄 |
| 비타민 H (비오틴) | • 탈모 방지, 염증 치유, 결핍 시 피부염이 생기거나 피부가 창백해짐 |
| 비타민 P | • 모세혈관 강화, 피부병 치료에 도움 |

(3) 무기질(Mineral)

① 기능

㉠ 효소·호르몬의 구성 성분이며, 체액의 산·알칼리의 평형 조절에 관여한다.

㉡ 신경 자극 전달, 신체의 골격과 치아 형성에 관여한다.

② 종류

| 다량원소 체중의 0.01% 이상 존재 | • 칼슘(CA) : 신경전달에 관여, 근육의 수축·이완 조절 → 결핍 시 골격, 치아 손톱 머리털이 약해짐<br>• 인(P) : 세포의 핵산과 세포막 구성, 체액의 pH 조절<br>• 마그네슘(Mg) : 삼투압, 근육 활성을 조절<br>• 칼륨(K) : 혈압저하, 항알레르기 작용, 노폐물 배설 촉진 |
|---|---|
| 미량원소 체중의 0.01% 이하 존재 | • 황(S) : 케라틴 합성에 관여(모발, 손·발톱 구성) → 결핍 시 모발, 손·발톱에 윤기가 없고 거칠음<br>• 아연(Zn) : 성장, 면역, 생식, 식욕 촉진, 상처회복 → 결핍 시 손톱성장 장애, 면역기능 저하, 탈모<br>• 요오드(I) : 갑상선 호르몬성분, 과잉지방 연소를 촉진 |

❈ 풀어보고 넘어가자

다음 비타민에 대한 설명으로 틀린 것은?

① 비타민 A는 주름과 각질을 예방한다.
❷ 비타민 B₁은 항산화 비타민이다.
③ 비타민 C는 교원질 형성에 중요한 역할을 한다.
④ 비타민 D는 체내에서 합성된다.

해설 ☞ 비타민 C와 E는 인체에 중요한 항산화제 역할을 한다.

# Chapter 13 피부장애와 질환

## 01. 원발진과 속발진

인체의 내적 또는 외적 원인(외상, 손상, 질병)에 의해 유발된 일반적인 피부병변을 발진이라 하며 발진 타입으로는 원발진(Primary Lesions)과 속발진(Secondary Lesions)이 있다.

(1) 원발진

① 피부질환의 초기병변을 말한다.

② 1차적 피부장애 증상이다.

③ 종류

㉠ 반점(Macule)

• 피부의 융기나 함몰이 없다.

• 여러 형태와 크기로 피부색조 변화가 있다.

• 주근깨, 기미, 자반, 노화반점, 오타씨모반, 백반, 몽고반점 등이 이에 속한다.

㉡ 홍반(Erythema)

• 모세혈관의 울혈에 의한 피부발적 상태를 말한다.

• 시간의 경과에 따라 크기가 변화한다.

㉢ 구진(Papule)

• 직경 1cm 미만의 피부의 단단한 융기물이며 주위 피부보다 붉다.

• 표피에 형성되어 흔적 없이 치유된다.

• 여드름의 초기 증상으로도 나타난다.

㉣ 농포(Pustules)

• 표피 내 또는 표피하의 가시적인 고름의 집합을 말한다(주로 모낭 내 또는 한선 내 형성).

• 진피, 피하조직에 나타나는 농양과 구별된다.

㉤ 팽진(Wheals)

• 두드러기, 담마진이라고도 한다.

• 표재성의 일시적 부종으로 붉거나 창백하다.

• 크기나 형태가 변하고 수시간 내에 소실된다.

㉥ 소수포(Vesicles)

• 직경 1cm 미만의 액체(혈청, 림프액)를 포함한 물집이다.

• 화상, 포진, 접촉성 피부염 등에서 볼 수 있다.

• 크기나 형태가 변하고 수시간 내에 소실된다.

㉦ 대수포(Bulla)

• 직경 1cm 이상의 소수포보다 큰 병변이다.

• 혈액성 내용물을 가지고 있다.

㉧ 결절(Nodule)

• 구진과 종양 사이의 중간 형태이다.

• 경계가 명확하며 원형 또는 타원형의 단단한 융기물이다.

• 구진과는 달리 표피뿐 아니라 진피, 피하지방까지 침범한다.

ⓩ 낭종(Cyst)
 • 진피에 자리 잡고 있으며 통증이 동반된다.
 • 여드름 피부의 4단계에서 생성되는 것으로 치료 후 흉터가 남는다.
ⓩ 종양(Tumor)
 • 직경 2cm 이상의 피부의 증식물을 말한다.
 • 여러 가지 모양과 크기가 있으며, 양성과 악성이 있다.

(2) 속발진
① 원발진이 진행하거나 회복, 외상 및 외적요인에 의해 변화된 상태의 병변을 말한다.
② 2차적인 증상이 더해져 나타나는 병변이다.
③ 종류
 ㉠ 인설(Scale)
  • 사멸한 표피세포가 피부표면으로부터 떨어져 나가는 것이다.
  • 정상적 각화과정의 이상으로 인한 각질층의 국소적인 증가가 원인이다.
  • 각질세포가 가루 모양 또는 비듬 모양의 덩어리로 떨어져 나간다.
 ㉡ 찰상(Excoriation, Scratch Mark)
  • 기계적 자극, 특히 소양증 등에 의해 긁어서 일어나는 표피의 결손을 말한다.
  • 표피의 일부에 상처가 난 것으로 흉터 없이 치유된다.
 ㉢ 가피(Crust)
  • 병적 기전에 의해 야기된 삼출액이 마른 것으로 딱지를 말한다.
  • 혈청, 농, 혈액 및 표피 부스러기 등이 피부표면에서 건조된 덩어리이다.
 ㉣ 미란(Erosion)
  • 표피만 파괴되어 떨어져 나간 피부손실 상태를 말한다.
  • 표면은 습윤한 선홍색을 띠며 출혈이 없고 흔적없이 치유된다.
 ㉤ 균열(Fissure, Crack)
  • 질병이나 외상에 의해 표피가 선상으로 갈라진 상태를 말한다.
  • 건조하고 습한 상태에서 잘 생기며 출혈과 통증이 동반될 수 있다.
  • 구순염 또는 무좀을 들 수 있다.
 ㉥ 궤양(Ulcer)
  • 염증성 괴사에 의해 표피, 진피, 피하지방층에 결손이 생긴 상태이다.
  • 치유 후에 반흔을 남긴다.
 ㉦ 반흔(Scar)
  • 흉터를 말한다.
  • 피부손상이나 질병에 의해 진피와 심부에 생긴 조직 결손이 새로운 결체조직으로 대치된 상태이다.

 • 정상치유 과정의 하나이며 '켈로이드'가 대표적이다.
 ◎ 위축(Atrophia)
  • 피부의 기능저하에 의해 피부가 얇게 되는 상태이다.
  • 피부가 탄력을 잃어 주름이 생기고 혈관이 투시되기도 한다.
 ㉧ 태선화(Lichenification)
  • 표피 전체와 진피의 일부가 가죽처럼 두꺼워지며 딱딱해지는 현상이다.
  • 만성 소양성 질환에서 흔히 볼 수 있다.

## ⑫ 피부질환

(1) 온도 및 열에 의한 피부 질환
① 화상(Burn)
 ㉠ 열, 전기방사능, 화학물질, 뜨거운 물이나 액체, 전기 등에 의해 발생한다.
 ㉡ 세포의 단백질을 변화시켜 세포를 파괴한다.
 ㉢ 1도 화상-홍반성 화상, 2도 화상-수포성 화상, 3도 화상-괴사성 화상
② 한진(Miliaria, 땀띠)
 ㉠ 한관이 폐쇄되어 땀의 배출이 이루어지지 못하고 축적되어 발생한다.
 ㉡ 습한 여름에 주로 발생한다.
 ㉢ 땀샘이 많이 분포되어 있는 곳(이마, 머리 주변, 가슴, 목, 어깨)에 나타난다.
③ 동상(Frostbite)
 ㉠ 한랭에 피부가 노출되어 혈관의 기능이 침해되고 세포가 질식 상태에 빠지는 현상이다.
 ㉡ 쉽게 노출되는 부위(귀, 코, 뺨, 손가락, 발가락 등)에 잘 발생한다.

(2) 기계적 손상에 의한 피부 질환
① 굳은살(Hardened Skin)
 ㉠ 압력에 의해서 발생되는 국소적인 과각화증이다.
 ㉡ 압력이 제거되면 자연적으로 소실된다.
② 티눈(Corn)
 ㉠ 압력에 의해 발생되는 각질층의 증식 현상이다
 ㉡ 중심핵을 가지고 있으며 통증을 동반한다.
③ 욕창(Decubitus Ulcer)
 ㉠ 지속적인 압력을 받는 부위가 허혈 상태가 되어 발생하는 궤양이다.
 ㉡ 자주 몸의 위치를 바꾸어 주고 피부가 건조해지지 않도록 한다.
 ㉢ 세균, 진균의 2차적 감염이 되지 않도록 유의한다.

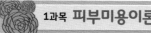
(3) 습진(Eczema)에 의한 질환

① 접촉 피부염(Contact Dermatitis)

  ㉠ 원발형 접촉피부염(Primary Contact Dermatitis)
    • 자극성 피부염으로도 불린다.
    • 원인물질이 직접 피부에 독성을 일으켜 발생한다.
    • 1~2시간 내에 급성으로 홍반, 구진, 소수포, 소양증, 부종 등이 동반될 수 있다.

  ㉡ 알레르기성 접촉피부염(Allergic Contact Dermatitis)
    • 특수 물질에 감작된 특정인에게 발생하는 질환이다.
    • 소양증, 구진 반점 등의 피부 증상이 나타난다.
    • 염색약, 화장품, 옻나무, 옻닭, 니켈 등에 노출된 경우에 생긴다.

  ㉢ 광독성 접촉피부염(Phototoxic Contact Dermatitis)
    • 일정 농도 이상의 물질과 접촉하고 광선에 노출된 경우 모든 사람에게서 발생하는 피부염이다.

  ㉣ 광알레르기성 접촉피부염(Photoallergic Contact Dermatitis)
    • 광선에 노출된 경우 특정 물질에 감작된 사람에게만 발생하는 피부염이다.

② 아토피 피부염(Atopic Dermatitis)
  ㉠ 만성 습진의 일종으로 나이가 듦에 따라 약화된다.
  ㉡ 피부가 건조하고 예민하며, 바이러스, 세균 감염에 잘 걸린다.
  ㉢ 발병기전이 명확하지 않으나 유전적 경향, 알레르기설, 면역학설, 환경요인설 등이 있다.

③ 지루 피부염(Seborrheic Dermatitis)
  ㉠ 피지의 과다한 분비에 의한 피부염으로 홍반을 동반하는 인설성 질환이다.
  ㉡ 두피, 안면, 앞가슴, 등, 배꼽, 귀, 겨드랑이, 사타구니 등에 잘 발생한다.
  ㉢ 발병기전이 명확하지 않으나 유전적 경향, 알레르기설, 면역학설, 환경요인설 등이 있다.

④ 신경 피부염(Neurodermatitis)
  ㉠ 만성 단순 태선(Lichen Simplex Chronicus)으로 불린다.
  ㉡ 소양감에 의해 피부를 만성적으로 긁어서 발생한다.

⑤ 화폐상 습진(Nummular Eczema)
  ㉠ 동전 모양의 아급성, 만성 피부염이다.
  ㉡ 팔이나 다리의 신측부 등 건조하기 쉬운 부위, 젊은 여자들에게 자주 발생한다.
  ㉢ 가려움증을 억제하고 보습효과를 주는 것이 중요하다.

⑥ 건성 습진(Xerotic Eczema)
  ㉠ 겨울철 소양증, 노인성 습진으로도 불린다.
  ㉡ 건조한 경우 잘 발생한다.

(4) 감염성 피부질환

① 세균성 피부질환(Bacterial Skin Diseases)

  ㉠ 농가진(Impetigo)
    • 주로 유·소아에게서 많이 나타난다.
    • 화농성 연쇄상구균이 주 원인균이며 전염력이 높아 쉽게 전염된다.
    • 두피, 안면, 팔, 다리 등에 수포가 생기거나 진물이 나며 노란색을 띠는 가피를 보인다.

  ㉡ 절종(Furuncle, 종기)
    • 황색 포도상구균이 모낭에 침입해서 발생하는 질환이다.
    • 모낭과 그 주변조직에 걸쳐 괴사를 일으킨다.
    • 두 개 이상의 절종이 합해져서 더 크고 깊게 염증이 생기면 옹종으로 발전한다.

  ㉢ 봉소염(Cellulites)
    • 용혈성 연쇄구균이 피하조직에 침투하여 발생한다.
    • 초기에는 작은 부위에 홍반, 소수포로 시작되어 점차로 큰 판을 형성한다.
    • 임파절 종대, 전신적인 발열이 동반될 수 있다.

② 바이러스성 피부질환(Virus Skin Disease)

  ㉠ 수두(Chickenpox)
    • 주로 소아에게서 발생하며, 전염력이 매우 강하다.
    • 피부 및 점막의 수포성 질환으로 발진 발생 1일 전부터 6일 후까지 호흡기 계통을 통해 전염된다.
    • 가피형성 후에 흉터 없이 치유된다.
    • 세균에 의한 2차 감염이나 소파로 흉터가 생길 수 있으므로 유의한다.

  ㉡ 대상포진(Herpes Zoster)
    • 수두를 앓은 후에 지각신경절에 잠복해 있던 수두 바이러스의 재활성화에 의해 발생한다.
    • 지각 신경 분포를 따라 띠 모양으로 피부발진이 발생한다.
    • 심한 통증이 선행되며 휴식과 안정을 취해야 한다.

  ㉢ 사마귀(Wart)
    • 파필로마(Papilloma) 바이러스에 의해 발생한다.
    • 어느 부위에나 쉽게 발생할 수 있으며 타인에게도 옮길 수 있다.
    • 전염성이 강하여 자신의 신체 부위에도 다발적으로 옮길 수 있다.

  ㉣ 전염성 연속종(Molluscum Contagiosum)
    • 물사마귀라 불리며, Pox바이러스에 의해 발생한다.
    • 아토피 피부염을 가진 소아에게서 흔히 볼 수 있다.
    • 전염성이 강하고, 재발 가능성이 많다.

  ㉤ 홍역(Measles)
    • 전염성이 매우 높으며 주로 소아에게 발병한다.
    • 발열과 발진을 주 증상으로 하는 급성 발진성 바이러스 질환이다.

• 재채기나 기침에 의해 전염되며 호흡기계감염, 결막염 등이 나타날 수 있다.

### ③ 진균성 피부질환

ⓐ 족부백선(Tinea Pedis)
  • 무좀이라고 불린다.
  • 피부사상균이라는 곰팡이균에 의해 발생한다.

ⓑ 조갑백선(Tinea Unguium)
  • 손톱과 발톱의 무좀으로 피부사상균에 의해 발생한다.
  • 항진균제를 바르거나 복용하여 치료한다.

ⓒ 두부백선(Trichophytia Superficialis Capillitii)
  • 두피의 모낭과 그 주위 피부에 피부사상균이 감염되어 발생하는 백선증을 말한다.
  • 두피에 다양한 크기의 회색이나 붉은색의 인설이 일어나고 염증이 심하면 부분적인 탈모가 발생한다.

### ④ 칸디다증(Candidiasis, 모닐리아증)

  • 진균의 일종인 칸디다 알비칸스균(Candida Albicans)에 의해 발생한다.
  • 피부, 점막, 손, 발톱에 생겨 표재성 진균증을 일으킨다.
  • 가렵고 붉은 반점이 생기며 염증이 심해진다.

## (5) 모발 질환

### ① 원형 탈모증(Alopecia Areata)

ⓐ 다양한 크기의 원형 혹은 타원형의 탈모반이다.
ⓑ 정신적 스트레스나 자가면역 이상, 국소 감염, 내분비장애 등이 원인이다.

### ② 남성형 탈모증(Male Pattern Alopecia, 안드로겐탈모증)

ⓐ 모발의 성장을 억제하는 남성호르몬이 증가하면서 유전적 요인을 자극할 때 발생한다.
ⓑ 유전적 요인, 연령, 남성호르몬인 안드로겐과의 복잡한 상호 관계로 인해 발생하는 질환이다.

## (6) 색소성 피부질환

### ① 저색소 침착 질환(Hypopigmentation)

ⓐ 백색증(Albinism)
  • 선천적으로 멜라닌 색소가 결핍되어 나타나는 질환이다.
  • 멜라닌 세포의 수는 정상이나 색깔이 없는 멜라닌을 생성한다.
  • 전신 혹은 눈, 피부의 일부, 모발 탈색 등의 다양한 형태로 나타난다.

ⓑ 백반증(Vitiligo)
  • 후천적으로 발생하는 저색소 침착 질환이다.
  • 멜라닌 세포의 결핍으로 인하여 여러 크기 및 형태의 백색반들이 피부에 나타나는 것이다.

### ② 과색소 침착 질환(Hyperpigmentation)

ⓐ 기미(Melasma, Chloasma, 간반)
  • 후천적인 과색소 침착증이다.
  • 연한 갈색, 흑갈색, 암갈색의 다양한 크기와 불규칙한 형태로 나타난다.
  • 주로 얼굴의 뺨, 이마, 윗입술, 턱, 코, 목 부위, 일광노출 부위에 좌우 대칭적으로 발생한다.

ⓑ 주근깨(Freckle)
  • 선천적인 과색소 침착증이다.
  • 일광 노출 부위에 다갈색, 암갈색의 형태로 멜라닌 색소가 침착되어 나타난다.
  • 유전적인 요인에 의해 소아기에 발생하며 나이가 들어감에 따라 감소한다.

ⓒ 흑자(Lentigo, 흑색점)
  • 표피의 멜라닌 세포 증가에 의한 색소반이다.
  • 단순성 흑자, 노인성 흑자, 악성 흑자가 있다.

ⓓ 오타모반(Ota Nervus)
  • 청갈색 혹은 청회색의 얼룩진 색소반이 이마, 눈 주위, 광대뼈 부분에 나타나는 피부 질환이다.
  • 멜라닌 세포의 비정상적인 증식으로 진피 내에 존재한다.

ⓔ 몽고반
  • 다양한 크기의 청회색 반이 엉덩이 부위에 출생 시부터 존재한다.
  • 멜라닌 세포가 진피 내에 존재하며 수년 내에 보통 자연 소실한다.

ⓕ 악성 흑색종
  • 일광 노출 부위 혹은 기타 부위에 멜라닌 색소가 악성으로 변형되어 생기는 질환이다.
  • 색소가 변하며 갑자기 커지고 불규칙해지거나 진물이 나며 궤양이 형성된다.

## (7) 안검 주위의 질환

### ① 비립종(Miliums)

ⓐ 지방조직의 신진대사 저하로 인하여 표면에 발생한 작은 낭종이다.
ⓑ 황백색의 낭포로 주로 눈가, 뺨, 이마 등에 발생한다.

### ② 한관종(Syringoma)

ⓐ 조직학적으로 에크린 한관에서 유래한 작은 구진으로 내용물이 없다.
ⓑ 다발성으로 병변이 깊어 레이저, 전기소각, 화학적 소각 등으로 제거한다.

❀ 풀어보고 넘어가자

다음 중 원발진이 아닌 것은?

① 구진    ② 농포    ③ 종양    ❹ 궤양

해설 궤양은 염증성 괴사에 의해 표피, 진피, 피하지방층에 결손이 생긴 상태이다.

## Chapter 14 피부와 광선

태양광선은 에너지의 근원으로 가시광선, 적외선, 자외선을 방사하고 있으며 자외선은 6.1%, 가시광선 51.8%, 적외선 42.1%를 차지한다.

### 01. 자외선(Uitraviolet Rays : URS)

피부에 자극적인 화학반응을 일으키므로 화학선이라고도 한다.

#### (1) 자외선의 종류

| 종류 | 파장 | 특징 |
|---|---|---|
| 단파장<br>(자외선 C : UVC) | 200~290nm | • 표피의 각질층까지 도달<br>• 대기 중 오존층에 의해 흡수<br>• 살균, 소독작용 |
| 중파장<br>(자외선 B : UVB) | 290~320nm | • 표피의 기저층, 진피 상부까지 도달<br>• 홍반, 일광화상 및 피부암 유발<br> – 비타민 D의 형성 |
| 장파장<br>(자외선 A : UVA) | 320~400nm | • 피부의 진피층까지 침투<br>• 피부탄력 감소, 잔주름 유발, 색소침착<br>• 선탠 반응 |

#### (2) 자외선의 영향

① **장점**
- ㉠ 비타민 D의 형성 : 구루병 예방, 면역력 강화
- ㉡ 살균 및 소독 효과
- ㉢ 강장효과 및 혈액순환 촉진

② **단점**
- ㉠ 홍반반응
- ㉡ 색소침착 및 광노화
- ㉢ 일광 화상

#### (3) 자외선에 의한 피부반응

① **홍반반응**
- ㉠ 피부가 붉어지는 현상
- ㉡ 자외선 조사 1시간 후 처음으로 피부에 나타나는 발적 현상
- ㉢ 약한 홍반 시 혈액순환 증진, 피부 건조로 인한 피지 감소 효과
- ㉣ 심한 홍반 시 열, 통증, 부종, 물집 등 동반

② **색소침착**
- ㉠ 피부 색깔이 검어지는 현상
- ㉡ 홍반의 강도에 따라 색소침착의 정도가 다름

③ **일광 화상**
- ㉠ 자외선 B(UVB)에 의해 발생
- ㉡ 피부가 검어지고, 일주일 정도 경과 후 표피의 두께가 두꺼워져 피부가 칙칙해짐
- ㉢ 심한 경우 표피 세포가 죽고 피부가 벗겨지며, 염증·오한·발열·물집 등 발생

④ **광노화**
- ㉠ 자외선에 노출 시 나타나는 피부의 조직학적 변화
- ㉡ 건조가 심해져 피부가 거칠어짐
- ㉢ 기저층의 각질형성 세포 증식이 빨라져 피부가 두꺼워짐
- ㉣ 교원섬유가 감소하여 피부 탄력 감소, 주름 유발
- ㉤ 진피 내의 모세혈관 확장
- ㉥ 기미 증가, 검버섯 발생

⑤ **광과민 반응**
- ㉠ 햇빛에 잠시만 노출되어도 과도한 일광 화상을 보임
- ㉡ 가려움증, 발진, 착색 자국이 나타남
- ㉢ 광과민성 약물, 광독성 반응, 광알레르기 반응 등이 있음

#### (4) 광민 감도에 의한 피부 타입 분류

태양광선에 의해 일어나는 반응에 따라 피부 타입을 분류하는 기준으로 절대적인 것은 아니다.

**◎ 피츠페트릭의 분류**

| 피부형 | 특징 |
|---|---|
| 제Ⅰ형 | 항상 일광화상 유발, 색소침착 없음 |
| 제Ⅱ형 | 가끔 일광화상 유발, 색소침착 없음 |
| 제Ⅲ형 | 일광화상 유발 없고 가끔 색소침착 |
| 제Ⅳ형 | 일광화상 유발 없고 항상 색소침착 |
| 제Ⅴ형 | 중간 정도의 색소침착(동양인) |
| 제Ⅵ형 | 흑인(아프리카인) |

> 🌸 풀어보고 넘어가자
>
> 자외선 중에서 선탠반응에 영향을 주는 파장은?
> ① UVC ② UVB ❸ UVA ④ UVD

#### (5) 자외선으로부터 피부 보호

| 분류 | 기능 | 종류 |
|---|---|---|
| 자외선<br>흡수제 | 자외선을 흡수하여 화학적 방법에 의해 피부를 보호하는 물질 | 파라아미노벤조산유도체, 벤조이미다졸유도체, 벤조페논유도체, 벤조옥사졸유도체, 캄파유도체, 디벤조일 메탄유도체, 갈릭산유도체신남산유도체, 파라메톡시신남산유도체 |
| 자외선<br>산란제 | 분말상태의 안료에 의해 물리적인 방법으로 자외선을 산란시켜 피부 속 침투를 막는 물질 | 산화아연, 이산화티탄, 규산염, 탈크 |
| 경구<br>투여제 | 먹어서 자외선을 부분적으로 방어할 수 있는 물질 | 베타카로틴(비타민 A 전구체로 손, 발바닥에 축적되며 비타민 A 차단) |

#### (6) 자외선 차단 지수

자외선 차단제품을 사용했을 때 피부가 보호되는 정도를 나타낸 지수 (백인 : 약 10분, 한국인 : 약 17분)

$$\text{자외선 차단지수(SPF)} = \frac{\text{자외선 차단제품을 사용했을 때의 최소홍반량(MED)}}{\text{자외선 차단제품을 사용하지 않았을 때의 최소홍반량(MED)}}$$

## 02 적외선(Infrared Rays)

적외선은 피부의 표면에 별다른 자극 없이 피부 깊숙이 침투하며 열을 발생하여 열선이라고도 한다.

### (1) 적외선의 종류

| 종류 | 특징 |
| --- | --- |
| 근적외선 | 진피 침투, 자극 효과 |
| 원적외선 | 표피 전층 침투, 진정 효과 |

### (2) 적외선의 효과

① 혈관 촉진으로 인한 홍반 현상

② 적외선 노출 부위의 혈액량 증가로 혈액순환 및 신진대사 촉진

③ 근육 조직의 이완과 수축을 원활하게 함

④ 피부 온도 상승으로 혈관 이완 및 혈압 감소

⑤ 통증 완화 및 진정 효과

🌸 풀어보고 넘어가자

적외선의 효과로 틀린 것은?

❶ 살균·소독작용   ② 통증 완화
③ 혈액순환 촉진   ④ 팩 말리는 효과

해설 살균 및 소독작용을 하는 것은 자외선이다.

---

## Chapter 15 피부면역

## 01 면역의 종류와 작용

### (1) 면역의 정의

외부로부터 침입하는 미생물이나 화학물질을 자기가 아니라고 인식하기 때문에 이들을 공격하여 제거함으로써 생체를 방어하는 기능을 말한다.

### (2) 면역의 종류

① **자연 면역**

㉠ 신체적 방어벽 : 피부(인체 내부를 보호하기 위한 기능), 호흡기 (기침, 재채기를 통한 세균 분사)

㉡ 화학적 방어벽 : 입, 코, 목구멍, 위의 산성 내부 점액질

㉢ 식균작용과 염증 반응

• 1차 : 혈액의 백혈구

• 2차 : 림프절, 몽우리 발생

• 2차를 거치면 90% 이상의 세균이 사라짐

② **획득 면역** : 기억장치, 예방접종

③ **면역계의 구분**

| 구분 | 방어 인자 |
| --- | --- |
| 1차 방어(자연저항, 비특이성 저항) | 피부, 위장관, 위산, 질 안의 정상 세균총 |
| 2차 방어(비특이성 저항) | 식세포로 구성된 면역계 |
| 3차 방어(특이적 저항, 특이성 면역) | 림프구로 구성된 면역계 |

🌸 풀어보고 넘어가자

면역 중에서 자연면역에 해당되는 것이 아닌 것은?

① 피부   ② 위점액질   ③ 백혈구   ❹ 예방접종

## 02 면역 작용

### (1) 면역 반응

① **식세포 면역 반응** : 백혈구의 이물질 식균작용

② **체액성 면역 반응** : B림프구 – 특이항체 생산

③ **세포성 면역 반응** : T림프구 – 항원에 대한 정보를 림프절로 전달, 림포카인 방출(항원 제거)

### (2) 피부의 면역 작용

① 피부의 층 구조

② 피부의 산성막

③ 피부의 각질 박리

④ 랑게르한스 세포의 면역 유발

⑤ 피부표면의 건조로 미생물 안착 용이

### (3) 면역 용어

① **식세포** : 이물질이나 다른 이물질을 잡아먹는 세포의 총칭

② **식균작용 세포** : 중성구, 마이크로파지

③ **면역 기관** : 골수, 흉선, 림프절, 비장

④ **림프구**

㉠ T림프구(세포성 면역) : 혈액 내 림프구의 9%를 차지, 정상 피부에 존재하는 대부분이 T림프구이다.

㉡ B림프구(체액성 면역) : 면역 글로불린이라는 단백질을 분비하여 면역학적 역할을 수행한다.

⑤ **림포카인** : 항원에 접촉하여 감작된 림프구에 의하여 방출되는 단백질 전달물질

⑥ **보체** : 약 20종의 혈청 단백으로 이루어진 복잡한 방어 인자, 항체와 긴밀한 작용

🌸 풀어보고 넘어가자

면역에 대한 설명으로 틀린 것은?

① 식균작용 세포 – 중성구, 마이크로파지
② 면역기관 – 골수, 흉선
❸ 보체 – 면역 글로불린이라는 단백질 분비
④ 림포카인 – 단백질 전달물질

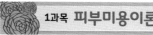 
# Chapter 16 피부노화

## 01. 노화

### (1) 노화의 정의

시간의 진행에 따라서 발생하며 점진적인 내적 퇴행성 변화로 여러가지 외적인 변화에 반응하는 능력이 떨어지는 현상으로 사망에 이를 때까지 진행된다.

### (2) 노화 이론

① 출생 시 유전자상의 정보에 의한 것

② 주위환경에 의한 손상이 유전자, 세포, 조직에 누적되어 생물체의 전체기능이 손상되는 것

## 02. 피부노화

### (1) 외적 변화

① 피부 건조, 피부 늘어짐, 주름

② 지루 각화증, 흑점

③ 자외선, 건조, 환경요인, 스트레스, 수분 저하 등으로 주름 생성

④ 피부 늘어짐 현상

⑤ 랑게르한스 세포와 진피 세포 감소

### (2) 피부노화의 종류

#### ① 내인성 노화

㉠ 나이가 들어감에 따라 자연적으로 발생하는 노화

㉡ 표피의 두께가 얇아지고 각질형성 세포 크기가 커짐

㉢ 멜라닌 세포 감소(자외선 방어기능 저하)

㉣ 랑게르한스 세포의 수 감소(피부면역기능 감소)

㉤ 진피의 두께, 혈관분포도와 혈관 반응 감소

㉥ 탄력성, 멜라닌 세포 소실

㉦ 한선의 수 70% 감소

㉧ 조갑판 두께가 감소하고 색깔이 어두워지며 수직횡문이 발생

㉨ 피부 흡수 감소로 상처회복이 느림

㉩ 피부온도, 저항력, 감각 기능, 혈류량, 손발톱 성장속도 저하

㉪ 안드로겐의 감소로 피지 분비가 줄어 피부가 건조해짐

#### ② 광노화

㉠ 태양광선 등 외부환경의 노출에 의한 노화

㉡ 광노화의 주된 파장은 자외선 B이나 장기간 폭로 시 자외선 A도 영향

㉢ 피부가 건조해지고 거칠어지며 주름 발생(목덜미 : 마름모꼴의 깊은 주름이 특징)

㉣ 각질층이 두꺼워지고 탄력성 소실

㉤ 색소침착, 모세혈관 확장 유발

㉥ 탄력 섬유의 이상적 증식 및 모세혈관이 확장

### (3) 내인성 노화와 광노화의 조직적 차이

| 요인 | 내인성 노화 | 광노화 |
|---|---|---|
| 건조 | 증가 | 증가 |
| 주름 | 증가 | 증가 |
| 늘어짐 | 증가 | 증가 |
| 링게르한스 세포 | 감소 | 감소 |
| 멜라닌 세포 | 감소 | 증가 또는 감소 |
| 각질 세포 | 증가 | 증가 |
| 각질층 | 증가 또는 감소 | 증가 또는 감소 |
| 표피 | 증가 또는 감소 | 증가 |
| 진피 | 감소 | 증가 |
| 교원 섬유 | 감소 | 증가 |
| 탄력 섬유 | 증가 | 증가 |
| 진피 기질 | 감소 | 증가 |
| 혈관 확장도 | 감소 | 증가 |
| 비만 세포 | 감소 | 증가 |

🌸 풀어보고 넘어가자

내인성 노화와 광노화의 차이점으로 틀린 것은?

❶ 내인성 노화는 색소침착, 모세혈관 확장을 유발한다.
② 광노화에 영향을 주는 파장은 UVB이다.
③ 광노화는 목덜미에 마름모꼴의 깊은 주름이 특징이다.
④ 내인성 노화는 안드로겐의 감소로 피지 분비가 줄어든다.

# Chapter 01 세포와 조직

## 01 해부생리학의 개요

### (1) 해부 생리학의 정의
① **해부학(Anatomy)** : 생물체를 구성하는 기관이나 조직의 구조, 형태 및 상호간의 위치를 연구하는 학문이다.
② **생리학(Physiology)** : 생물체의 계통이나 기관의 특유한 기능, 작용을 연구하는 학문이다.

### (2) 인체의 구성
① **세포(Cell)**
  인체의 구조적·기능적·유전적 기본단위이다.
② **조직(Tissue)**
  ㉠ 분화의 방향이 같고 구조와 기능적 연계성을 가진 세포들이 모여 조직을 형성한다.
  ㉡ 상피조직, 결합조직, 신경조직, 근육조직으로 나뉜다.
③ **기관(Organ)**
  ㉠ 조직이 모여 일정한 형태와 기능을 가진 기관을 형성한다.
  ㉡ 심장, 위장, 간, 신장, 소장, 대장 등이 있다.
④ **계통(System)**
  ㉠ 서로 연관성 있는 기관이 모여 일련의 기능을 수행하는 계통을 형성한다.
  ㉡ 골격계, 신경계, 순환기계, 내분비계, 소화기계 등이 있다.
⑤ **인체(Body)**
  계통이 모여서 인체를 형성한다.

> **TIP**
> 생태학적 단계 : 세포 → 조직 → 기관 → 계통 → 인체

### (3) 해부학적 자세의 기준
똑바로 편안하게 서서 수평을 유지하며 정면을 바라보고 팔은 늘어뜨려 몸통에 붙이고 다리는 모아서 발뒤꿈치에 붙이고 손가락을 모은 상태에서 손바닥이 앞을 향하도록 한다.

✿ 풀어보고 넘어가자
인체의 생태학적 단계를 차례로 나열한 것은?

① 조직 – 세포 – 기관 – 계통 – 인체
② 인체 – 계통 – 조직 – 기관 – 세포
❸ 세포 – 조직 – 기관 – 계통 – 인체
④ 세포 – 조직 – 계통 – 기관 – 인체

## 03 세포의 구성 및 작용

### (1) 세포의 구성
① **세포(Cell)**
  모든 생물체의 기본 단위이며 독립적으로 생명을 영위하는 최소 단위이다.

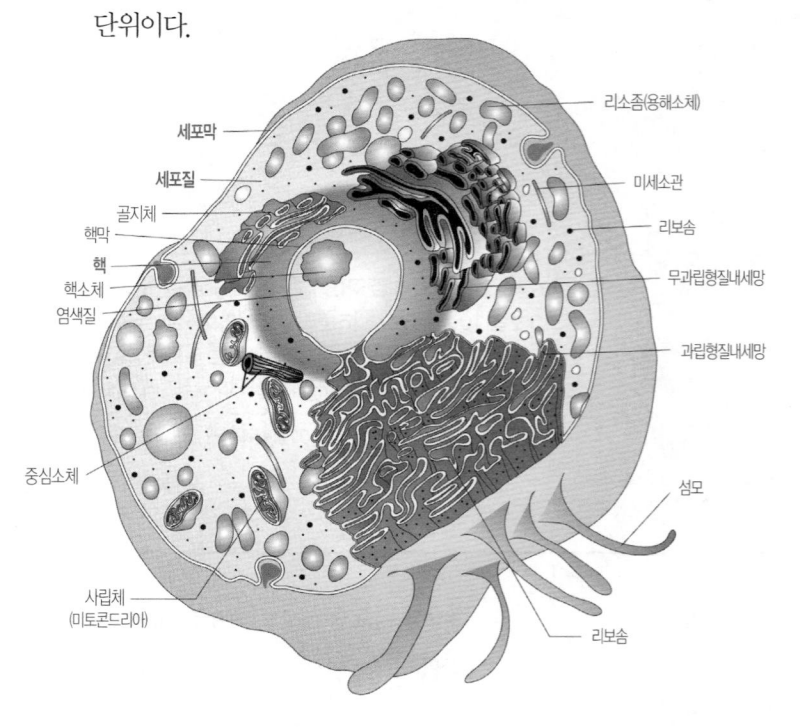

② **세포의 구성**
  ㉠ **세포막(Cell Membrane)**
  • 세포를 둘러싸고 있는 두 겹의 단위막으로, 주성분은 지질과 단백질, 탄수화물이다.
  • 세포와 세포 외부의 경계를 지으며 세포의 형태를 유지한다.
  • 선택적 투과에 의한 물질교환을 한다.
  ㉡ **핵(Nucleus)**
  • 구성
    – 핵막 : 핵을 둘러싸고 있는 이중막으로 핵공을 통해 세포질과 물질의 이동이 이루어진다.
    – 인 : 핵단백질로 구성되어 있으며 RNA를 저장하여 유전적 특징을 결정한다.
    – 염색질 : DNA가 있어 세포분열 시 염색체를 만든다.
    – 핵질 : 핵 속의 액체기질로 RNA와 리보솜이 함유되어 있다.

> **TIP**
> • DNA : 이중나선구조이며 유전핵산으로 유전정보를 전달한다.
> • RNA : 유전자 암호 해독체로 DNA 암호를 받아 단백질 합성에 관여하며 단일사슬 구조이다. mRNA(유전정보의 전달), tRNA(아미노산 운반), rRNA(리보솜의 구성성분)가 있다.

  • 기능
    – 유전자를 복제하거나 유전정보를 전달한다.
    – 세포분열 및 단백질 합성에 관여한다.

ⓒ 세포질

- 세포막과 핵 사이에 있는 세포의 기질, 즉 원형질을 말한다.
- 세포의 성장과 재생에 필요한 물질을 함유하고 있다.
- 미토콘드리아(Mitochondria)
  - 사립체로도 명명한다.
  - 음식물이 섭취된 후 영양물질로 산화되어 세포에서 쓸 수 있는 유용한 에너지인 ATP(아데노신삼인산, Adenosin Triphosphate)로 바꾸는 역할을 한다.
  - 세포 내 호흡을 담당한다.
- 소포체(Endoplasmic Reticulum)
  - 형질내세망으로도 명명한다.
  - 조면소포체 : 리보솜이 붙어 있으며, 세포 내에서 물질 운반을 담당하는 순환기로서의 역할 및 단백질 합성을 담당한다.
  - 활면소포체 : 리보솜이 붙어 있지 않으며, 지방, 인지질, 스테로이드 화합물 등을 합성한다.
- 리보솜(Ribosome)
  RNA를 많이 가지고 있으며 DNA 유전정보에 따른 단백질 합성작용을 한다.
- 골지체(Golgi Complex)
  단백질을 합성, 저장, 농축하였다가 세포 외로 분비한다.
- 리소좀(Lysosome)
  가수분해효소를 간직하고 있어 단백질, DNA, RNA 및 다당류를 분해하는 세포 내 소화에 관여한다.

(2) 세포의 작용 및 기능

① 세포분열

ⓐ 유사분열(Mitosis) : 체세포분열로 5단계를 통해 분열된다.
- 간기 : 세포분열 기간으로 DNA량이 두 배로 늘어난다.
- 전기 : 핵과 인이 소실되며 염색질이 염색체로 변한다.
- 중기 : 염색체가 중심 부위에 나열되며 염색체의 관찰이 가장 잘 되는 시기이다.
- 후기 : 방추사에 연결된 염색체가 양극으로 이동하는 시기이다.
- 말기 : 핵막과 인이 다시 형성되고 염색체가 염색질로 바뀌며 세포질이 2개로 분리된다.

ⓑ 감수분열(Meiosis) : 생식세포의 분열을 말한다.

ⓒ 무사분열(Amitosis) : 핵과 세포체가 동시에 분열하는 단순한 세포분열로, 곰팡이류나 세균류가 분열할 때 볼 수 있다.

② 세포막을 통한 물질의 이동

ⓐ 확산(Diffusion)
농도가 높은 곳에서 낮은 곳으로 이동하는 것을 말하며 폐포에서 일어나는 산소와 이산화탄소의 가스교환 등을 들 수 있다.

ⓑ 삼투(Osmosis)
용질의 농도가 높은 곳으로 용매가 이동하는 현상을 말한다.

ⓒ 여과(Filtration)
물과 용질이 수압에 따라 막이나 모세혈관 벽을 강제로 통과하는 과정이다.

ⓓ 능동수송(Active Transport)
필요한 물질을 적극적으로 세포 내로 끌어들이거나 불필요한 물질을 세포 외로 배출시키는 것을 말하며, 세포에서 일어나는 물질이동은 대부분이 능동수송이다.

🌸 풀어보고 넘어가자

다음 중 세포막에 대한 설명으로 틀린 것은?

① 세포막은 선택적 투과에 의한 물질이동을 한다.
② 세포막은 단백질과 지질로 구성되어 있다.
③ 세포의 형태를 유지한다.
❹ DNA 유전정보에 따른 단백질 합성작용을 한다.

해설🗝 리보솜은 DNA 유전정보에 따른 단백질 합성작용을 한다.

## 03. 조직의 구조와 작용

(1) 상피조직(Epithelia Tissue)

① 동물체의 표면이나 체내 소화기, 허파 등의 표면을 덮고 있는 얇은 세포층이다.

② 보호, 방어, 분비, 흡수, 감각, 생식세포 생산 등의 기능을 한다.
ⓐ 편평상피 : 비늘 모양의 상피로 혈관, 림프관, 폐포, 사구체낭, 표피, 구강, 식도, 항문 등에 분포해 있다.
ⓑ 입방상피 : 주사위 모양의 상피로 한선, 피지선, 자궁내막, 기관지에 분포한다.
ⓒ 원주상피 : 기둥 모양의 상피로 남성의 요도해면체나 요도, 항문의 점막, 기도 등에 분포한다.
ⓓ 이행상피 : 세포의 모양이 신축성있게 변하는 것으로 방광, 신우, 요관 등에 분포한다.

(2) 결합조직(Connective Tissue)

① 인체에 가장 널리 분포하는 조직으로 여러 기관들의 형태를 유지하고 결합시킨다.

② 체내의 여러 조직과 기관 사이를 메우며 그들을 연결하고 몸을 지탱하는 역할을 한다.

③ 섬유성 결합, 치밀결합, 연골, 뼈, 건, 인대, 지방, 혈액 등이 있다.

(3) 근육조직(Muscle Tissue)

① 가늘고 긴 근세포로 이루어져 있으며 운동을 책임진다.

② 심근
불수의근이며 가로무늬근으로 인체에서 가장 운동량이 많고 탄력이 있는 근육이다.

③ 골격근
ⓐ 골격에 부착되어 있어 전신의 관절 운동에 관여한다.
ⓑ 가로무늬근이며 자세 유지와 운동을 가능하게 하는 수의근이다.

④ 평활근

ㄱ 여러 장기의 내장이나 혈관벽을 구성하여 내장근이라고도 한다.

ㄴ 민무늬근으로 불수의근이다.

(4) 신경조직(Nervous Tissue)

① 뉴런이라는 신경세포와 이를 지탱하는 신경교세포로 구성되어 있으며 체내의 정보전달 기능을 수행한다.

② 종류

ㄱ 뉴런(Neruon) : 신경조직의 최소단위로 다른 세포에 전기적 신호를 전달한다.

ㄴ 시냅스 : 신경세포의 신경돌기 말단이 다른 신경세포에 접합하는 부위이며, 한 신경세포에 있는 충격이 다음 신경세포에 전달된다.

ㄷ 신경교세포 : 신경세포에 필요한 정보를 공급하고 노폐물 제거, 신경세포의 지지, 영양공급의 기능을 한다.

✿ 풀어보고 넘어가자

체내의 여러 조직과 기관의 사이를 메우고 그들을 연결하며 몸을 지탱하는 역할을 하는 것은?

① 상피조직          ❷ 결합조직
③ 근육조직          ④ 신경조직

해설 ? 결합조직은 조직과 기관들의 틈을 채우고 이들을 연결하는 지지적인 기능을 한다.

## Chapter 02 골격계통

### 01 골격계의 개요(형태 및 발생)

(1) 골의 기능 및 특징

① 골격계(Skeletal System)의 기능

ㄱ 지지기능 : 신체의 지지 역할을 하며 신체의 외형을 결정한다.

ㄴ 보호기능 : 체강의 기초를 만들고 장기를 보호한다.

ㄷ 조혈작용 : 골 내부의 적색골수는 조혈기관으로 적혈구, 혈소판 및 백혈구를 생산한다.

ㄹ 운동기능 : 부착되어 있는 근육이 수축되면서 지렛대 역할을 하여 운동을 일으킨다.

ㅁ 저장기능 : 뼈의 세포간질에서 칼슘과 인을 저장한다.

② 골의 특징

ㄱ 인체는 약 206개의 골 및 이와 관련된 연골로 구성되어 있다.

ㄴ 2 이상의 뼈는 인대 등의 결합조직에 의해 기능적으로 연결되어 있다.

ㄷ 무기질(칼슘, 인) 45%, 유기질(콜라겐) 35%, 물 20%로 구성되어 있다.

(2) 골의 구성

① 골막(Periosteum)

ㄱ 골외막

• 관절면을 제외한 뼈의 외면을 덮는 막이며 결합조직으로 구성되어 있다.

• 뼈를 보호하고 신경과 혈관이 통과하고 있어 신진대사와 성장이 이루어진다.

• 근육이나 힘줄이 붙는 자리를 제공하여 골절 시 회복, 재생 기능을 한다.

ㄴ 골내막

골수강을 덮는 막이며 뼈의 형성 및 조혈에 관여한다.

② 골조직

ㄱ 골막 바로 아래쪽의 조직이며 뼈의 단단한 부분을 이루는 실질조직이다.

ㄴ 치밀골

• 골세포(Bone Cell)와 기질(Bone Matrix)로 구성되어 있다.

• 골원인 하버스계는 단단한 골세포로 구성되어 있고, 신경과 혈관이 세로로 지나간다.

③ 해면골

해면질로 된 심층부의 뼈로서 골 외부의 압력에 잘 견디는 다공성 구조이다.

④ 골수강

ㄱ 가장 안쪽에 위치하며 골수가 가득 차 있고 칼슘과 인산염을 저장한다.

ㄴ 골수는 조혈기관으로서 적혈구와 백혈구를 생산한다. 적골수는 조혈작용을, 황골수는 조혈작용이 거의 없는 지방 저장소이다.

(3) 골의 형태에 따른 분류

① 장골

ㄱ 관모양의 뼈이며 골단(뼈끝)과 골간(뼈의 몸통)으로 구분된다.

ㄴ 대퇴골, 상완골, 요골, 척골, 경골 등이 있다.

② 단골

ㄱ 넓이와 길이가 비슷한 짧은 뼈이며 골단과 골간의 구별이 없다.

ㄴ 수근골, 족근골 등이 속한다.

③ 편평골

ㄱ 납작한 모양의 뼈로 치밀하며 얇다.

ㄴ 두개골, 견갑골, 늑골, 흉골 등이 있다.

④ 불규칙골

ㄱ 모양이 불규칙하다.

ㄴ 척추뼈, 두개골에 있는 접형골, 이소골 등이 있다.

⑤ 함기골

ㄱ 골체 내에 공기가 차 있어 크기에 비해 가볍다.

ㄴ 상악골, 전두골, 측두골 등이 있다.

⑥ 종자골

ㄱ 건 속에 있는 작은 골로서 건의 마찰을 막기 위한 것이다.

ㄴ 슬개골을 예로 들 수 있다.

**(4) 골의 발생 및 성장**

① **막내골화**

두개골과 편평골의 골화방식을 말하며 얇은 섬유성 결합조직으로부터 골이 생성되는 것을 말한다.

② **연골내골화**

대부분 뼈의 형성과정이며 연골의 형태로 뼈의 원형이 만들어지고, 그 일부에서 골화가 되는 것을 말한다.

🌸 풀어보고 넘어가자

뼈의 구조 중 조혈작용을 하는 곳은?

① 골막　❷ 적골수　③ 치밀골　④ 황골수

해설▶ 골수는 적골수와 황골수로 나뉘며 적골수는 조혈작용을, 황골수는 지방 저장소의 기능을 한다.

## 02 전신골격

**(1) 인체골격**

| 체간골격 | | | 체지골격 | | |
|---|---|---|---|---|---|
| 두개골 (머리뼈) | 뇌두개골 | 8개 | 상지대 | 쇄골(빗강뼈) | 2개 |
| | 안면골 | 14개 | | 견갑골(어깨뼈) | 2개 |
| 이소골 | | 6개 | 자유상지골 | 척골(자뼈) | 2개 |
| 설골 | | 1개 | | 요골(노뼈) | 2개 |
| 척추골 | | 26개 | | 수근골(손목뼈) | 16개 |
| 흉골(복장뼈) | | 1개 | | 중수골(손허리뼈) | 10개 |
| | | | | 수지골(손가락뼈) | 28개 |
| | | | 하지대 | 관골(볼기뼈) | 2개 |
| 늑골 (갈비뼈) | | 24개 | 자유하지골 | 대퇴골(넓다리뼈) | 2개 |
| | | | | 비골(종아리뼈) | 2개 |
| | | | | 경골(정강뼈) | 2개 |
| | | | | 슬개골(무릎뼈) | 2개 |
| | | | | 족근골(발목뼈) | 14개 |
| | | | | 중족골(발허리뼈) | 10개 |
| | | | | 족지골(발가락뼈) | 28개 |
| 합 계 | | 80개 | 합 계 | | 80개 |
| | | | 골격 총수 | | 206개 |

**(2) 관절(Articulation)**

① **정의** : 뼈와 뼈가 연결되는 부위를 말한다.

② **종류**

ㄱ 섬유관절

• 뼈와 뼈 사이를 섬유성 결합조직이 연결하며 잘 움직이지 않는다.

• 두개골에서 볼 수 있다.

ㄴ 연골관절

연골조직에 뼈가 연결되며, 약간 움직이며 척추형에서 볼 수 있다.

ㄷ 윤활관절

윤활액이 있어 잘 움직이며 팔다리형에서 볼 수 있다.

**(3) 연골**

① **특징**

ㄱ 골격계통의 한 부분으로 결합조직에 속하며 연골세포와 섬유들로 구성되어 있다.

ㄴ 탄력성이 있어 골과 골 사이의 충격을 흡수한다.

② **종류**

ㄱ 초자연골(유리연골)

맑고 투명한 연골로 인체에 가장 많이 분포하며 늑연골, 후두연골, 관절연골 등이 있다.

ㄴ 섬유연골

교원섬유를 함유하여 힘이 있고 질기며 척추 사이에서 볼 수 있다.

ㄷ 탄력연골

탄력섬유를 다량 함유하여 탄력이 강하며 귓바퀴, 이관, 후두덮개 등에서 볼 수 있다.

🌸 풀어보고 넘어가자

탄력성이 있어 골과 골 사이의 완충역할을 하는 결합조직은 무엇인가?

① 골수　② 골조직　❸ 연골　④ 관절

해설▶ 연골은 결합조직에 속하며 탄력성이 있어 뼈와 뼈 사이의 완충역할을 한다.

## Chapter 03 근육계통

## 01 근육의 형태 및 기능

**(1) 근육(Muscle System)의 구조**

근육은 신체의 운동을 담당하는 조직으로 혈관, 신경, 근막, 힘줄 등으로 구성되어 있다.

**(2) 근육의 기능**

① 신체 운동 담당

② 체열생산 : 근육의 운동으로 미토콘드리아의 에너지 소비가 이루어지며 체열을 발생한다.

③ 자세 유지

④ 혈관수축에 의한 혈액순환 촉진

⑤ 소화관 운동

⑥ 배뇨, 배변 활동

**(3) 근수축의 종류**

① **연축** : 단일 근육자극으로 짧은 기간 일시적인 수축을 일으키는 것

② **강축** : 반복된 자극으로 연축이 합쳐져서 나타나는 지속적인 큰 수축

③ **긴장** : 약한 자극이 지속적으로 근육에 나타나는 약한 수축

④ **강직** : 활동전압이 일어나지 않고 근육이 딱딱하게 굳은 상태

## 02 근육의 분류

### (1) 골격근(Skeletal Muscle)

① 골격에 붙어 있으며 운동에 관여한다.

② 가로무늬근이며 수의근이다.

### (2) 평활근(Smooth Muscle)

① 내장기관 및 혈관벽을 형성하는 근육이다.

② 민무늬근이며 불수의근이다.

### (3) 심장근(Cardiac Muscle)

① 심장벽을 형성하는 근육으로 인체에서 가장 운동량이 많다.

② 불수의근이다

🌸 **풀어보고 넘어가자**

심근과 평활근은 어느 신경의 지배를 받는가?

① 감각신경    ② 중추신경    ③ 반사신경    ❹ 자율신경

**해설** 골격근은 의지의 지배를 받는 수의근이며, 심근과 평활근은 자율신경의 지배를 받는 불수의 근이다.

## 03 전신근육

### (1) 안면근육

#### ① 안면근육의 종류

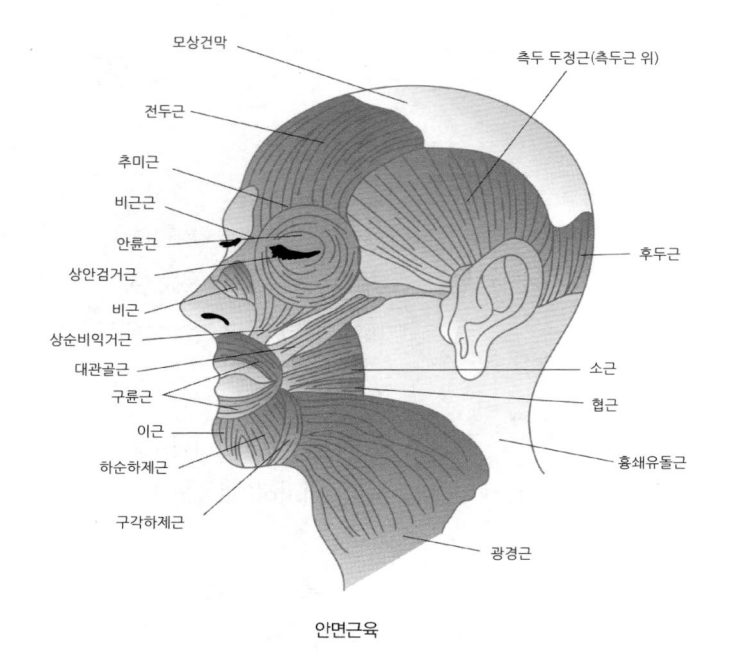

안면근육

㉠ **전두근(이마힘살근)** : 이마에 주름을 형성, 눈썹을 위로 올리는 작용을 한다.

㉡ **안륜근(눈둘레근)** : 눈을 감고 뜨는 작용을 한다.

㉢ **추미근(눈썹주름근)** : 미간에 주름을 형성하는 작용을 한다.

㉣ **상순비익거근(윗입술올림근)** : 윗입술을 올리는 작용을 한다.

㉤ **구륜근(입둘레근)** : 입을 열고 닫는 작용을 한다.

㉥ **소근(입꼬리당김근)** : 입꼬리를 당겨 보조개를 형성한다.

㉦ **구각하제근** : 입꼬리를 아래로 당기는 작용을 한다.

㉧ **하순하제근(아랫입술내림근)** : 아랫입술을 아래로 당기는 작용을 한다.

㉨ **이근(턱끈근)** : 승장에 위치하여 턱에 주름이 생기게 한다.

㉩ **저작근** : 씹는 작용을 한다.

### (2) 목근육

① **광경근(넓은목근)** : 목의 전면에 넓게 펴져 있으며 목의 가장 바깥 근으로 주름을 만든다.

② **흉쇄유돌근(목빗근)** : 한쪽이 작용할 때는 고개를 반대로 회전하고 양쪽이 작용할 때는 고개를 밑으로 내린다.

### (3) 등근육

① **승모근(등세모근)** : 견갑골을 올리고 내외측 회전에 관여

② **광배근(넓은등근)** : 상완의 신전, 내전, 내측 회전에 관여

③ **견갑거근(어깨올림근)** : 견갑골의 거상에 관여

④ **척추기립근(척추세움근)** : 상체지지근육으로 장늑근, 극근, 최장근 이 있음

### (4) 흉부근육

① **횡경막** : 복식호흡을 주관

② **대흉근(큰가슴근)** : 상완의 굴곡과 내전·내측회전을 주도하고 흉골 과 늑골을 위로 당김

③ **소흉근(작은가슴근)** : 견갑골을 전하방으로 당김

### (5) 복부근

① **외복사근(배바깥빗근)** : 척추의 회전과 굴곡, 복부 내장 압박

② **내복사근(배속빗근)** : 몸통의 굴곡 및 복압 상승 시 작용

③ **복직근(배곧은근)** : 한쪽만 작용 시 척주 외측굴곡, 양쪽이 동시에 작용 시 척주굴곡

### (6) 상지근육

#### ① 어깨근육

㉠ **삼각근(어깨세모근)** : 상완의 굴곡, 신전, 외전 및 내외측 회전

㉡ **견갑하근** : 상완의 내측 회전

#### ② 상완근

㉠ **상완이두근(위팔두갈래근)** : 전완의 굴곡, 회외 전완 고정 시 상 완의 굴곡

㉡ **상완삼두근(위팔세갈래근)** : 전완의 신전

㉢ **상완근(위팔근)** : 전완의 굴곡

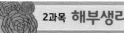 
(7) 하지근

① 둔부근

    ㉠ 대둔근(큰볼기근) : 대퇴의 신전과 외측 회전

    ㉡ 중둔근(중간볼기근) : 대퇴의 외전, 하지신전 시 외측 회전

    ㉢ 소둔근(작은볼기근) : 골반이 반대쪽으로 기울어지는 것을 예방

② 전대퇴근

    ㉠ 봉공근(넓다리빗근) : 대퇴와 하퇴의 굴곡, 대퇴의 외측 회전

    ㉡ 대퇴직근(넓다리곧은근) : 대퇴의 굴곡, 대퇴의 외측 회전

③ 후대퇴근(슬와근)

    ㉠ 대퇴이두근 : 대퇴의 신전, 하퇴의 굴곡, 슬관절 반굴곡 시 하퇴의 외측 회전

④ 하퇴의 근육

    ㉠ 전경골근 : 앞정강근

    ㉡ 장비골근(긴종아리근) : 종아리근

    ㉢ 비복근 : 장딴지근

    ㉣ 넙치근 : 발꿈치를 올리고 발을 발바닥 쪽으로 굽힘

> 🌸 풀어보고 넘어가자
>
> 다음 중 저작근에 속하지 않는 근육은?
>
> ① 교근　❷ 구륜근　③ 측두근　④ 외측익돌근
>
> 해설 ✍ 저작근은 교근, 측두근, 내·외측익돌근이다. 구륜근은 입을 둘러싸고 있는 표정근이다.

# Chapter 04 신경계통

## 01 신경조직

(1) 신경계(Nervous System)의 구성

① 뉴런(Neuron, 신경원)

    ㉠ 신경계를 구성하는 최소단위이다.

    ㉡ 세포체 : 핵이 존재한다.

    ㉢ 수상돌기 : 외부 자극을 받아 세포체에 정보를 전달한다.

    ㉣ 축삭돌기 : 세포로부터 받은 정보를 말초로 전달한다.

② 신경교세포(Neuroglia)

    ㉠ 뉴런을 지지하고 보호하는 작용을 한다.

    ㉡ 신경교세포 : 중추신경계에는 상의세포, 성상교세포, 회돌기세포 및 소교세포가 있고 말초신경계에는 슈반세포와 위성세포가 있다.

③ 시냅스 : 신경세포의 신경돌기 말단이 다른 신경세포에 접합하는 부위이며, 한 신경세포에 있는 충격이 다음 신경세포에 전달된다.

④ 신경계의 기능

    ㉠ 감각기능 : 변화에 대한 감각이나 지각을 한다.

    ㉡ 운동기능 : 조직이나 세포가 맡은 역할을 할 수 있도록 촉발시키는 작용을 한다.

    ㉢ 조정기능 : 중추신경계를 통해 통합하고 조절하는 기능을 한다.

(2) 중추신경계(Central Nervous System ; CNS)

① 특징

    ㉠ 뇌와 척수로 이루어졌으며 신경계의 통합과 조절중추의 역할을 한다.

    ㉡ 뇌는 대뇌, 간뇌, 중뇌, 소뇌 및 연수의 5부분으로 구분된다.

② 뇌의 구분

    ㉠ 대뇌

      • 뇌의 80%를 차지하는 가장 큰 부분이며, 좌우 2개의 반구로 갈라져 있다.

      • 운동중추가 있어 신체의 운동을 주관한다.

      • 감각과 수의운동의 중추이며 학습, 기억, 판단 등의 정신활동에 관여한다.

    ㉡ 간뇌

      • 대뇌와 중뇌 사이에 위치하며, 시상과 시상하부로 나뉜다.

      • 시상 : 감각 연결의 중추이다.

      • 시상하부

        – 자율신경계의 최고 중추

        – 생리조절중추(체온조절중추, 섭취조절중추, 음수조절중추, 감정조절중추, 소화조절중추, 성행동조절중추, 순환기조절중추)

    ㉢ 중뇌

      • 시각과 청각의 반사중추이다.

      • 안구의 운동과 명암에 따른 홍채의 수축을 조절한다.

    ㉣ 연수

      • 호흡운동, 심장박동, 소화기 활동 등을 조절하는 중추이다.

      • 재채기, 침 분비, 구토 등의 반사중추이다(생명중추).

    ㉤ 소뇌

      • 말초의 수용체로부터 흥분을 전달받는다.

      • 자세를 바로잡는 운동중추이며, 수의근 조정에 관계한다.

③ 척수(Spinal Cord)

    ㉠ 뇌와 말초신경 사이의 흥분전달 통로이다.

    ㉡ 배뇨, 배변, 땀 분비 및 무릎반사와 같은 각종 반사중추로 작용한다.

> 🌸 풀어보고 넘어가자
>
> 다음 중 간뇌에 대한 설명으로 틀린 것은?
>
> ① 시상과 시상하부로 나뉜다.
> ❷ 자세를 바로잡는 운동중추이다.
> ③ 시상하부는 생리조절중추이다.
> ④ 시상은 감각연결중추이다.
>
> 해설 ✍ 소뇌는 주로 운동에 관여하며 직립보행, 균형운동 등에 관여한다.

(3) 말초신경계(Peripheral Nervous System ; PNS)

① 특징

    ㉠ 중추신경계와 몸의 말단부를 연결하는 신경계이다.

    ㉡ 출발하는 부위에 따라 뇌와 연접된 12쌍의 뇌신경과 척수와 연

접된 31쌍의 척수신경으로 구성되어 있다.

ⓒ 기능에 따라 체성신경계와 자율신경계로 구분한다.

② 체성신경계(Somatic Nervous System)

ⓐ 특징 : 뇌신경과 척수신경을 합하여 체성신경이라 한다.

ⓑ 뇌신경(Cranial Nerves) : 뇌로부터 시작되는 말초신경으로, 주로 머리와 얼굴에 분포하며 운동과 감각을 관장한다.

ⓒ 척수신경(Spinal Nerve)

• 척수에서 추관공을 통해 나가는 말초신경으로 총 31쌍이다.

• 경신경(8쌍), 흉신경(12쌍), 요신경(5쌍), 천골신경(5쌍), 미골신경(1쌍)으로 구성되어 있다.

③ 자율신경계(Autonomic Nervous System)

ⓐ 내장, 혈관, 선 등의 불수의성 장기에 분포하고, 호흡, 소화, 흡수, 분비, 생식 등 생명유지에 필요한 활동을 무의식적·반사적으로 조절한다.

ⓑ 교감신경(Sympathetic Nerve)

• 활동신경으로 신체활동이 활발한 낮에 주로 작용한다.

• 교감신경은 신체의 비상시나 긴장상태, 공포 및 분노상태에 작용한다.

ⓒ 부교감신경(Parasympathetic Nerve)

• 휴식신경으로 밤에 주로 작용한다.

| 구 분 | 교감신경 | 부교감신경 |
|---|---|---|
| 동공 | 확대 | 감소 |
| 침샘 | 소량 | 대량 |
| 심박수 | 증가 | 감소 |
| 박출량 | 증가 | 감소 |
| 혈관 | 수축 | 확장 |
| 위 운동 | 억제 | 증가 |
| 위액 분비 | 억제 | 증가 |
| 기모근 | 수축 | – |
| 방광 | 배뇨 억제 | – |
| 땀샘 | 분비 촉진 | – |

✿ 풀어보고 넘어가자

다음 중 말초신경에 관한 설명은?

① 교감과 부교감신경으로 구분된다.
❷ 체성신경계와 자율신경계로 구분된다.
③ 뇌신경과 척수신경으로 구분된다.
④ 뇌와 척수로 구분된다.

해설 말초신경계는 뇌신경, 척수신경의 체성신경계와 교감신경, 부교감신경의 자율신경계로 구분된다.

Chapter 05 순환계통

01 순환계의 개요

(1) 순환계(Circulatory System)의 역할과 분류

① 순환기의 역할

ⓐ 체내에서 혈액이나 림프액을 만들고, 그것을 순환시켜 호르몬과 항체, 영양분, 물, 이온 등을 수송한다.

ⓑ 대사결과 생긴 노폐물을 제거하며 산소 및 이산화탄소를 교환하는 기능을 한다.

② 순환계의 분류

ⓐ 혈액순환계 : 혈액, 혈관, 심장

ⓑ 림프순환계 혈관 : 림프, 림프관, 림프절

02 혈액순환계

(1) 혈액

① 혈액의 기능

ⓐ 물질의 운반 : 산소와 이산화탄소, 영양분과 노폐물, 호르몬의 운반작용을 한다.

ⓑ 몸의 보호

• 각종 면역물질을 함유하여 신체를 보호한다.

• 림프구에서 항체를 만든다.

ⓒ 항상성 유지

• 조직액과의 수분교환을 통해 조직세포들이 일정한 수분을 유지하도록 한다.

• 체액의 pH를 조절한다.

• 체온을 조절한다.

ⓓ 혈액응고기능 : 피브리노겐의 혈액응고작용으로 혈관파괴에 의한 혈액의 유출을 막는다.

② 혈액의 구성

ⓐ 적혈구(Erythrocyte)

• 산소와 이산화탄소의 운반기능

• 붉은색의 혈색소를 가지고 있어 혈액이 붉게 보인다.

ⓑ 백혈구(Leukocyte)

• 백혈구의 종류

– 과립백혈구 : 산호성, 염기호성, 중성호가성

– 무과립백혈구 : 단핵구, 림프구

• 기능 : 백혈구는 혈관벽을 나와 세균 등을 혈관으로 끌어들여 무력화시키는 식균작용을 하고 세균을 소화시켜 신체를 방어한다.

ⓒ 혈소판(Blood Platelet)

• 세로토닌(Serotonin), 칼슘이온, 칼륨이온, 트롬보플라스틴(Thromboplastin) 등을 가지고 있다.

• 지혈 및 응고작용에 관여한다.

ⓓ 혈장(Plasma)

• 혈액의 약 55%에 달하는 액체성분으로 90%가 수분이며 10%는 혈장단백질, 영양물질, 대사물질, 호흡가스, 호르몬, 효소 및 금속이온 등으로 구성되어 있다.

• 혈장단백질은 알부민(Albumin), 글로블린(Globulin), 섬유소원(Fibrinogen) 등으로 구성되어 있다.

• 삼투압 및 체온유지, 항체, 혈액응고 기전에 중요한 역할을 한다.

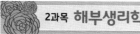
❀ 풀어보고 넘어가자

혈액 중 산소와 이산화탄소를 운반하는 것은?

❶ 적혈구    ② 백혈구    ③ 혈소판    ④ 혈장

해설 적혈구 : 산소, 이산화탄소 운반, 백혈구 : 식균작용, 혈소판 : 지혈 및 응고 관여, 혈장 : 삼투압 및 체온유지

## (2) 심장

### ① 심장의 구조

㉠ 특징

• 심장은 흉강 내에 자리잡고 있으며, 불수의근으로 된 근육 주머니이다.
• 심장벽은 3층의 벽으로 심내막, 심근, 심외막으로 구성되어 있다.

㉡ 심장의 내부구조

• 우심방 : 폐를 제외한 온몸의 정맥혈을 받는 곳이다.
• 우심실 : 우심방에서 온 혈액을 폐로 보낸다.
• 좌심방 : 폐에서 가스교환 된 동맥혈이 4개의 폐정맥을 따라 좌심방으로 들어온다.
• 좌심실 : 좌심방에서 들어온 혈액을 대동맥을 통해 전신으로 내보낸다.
• 판막 : 혈액의 역류를 방지하고 혈액이 일정한 방향으로 흐르게 하는 역할을 한다.
  – 삼첨판 : 우심방과 우심실 사이에 존재
  – 이첨판 : 좌심방과 좌심실 사이에 존재
  – 폐동맥판 : 폐동맥 간에 존재
  – 대동맥판 : 대동맥 입구

### ② 혈액순환의 종류

㉠ 체순환(Systemic Circulation)

• 대순환이라고도 하며 혈액이 심장에서 나가 전신을 통해 다시 심장으로 들어오는 혈액순환을 말한다.
• 좌심실에서 나온 동맥혈이 모세혈관을 지나며 세포의 물질대사에 필요한 산소와 영양분을 공급하고 이산화탄소와 노폐물을 받아 정맥혈이 되어 우심방으로 돌아오는 구조이다.
• 체순환 순서 : 좌심실 → 대동맥 → 소동맥 → 조직(모세혈관) → 소정맥 → 대정맥 → 우심방

㉡ 폐순환(Pulmonary Circulation)

• 소순환이라고 하며 혈액이 심장에서 폐로, 다시 폐에서 심장으로 돌아오는 순환이다.
• 폐에서 이산화탄소를 산소로 바꾸는 가스교환이 일어난다.
• 폐순환 순서 : 우심실 → 폐동맥 → 폐 → 폐정맥 → 좌심방

❀ 풀어보고 넘어가자

심장에 대한 설명으로 틀린 것은?

① 이첨판은 좌심방과 좌심실 사이에 존재한다.
② 삼첨판은 우심방과 우심실 사이에 존재한다.
❸ 폐순환 경로는 좌심실 – 폐동맥 – 폐 – 우심방이다.
④ 체순환의 경로는 좌심실에서 나온 동맥혈이 모세혈관을 지나 산소와 영양분을 공급하고 우심방으로 돌아오는 구조이다.

해설 폐순환의 경로는 우심실 – 폐동맥 – 폐 – 폐정맥 – 좌심방이다.

## (3) 혈관(Blood Vesseles)

### ① 동맥(Artery)

㉠ 심장에서 온몸으로 나가는 혈관으로 산소와 영양분이 풍부한 혈액을 운반한다.
㉡ 높은 압력에도 견딜 수 있다(정맥보다 두껍다).
㉢ 관상동맥이 분포하여 심장에 직접 영양공급을 담당한다.

### ② 정맥(Vein)

㉠ 몸의 각 부분에서 심장으로 들어오는 혈관으로 이산화탄소와 노폐물을 많이 함유한다.
㉡ 동맥보다 얇고 탄성이 적다.

### ③ 모세혈관(Capillary)

㉠ 동맥과 정맥을 연결하는 혈관으로 온몸에 그물모양으로 퍼져있는 얇은 혈관이다.
㉡ 혈액과 조직액 사이에서 영양분, 가스, 노폐물들이 교환되는 막의 기능을 한다(물질의 확산, 삼투, 여과작용).

❀ 풀어보고 넘어가자

다음 중 모세혈관에 대한 설명으로 틀린 것은?

❶ 판막이 존재한다.
② 물질의 확산, 침투, 여과작용을 한다.
③ 동맥과 정맥을 연결하는 혈관이다.
④ 혈액과 조직액 사이에 영양분과 노폐물 등이 교환된다.

해설 모세혈관은 단층의 내피세포로만 구성된 얇은 막이며, 정맥에는 역류를 방지하기 위해 판막이 존재한다.

## 03 림프순환계

### (1) 림프계의 특징

① **림프계의 특징** : 림프계는 체액의 순환을 담당하는 기관으로 말단에서 심장으로 가는 일방적인 구조이다.
② **림프의 흐름** : 모세림프관 → 림프관 → 림프절 → 림프본관 → 집합관 → 쇄골하정맥
③ **림프의 기능**
  ㉠ 혈액으로부터 유출된 액체를 되돌리는 기능을 한다.
  ㉡ 림프구 생산에 의한 신체방어 작용에 관여한다.
  ㉢ 장에서 흡수한 지방성분들의 운반통로이다.
④ **림프액(Lymph)**
  림프관을 흐르는 체액으로 혈장성분과 비슷하며, 맑고 투명한 우윳빛 액체이고 백혈구가 많다.

(2) 림프관(Lymphatic Duct)

① 림프관

㉠ 모세림프관들이 모여서 형성된다.

㉡ 판막이 발달해 있으며 곳곳에 림프절이 존재하여 독성물질을 파괴한다.

② 우림프관 : 두부의 우측 부위, 우측 경부 및 우측 팔에서 생성된 림프가 우림프관으로 모아지고 정맥으로 회수된다.

③ 흉관 : 우림프관을 제외한 나머지 부분의 림프들은 흉관으로 모아져서 정맥으로 유입된다.

(3) 림프절(Lymph Node)

① 특징 : 인체에 500~1000여 개 분포한다.

② 기능

㉠ 여과 및 식균작용을 한다.

㉡ 림프구를 생산한다.

㉢ 항체를 형성한다.

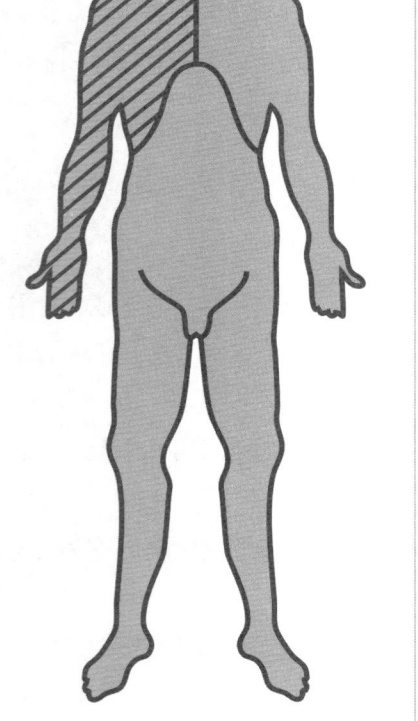

흉관으로 유입하는 영역(회색)
빗금친 부분은 우림프본관으로
유입하는 영역

림프 흐름도

## Chapter 06 소화기계통

### 01 소화기계의 종류

(1) 소화의 정의

① 소화 : 섭취한 음식물과 그 속에 함유되어 있는 여러 가지 영양소를 흡수하기 쉬운 형태로 변화시키는 작용이다.

② 흡수 : 분해된 산물을 혈액 내로 이동시키는 과정이다.

③ 소화기계(Digestion System)의 기능 : 음식물의 섭취(Ingestion), 소화(Digestion), 분해흡수(Absorption), 배설(Elimination)의 전 과정을 수행한다.

(2) 소화기계의 종류

① 소화관 : 입 → 인두 → 식도 → 위 → 소장 → 대장 → 항문까지 연결된 9m의 빈 관을 말한다.

② 소화부속기관

㉠ 간, 췌장, 침샘 등의 소화샘을 말한다.

㉡ 각각의 도관을 통해 분비물을 공급하여 소화를 돕는다.

### 02 소화와 흡수

(1) 구강(Oral Cavity)

① 저작(Mastication)

② 침샘의 분비(타액)

아밀라아제(Amylase)는 녹말을 포도당과 엿당으로 분해한다.

(2) 인두(Pharynx)

입 안에서 저작된 음식물 덩어리가 인두를 통해 식도를 거쳐 위로 들어가는 연하작용이 일어난다.

(3) 식도(Esophagus)

인두에 연속되며 위에 연결되는 약 25cm의 관으로 음식물을 밀어 내리는 연동운동이 일어난다.

(4) 위(Stomach)

① 위의 구조 : 분문, 유문, 유문, 위체부로 구성되어 있다.

② 위의 기능

㉠ 위액분비

• 단백질 분해효소인 펩신과 염산이 분비되어 단백질을 소화시킨다.

• pH 0.92~1.58의 강산성으로 살균작용을 한다

㉡ 점액분비 : 유문의 분비선에서 점액소(Mucin)를 분비한다.

㉢ 연동운동 : 식후 2~3시간 후 연동운동을 통하여 반유동상태가 된 음식물의 80%가 소장으로 넘어간다.

㉣ 알콜과 당분이 선택적으로 흡수된다.

(5) 소장(Small Intestine)

① 소장의 구조

길이 7m의 소화관으로 십이지장, 공장, 회장으로 구성된다.

② 소장의 기능

㉠ 분해 : 장액, 췌액, 담즙이 분비되어 음식물을 흡수 가능한 작은 입자로 분해한다.

㉡ 영양분의 흡수 : 융모돌기에서 영양분을 흡수한다.

㉢ 소장 주변의 림프관인 유미관을 통해 지방을 흡수한다.

㉣ 분절운동, 연동운동, 진자운동이 이루어진다.

(6) 대장(Large Intestine)

① **대장의 구조** : 맹장, 결장, 직장, 항문으로 구성되어 있다.

② **대장의 기능**

　㉠ 강한 연동운동 : 식후에 내용물을 S상행 결장 및 직장으로 이
　　동시킨다.

　㉡ 음식물의 수분, 전해질, 비타민을 재흡수한다.

　㉢ 반고체 상태인 분변을 만들어 일정시간 저장하였다가 배변시킨다.

　㉣ 대장액의 분비 : 알칼리성 점액이며 주로 대장벽을 보호하는 역
　　할을 하고 소화효소는 거의 없다.

(7) 간(Liver)

① **기능**

　㉠ 영양물질의 합성

　　• 탄수화물 대사에 관여하여 글리코겐의 형태로 에너지를 저장
　　　한다.

　　• 지질을 분해하여 에너지를 생성한다.

　　• 단백질을 형성하고 분해한다.

　　• 비타민을 저장한다.

　㉡ 해독작용 : 체내에 들어온 유해물질을 해독한다.

　㉢ 담즙 분비

　㉣ 혈액응고에 관여

(8) 담낭(Gall Bladder, 쓸개)

① 간에서 분비된 담즙을 농축, 저장시키는 역할을 한다.

② 담관을 통해 담즙을 소장으로 배출하며 지방분해에 관여한다.

(9) 췌장(Pancreas, 이자)

① 단백질을 분해하는 트립신을 분비한다.

② 탄수화물을 분해하는 아밀라아제(아밀레이스)를 분비한다.

③ 지방을 분해하는 리파아제를 분비한다.

🌸 풀어보고 넘어가자

다음 설명 중 틀린 것은?

① 위에서 알콜을 흡수한다.
❷ 지방은 위에서 흡수되기 시작한다.
③ 대장액은 소화효소가 없는 알칼리성 점액이다.
④ 간은 탄수화물을 글리코겐의 형태로 저장한다.

해설 ☞ 지방은 소장 주변의 림프관인 유미관에서 흡수된다.

# Chapter 01 피부미용기기

## 01. 기본용어와 개념

(1) 물질 : 우리를 둘러싸고 있는 지구상의 모든 것

(2) 물질의 구성 : 분자로 이루어져 있다.
  ① 분자의 구성 : 원자로 이루어져 있다.
  ② 원자의 구조 : 원자핵(양성자, 중성자), 전자(음성자)
    ㉠ 양성자 : (+)전하를 갖는다.
    ㉡ 중성자 : 전하를 갖지 않는다.
    ㉢ 음성자 : (−)전하를 갖는다.

> **TIP** 원자는 전자들이 갖는 (−)전하의 양과 원자핵이 갖는 (+)전하의 양이 같아 전기적으로 중성이다.

  ③ 전자 : 양극과 음극이 서로 끌어당기는 원리에 의해 원자의 핵을 따라 궤도를 그리며 돈다.
  ④ 이온 : 원자나 분자가 전자를 잃거나 얻으면 전하를 띠게 되는데, 전하를 띤 입자를 이온이라 한다.
    ㉠ 양이온 : 전자를 잃어버려 양(+)전하를 띠며, 금속 원자의 이름 뒤에 '이온'을 붙인다. 예 $Na - e^- \rightarrow Na+$(나트륨이온)
    ㉡ 음이온 : 전자를 얻어서 음(−)전하를 띠며, 금속 원자의 이름 뒤에 '이온화'를 붙인다.
      단, 염소와 산소는 '소'를 '화'로 바꾼 후 이온을 붙인다.
      예 $Cl + e^- \rightarrow Cl-$(염화이온)

(3) 물질의 분류
  ① 구성에 따른 분류
    ㉠ 원소 : 한 종류의 원자로 구성된 화학적으로 가장 기본이 되는 물질 예 : 산소, 탄소, 수소 등
    ㉡ 화합물 : 두 개 이상의 원소가 화학적으로 결합하여 이루어진 물질
    ㉢ 혼합물 : 두 가지 원소가 물리적으로 결합하여 생성되는 물질
  ② 온도와 압력에 따른 분류
    ㉠ 고체 : 분자가 서로 들러붙어 있는 상태의 물질
    ㉡ 액체 : 온도에 의해 분자가 서로 붙지 못하고 떨어지는 상태의 물질
    ㉢ 기체 : 온도를 더 올리면 분자들 사이에 서로 당기는 힘을 박차고 액체 밖으로 튀어나오는 상태의 물질

    ㉣ 플라스마 : 기체에 높은 열을 가하면 기체를 이루고 있던 원자나 분자가 전자와 이온으로 분리되는 상태의 물질

> 🌸 **풀어보고 넘어가자**
>
> 다음 설명 중 틀린 것은?
> ① 원소의 최소단위는 원자이다.
> ② 물질은 우리를 둘러싸고 있는 모든 물체이다.
> ❸ 전자를 잃어버리면 음(−)전하를 띠는 음이온이 된다.
> ④ 전자를 잃거나 얻어서 전하를 띤 원자를 이온이라 한다.

## 02. 전기와 전류

(1) 전기
  ① 전자가 한 원자에서 다른 원자로 이동하는 현상
  ② 정전기
    ㉠ 정지해 있는 전기
    ㉡ 물질을 비비는 직접 마찰에 의해 발생
  ③ 동전기
    ㉠ 직류, 교류로 분리
    ㉡ 화학반응이나 자기장에 의해 발생되는 전기

(2) 전류
  ① 직류 : 시간의 흐름에 따라 변하지 않고 일정하게 한쪽으로 흐르는 전류 예 축전지, 건전지
  ② 교류 : 전류의 방향과 크기가 시간의 흐름에 따라 주기적으로 변하는 전류 예 가정용 전원, 엘리베이터

(3) 직류와 교류

| 직류 | 교류 |
|---|---|
| • 극성과 크기가 일정 | • 극성과 크기가 변화 |
| • 변압기에 의한 조절 불가능 | • 변압기에 의한 조절 가능 |
| • 측정이 쉽고 열작용 | • 증폭이 쉽고 열작용 |

(4) 피부미용에 이용되는 전류
  ① 직류(DC)
    갈바닉 전류 : 1mA의 미세 직류

| 양극 | 음극 |
|---|---|
| • 산에 반응 | • 알칼리에 반응 |
| • 신경 안정 | • 신경 자극 |
| • 혈액공급 감소 | • 혈액 공급 증가 |
| • 조직 강화 | • 조직 연화 |
| • 수렴 효과 | • 세정 효과 |
| • 진정 효과 | • 자극 효과 |

② 교류(AC)

　㉠ 감응 전류

　　• 시간의 흐름에 따라 극성과 크기가 비대칭적으로 변하는 전류

　　• 얼굴, 바디의 탄력관리 및 체형관리에 사용

| 저주파<br>(1~1,000 Hz 이하) | • 근육, 신경 자극<br>• 피부탄력<br>• 운동효과<br>• 지방 축적 방지 |
|---|---|
| 중주파<br>(1,000~10,000 Hz 이하) | • 피부 자극이 거의 없음<br>• 운동효과<br>• 세포의 성장과 운동에 효과<br>• 지방 분해, 부종 완화 |
| 고주파<br>(100,000 Hz 이상) | • 심부열 발생<br>• 통증 완화<br>• 살균작용<br>• 혈액순환, 신진대사 촉진 |

　㉡ 정현파 전류

　　• 시간의 흐름에 따라 방향과 크기가 대칭적으로 변하는 전류

　　• 피부침투 및 자극은 크나 통증은 적음(신경과민 고객에게 적합)

　㉢ 격동 전류

　　• 전류의 세기가 순간적으로 강했다 약했다 하는 전류

　　• 통증관리, 마사지 효과의 목적으로 사용

**TIP**
감응, 정현파 전류는 15분 이상 사용 금지

(5) 전기 용어

① 전류(Electric Current) : 전자의 이동(흐름)

② 암페어(Ampere) : 전류의 세기(단위 : A, 암페어)

③ 전압(Volt) : 전류를 흐르게 하는 압력(단위 : V, 볼트)

④ 저항(Ohm) : 전류의 흐름을 방해하는 성질(기호 : R, 단위 : Ω, 옴)

⑤ 전력(Watt) : 일정 시간 동안 사용된 전류의 양(단위 : W, 와트)

⑥ 주파수(Frequency) : 1초 동안 반복하는 진동의 횟수(사이클 수)(단위 : Hz, 헤르츠 : hertz)

⑦ 도체(전도체, Conductor) : 전류가 잘 흐르는 물질

　**예** 금속류(구리, 철, 금, 은, 알루미늄 등)

⑧ 부도체(Non-Conductor) : 전류가 잘 통하지 않는 절연체

　**예** 유리, 고무

⑨ 반도체 : 도체와 부도체의 중간적 성질을 가진 물질

⑩ 방전 : 전류가 흘러 전기 에너지가 소비되는 것

⑪ 퓨즈(Fuse) : 전선에 전류가 과하게 흐르는 것을 방지

⑫ 변환기(Converter) : 직류를 교류로 바꿈

⑬ 정류기(Rectifier) : 교류를 직류로 바꿈

⑭ 누전 : 전류가 전선 밖으로 새어나가는 현상

---

**풀어보고 넘어가자**

다음 용어에 대한 설명으로 옳지 않은 것은?

① 전류 : 전자의 이동

② 저항 : 전류의 흐름을 방해하는 성질

❸ 도체 : 전류가 잘 통하지 않는 절연체

④ 정류기 : 교류를 직류로 바꿈

## 03 피부미용 기기의 종류 및 기능

(1) 안면 피부미용 기기

| 구분 | 종류 | 기능 |
|---|---|---|
| 피부<br>진단 기기 | 확대경<br>(Magnifying Glass) | 육안으로 구분하기 어려운 문제성 피부 관찰 |
| | 우드램프<br>(Wood Lamp) | 피지, 민감도, 색소침착, 모공의 크기, 트러블 등을 자외선 램프를 통해 색깔을 내는 원리 |
| | 스킨스코프<br>(Skin Scope) | 정교한 피부분석 |
| 피부<br>진단 기기 | 유분측정기<br>(Sebum Meter) | 특수 플라스틱 테이프에 묻은 피지의 빛 통과도로 피부의 유분 함유량 측정 |
| | 수분측정기<br>(Corneometer) | 유리로 만든 탐침을 피부에 눌러 표피의 수분 함유량을 측정해 수치로 표시 |
| | pH측정기 | 피부의 산성도와 알칼리도를 알아보는 것으로 예민도, 유분도 등 진단 |
| | 전동 브러시(Frimator) | 브러시를 사용하여 세안 및 각질 제거 |
| | 스티머(Steamer) | 피부 보습효과, 각질연화, 피부긴장감 해소 |
| | 갈바닉기기의<br>디스인크러스테이션 | 피부표면의 피지, 각질 제거, 노폐물 제거 |
| | 진공흡입기<br>(Vaccum Suction) | 림프순환 촉진으로 노폐물 제거 속도를 촉진 |
| 스킨토닉<br>분무기기 | 스프레이<br>(Spray Machine) | 진동펌프 원리를 이용해 안면에 작은 입자를 뿌려주는 기기로 불순물 제거 및 산성막 생성 촉진, 보습효과 |
| | 루카스(Lucas) | |
| 영양침투<br>기기 | 적외선 램프<br>(Infrared Machine) | 온열작용으로 혈액순환 증가 및 영양분 침투 |
| | 갈바닉 기기의<br>이온토포레시스 | 음극과 양극을 이용해 피부유효성분 침투 |
| | 고주파기<br>(High Frequency) | 온열효과(심부열 발생), 산소, 영양분 공급 |
| | 리프팅기<br>(Lifting Frequency) | 피부근육을 운동시켜 피부 탄력 강화 및 주름 개선 |
| | 초음파<br>(Ultrasoinc Waves) | 미세한 진동이 뭉친 근육과 지방 분해, 콜라겐과 엘라스틴의 합성 촉진으로 재생 효과 |
| | 파라핀 왁스<br>(Paraffin Wax) | 보습력과 영양 침투, 혈액순환 |

(2) 전신 피부미용 기기

| 종류 | 기능 |
|---|---|
| 진공흡입기<br>(Vaccum Suction) | 혈액순환, 림프순환, 노폐물 배설 촉진, 지방제거, 셀룰라이트 분해 |

| 종류 | 기능 |
|---|---|
| 엔더몰로지기 (Endermologie) | 물리적 자극으로 지방분해, 혈액과 림프 순환 촉진, 셀룰라이트 감소 |
| 바이브레이터기 (Vibrator) | 진동에 의해 근육운동과 지방 분해효과 제공·체형관리 |
| 프레셔테라피 (Pressuretheraph) | 적당한 압력으로 세포 사이에 정체된 체액 제거, 정맥과 림프의 순환을 도와주는 요법 |
| 저주파기 (Lowfrequency Current) | 전기자극을 통해 셀룰라이트 분해와 지방연소 촉진, 탄력 증진 |
| 중주파기 (Middlefrequency Current) | 근육 탄력, 지방분해, 림프와 혈액순환 강화, 부종 관리 |
| 고주파기 (Highfrequency Current) | 열 효과, 조직온도 상승 및 세포기능 증진, 혈류량 증가 |

(3) 광선 관리기기

| 구분 | 종류 | 기능 |
|---|---|---|
| 적외선기 (Infrared Ray) | 적외선 램프 | • 온열작용으로 혈액순환 증가 • 노폐물 및 독소배출, 영양분 침투 |
| | 원적외선 사우나 | • 혈액순환 촉진, 운동효과 • 땀으로 노폐물 제거·비만관리 |
| | 원적외선 마사지기 | • 재생효과 • 세정효과로 깨끗한 피부유지 |
| 자외선기 | 선탠기 | • 인공적인 색소침착 |
| | 자외선 소독기 | • 소독 및 보관 |
| 컬러테라피 기기 | 컬러테라피 | • 자연 면역력과 치유력 증가 • 피부 및 체형 개선 |

❀ 풀어보고 넘어가자

다음 중 피부 영양 침투기기가 아닌 것은?

① 초음파기  ❷ 루카스  ③ 고주파기  ④ 파라핀 왁스

## Chapter 02 피부미용기기 사용법

### 01 기기 사용법

(1) 피부분석 진단 기기

① **확대경(Magnifying Glass)**

㉠ 효과

• 문제성 피부(색소침착, 잔주름, 모공상태 등) 관찰
• 피부분석 및 여드름 압출 시 사용(5~10배의 배율)

㉡ 사용법 및 주의사항

• 클렌징 후 실시하며 아이패드로 눈을 보호한다.
• 전원 꽂고 진단 부위와 적당한 거리 확보 후 스위치를 켠다.
• 육안에 비해 5~10배 확대되어 보인다.

② **우드램프(Wood Lamp)**

㉠ 효과

• 진균성 피부질환 관찰을 위해 처음 사용
• 피부의 민감도, 피지상태, 색소침착, 모공크기, 트러블 등 관찰
• 자외선 램프를 통해 피부 상태에 따라 다른 색깔을 내는 원리 이용

㉡ 사용법 및 주의사항

• 클렌징 후 실시하며 아이패드로 눈을 보호한다.
• 주위 조명 어둡게 하고 진단 부위와 적당한 거리(5~6㎝ 정도)를 확보 후 측정한다.
• 확대렌즈를 통한 컬러에 따라 피부 상태를 측정한다.

㉢ 우드램프를 통한 피부 진단

| 피부 상태 | 우드램프 반응 색상 |
|---|---|
| 정상 피부 | 청백색 |
| 건성 피부 | 연보라색 |
| 민감성, 모세혈관 확장 피부 | 진보라색 |
| 지성 피부(피지, 여드름) | 주황색 |
| 노화 피부 | 암적색 |
| 색소침착 피부 | 갈색, 암갈색 |
| 각질 | 흰색 |
| 비립종 | 노란색 |
| 먼지, 이물질 | 흰 형광색 |

③ **스킨스코프(Skin Scope)**

㉠ 정교한 피부분석

㉡ 관리사와 고객이 동시에 분석할 수 있는 장점이 있다.

④ **유분측정기(Sebum Meter)**

㉠ 효과 : 표피의 유분 함유량 측정

㉡ 사용법 및 주의사항

• 알콜 성분이 없는 클렌징제로 세안 후 2~3시간 후에 측정한다.
• 특수 플라스틱 테이프를 적당한 압력을 주어 30초간 눌러준 후 측정구에 다시 꽂는다.
• 화면에 1cm²당 유분량(mg/cm²)이 수치로 나타난다.
• 측정환경은 온도 20~22도, 습도는 40~60%가 이상적이다.

⑤ **수분측정기(Corneometer)**

㉠ 효과 : 표피의 수분량 측정

㉡ 사용법 및 주의사항

• 표면이 유리로 만들어진 탐침을 피부 부위에 눌러준다.
• 알콜 성분이 없는 클렌징제로 세안 2시간 후에 측정한다.
• 직사광선, 직접조명 아래에서의 측정은 피한다.
• 운동 후에는 휴식을 취한 후 측정한다.
• 측정환경은 온도 20~22도, 습도는 40~60%가 이상적이다.

⑥ **피부 pH 측정기**

㉠ 효과

• 피부의 산성도와 알칼리도 측정
• 피부의 예민도, 유분도 측정

㉡ 사용법 및 주의사항

• 탐침을 증류수에 씻은 후 물기 제거 후 피부 부위에 눌러 접촉시킨다.

• 온도, 습도, 신체상태, 화장품 성분, 환경오염물질 등을 고려해서 측정한다.

## (2) 안면 미용 기기

### ① 전동 브러시(Frimator)

ㄱ 효과
• 클렌징, 딥클렌징, 필링, 매뉴얼 테크닉 효과
• 모공의 피지와 각질 제거

ㄴ 사용법 및 주의사항
• 물에 살짝 적신 솔을 핸드피스에 정확히 끼운다.
• 클렌징 로션 도포 후 피부 표면에 솔이 눌리거나 꺾이지 않게 직각으로 닿도록 한다.
• 가볍게 누르듯 원을 그리며 굴곡에 따라 이동한다.
• 회전속도는 피부 타입별로 정하고 건조 시 스티머나 물기를 주며 사용한다.
• 피부질환, 상처, 예민피부, 최근 수술 부위에는 사용하지 않는 것이 좋다.

### ② 스티머(Steamer) = 베이퍼라이저(Vaporizer)

ㄱ 효과
• 노폐물 배출, 보습 효과
• 혈액순환 및 신진대사 촉진

ㄴ 사용법 및 주의사항
• 증기 공급형(베이퍼라이저)과 증기 및 오존 공급형(베이퍼 라이존) 2가지가 있다.
• 정제수를 넣고 고객관리 10분 전 예열하고 스팀이 나오기 시작할 때 오존을 켠다.
• 수증기가 나오는 방향에 코를 향하지 않게 하고 모세혈관 확장 부위는 화장솜을 덮어준다.
• 피부 상태에 따라 거리를 확보한다.
• 사용 후에는 식초물(물 10 : 식초 1)에 세척 후 물통을 비우고 보관한다.
• 피부 감염, 모세혈관 확장피부, 상처, 일광에 손상된 피부, 천식환자에게는 사용이 부적합하다.

ㄷ 피부 상태에 적합한 사용법

| 피부 상태 | 거리 | 적용 시간 |
| --- | --- | --- |
| 노화·건성·지성 피부 | 30cm | 15분 |
| 정상피부 | 35cm | 10분 |
| 민감성·알레르기성 피부 | 45~50cm | 5분 |
| 모세혈관 확장, 여드름 피부 | 40~50cm | 5분 |

### ③ 갈바닉 기기

ㄱ 원리 : 갈바닉 전류(1mA의 미세 직류로 한 방향으로만 흐르는 극성을 가진 전류)의 같은 극끼리 밀어내고 다른 극끼리 끌어 당기는 성질을 이용

ㄴ 극의 효과

| 음극(-) : 알칼리 반응 | 극간의 효과 | 양극(+) : 산 반응 |
| --- | --- | --- |
| • 알칼리성 물질 침투 | • 혈액순환 촉진 | • 산성 물질 침투 |
| • 신경자극 및 활성화 작용 | • 림프순환 촉진 | • 신경안정 및 진정 작용 |
| • 혈관, 모공, 한선 확장 | • 체온상승 | • 혈관, 모공, 한선수축 |
| • 피부조직 이완 | • 신진대사 증진 | • 피부조직 강화 |

ㄷ 종류

| 구분 | 이온토포레시스 (이온영동법) | 디스인크러스테이션 |
| --- | --- | --- |
| 원리 | 음극(-)과 양극(+)의 극성인력 법칙을 이용하여 피부 속으로 유효성분을 침투시켜 수용액을 넣어 주는 영양관리 방법 | 알칼리 성분으로 피부 표면의 피지와 각질세포, 노폐물을 배출시켜 세정 효과를 제공하는 딥클렌징 방법 |
| 효과 | • 고농축 활성제 침투 및 재생력 향상<br>• 혈액 및 림프순환 촉진 | • 노폐물 배출 촉진<br>• 모낭 내 피지 및 각질 제거<br>• 색소침착 방지 및 미백 효과 |
| 사용법 및 주의 사항 | • 고객용 전극봉은 젖은 스펀지나 패드로 감싸 준다.<br>• 관리사용 전극은 젖은 솜으로 감아준다.<br>• 고객의 피부 타입에 맞는 앰플 준비(약산성 제품-양극, 알칼리성 제품-음극)<br>• 오일 타입 앰플은 전도되지 않아 효과가 없다.<br>• 전류의 세기와 시간을 체크하며 시술 시 전극봉이 떨어지지 않도록 주의한다.<br>• 영양침투 목적 : 음극(-) 시술 후 양극을 켜서 시술한다.<br>• 고객에게 자극이 없도록 피부 위에서 서서히 떼 주고 토너로 마무리한다. | • 피부를 클렌징한다.<br>• 젤, 앰플 도포 후 전류를 조절하며 이마, T-zone, 코, 턱 순으로 시술한다.<br>• 낮은 강도와 이온 농도에서 더 효과적이다.<br>• 소금물에 기기와 전극봉을 균일하게 적신다.<br>• 눈 주변은 유화젤리를 사용해 섬광을 예방한다.<br>• 관리 중 건조해지지 않아야 효과적이다.<br>• 사용 중 전극봉을 계속 적셔주며 전류를 서서히 낮추며 뗀다. |
| | • 인체 내 금속류 착용자, 임산부, 모세혈관 확장증, 당뇨, 수술환자, 알레르기, 간질, 찰과상, 화상 등이 있는 사람, 인공심박기, 신장기 착용자에게는 사용 부적합 | |

 **TIP** 리트머스 시험지로 테스트 시 산성 용액은 붉은색, 알칼리성 용액은 푸른색을 띤다.

### ④ 진공흡입기(Vaccum Suction)

ㄱ 효과
• 각질 및 노폐물 제거, 모낭 청결
• 혈액순환, 림프순환 촉진, 신진대사 개선
• 피부 탄력 증진, 셀룰라이트 개선, 체지방 감소

ㄴ 사용법 및 주의사항
• 관리 목적에 적합한 벤토즈 선택 후 오일을 도포하고 압력을 체크한다.
• 피부 표면에 잘 부착하고 벤토즈 구멍을 붙였다 뗐다를 반복(컵의 20%를 넘지 않게 흡입)한다.
• 얼굴 결에 따라 림프절 방향으로 움직이며 멍이 들지 않도록 강도를 조절한다.
• 5~10분 정도 실시 후 마사지와 마무리(갈바닉 관리 후에는 사용 금지)를 한다.
• 예민성 피부, 모세혈관 확장증, 정맥류, 멍든 피부, 혈전증 있는 자는 사용이 부적합하다.

⑤ 스프레이(Spray Machine)

ㄱ 효과

- 수분 공급 및 청량감 공급
- 피부의 산성막 생성 촉진
- 감염 예방 및 살균 효과

ㄴ 사용법 및 주의사항

- 피부 타입에 적합한 스킨 제품을 용기에 2/3 정도 채운다.
- 아이패드를 대고 용기를 수직으로 세워 살며시 분무한 후 가볍게 흡수시킨다.
- 분무 시 흘러내리지 않게 주의하고 용기는 청결하게 유지한다.
- 피부질환, 화농부위, 피부상처, 정맥류 등이 있는 사람에게는 부적합하다.

⑥ 루카스(Lucas)

ㄱ 효과 : 토닉 효과, 수분 공급

ㄴ 사용법 및 주의사항

- 외부유리관 2개 중 우측유리관에 산성수를 투입한다.
- 고객과 20~30cm 거리를 두고 골고루 분사한다.
- 산성수가 눈에 들어가지 않도록 아이패드로 보호하고 사용 후 냉장보관한다.
- 사용 후 유리관은 자비 소독 후 자외선 소독기에 보관한다.

⑦ 고주파기(High Frequency)

ㄱ 효과

- 노폐물 배출 증진(관리시간 : 지성 피부 약 10분, 여드름 피부 약 8분, 건성 및 노화 피부 약 5분)
- 열 발생으로 세포 재생 및 진정효과, 피지선 활동 증가
- 산소와 영양분 공급 및 내분비선 활성화
- 스파킹 효과 : 여드름 및 농포 피부에 푸른색 유리관으로 스파크를 일으켜 살균, 소독효과 제공, 모공수축
- 여드름 압출 후 진물을 말리는 효과 제공
- 지성·여드름 피부에 적합

| 종류 | 유리봉 색 | 효과 |
|------|-----------|------|
| 알곤 | 자색 | – |
| 수은 | 푸른자색(형광색) | 살균, 소독 |
| 네온 | 오렌지, 붉은색 | 피곤한 얼굴 관리 |

ㄴ 사용법 및 주의사항

- 100,000Hz 이상의 높은 진폭의 테슬러(Tesla)전류를 사용한다.
- 클렌징 후 무알콜 토너를 바른다.
- 선택한 유리봉의 세기를 서서히 조절하며 원을 그리듯 마사지한다.
- 시술 시간은 평균 약 8~15분(지성 피부 : 8~15분, 건성 피부 : 3~5분)이다.
- 염증, 여드름 압출 후 피부와 유리봉 사이의 거리는 0.2~0.3mm 내외로 한다.
- 피부표면에서 스위치를 켜고 끈다.
- 피부염, 찰과상, 혈전증, 혈관 이상, 다모 부위, 동맥경화, 고

혈압, 저혈압, 질, 임산부, 금속류 부착자에게는 사용이 부적합하다.

⑧ 리프팅기(Lifting Frequency)

| 종류 | 장갑형 리프팅기 | 전극봉 리프팅기 | 초음파 리프팅기 |
|------|----------------|-----------------|------------------|
| 효과 | • 림프, 혈액 순환 촉진<br>• 피부기능 활성화 및 탄력감 | • 저주파 자극으로 근육자극<br>• 관리 전 안면 파우더 도포<br>• 고무장갑을 낀 관리사의 손으로 마이크로 마사지 | • 온열효과<br>• 긴장감, 탄력감 부여<br>• 세정, 필링, 주름 방지<br>• 각질 제거, 여드름, 잔주름에 효과적 |
| 사용법 및 주의 사항 | • 탄력 부여<br>• 눈주위, 코와 입가 주름, 목부위, 처진 가슴, 처진 힙관리에 효과적 | • 양극과 음극 두 전극봉을 한꺼번에 손잡이에 장착<br>• 4000Hz 중주파, 500Hz 이하의 저주파 사용<br>• 관리 시 정확한 위치에 전극봉을 고정하고 정제수, 소금물, 앰플 등을 적셔 가며 사용 | • 관리 전 금속물 제거 후 전용 겔 도포<br>• 중심에서 바깥쪽으로 원을 그리며 5~15분간 실시 |
| | • 임산부, 피부질환자, 실리콘 및 치아보철기 착용자, 인공 심장기·신장기 착용자 사용 부적합 | | |

⑨ 초음파(Ultrasoinc Waves)

| 종류 | 프로브 | 전극형 헤드 |
|------|--------|--------------|
| 효과 | • 발포작용 : 이중세안으로 제거되지 않는 노폐물 제거<br>• 살균, 소독효과<br>• 리프팅 효과, 제품 침투 용이<br>• 피부탄력 및 셀룰라이트 분해 | • 온열효과 : 혈액순환, 림프순환 촉진<br>• 물리적 효과 : 세포이완, 부종 감소, 영양전달<br>• 생화학적 기능 : 세포재생, 콜라겐과 엘라스틴 합성 촉진<br>• 얼굴 축소 및 마사지 효과 |
| 사용법 및 주의 사항 | • 스켈링 관리 시 : 프로브를 세우고 근육방향으로 아래에서 위, 안쪽에서 바깥쪽으로 10분 정도 적용<br>• 침투 및 리프팅 관리 시 : 프로브를 평평한 면으로 근육방향으로 10분 정도 적용 | • 전용 겔 도포 후 수직으로 밀착시켜 한 부위에 5초 이상 머무르지 않고 관리 시간은 15분이 넘지 않게 적용<br>• 뼈나 관절 부위는 적용하지 않음 |
| | • 염증, 상처, 임산부, 인공심장박동기, 금속부착자, 심장질환자, 혈압이상자, 악성종양, 전염성 피부질환자는 사용 부적합 | |

⑩ 파라핀 왁스(Paraffin Wax)

ㄱ 효과

- 보습 및 혈액순환 촉진
- 영양분 침투 용이하여 건성, 노화 피부에 적합

ㄴ 사용법 및 주의 사항

- 엠플, 로션 도포 후 아이패드와 거즈를 깔아준다.
- 온도 확인 후 브러시로 파라핀을 3~5층으로 덮고 15분간 유지한다.
- 순환계 질환, 피부발진, 화상, 사마귀가 있는 자는 사용이 부적합하다.

### (3) 전신 피부미용기기

**① 진공흡입기(Vaccum Suction) – 바디용**

ㄱ 효과
- 림프 흐름 촉진으로 노폐물 제거 및 부종 완화
- 지방 제거 및 셀룰라이트 분해 효과
- 경직된 근육 완화 및 피지 제거

ㄴ 사용법 및 주의사항
- 오일 도포 후 컵 안의 피부가 10~20% 정도 흡입되게 하여 림프절 가까이로 이동한다
- 한 부위를 집중해서 시술하지 말고 등, 다리(후면), 다리(전면), 얼굴, 데콜테, 팔, 복부 순으로 관리한다.
- 모세혈관 확장피부, 민감성, 여드름 탄력이 떨어진 피부, 정맥류, 찰과상이 있는 자는 사용이 부적합하다.

**② 엔더몰로지기(Endermologie)**

ㄱ 효과
- 부황요법, 림프드레나쥐, 바이브레이션 마사지 효과
- 면역기능, 신진대사, 피부 탄력 증진
- 혈액순환 촉진, 독소 및 노폐물 축적 방지

ㄴ 사용법 및 주의사항
- 오일 도포 후 말초에서 심장 방향으로 밀어올리듯 시술한다.
- 전신 체형 관리 시 약 40~50분이 적용된다.
- 뼈 부위, 정맥류, 모세혈관 확장 부위는 피하고 멍이 들지 않도록 시술한다.

**③ 바이브레이터기(Vibrator)**

ㄱ 효과
- 근육이완, 근육통 해소
- 지방분해 및 심리적 안정감
- 혈액순환 촉진 및 신진대사 증진
- 노폐물 배출 및 산소와 영양대사 촉진

ㄴ 사용법 및 주의사항
- 헤드 장착 후 적당한 압력으로 멍이 들지 않게 신체굴곡에 맞게 적용한다.
- 넓은 부위 관리에 주로 이용하며 뼈가 있는 부위의 시술은 피한다.
- 타박상, 찰과상, 모세혈관 확장증, 임산부, 민감성 피부, 최근 수술부위, 감염성 질환, 상처나 흉터가 있는 경우에는 사용하지 않는다.

**④ 프레셔테라피(Pressuretherapy)**

ㄱ 효과
- 혈액순환 촉진 및 개선
- 림프부종, 근육통 완화
- 체형관리, 지방분해, 운동 효과

ㄴ 사용법 및 주의사항
- 패드가 파손되지 않게 잘 보관하고 세탁하지 않는다.
- 염증, 상처 부위, 심장병, 임산부, 악성종양이 있는 경우 사용이 부적합하다.

**⑤ 저주파기(Lowfrequency Current)**

ㄱ 효과
- 지방, 셀룰라이트 분해
- 림프배농, 혈액순환 촉진, 탄력 증진

ㄴ 사용법 및 주의사항
- 1~1,000Hz 이하의 저주파 전류로 전기자극을 가하여 지방을 에너지로 생성한다.
- 적신 스펀지에 금속판을 끼우고 근육의 위치에 잘 올려 놓는다.
- 스펀지에 물이 많으면 관리 시 통증을 유발할 수 있다.
- 고객의 상태에 맞게 주파수 선택 후 근육의 움직임을 관찰한다.
- 관리 전후 30분은 금식해야 한다.
- 체내 금속 부착자, 임산부, 심장 및 신장질환자, 자궁근종 및 물혹, 고혈압 및 저혈압, 출산 후, 생리 중, 모유수유, 당뇨, 간질, 모세혈관확장, 근육계 손상이 있는 자의 사용이 부적합하다.

**⑥ 중주파기(Middlefrequency Current)**

ㄱ 효과
- 피부 통증이 아닌 자극 없이 관리
- 근육탄력, 지방분해
- 림프 및 혈액순환 촉진, 부종 관리, 신진대사 활성화
- 비만, 체형관리, 셀룰라이트 관리, 슬리밍 관리에 활용

ㄴ 사용법 및 주의사항
- 1,000~10,000Hz의 전류를 이용한다.
- 특히 4,000Hz에서 피부의 극성 없이 피부조직 깊이 치료를 하게 된다.
- 부드러운 자극으로 넓은 부위의 심부까지 관리가 가능하다.

**⑦ 고주파기(Highfrequency Current)**

ㄱ 효과
- 열효과 : 신진대사 증진, 심부통증 완화, 혈류량 증가, 근육 강직 완화, 혈관확장, 섬유조직의 신장력 증가, 세포기능 증진
- 비만 관리, 셀룰라이트 관리에 효과적

ㄴ 사용법 및 주의사항
- 100,000Hz 이상의 교류 전류를 이용하여 신체조직 안의 특정 부위를 가열한다.
- 플레이트를 밀착하여 주파수, 시간, 강도를 조절한다.
- 바디 관리시간은 평균 20~30분 정도이다.

주파수와 피부의 저항은 반비례적 특성을 갖고 있다.

### (4) 광선 관리기기

**① 적외선기(Infrared Ray)**

ㄱ 효과
- 혈액순환 및 땀과 피지 분비 증가
- 긴장 완화 및 근육 이완

- 영양분 침투 및 저항력 향상
- 노폐물 배설 및 울혈 완화

ⓒ 적외선을 이용한 기기

| 종류 | 사용법 및 주의 사항 |
|---|---|
| 적외선 램프 | 고객의 피부 상태에 따라 온도 및 조사시간 조절 |
| 원적외선사우나 | 적외선 침투로 땀과 함께 노폐물 제거 |
| 원적외선 마사지기 | • 온도 조절, 피부감각 검사<br>• 금속물질 및 콘택트렌즈 제거<br>• 아이패드 깔고 화장수로 정리한 후 45~90cm 내외의 거리 유지<br>• 피부 타입에 맞게 시간 선택하고 자외선 관리 전 사용 금지<br>• 화상 주의 |
| 출혈위험부위, 고열병, 심부종양, 악성종양, 신장염이 있는 자는 사용 부적합 | |

② **자외선**

㉠ 종류

| 구분 | 침투 범위 | 기능 | 응용기기 |
|---|---|---|---|
| UVA<br>(320~400nm) | 진피층 | • 색소침착 및 주름 형성<br>• 탄력소와 콜라겐 섬유파괴<br>• 선탄 유도 및 광알레르기 유발 | 인공선탠기 |
| UVB<br>(290~320nm) | 기저층 | • 피부손상 및 일광화상 유발<br>(광노화의 원인)<br>• 홍반, 염증 유발 | – |
| UVC<br>(290nm 이하) | 각질층 | • 살균효과(박테리아, 바이러스)<br>• 피부암 유발 | 자외선 소독기 |

㉡ 효과

- 장점 : 에조필락시 효과, 강장효과, 항생효과, 여드름 치료, 비타민 D의 생성, 태닝 효과
- 단점 : 과각질화, 색소침착, 홍반, 피부노화, 피부암, 발진, 일광 알레르기

③ **컬러테라피 기기**

㉠ 효과

- 시술 결과가 즉각적으로 나타난다.
- 부작용 없고 세균 및 바이러스에 대한 감염의 우려가 없는 안전한 치료법
- 색상별 미치는 효과

| 색상 | 효과 |
|---|---|
| 빨강 | • 혈액순환 증진, 세포재생 및 활성화 증진, 근조직 이완<br>• 셀룰라이트 개선 혈액순환 개선 |
| 주황 | • 신진대사 촉진, 신경긴장 이완, 내분비선 기능조절, 세포재생 작용<br>• 튼살, 건성, 문제성, 알레르기성·민감성 피부 관리 |
| 노랑 | • 소화기계 기능 강화, 신체정화 작용, 신경자극, 결합 섬유 생성촉진<br>• 슬리밍, 튼살, 조기노화, 수술 후 회복 관리 |
| 녹색 | • 신경안정 및 신체 평형유지, 지방 분비기능 조절<br>• 스트레스성 여드름, 비만, 색소관리 |
| 파랑 | • 염증 및 열 진정효과, 부종완화<br>• 모세혈관 확장증, 지성 및 염증성 여드름 관리 |
| 청록 | • 림프순환 촉진, 부종완화 |
| 보라 | • Na, K 대사 평형유지, 면역성 증가, 식욕조절, 화농성 여드름, 기미 및 주근깨 관리<br>• 모세혈관 확장, 전신 셀룰라이트, 슬리밍 관리, 이상적 피부 상태 유지 |

ⓒ 사용법 및 주의사항

- 관리 부위를 깨끗이 하고 빛을 수직으로 조사시킨다.
- 색상필터를 이용해 390~650nm의 가시광선을 조사한다.
- 목적에 따라 색상을 다양하게 사용한다.
- 주위가 어두워야 효과적이다.
- 부위와 증상에 따라 빛의 강도를 변화시킨다.
- 광알레르기 피부, 성형 수술 후, 피부염, 습진, 단순포진, 고열, 악성종양, 심장, 신장질환자는 사용이 부적합하다.

✿ 풀어보고 넘어가자

> **다음 설명 중 틀린 것은?**
>
> ① 저주파는 1~1,000Hz 이하의 전류로 전기자극을 가하여 지방을 에너지로 생성한다.
> ❷ 주파수와 피부의 저항은 비례적 특성을 갖고 있다.
> ③ 컬러테라피기기 사용 시 주위가 어두워야 효과적이다.
> ④ 엔더몰로지기는 오일 도포 후 말초에서 심장 방향으로 시술한다.

## 02 유형별 시술방법

(1) **정상 피부 관리(Normal Skin Machine Treatment Program)**

현재의 상태를 지속적으로 유지하도록 도와줄 수 있는 지속요법이 필요하다.

| 단계 | | 적용기기 | 효과 및 주의사항 |
|---|---|---|---|
| 세안 | 클렌징 딥클렌징 | • 스티머(적용거리 : 35cm, 적용시간 : 10분)<br>• 전동브러시<br>(부드러운 모–2분)<br>• 갈바닉기기의 디스인크러 스테이션 | • 모공 확장, 각질 연화 및 제거<br>• 모공 청결과 각질 제거<br>• 관리 후 2~4분간 극성을 변화시켜 마무리 |
| 분석 및 진단 | | • 확대경<br>• 우드램프<br>• 유·수분 측정기 | • 클렌징, 딥클렌징 후 진단<br>(유분 : 클렌징 2시간 후)<br>• 정상피부 : 청백색 형광<br>• 측정환경 : 온도 20~22℃, 습도 40~60% |
| 영양 공급 (앰플 및 비타민) | | • 초음파기<br>• 갈바닉 기기의 이온 영동법 | • 프로브의 평평한 면을 근육방향으로 10분 적용<br>• 비타민 투입, 영양에센스나 앰플 주입<br>• 비적응증, 민감부위 주의 |
| 마사지 | | • 고주파 기기(15~20분)<br>• 리프팅 기기 | • 혈액 및 림프순환 촉진, 주름감소, 탄력증진<br>• 비적응증 검토 필수 |
| 팩&마스크 | | • 피부 타입에 적합한 제품 선택<br>• 크림팩·고무팩<br>– 적외선 램프 | • 영양 침투 및 상승 효과<br>• 팩 종류에 따라 적외선램프 적용 결정 |
| 마무리 | | • 분무기(수렴 화장수) | • pH 균형, 보습, 진정, 수렴효과 |

(2) **건성 피부 관리(Dry Skin Machine Treatment Program)**

건성피부는 3가지 유형으로 분류되며(① 피지부족성 피부, ② 수분부족 건성 피부, ③ 노화성 건성 피부) 피부별 문제점 개선을 위해 죽은 각질 제거, 보습, 피지선 자극으로 피지선 기능 항진, 피부의 유연성을 회복시켜 건조함과 잔주름 방지를 목적으로 하는 기기 관리가 이루어져야 한다.

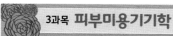 
| 단계 | | 적용기기 | 효과 및 주의사항 |
|---|---|---|---|
| 세안 | 클렌징 딥클렌징 | • 스티머(적용거리 : 35cm, 적용시간 : 10분)<br>• 전동브러시(부드러운 모) – 2분 적용<br>• 초음파 스킨스크러버 | • 모공 확장, 순환계 촉진, 각질 연화 및 제거<br>• 온도 및 기기와의 적용시간 및 거리 적절히 활용<br>• 프로브 세워서 10분 적용<br>• 갈바닉 기기의 디스인크러스테이션 비적용 |
| 분석 및 진단 | | • 확대경<br>• 우드램프<br>• 유·수분 측정기 | • 클렌징, 딥클렌징 후 진단<br>• 건성피부 : 연보라<br>• 측정환경 : 온도 20~22℃, 습도 40~60% |
| 영양 공급 (앰플 및 비타민) | | • 초음파기<br>• 갈바닉 기기의 이온 영동법 | • 프로브의 평평한 면을 근육방향으로 10분 적용<br>• 비적응증, 민감부위 주의 |
| 마사지 | | • 고주파 기기(3~5분)<br>• 리프팅 기기(5~15분)<br>• 진공흡입기(5~10분) | • 혈액 및 림프순환 촉진, 주름감소, 탄력증진<br>• 탄력 강화, 표피 및 진피의 활성화<br>• 피부결에 맞는 벤토즈 크기 선택 후 림프절 방향으로 이동 |
| 팩&마스크 | | • 피부 타입에 적합한 제품 선택<br>예 석고 마스크 + 적외선램프, 온왁스 마스크 | • 영양 침투 및 상승 효과<br>• 팩 종류에 따라 적외선램프 적용 결정 |
| 마무리 | | • 분무기(수렴 화장수) | • pH 균형 유지, 보습, 진정, 탄력 |

## (3) 지성 피부 관리(Oily SKin Machine Treatment Program)

과다한 유분과 피지는 노폐물 축적의 원인이 되어 여드름을 발생시킨다. 지성 피부는 피부 정화를 목적으로 하며, 딥클렌징 단계에서 각질 제거 및 피지 분비 정상화에 중점을 두어 모공 확장과 청결로 피지 배출이 용이하도록 하는 목적으로 기기 관리가 이루어져야 한다.

| 단계 | | 적용기기 | 효과 및 주의사항 |
|---|---|---|---|
| 세안 | 클렌징 딥클렌징 | • 스티머(적용거리 : 35cm, 적용시간 : 15분) + 전동브러시 또는 갈바닉기기의 디스인크러스테이션<br>• 초음파 스킨스크러버 | • 모공 확장, 순환계 촉진, 각질 연화 및 제거<br>• 모공 청결과 각질 제거<br>• 프로브 세워서 10분 적용 |
| 분석 및 진단 | | • 확대경<br>• 우드램프<br>• 유·수분 측정기 | • 클렌징, 딥클렌징 후 진단<br>• 지성피부 : 오렌지, 분홍색<br>• 측정환경 : 온도 20~22℃, 습도 40~60% |
| 피지 제거 | | • 진공 흡입기에 의한 면포 추출 | • 컵의 20%를 넘지 않게 흡입 |
| 영양 공급 (앰플 및 비타민) | | • 초음파기<br>• 갈바닉 기기의 이온 영동법 | • 혈액순환, 신진대사, 림프배농 촉진<br>• 고농축활성제 피부 깊숙이 침투 |
| 마사지 | | • 고주파 기기(3~5분)<br>• 리프팅 기기(5~15분)<br>• 진공흡입기(5~10분)<br>• 유분이 많은 부위, 블랙헤드 부위에 디스인크러스테이션 후 닥터 자켓 마사지 시행 | • 혈액 및 림프순환 촉진, 주름감소, 탄력증진<br>• 탄력 강화, 표피 및 진피의 활성화<br>• 피부결에 맞는 벤토즈 크기 선택 후 림프절 방향으로 이동 |
| 팩&마스크 | | • 피부 타입에 적합한 제품 선택 (클레이 팩)<br>예 제품 종류에 따라 적용 : 적외선램프, 스티머 | • 수분 공급, 피지 분비 조절<br>• 팩 종류에 따라 적외선램프 적용 결정 |
| 마무리 | | • 분무기(유연 화장수) | • pH 균형 유지, 진정 및 수렴작용, 모공 및 수축, 탄력 |

## (4) 복합성 피부 관리(Combination Skin Machine Treatment Program)

지성 부위의 T-zone은 모공 정화와 피비분지 정상화를 위한 관리, 건성 부위인 뺨은 유·수분 공급을 위한 관리에 역점을 두는 기기 관리가 이루어져야 한다.

| 단계 | | 적용기기 | 효과 및 주의사항 |
|---|---|---|---|
| 세안 | 클렌징 딥클렌징 | • 스티머(10분)<br>• 전동브러시(T-zone : 1호, U-zone : 2호 사용)<br>• 지성부위에만 디스인크러스테이션 | • 모공 확장, 순환계 촉진, 각질 연화 및 제거<br>• 모공 청결과 각질 제거 |
| 분석 및 진단 | | • 확대경<br>• 우드램프<br>• 유·수분 측정기 | • 클렌징, 딥클렌징 후 진단<br>• 지성피부 : 오렌지, 분홍색<br>• 건성피부 : 연보라<br>• 측정환경 : 온도 20~22℃, 습도 40~60% |
| 영양 공급 | | • 초음파기<br>• 갈바닉 기기의 이온 영동법 | • T-zone : 지성용<br>• U-zone : 보습 앰플<br>• 물질 침투력 증진, 탄력 회복 |
| 마사지 | | • 고주파 기기<br>• 리프팅 기기(15분) | • 온열 효과의 탄력 회복<br>• 금속물질 제거<br>• 비적응증 검토 필수 |
| 팩&마스크 | | • 피부 타입에 적합한 제품 선택 (제품 : 2종 또는 1종) | • T-zone 부위 : 피지 분비 조절 팩<br>• U-zone 부위 : 수분·영양공급 팩<br>• 얼굴전체 : 진정과 재생 마스크 |
| 마무리 | | • T-zone : 유연 화장수<br>• U-zone : 수렴 화장수 | • pH 균형, 보습, 진정, 모공 및 혈관 수축, 탄력 |

## (5) 민감성 피부 관리(Sensitive Skin Machine Treatment Program)

민감성을 진정시켜주는 관리로 부드럽고 청결한 클렌징, 피부긴장 완화, 보호, 진정, 안정 및 냉효과를 목적으로 기기 관리가 이루어져야 한다.

| 단계 | | 적용기기 | 효과 및 주의사항 |
|---|---|---|---|
| 세안 | 클렌징 딥클렌징 | • 제품 필링(크림 타입) | • 모공 확장, 순환계 촉진, 각질 연화 및 제거<br>• 기기 적용 금지 |
| 분석 및 진단 | | • 확대경<br>• 우드램프<br>• 유·수분 측정기 | • 클렌징, 딥클렌징 후 진단<br>• 민감 부위 : 짙은 보라<br>• 측정환경 : 온도 20~22℃, 습도 40~60% |
| 영양 공급 (진정 및 보습 앰플) | | • 초음파기<br>• 갈바닉 기기의 이온 영동법 | • 혈액 및 림프순환 촉진, 주름감소, 탄력 증진<br>• 물질 침투력 증진, 탄력 회복<br>• 비적응증 검토 필수 |
| 마사지 | | • 냉온마사지 기기 (냉온 교대법 12분) | • 온법 8분, 냉법 4분<br>• 신진대사 촉진, 물질 흡수증가, 진정, 정신적·신체적 안정, 탄력 증가, 문제점 개선 |
| 팩&마스크 | | • 피부 타입에 적합한 제품 선택 | • 진정 위주의 팩 & 마스크 |
| 마무리 | | • 분무기(수렴 화장수) | • pH 균형, 보습, 진정, 모공 및 혈관 수축, 탄력 |

🌸 풀어보고 넘어가자

**다음 지성 피부 관리에 대한 설명으로 틀린 것은?**

❶ 유분이 많은 부위는 디스인크러스테이션 시술 전에 닥터 자켓 마사지를 시행하면 피지배출에 도움이 된다.
② 팩은 클레이팩 종류를 사용하면 효과적이다.
③ 고주파기기를 이용하여 3~5분 정도 마사지해주면 효과적이다.
④ 우드램프를 사용한 피부분석 시 지성 피부는 오렌지색으로 나타난다

# 4과목 화장품학

## Chapter 01 화장품학 개론

### 01. 화장품의 정의

화장품은 우리의 몸을 보다 청결하고 아름답게 하며 더욱 매력적으로 변화시키기 위해 사용하는 미용제품, 또는 피부와 모발을 건강하게 유지하기 위해 신체에 바르거나 뿌리는 제품이다. 그밖에 이와 유사한 방법으로 사용하는 물품으로 인체에 대한 작용이 적은 것을 말한다.

#### (1) 화장품법

화장품이라 함은 인체를 청결·미화하여 매력을 더하고 용모를 밝게 변화시키거나 피부·모발의 건강을 유지 또는 증진하기 위해 인체에 사용되는 물품으로서 인체에 대한 작용이 경미한 것을 말한다. 다만, 의약품에 해당하는 물품은 제외한다.

> **TIP 일반 화장품과 기능성 화장품의 차이**
> • 일반 화장품 : 주성분 표시 및 기재를 할 수 없음
>         주름, 미백, 자외선 차단 효능에 대한 광고를 할 수 없음
> • 기능성 화장품 : 주성분 표시 의무
>         주름, 미백, 자외선 차단 효능에 대한 광고 가능
>         식약청으로부터 기능성 화장품 승인 후 제조·판매가 필수
>         항목 중 표시 및 기재사항에 기능성 화장품 표시 가능

#### (2) 화장품의 4대 요건

① **안전성** : 피부에 대한 자극, 알레르기, 독성이 없을 것(피부를 대상으로 함)
② **안정성** : 보관에 따른 변질, 변색, 변취, 미생물의 오염이 없을 것(제품 자체를 대상으로 함)
③ **사용성** : 사용감이 우수(피부 친화성, 촉촉함, 부드러움 등), 편리성(크기, 중량, 형상, 기능성, 휴대성 등), 기호(디자인, 색, 향기 등)
④ **유용성** : 보습 효과, 노화 억제, 자외선 차단, 미백 효과, 세정 효과, 색채 효과 등을 부여할 것

#### (3) 화장품, 의약부외품, 의약품의 구별 기준

| 구분 | 화장품 | 의약부외품 | 의약품 |
|---|---|---|---|
| 의미 | 건강한 사람이 아름다움 또는 젊음을 유지, 증진시키기 위해 사용 | 정상인이 사용하는 제품 중에 어느 정도 약리학적 효능, 효과를 나타냄 | 인체에 이상이 생겼을 때 치료 또는 정상으로 복귀시킬 때 필요한 물품 |
| 대상 | 정상인 | 정상인 | 환자 |
| 사용목적 | 청결, 미화 | 위생, 미화 | 치료, 진단, 예방 |

| 구분 | 화장품 | 의약부외품 | 의약품 |
|---|---|---|---|
| 사용기간 | 장기간 | 장기간 | 단기간 또는 일정 기간 |
| 사용범위 | 전신 | 특정 부위 | 특정 부위 |
| 부작용 | 없어야 함 | 없어야 함 | 있을 수 있음 |
| 종류 | 스킨, 로션, 크림 | 치약, 탈모제, 구취 제거제, 여성 청결제 | 연고, 항생제 |

### 02. 화장품의 역사

#### (1) 화장품의 기원

① **보호설** : 자연으로부터 몸을 보호하기 위한 목적
② **미화설** : 아름다워지고자 하는 본능에 따른 욕망
③ **신분표시설** : 남녀의 구별, 사회적 계급, 종족, 신분을 구별하기 위한 목적
④ **종교설** : 신에게 경배나 제사를 드리기 위한 목적
⑤ **이성유인설** : 이성에게 매력적으로 보이기 위해 신체를 장식하거나 가꾸기 위한 목적

#### (2) 서양

① **원시시대**
자연으로부터 곤충, 동물 등의 외부 공격에 신체를 보호하기 위해 전신에 색을 칠하였다. 주로 나무껍질이나 나뭇잎, 곤충, 광물질, 풀 등을 이용하여 얼굴이나 머리, 몸에 칠을 하였다.

② **이집트**
㉠ 종교의식, 장례식, 또는 개인 화장을 하면서 화장이 유래
㉡ 미라의 보존 기술을 통해 화장과 방부제 사용
㉢ 올리브 오일, 양모 오일, 아몬드 오일, 꿀, 우유와 흙을 혼합하여 피부 관리
㉣ 눈을 강조하고 태양으로부터 눈병 예방, 곤충의 접근을 방지하기 위해 코울(Khol : 화장먹)을 발라 눈썹과 속눈썹에 검은 칠을 함
㉤ 아이섀도(Eye Shadow)가 발명되었고, 녹색과 흑색 아이섀도를 즐겨 사용
㉥ 붉은 색의 헤나(Henna) 염료와 이끼에서 얻은 보랏빛 리트머스(Litmus) 색소를 피부에 사용
㉦ 왕의 묘에서 지방에 향을 넣은 고대 화장품과 화장 거울 발견

③ **그리스**
㉠ 화장품과 향수를 만들어 종교의식, 의약 목적 및 개인이 사용
㉡ 목욕과 운동을 철저히 하고 마사지 권장, 목욕 후에는 향수를 즐겨 사용

④ **로마**
㉠ 화장품과 향료를 많이 사용하였고 향장품 발달의 전성기를 이룸

ⓛ 목욕문화가 발달하여 한증 목욕법과 스팀 미용법이 생활화

ⓒ 남성들은 얼굴에 난 털을 깎기 시작하여 오늘날 면도와 이발의 시초가 됨

ⓔ 귀족 여성들은 우유, 포도주로 얼굴 마사지를 함

ⓜ 백연, 백묵, 석고를 이용하여 얼굴을 하얗게 표현

⑤ 중세시대

ⓒ 기독교의 금욕주의 영향으로 화장을 하고 신체를 가꾸는 행위가 제한·금지됨

ⓛ 목욕을 제한하였으며, 체취 해결을 위해 향수 사용

⑥ 르네상스 시대

ⓒ 십자군의 귀향으로 향장과 향료 연구에 발전적 계기 마련

ⓛ 15세기에는 머리를 뒤로 모아 묶고 눈썹을 밀어서 가늘게 하는 것이 유행하였으며, 루즈와 분을 사용

ⓔ 1573년 영국에서 향수를 처음 제조

ⓜ 알콜 증류법이 개발되어 현재의 화장수와 유사한 화장품이 사용

⑦ 바로크·로코코 시대(17~18세기)

ⓒ 리차드 쿠소 시인이 여성이 얼굴에 치장하는 것을 메이크업(Make-up)이라 부르면서 유래

ⓛ 여성들은 흰 파우더를 사용하여 피부를 희게 표현하였고 백연을 메이크업 베이스로 사용

ⓔ 1641년 영국에서 처음으로 비누 생산

ⓜ 프랑스에서 17~18세기에 향수 제조업 시작

ⓝ 18세기는 향장업이 공업으로 발전하게 되었으며 화학 화장품 등장

⑧ 근대시대(19세기)

ⓒ 화장품과 비누 사용이 일반화되었고 화장품 산업이 급속히 발전

ⓛ 왕족과 상류층의 전유물이었던 크림과 로션이 일반인들에게 보급

ⓔ 1866년 산화아연이 개발되어 피부에 안전한 분이 사용

⑨ 20세기 이후

ⓒ 화장품 산업이 공장규모로 성장하게 되었고, 화장품 기술과 원료 개발이 활발히 이루어짐

ⓛ 1901년 마사지 크림(Cold Cream) 제조

ⓔ 1907년 미국의 브렉사에서 샴푸 생산

ⓜ 1908년 네일 에나멜과 색조 화장품 생산

ⓝ 1916년 산화티타늄의 발견으로 백분(Face Power)이 대량생산되고, 품질이 향상

ⓗ 1930년대 후반 자외선 차단제 개발

ⓢ 1941년 호르몬 크림 개발

ⓞ 1947년 전기를 이용해 피부 깊숙이 영양을 공급하는 Ionos 기기 개발

ⓩ 1950년 다양한 원료와 기능성 제품들이 생산되어 화장품 산업이 급속도로 발전.

(3) 우리나라

① 5~6세기 : 연지(홍화+돼지기름) 화장이 보편화되고, 고대 고분에서 뺨과 입술 화장을 한 귀부인상 얼굴 모습이 그려진 벽화 출토

② 신라시대 : 흰색 백분이 사용되고, 연지의 대중화

③ 고려시대

ⓒ 여성들이 화장하는 것을 즐기지 않아 백분은 사용하였으나 연지는 사용하지 않음

ⓛ 화장에 귀천이 존재

ⓔ 버드나무 잎같이 가늘고 아름다운 눈썹이 유행

ⓜ 향낭(향주머니)을 차고 다님

④ 조선시대

ⓒ 전통 화장술이 완성

ⓛ 유교의 영향으로 짙은 화장을 천시하였고 여염집 여인들은 소박하고 수수한 화장 선호

ⓔ 상류층과 기생들을 중심으로 화장품(백분, 연지, 곤지, 화장수 등)과 향낭이 널리 사용

ⓜ 기초 화장용으로 참기름 사용

ⓝ 혼례 때에는 이마에는 곤지, 양볼에는 연지, 입술은 빨갛게 칠함

⑤ 구한말 갑오경장

ⓒ 일본에서 화장과 화장품이라는 미용 용어가 생김(우리나라에서는 단장(丹粧)을 사용)

ⓛ 특수 계층의 여성들만 쓰던 것으로 인식되었던 화장품이 보편화됨

⑥ 1916년

ⓒ 우리나라 최초의 근대적 화장품인 박가분 등장

ⓛ 박가분에 첨가된 납 성분은 치명적인 독성을 일으켰고, 이로 인해 화장독이라는 말이 생김

⑦ 1930년대

ⓒ 납을 사용하지 않은 서가분과 서울분이라는 백분 등장

ⓛ '구리무'라는 크림 판매

⑧ 1945년 해방 이후

ⓒ 기능별로 세분화

ⓛ 콜드 크림, 바니싱 크림, 백분, 머릿기름, 포마드, 헤어토닉, 파마약, 향수 등 사용

**TIP** 📖

• 콜드 크림(Cold Cream) : 현재의 마사지 크림과 유사
• 바니싱 크림(Vanishing Cream) : 콜드 크림과는 달리 유분이 적게 함유되었으며, 피부에 바를 때 우윳빛 크림 상태가 즉시 사라지는 것 같은 현상을 나타낸다고 해서 바니싱 크림이라 함

⑨ 1960년대

ⓒ 화장품 산업의 본격화

ⓛ 방문판매 방식이 도입되어 가정에서도 쉽게 화장품 구입

ⓔ 부자연스러운 하얀 분 화장에서 화사하고 자연스러운 피부 표현 화장법으로 변화

⑩ 1970년대
  ㉠ TPO(Time, Place, Object) 즉 때, 장소, 목적에 따라 적합한 화장을 해야 한다는 메이크업 캠페인 등장
  ㉡ 1970년대 말에는 '토탈 코디네이트'라는 말이 등장
  ㉢ 화장품의 수준과 화장기술이 점점 향상되었으며, 국내 화장품이 외국으로 수출

⑪ 1980년대
  ㉠ 1980년대 초 독일에서 피부미용 관리 도입
  ㉡ 생명공학기술을 이용한 히아루론산과 립스틱의 천연색소 성분을 대량생산
  ㉢ 노화억제(Anti-Ageing) 화장품, 무향, 무색소, 저방부제의 민감성 화장품이 개발되어 피부에 안전하면서 동시에 여러 효과를 갖는 제품 개발
  ㉣ 피부 생리에 기초를 둔 제품 연구

⑫ 1990년대
  ㉠ 식물성 성분들을 함유한 자연성 화장품 등장
  ㉡ 머드팩이 유행
  ㉢ 레티놀(Retinol)을 이용한 기능성 화장품이 각광받음
  ㉣ 1990년대 중반부터 헤어 컬러링 유행
  ㉤ 아로마테라피(Aroma Therapy)에 대한 관심이 높아지면서 피부 관리 등의 분야에 응용

⑬ 2000년대
  ㉠ 비타민과 무기질이 풍부한 해양성(해초)추출물이 화장품의 원료로 사용
  ㉡ 딸라소 테라피(Thalasso Therapy) 해양성분이 유행
  ㉢ 나노 기술(Nano Technonlogy)이 화장품 제조기술에 도입
  ㉣ 스파 테라피(Spa Therapy) 개념 도입
  ㉤ 바디 피부 관리를 위한 화장품이 다양하게 개발
  ㉥ 두피·모발 제품이 다양하게 활성화

## 03. 화장품의 분류

(1) 법적인 분류

어린이 용품, 목욕 용품, 방향 용품, 염모 용품, 면도 용품, 기초 화장 용품, 눈 화장 용품, 메이크업 용품, 매니큐어 용품, 기능성 제품으로 분류

(2) 사용 부위에 따른 분류

안면용, 전신용, 헤어용, 네일용

(3) 기능성 화장품의 용도에 따른 분류

기능성 기초 화장품, 기능성 메이크업 화장품, 기능성 모발 화장품

(4) 사용 목적에 따른 분류

| 분류 | 사용목적 | 제품종류 |
|---|---|---|
| 기초 화장품 | 세안, 세정, 청결 | 클렌징 제품(클렌징 크림, 클렌징 폼, 클렌징 오일, 페이셜 스크럽) |
| | 피부 정돈 피부 보호 및 회복 | 화장수(유연 화장수, 수렴 화장수), 팩, 마사지 크림, 에센스, 모이스처 크림 |
| 메이크업 화장품 | 베이스 메이크업 (피부색 표현) | 메이크업 베이스, 파운데이션, 페이스 파우더 |
| | 포인트 메이크업 (피부 결점 보완) | 아이섀도, 아이라이너, 마스카라, 블러셔, 립스틱 |
| 모발 화장품 | 세정 | 샴푸 |
| | 트리트먼트 | 헤어 트리트먼트, 헤어 로션 |
| | 정발(整髮) | 헤어 무스, 헤어 젤, 헤어 스프레이, 헤어 왁스 |
| | 스켈프 트리트먼트 | 육모제(育毛劑), 양모제(養毛劑) |
| | 염색, 탈색 | 염모제, 헤어 블리치 |
| | 퍼머넌트 웨이브 | 퍼머넌트 웨이브(1액, 2액) |
| | 탈모 예방, 제모제 | 탈모제, 제모제(왁싱 젤, 왁싱 크림) |
| 바디 화장품 | 세정 | 바디 클렌저, 바디 스크럽, 버블 바스 |
| | 신체 보호, 보습 | 바디 로션, 바디 오일, 핸드 크림 |
| | 체취 억제 | 샤워 코롱, 데오드란트 |
| 방향 화장품 | 향취 부여 | 퍼퓸, 오데 코롱 |

## 04. 화장품 성분 명명법

(1) 화장품 성분 명칭

① 우리나라의 경우 화장품의 원료 기준(약칭 : 장원기)에 수록된 명칭을 원칙으로 한다.
② 대한민국 화장품 원료집(KCID : Korea Cosmetic Ingredient Dictionary) : 장원기에 수록되지 않은 것은 우선순위로 KCID의 성분명을 따른다.
③ 국제 화장품 원료집(ICID : International Cosmetic Ingredient Dictionary) : 미국 화장품·향료협회(CTFA : Cosmetic Toiletry and Fragrance Association)에서 만든 화장품 원료 규격집이다.
④ 국제 화장품 성분명(INCI : International Nomenclature of Cosmetic Ingredient) : 국제 화장품 원료집에 수록된 성분 명칭으로 미국을 중심으로 세계적으로 널리 사용된다

(2) 색소 성분 명칭

① **천연 색소** : 천연에서 유래한 색소이다.
② **합성 색소** : 석유의 코울타르(Coal Tar)에서 합성된다는 의미로 타르(Tar) 색소라고도 부른다.
  ㉠ 국제 화장품 성분명(INCI) : FD&C 또는 D&C 명칭 + 색상명칭 + 고유번호를 붙인다.
    예 FD&C Red No 3, D&C Yellow No 5
  ㉡ 우리나라, 일본 : 색상 이름 + 호수
    예 적색 3호, 황색 4호

③ **최근** : 국가별 명칭 통일을 위해 색상 색인(CI : Color Index)을 함께 사용한다. CI는 색상의 종류에 따라 뒤에 다섯 자리 고유번호가 주어진다.

예!! FD&C Yellow No 5 → 19140, FD&C Red No.40 → 16035

### TIP 색소의 사용 구분

우리나라에서 유기 합성색소는 허용 색소로 약사법에 규정되어 있다. 미국에서는 FDA에 의해 식품, 의약품, 화장품에 허가된 물질만 사용할 수 있고, 색소의 호수 앞에는 기호에 의해 사용 구분을 나타낸다.
• F : food(식품), D : drug(의약품), C : cosmetic(화장품)
• FD&C : 식품, 의약품, 화장품에 사용 가능
• D&C : 의약품, 화장품에 사용 가능
• Ext. D&C : 외용의약품, 외용화장품에 사용 가능

### (3) 화장품 성분 표기법

① **KFDA(Korea Food and Drug Administration)** : 한국 식품의약품안전청(식약청)에서는 그동안 화장품에 사용된 타르색소, 방부제, 자외선 차단제, 비타민, 기타 생리활성 성분들에 대해서만 법적으로 성분표기를 하도록 하였으나 2008년 10월 18일 출고부터는 화장품 전성분 표시 의무제를 적용, 모든 성분을 표시하도록 하고 있다.

② **FDA(Food & Drug Administration)**: 미국 식품의약품안전청에서는 1977년 이후 화장품의 성분 표기를 의무화하였다. 성분 표기는 제품에 가장 많이 배합된 성분부터 차례대로 INCI명에 의해 빠짐없이 기재하도록 하고 있다.

## 05 화장품 취급 시 주의사항

### (1) 화장품 선택 시

① 팔 안쪽이나 귀 뒷부분에 첩포 테스트(Patch test)를 한 후 선택
② 피부 타입, 피부 상태 및 성질에 알맞은 화장품 선택
③ 제조 연월일 확인
④ 향이 너무 강하거나 자극적인 성분이 들어 있는 것은 되도록 피할 것
⑤ 선택한 화장품은 너무 많은 양을 구입하지 말고 최소한으로 구입
⑥ 제조사의 설명서를 참고하여 제품의 특징과 사용방법을 잘 보고 제품을 선택

### (2) 화장품 사용 시

① 제품 설명서를 읽고 피부에 이상이 없는지 확인
② 손을 청결히 하여 제품을 사용하고 되도록 화장 도구를 사용
③ 손에 덜은 내용물을 다시 용기에 넣으면 남아 있는 제품까지 변질되므로 주의
④ 변질된 제품을 사용하여 피부에 이상이 생겼을 경우 의사에게 상담 치료

### (3) 화장품 보관 시

① 직사광선, 온도가 너무 높거나 낮은 곳, 습기가 있는 곳은 피함
② 일정한 온도(18~20℃)에서 보관
③ 어린아이들이 만지지 않는 곳에 보관
④ 뚜껑을 잘 덮어 보관하고, 용기 입구를 사용할 때마다 청결히 함

### 🌸 풀어보고 넘어가자

다음 중 기능성 화장품의 범위에 해당하지 않는 것은?

① 미백 크림    ❷ 바디 오일
③ 자외선 차단제   ④ 주름개선 크림

해설 기능성 화장품은 피부의 미백에 도움을 주는 제품, 피부의 주름 개선에 도움을 주는 제품, 피부를 곱게 태워주거나 자외선으로부터 피부를 보호하는 데 도움을 주는 제품을 말한다.

## Chapter 02 화장품 제조

## 01 화장품의 원료 및 작용

### (1) 화장품의 성분 배합

① **구성 성분** : 수성원료, 유성원료, 유화제, 보습제, 방부제, 착색료, 향료, 산화방지제, 활성성분이 있어야 한다.
② **활성 성분** : 미백제, 육모제, 주름 제거제, 여드름, 비듬·가려움증 방지제, 자극 완화제, 액취 방지제, 각질 제거제, 유연제 등이 있다.

## 02 화장품의 기본 원료

### (1) 수용성 원료

① **물(Water, Aqua, Purified Water, Deionized Water, DI Water)**
㉠ 화장품 원료 중 가장 큰 비율을 차지한다.
㉡ 화장수, 로션, 크림 등의 기초 성분이다.
㉢ 정제수 : 세균과 금속이온(칼슘, 마그네슘 등)이 제거된 물이다.
㉣ 증류수(Distilled Water, DI Water) : 물을 가열하여 수증기가 된 물 분자를 냉각기에 이동시켜 차갑게 하여 만든 물이다.
㉤ 탈이온수(Deionized Water) : 이온화된 물을 탈이온화시켜 질소, 칼슘, 마그네슘, 카드뮴, 납, 수은 등을 제거하는 과정을 거친 물이다.

② **에탄올(Ethanol, Ethyl Alcohol)**
㉠ 에틸알콜이라고 하며 휘발성이 있다.
㉡ 친유성과 친수성을 동시에 가지고 있어 피부에 청량감과 가벼운 수렴효과를 준다.
㉢ 배합량이 높아지면 살균, 소독작용이 나타난다.
㉣ 화장품에 사용되는 에탄올은 술 제조에 사용할 수 없도록 특수한 변성제(메탄올, 부탄올, 페놀 등)를 첨가한 변성 알콜(SD Alcohol: Special–Denatured Alcohol)이다.

(2) 유성 원료

① **식물성 오일**

식물의 꽃, 잎, 열매, 껍질 및 뿌리 등에서 추출한 성분으로 피부에 자극이 없다.

㉠ 올리브유(Olive Oil)

- 올리브 열매에서 추출하며 에탄올에 잘 용해된다.
- 식물유 중에서 비교적 흡수가 좋고 주로 선탠 오일, 에몰리엔트 크림 등에 사용된다.

㉡ 피마자유(Castor Oil)

- 피마자(아주까리)의 종자에서 추출하며, 색소와 잘 혼합된다.
- 립스틱, 네일 에나멜 등에 주로 사용된다.

㉢ 아보카도유(Avocado Oil)

- 아보카도의 열매에서 추출하며 비타민 A, $B_2$가 함유되어 있어 건성 피부에 특히 효과적이다.
- 피부 친화성, 퍼짐성이 좋고 에몰리엔트 크림, 샴푸, 헤어린스 등에 사용된다.

㉣ 아몬드유(Almond Oil)

화장품에 사용되는 것은 스위트 아몬드 오일이며 크림, 로션의 에몰리엔트제, 마사지 오일 등에 사용된다.

㉤ 살구씨유(Apricot Kernel Oil)

살구씨(행인)에서 추출하며 감촉이 우수하여 에몰리엔트제로 사용된다.

㉥ 맥아유(Wheat Germ Oil)

- 밀 배아에서 추출하고 비타민 E를 함유하고 있어 항산화 작용을 한다.
- 혈액순환을 돕고 기초, 메이크업, 모발화장품에 광범위하게 사용된다.

㉦ 월견초유(Evening Primrose Oil)

- 월견초(달맞이 꽃)의 종자에서 추출하며, 필수지방산을 풍부하게 함유하고 있다.
- 아토피성 피부염 치유, 노화 억제, 보습, 세포 재생 등에 효과가 있다.

② **동물성 오일**

㉠ 라놀린(Lanolin)

- 양털에서 추출하며 피부의 수분 증발을 억제한다.
- 보습력을 지닌 피부유연제로 정제도가 낮을 경우 여드름을 유발할 수 있다.

㉡ 밍크 오일(Mink Oil)

- 밍크의 피하지방에서 추출하며, 피부 친화성이 좋다.
- 부드러운 유연제로 유분감이 없으며 건조 피부, 거친 피부에 사용되고, 특히 겨울철 피부 보호에 좋다.

㉢ 난황 오일(Egg Yolk Oil)

계란노른자에서 추출하며 레시틴을 함유하고 있어 유화제로 쓰인다.

㉣ 스쿠알란(Squalane)

스쿠알란은 상어 간에서 추출한 스쿠알렌에 수소를 첨가하여 산화를 방지한 것으로 피부에 잘 퍼지며 쉽게 흡수되고 유화된다.

**TIP** 스쿠알렌(Squalene)과 스쿠알란(Squalane)의 차이점

| 스쿠알렌 | 포화지방산 | 산패되기 쉬움(캡슐로 보호) | 건강보조제로 이용 |
|---|---|---|---|
| 스쿠알란 | 불포화지방산 | 산패되지 않음 | 화장품에 이용 |

③ **왁스(Wax)**

실온에서 고체의 유성성분으로 고급 지방산과 고급 알콜이 결합된 에스테르를 말한다. 식물성, 동물성 오일에 비해 변질이 적고 안정성이 높아 립스틱, 크림, 파운데이션에 사용되며 광택이나 사용감을 향상시킨다.

㉠ 식물성 왁스

- 카르나우바 왁스(Carnauba Wax) : 카르나우바 야자잎에서 추출, 광택이 우수하며 립스틱, 크림, 탈모, 왁스 등에 사용된다.
- 칸데릴라 왁스(Candelilla Wax) : 미국 텍사스, 멕시코 북서부 등의 온도차가 심하고 비가 없는 건조한 고온지대에서 자라는 칸데릴라 식물에서 추출, 립스틱에 주로 사용된다.
- 호호바 오일(Jojoba Oil) : 호호바 나무 열매에서 추출하며 인체의 피지와 유사한 화학 구조의 물질들을 함유하고 있어 퍼짐성과 친화성이 좋다. 침투성이 좋아 각종 노폐물을 용해시키며 지성 피부에 효과적이다.

㉡ 동물성 왁스

- 밀납(Bees Wax) : 벌집에서 추출하며 유연한 촉감을 부여한다. 피부에 알레르기를 유발할 수 있고 크림, 로션 탈모 왁스 등에 사용된다.
- 라놀린(Lanolin) : 양모에서 추출하며, 유연성과 피부 친화성이 높다. 접촉성 피부염, 알레르기를 유발할 수 있고 크림, 립스틱, 모발 화장품 등에 사용된다.

④ **합성 유성원료**

㉠ 광물성 오일(탄화수소류)

- 석유에서 추출하며 산패, 변질의 우려가 없고 유성감이 높다.
- 피부 호흡을 방해할 수 있어 식물성 오일이나 합성 오일과 혼합하여 사용한다.
- 유동 파라핀(Liquid Paraffin) = 미네랄 오일(Mineral Oil)
  - 피부 표면의 수분 증발을 억제하고 사용감 향상의 목적으로 사용한다.
  - 정제 순도에 따라 여드름을 유발할 수 있고 노폐물 제거, 수분 증발 억제, 메이크업의 부착성을 높여 준다.
- 실리콘 오일(Silicone Oil)
  - 안정성과 내수성이 높고 발수성이 높아 끈적거림이 없고 사용감이 가볍다.

– 실리콘 오일의 종류는 디메치콘, 디메치콘코폴리올, 페닐트리메치콘 등이 있다.
- 바셀린(Vaseline)
  – 외부 자극으로부터 피부를 보호하고 피부에 기름막을 형성하여 수분증발을 억제한다.
  – 크림, 립스틱, 메이크업 제품에 사용된다.

ⓒ 고급 지방산

알칼리성 물질과 중화 반응을 하며 천연의 유지, 밀납 등에 에스테르류로 함유되어 있다.
- 스테아르산 : 우지(牛脂)에서 얻어지며 유화제, 증점제, 크림, 로션, 립스틱 등에 사용된다.
- 팔미트산 : 팜유에서 얻어지며 피부 보호작용을 하고 크림, 유액 등에 사용된다.
- 라우릭산 : 야자, 팜유에서 추출하며, 거품 상태가 좋아 화장비누, 세안류 등에 사용된다.
- 미리스트산 : 기포성 및 세정력이 우수하여 세안류 등에 사용된다.
- 올레익산 : 동식물 유지류에 분포되어 있으며 올리브유의 주성분으로 크림류에 사용된다.

ⓒ 고급 알콜

유성 원료로 사용되기도 하며 유화 제품의 유화 안정보조제로 사용된다. 천연 유지에서 유래한 알콜과 석유화학 제품에서 유래한 알콜이 있다.
- 세틸 알콜(세탄올) : 유분감을 줄이거나 왁스류의 점착성을 저하시키며 크림, 유액 등 유화물의 유화 안정제로 사용된다.
- 스테아릴 알콜
  – 유화 및 윤활 작용을 하며 점도 조절제로 사용된다.
  – 야자유에서 얻어지며 유화 안정제, 점증제로 사용된다.

ⓔ 에스테르(Esters)

산과 알콜을 합성하여 얻는 것으로 가볍고 산뜻한 촉감을 부여하고 피부의 유연성을 주며 번들거림이 없다. 에몰리언트, 색소 등의 용제 불투명화제 등으로 사용된다.
- 부틸 스테아레이트 : 유성감이 거의 없어 사용감이 가볍다.
- 이소프로필 미리스테이트 : 무색 투명 액체로 사용감이 매끄럽고 침투력이 우수하며 보습제, 유연제로 사용한다.
- 이소프로필 팔미테이트 : 사용감이 매끄럽고 침투력이 우수하며 보습제, 유연제로 사용한다.

(3) 계면 활성제(Surfactants)

① 계면활성제

한 분자 내에 물을 좋아하는 친수성기(Hydrophilic Group)와 기름을 좋아하는 친유성기(Lipophilic Group)를 함께 갖는 물질로 물과 기름의 경계면, 즉 계면의 성질을 변화시킬 수 있는 특성을 가지고 있다.

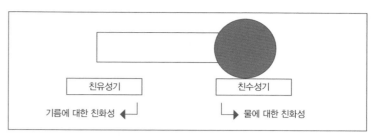

계면활성제의 친수성기와 친유성기

② 친수성기의 이온성에 따른 분류

| 분류 | 특징 | 종류 |
|---|---|---|
| 양이온성 계면활성제 | • 살균, 소독작용이 큼<br>• 유연효과, 정전기 발생을 억제<br>• 피부자극이 강함 | 헤어 트리트먼트제, 헤어린스 |
| 음이온성 계면활성제 | • 세정작용, 기포 형성 작용이 우수<br>• 탈지력이 강해 피부가 거칠어짐 | 비누, 클렌징 폼, 샴푸 |
| 양쪽성 계면활성제 | • 음이온성과 양이온성을 동시에 가짐<br>• 피부 자극과 독성이 적고 정전기 억제<br>• 세정력과 피부 안정성이 좋음 | 베이비 샴푸, 저자극 샴푸 |
| 비이온성 계면활성제 | • 물에 용해되어도 이온이 되지 않음<br>• 피부자극이 적어 기초 화장품 분야에 많이 사용 | 화장수의 가용화제, 크림의 유화제, 클렌징 크림의 세정제, 분산제로 이용 |

(4) 보습제(Humectants)

① 보습제

보습제는 피부의 건조를 막아 피부를 촉촉하게 하는 물질로 수분을 끌어당기는 흡습능력과 수분 보유성질이 강해야 하고 피부와의 친화성이 좋아야 한다.

② 보습제의 종류

ⓐ 폴리올(Polyol)
- 글리세린(Glycerin, 화학명 – 글리세롤 Glycerol)
  – 수분을 흡수하는 성질이 강해 보습 효과가 뛰어나고 단맛이 난다.
  – 유연제 작용을 하며 피부를 부드럽게 하고 윤기와 광택을 준다.
  – 농도가 너무 진하면 피부 수분까지 흡수하여 피부가 거칠어지므로 주의해야 한다.
- 폴리에틸렌글리콜(Polyetylene Glycol : PEG)
  – 분자량이 적으면 상온에서 액체 보습제로 작용한다.
  – 분자량이 많으면 고체에서 변하여 점액제로 배합한다.
  – 글리세린에 비해 점도가 낮아 사용감이 우수하다.
  – 화장품의 크림 베이스와 연고의 유연제로 사용된다.
- 프로필렌글리콜(Propylene Glycol : PPG)
  – 무색 무향의 점성이 있는 액체로 수분을 흡수하는 성질이 있다.
  – 글리세린보다 침투력이 강하며 가격이 저렴하다.
- 부틸렌글리콜(Butylene Glycol : BG)
  – 글리세린, 프로필렌글리콜보다 끈적임이 적다.
  – 유연제, 보습제로 사용감이 좋고 방부 효과가 있다.

- 솔비톨(Sorbitol)
  - 해조류, 딸기류, 벗나무, 앵두, 사과 등에서 추출한다.
  - 흡습작용은 보통이지만 인체에 안정성이 높고 보습력이 뛰어나다.
- ⓛ 천연보습인자
  - 파롤리돈카르본산염(Sodium Pyrrolidone Carboxylic Acid : Sodium PCA)
    - 흡습효과가 뛰어나며 피부의 유연성이 증가된다.
    - 사람의 피부에서 자연적으로 발생되는 나트륨으로 수분과 결합하는 능력이 있다.
    - 아미노산(Amino Acid), 요소(Urea), 젖산염(Sodium Lactate)이 있다.
- ⓒ 고분자 보습제
  - 히알루론산염(Sodium Hyaluronate)
    - 피부의 윤활성과 유연성을 제공하고 분자량의 점도에 따라 보습성 등의 성질이 달라진다.
    - 과거 닭 벼슬에서 추출했으나 지금은 미생물 발효에 의해 대량생산되고 있다.
    - 콘드로이틴 황산염, 가수분해콜라겐 등이 있다.

## (5) 방부제

화장품은 사용기간이 길고 손을 통해 오염되기 쉬우므로 미생물에 의한 화장품의 변질을 방지하고, 세균의 성장을 억제·방지하기 위해 첨가하는 물질이다.

### ① 파라옥시향산에스테르(파라벤류)

화장품에 가장 많이 사용되는 방부제이다.

| 종류 | 효과 |
|---|---|
| 파라옥시향산메틸(Methly Paraben) | 수용성 물질에 대한 방부효과가 좋다. |
| 파라옥시향산에틸(Ethyl Paraben) | |
| 파라옥시향산프로필(Propyl Paraben) | 지용성 물질에 대한 방부 효과가 좋다. |
| 파라옥시향산부틸(Butyl Paraben) | |

### ② 이미디아졸리디닐 우레아(Imidazolidinyl Urea)

- ㉠ 세균에 강하고 파라벤류와 함께 혼합하여 사용한다.
- ㉡ 독성이 적어 기초 화장품, 유아용 샴푸 등에 사용한다.

### ③ 페녹시에탄올(Phenoxy Ethanol)

화장품에서 사용 허용량을 1% 미만으로 하며, 메이크업 제품에 많이 사용한다.

### ④ 이소치아졸리논(Isothiazolinone)

샴푸처럼 씻어내는 제품에 사용된다.

## (6) 색재류(착색료)

### ① 염료(Dye)

물 또는 오일에 녹는 색소로 화장품 자체에 시각적인 색상을 부여한다.

### ② 안료

물과 오일에 모두 녹지 않는 색소이다.

- ㉠ 무기안료 : 색상은 화려하지 않지만 빛, 산, 알칼리에 강하고 커버력이 우수하며, 주로 마스카라에 사용
  - 체질안료 : 탈크, 카오린, 마이카
    - 피부에 대한 퍼짐성을 좋게 하여 매끄러움을 부여
    - 하얀색의 아주 미세한 분말로 이루어짐
    - 페이스 파우더의 가루분이나 파운데이션에 주로 사용
  - 백색안료 : 산화아연, 이산화티탄
    - 피부의 커버력을 결정
  - 착색안료 : 산화철류
    - 백색안료와 함께 색채의 명암을 조절하고 커버력을 높이는 데 사용
- ㉡ 유기안료
  - 타르색소로 유기합성 색소 종류가 많고 화려하며 대량생산이 가능
  - 빛, 산, 알칼리에 약하나 색상이 선명하고 풍부하여 주로 립스틱이나 색조화장품에 사용
- ㉢ 레이크(Lake) : 수용성인 염료에 알루미늄(Al), 칼슘(Ca), 마그네슘(Ma), 지르코늄(Za)염을 가해 침전시켜 만든 불용성 색소를 말하며 대개 알루미늄염으로 만들어짐

### ③ 펄안료(진주광택 안료)

- ㉠ 펄이 들어가 진주광택, 홍채색 등의 효과를 줌
- ㉡ 피부에 부착되어 빛을 반사함과 동시에 빛의 간섭을 일으켜 금속의 광택을 줌

### ④ 천연색소

- ㉠ 헤나, 카르타민, 카로틴, 클로로필 등 동·식물에서 얻어지며 안전성이 높음
- ㉡ 대량생산이 불가능하며 착색력, 광택성, 지속성이 약해 많이 사용하지 않음

## (7) 향료

화장품에 있어서 향은 각종 원료의 냄새를 줄이고 화장품의 이미지를 높이기 위한 필수성분이다.

### ① 천연향료

- ㉠ 동물성 향료
  - 피부 자극과 독성이 없어 피부에 안전하나 가격이 비싸다.
  - 사향, 영묘향, 용연향, 해리향 등이 있다.
- ㉡ 식물성 향료
  - 피부 자극과 독성이 있어 알레르기가 생길 수 있으나 가격이 싸고 종류가 많다.
  - 식물에서 추출한 향료를 정유(Essential Oil)라고 한다.

### ② 합성향료

정유(Essential Oil)와 석유화학제품의 기초 원료를 화학적으로 합성하여 얻는 단리 향료와 유기 합성 반응에 의해 제조되는 순합성 향료가 있다.

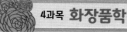
③ 조합향료

천연향료나 합성향료를 목적에 따라 조합한 향료이다.

(8) 산화방지제(Antioxidant)

① 화장품을 장기간 진열하거나 사용할 때 유성 성분이 공기 중의 산소를 흡수하여 산화되는 것을 방지하기 위해 첨가하는 물질로 방부제의 기능도 있다.

② 산화방지제는 부틸히드록시툴루엔(Butyl Hydroxy Toulene : BHT), 부틸히드록시아니솔(Butyl Hydroxy Anisole : BHA), 비타민 E(토코페롤)가 있다.

(9) pH 조절제 : 화장품 법규상 사용 가능한 pH는 3~9

① 시트러스 계열(Citrus Fruit) : 항산화 성질로 화장품의 pH를 산성화시킨다.

② 암모늄 카보나이트(Ammonium Carbonate) : 화장품의 pH를 알칼리화시킨다.

> ❀ 풀어보고 넘어가자
>
> 다음 중 끈적임이 없고 사용감이 매끄러우며 안정성, 내수성이 뛰어나 사용량이 증가하고 있는 합성원료는?
>
> ① 파라핀　　② 바셀린　　❸ 실리콘　　④ 세레신
>
> 해설 ✎ 실리콘은 무기물질인 실리카에 화학반응을 일으켜 얻은 것으로 안전성과 내수성이 높고 발수성이 좋아 끈적거림 없는 가벼운 사용감을 준다.

## ⓒ 화장품의 활성(유효)성분의 원료 및 작용

(1) 건성용

① 콜라겐(Collagen)

ⓐ 과거에는 송아지에서 추출하였으나 현재는 돼지 또는 식물에서 추출한다.

ⓑ 3중 나선구조로 이루어져 있으며 열과 자외선에 쉽게 파괴된다.

ⓒ 보습작용이 우수하여 피부에 촉촉함을 부여한다.

② 엘라스틴

ⓐ 과거에는 송아지에서 추출하였으나 현재에는 돼지 또는 식물에서 추출한다.

ⓑ 약간의 끈적임이 있고 수분 증발 억제작용이 있다.

③ Sodium P.C.A(Sodium Pyrrolidone Carboxylic Acid)

천연보습인자(NMF)의 성분으로 피부에 자극이 없으며 보습 효과를 준다.

④ 솔비톨

ⓐ 해조류, 딸기류, 벚나무, 앵두, 사과 등에서 추출한다.

ⓑ 흡습작용은 보통이지만 인체에 안정성이 높고 보습력이 뛰어나다.

ⓒ 끈적임이 강하고 글리세린 대체 물질로 사용된다.

⑤ 히알루론산염

ⓐ 과거 닭 벼슬에서 추출했으나 지금은 미생물 발효에 의해 추출한다.

ⓑ 자신의 질량의 최소 수백 배의 수분을 흡수하므로 보습효과가 뛰어나다.

⑥ 아미노산

천연보습인자(NMF) 성분으로 피부에 자극이 없고 보습 효과를 가진다.

⑦ 세라마이드

각질 간 접착제 성분으로 수분증발 억제, 유해물질 침투를 억제한다.

⑧ 해초

ⓐ 대표 성분은 알긴산으로 보습, 진정작용을 한다.

ⓑ 요오드가 함유되어 있어 독소 제거 효과가 탁월하다.

⑨ 레시틴

콩, 계란노른자에서 추출하며 보습제, 유연제로 사용한다.

⑩ 알로에

ⓐ 알로에의 잎에서 추출한다.

ⓑ 항염증, 진정 작용을 하여 화농성 여드름, 민감성 피부에 효과적이다.

ⓒ 보습작용이 있어 건성, 노화 피부에도 효과적이다.

(2) 노화용(건성용 성분 + 영양분 추가)

① 비타민 E(토코페롤)

지용성 비타민으로 피부 흡수력이 우수하며 항산화, 항노화, 재생작용이 뛰어나다.

② 레티놀, 레티닐 팔미테이트

ⓐ 레티놀은 지용성 비타민으로 상피보호, 레티닐 팔미테이트는 비타민 A 유도체로 산소에 산패되기 쉬운 유효성분을 안정화시킨 것이다.

ⓑ 잔주름 개선 효과, 각화과정 정상화, 재생 작용을 한다.

③ AHA(α−Hydroxy acid)

ⓐ 5가지 과일산으로 이루어져 있으며 수용성을 띤다.

ⓑ 각질 제거, 피부 재생 효과가 뛰어나며 피부 도포 시 따가운 느낌을 부여한다.

ⓒ 글라이콜릭산(사탕수수), 젖산(우유), 구연산(오렌지, 레몬), 사과산(사과), 주석산(포도) 등이 있다.

④ SOD(Super Oxide Dismutase)

활성화 억제 효소로 노화 억제 효과가 탁월하다.

⑤ 프로폴리스(Propolis)

ⓐ 밀랍에서 추출하며 피부진정, 상처 치유, 항염증 작용, 면역력 향상 작용을 한다.

ⓑ 각종 비타민과 아미노산이 함유되어 있어 신진대사에 좋다.

⑥ 플라센타(Placenta)

ⓐ 과거에는 소에서 추출했으나 최근에는 사람, 돼지의 태반에서 추출한다.

ⓑ 피부 신진대사와 재생 작용이 탁월하다.

⑦ 알란토인(Allantoin)

　　㉠ 과거에는 구더기, 요산에서 추출하였으나 최근 컴프리 뿌리에서 추출한다.

　　㉡ 보습, 상처 치유, 재생작용을 하며 미세한 각질 제거 효과가 있다.

⑧ 인삼 추출물(Ginseng Extract)

　　㉠ 인삼에서 추출하며 비타민과 호르몬이 함유되어 피부에 영양을 공급한다.

　　㉡ 재생, 부종, 상처 치유에 좋다.

⑨ 은행 추출물(Ginko Extract)

　　은행잎에서 추출하며 항산화, 항노화, 혈액순환을 촉진한다.

(3) 민감성용

① 아줄렌(Azulene)

　　캐모마일에서 추출하며 파란색을 띠고 항염증, 진정, 상처치유 효과가 있다.

② 위치하젤(Witch Hazel)

　　하마멜리스에서 추출하며 살균, 소독, 수렴작용, 항염증 효과가 있다.

③ 비타민 P, 비타민 K

　　수용성 비타민 P와 지용성 비타민 K는 모세혈관벽을 강화시킨다.

④ 판테놀(Panthenol, 비타민 $B_5$)

　　항염증, 보습, 치유 작용을 하며 선번(Sun Bun)을 진정시킨다.

⑤ 리보플라빈(Riboflavin, 비타민 $B_2$)

　　피부 트러블 방지, 피부를 유연하게 한다.

⑥ 클로로필(Chlorophyl)

　　살아 있는 식물과 식물의 잎에서 추출하며 피부 진정, 치료 효과가 있다.

(4) 지성·여드름용

① 살리실산(Salicylic Acid)

　　지용성으로 BHA(β–Hydroxy Acid)라고 부르며 살균작용, 피지 억제, 화농성 여드름에 효과적이다.

② 클레이(Clay)

　　진흙 계열로 불용성 물질이며, 피지 흡착력이 뛰어나다. 카오린, 머드, 벤토나이트가 있다.

③ 유황(Sulfur)

　　노란색이며 각질 제거, 피지 조절, 살균작용을 한다.

④ 캄퍼(Camphor)

　　• 사철나무에서 추출하며 유칼립투스 또는 멘톨 향이 강하다.

　　• 피지조절, 항염증, 상균, 수렴, 냉각작용을 하며 혈액순환 촉진작용이 있어 다크서클 제품에도 사용된다.

(5) 미백용

① 알부틴(Arbutin)

　　월귤나뭇과에서 추출하며 멜라닌 색소를 만들어 내는 효소인 티로

시나제의 활성을 억제하여 색소침착이 생기는 것을 방지한다.

② 하이드로퀴논(Hydroquinone)

　　미백효과가 가장 뛰어나며 의약품에서만 사용되나 부작용으로 백반증을 유발할 수 있다.

③ 비타민 C

　　㉠ 수용성 비타민으로 항산화, 항노화, 미백, 재생, 모세혈관을 강화한다.

　　㉡ 멜라닌 색소를 생성하는 반응에서 도파퀴논을 환원하여 멜라닌 생성을 억제한다.

④ 닥나무 추출물(Broussonetia Extract Powder)

　　닥나무에서 추출하며 미백, 항산화 효과가 있다.

⑤ 감초(Licorice, Glycyrrhiza)

　　㉠ 감초 뿌리와 줄기에서 추출하며 해독, 소염, 상처 치유, 자극 완화 효과가 있다.

　　㉡ 티로시나제의 활성을 억제하여 색소가 침착되는 것을 방지한다.

⑥ 코직산(Kojic Acid)

　　누룩곰팡이에서 추출하며 티로시나제의 활성을 억제하여 색소 침작을 방지한다.

⑦ 자외선 차단제

| 구분 | 자외선 산란제 | 자외선 흡수제 |
|------|------------|------------|
| 동의어 | 난반사 인자, 물리적 차단제, 미네랄 필터 | 화학적 차단제, 화학적 필터 |
| 원리 | 피부에서 자외선을 반사 | 자외선의 화학 에너지를 미세한 열에너지로 바꿈 |
| 피부 | 각질 | 멜라닌 색소 |
| 장점 | • 피부에 자극을 주지 않고 비교적 안전<br>• 예민 피부도 사용 가능 | 사용감 우수 |
| 단점 | • 뿌옇게 밀리는 백탁 현상이 생김(나노입자, 마이크로입자는 표현되지 않음)<br>• 메이크업이 밀릴 수 있음 | 피부에 자극을 줄 수 있음 |
| 종류 | 이산화티탄, 산화아연, 탈크 | 자외선 산란제를 제외한 모든 자외선 성분 |

 **SPF(자외선 차단 지수 : Sun Protection Factor)**

자외선 B(UVB)를 차단하는 수치를 말한다[자외선 A 차단지수는 PA(Protect UVA)].

• SPF = $\dfrac{\text{자외선 차단제를 도포한 피부의 최소 홍반량(MED)}}{\text{자외선 차단제를 도포하지 않은 대조 부위의 최소 홍반량(MED)}}$

## 04 화장품의 기술

(1) 가용화(Solubilization)

① 물과 물에 녹지 않는 소량의 오일 성분이 계면활성제에 의해 투명하게 용해된 상태의 제품이다.

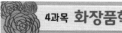

② 계면활성제는 오일 성분 주위에 매우 작은 집합체를 만들게 되는데 이를 미셀(Micelle)이라 하며, 미셀의 크기는 가시광선의 파장보다 작아 빛이 투과되므로 투명하게 보인다.

③ 가용화된 제품은 화장수, 향수, 에센스, 포마드, 네일 에나멜 등이 있다.

## (2) 분산(Dispersion)

① 물 또는 오일 성분에 미세한 고체 입자가 계면활성제에 의해 균일하게 혼합된 상태의 제품이다.

② 분산된 제품은 립스틱, 아이섀도, 마스카라, 아이라이너, 파운데이션 등이 있다.

③ 유화 형태

| 종류 | 형태 | 특징 | 종류 |
|------|------|------|------|
| 유중수형 에멀전<br>(Water in Oil type, W/O) | W O | • 오일 〉 물<br>• 유분감이 많아 피부 흡수가 느림<br>• 사용감이 무거움<br>• O/W형보다 지속성이 높음 | 크림류 : 영양 크림, 헤어 크림, 클렌징 크림, 선크림 |
| 수중유형 에멀전<br>(Oil in Water type, O/W) | O W | • 물 〉 오일<br>• 피부흡수가 빠름<br>• 사용감이 산뜻하고 가벼움<br>• 지속성이 낮음 | 로션류 : 보습 로션, 선탠 로션 |
| 다상에멀전<br>(Multiple Emulsion) | W/O/W형 에멀전 / W O W | O/W/O형 에멀전 / O W O | |

🌸 풀어보고 넘어가자

다음 중 물에 오일 성분이 혼합되어 있는 유화상태는?

❶ O/W 에멀전　　② W/O 에멀전
③ W/S 에멀전　　④ W/O/W 에멀전

해설 O/W 에멀전은 수중유형으로 수분이 많아 산뜻하며 사용감이 가볍다.

## Chapter 03 화장품의 종류와 작용

### 01 기초 화장품

## (1) 목적

① **피부 청결** : 표면의 더러움, 메이크업 찌꺼기, 노폐물을 제거한다.

② **피부 정돈** : pH를 정상적인 상태로 돌아오게 하고 유·수분을 공급한다.

③ **피부 보호** : 피부표면의 건조를 방지하고 매끄러움을 유지시키며 공기 중의 유해한 성분이 침입하는 것을 막아준다.

④ **피부 영양** : 피부에 수분 및 영양을 공급한다.

## (2) 종류

### ① 세안용 화장품

㉠ 특징
- 피부 표면의 이물질, 메이크업 잔여물을 제거하여 피부를 청결하게 한다.
- 정상적인 생리기능을 유지시킨다.

㉡ 종류
- 계면활성제형 세안제
  - 거품이 풍성하게 잘 생기며 잘 헹구어진다.
  - 알칼리성으로 피지막의 약산성을 중화시킨다.
- 유성형 세안제

| 클렌징 크림 | • 광물성 오일(유동 파라핀)이 40~50% 정도 함유<br>• 피부 표면에 묻은 기름때를 닦아내는 데 효과적임<br>• 피지 분비량이 많을 때, 짙은 메이크업을 했을 때 적합 |
|---|---|
| 클렌징 로션 | • 식물성 오일이 함유되어 있어 이중세안이 불필요함<br>• 수분을 많이 함유하고 있어 사용감이 산뜻하고 사용 후 부드러운 느낌<br>• 세정력이 클렌징 크림보다 떨어지므로 옅은 화장을 지울 때 적합 |
| 클렌징 폼 | • 비누의 우수한 세정력과 클렌징 크림의 피부 보호 기능을 가짐<br>• 유성성분과 보습제를 함유하고 있어 사용 후 피부가 당기지 않음<br>• 피부에 자극이 없어 민감하고 약한 피부에 좋음 |
| 클렌징 젤 | • 유성 타입 : 유성 성분이 많아 짙은 화장을 깨끗하게 지워줌<br>• 수성 타입 : 유성 타입에 비해 세정력은 떨어짐, 사용 후 피부가 촉촉하고 매끄러워 옅은 화장을 지울 때 적합 |
| 클렌징 오일 | • 피부 침투성이 좋아 짙은 화장을 깨끗하게 지워줌<br>• 비누 없이 물에 쉽게 유화되고 건성, 노화, 민감한 피부에 사용 |
| 클렌징 워터 | • 가벼운 메이크업을 지우거나 화장 전에 피부를 청결히 닦아낼 목적으로 사용 |

- 각질 제거

| 물리적 방법 | 스크럽<br>(Scrub) | 각질 제거 효과, 세안 효과, 마사지 효과 |
|---|---|---|
| | 고마쥐<br>(Gommage) | • 건조된 제품을 근육결의 방향대로 밀어서 각질을 제거<br>• 피부 타입에 따라 사용방법이 다름<br>• 모든 피부에 사용가능하나 예민한 피부는 주의 |
| 생물학적 방법 | 효소<br>(Enzyme) | • 단백질 분해 효소(파파인, 브로멜린, 트립신, 펩신)가 각질을 제거<br>• 모든 피부에 사용가능 |
| 화학적 방법 | AHA | • 단백질인 각질을 산으로 녹여서 제거<br>• 각질 제거, 보습, 피부의 턴 오버(Turn Over)기능을 향상 |

### ② 조절용 화장품(화장수)

㉠ 화장수는 정제수+에탄올+보습제를 기본으로 만들어진다.

㉡ 클렌징 후 피부의 수분공급, pH조절, 피부정돈을 한다.

㉢ 유연 화장수

- 스킨 로션(Skin Lotion), 스킨 소프너(Skin Softner), 스킨 토너(Skin Toner) 등으로 부른다.
- 다음 단계에 사용할 화장품의 흡수를 용이하게 하고 보습제 와 유연제를 함유하고 있다.
- pH에 따라 기능에 차이가 있다.
  - 약알칼리성 : 노화된 각질을 부드럽게 하며 수분과 보습성 분의 침투를 촉진시켜 피부를 촉촉하게 한다.
  - 중성 : 피부를 부드럽게 하고 탄력성을 준다.
  - 약산성 : 피부의 pH와 유사한 5.5 정도로 피부를 매끄럽 게 하고 세균의 침투를 예방한다.

ⓔ 수렴 화장수
- 아스트린젠트(Astringent), 토닝 로션(Toning Lotion)이라 부른다.
- 각질층에 수분 공급, 모공 수축, 피부결 정리, 피지 분비 억제 작용이 있다.
- 세균으로부터 피부를 보호하고 소독해 주는 작용이 강하다.

③ **보호용 화장품**

㉠ 로션(Lotion), 에멀젼(Emulsion)
- 피부에 수분과 영양을 공급해 준다.
- 유분량이 적고 유동성이 있다.
- 지성 피부, 여름철 정상 피부에 사용한다.
- 피부 흡수가 빠르며 사용감이 가볍고 피부에 부담이 적다.

㉡ 크림(Cream)
- 세안 후 손실된 천연보습인자(NMF)를 일시적으로 보충하여 피부에 촉촉함을 준다.
- 외부 환경으로부터 피부를 보호한다.
- 유효 성분들이 피부 문제점을 개선한다.
- 유분감이 많아 피부 흡수가 더디고 사용감이 무겁다.
- 종류와 기능에 따른 분류

| 종류 | | |
|---|---|---|
| | 데이 크림 | 햇빛, 건조한 공기, 공해 등 낮 동안 외부 자극 으로부터 피부 보호 |
| | 나이트 크림 | • 대부분의 영양 크림<br>• 피부 재생, 영양, 보습 효과<br>• 대체로 유분을 많이 함유 |
| 기능 | 화이트닝 크림 | 피부 미백 |
| | 콜드 크림 | 마사지용 크림으로 혈액순환과 신진대사 촉진 |
| | 모이스처 크림,<br>에몰리엔트 크림 | 피부 보습 및 유연 효과 |
| | 선 스크린 | 자외선 차단 |
| | 안티링클 크림,<br>아이크림 | • 눈가의 잔주름 완화 및 예방 효과<br>• 피부 탄력 증진 |

㉢ 에센스(Essence), 세럼(Serum), 컨센트레이트(Concentrate), 부스 터(Booster)
- 흡수가 빠르고 사용감이 가볍다.
- 고농축 보습 성분을 함유하여 피부가 촉촉하다.
- 고영양성분을 함유하여 피부 보호와 영양 공급을 한다.

ⓔ 팩(Pack)과 마스크(Mask)
- 팩의 특징
  - '포장하다', '둘러싸다'라는 뜻인 Package(패키지)에서 유래 되었다.
  - 얼굴에 바른 후 공기가 통할 수 있다.
  - 얇은 피막이 형성되지만 딱딱하게 굳지 않는다.
  - 흡착 작용에 의해 피부 표면의 각질과 오염물을 제거한다.
- 팩의 타입별 종류

| 종류 | 특징 |
|---|---|
| 필오프 타입<br>(Peel-off Type) | • 얼굴에 팩을 바른 후 건조된 피막을 떼어 내는 타입<br>• 건조되는 동안 피부에 긴장감을 주어 탄력을 부여<br>• 떼어낼 때 오염물과 묵은 각질 제거 |
| 워시오프 타입<br>(Wash-off Type) | • 얼굴에 바른 뒤 20~30분 후 물로 씻어 내거나 해면으로 닦아내는 타입<br>• 물을 사용하여 씻어내므로 상쾌한 사용감을 느낄 수 있음<br>• 머드팩, 클레이, 젤 형태 |
| 티슈오프 타입<br>(Tissue-off Type) | • 얼굴에 바른 뒤 10~20분 후 거즈나 티슈로 닦아내는 타입<br>• 사용감이 부드럽고 보습 효과가 우수함<br>• 손쉽게 사용할 수 있고 피부 자극이 적어 민감 성 피부에도 적당<br>• 다른 팩에 비해 긴장감이 다소 떨어지는 단점 이 있음 |
| 시트 타입<br>(Sheet Type) | • 일정 시간 붙였다가 떼어내는 타입<br>• 건성, 노화, 예민 피부에 사용<br>• 콜라겐, 벨벳 마스크, 시트 마스 |
| 분말 타입 | • 분말을 물에 개어 바르는 타입<br>• 석고팩은 딱딱하게 굳는 팩으로 발열작용을 이용(민감성 피부에 좋지 않음)<br>• 효소팩은 효소의 단백질 분해효과를 이용 |

- 마스크의 특징
  - 피부를 유연하게 하고 영양 성분의 침투를 용이하게 한다.
  - 얼굴에 바른 후 시간이 지나면 딱딱하게 굳어져 외부 공기 유입과 수분 증발을 차단한다.

✿ 풀어보고 넘어가자

**다음 중 기초 화장품의 사용목적이 아닌 것은?**

① 피부 청결   ② 피부 정돈   ③ 피부 보호   ❹ 피부 미백

해설 기초 화장품은 세정작용, 정돈작용, 보호작용, 영양 공급 및 신진대사를 활성화시킨다.

## 02 메이크업 화장품

(1) 특징
① 피부색을 균일하게 정돈해준다.
② 색채감을 부여하여 피부색을 아름답게 표현하는 미적 효과가 있다.
③ 장점은 강조하고 피부 결점은 보완한다.
④ 자외선으로부터 피부를 보호해준다.
⑤ 심리적인 만족감과 자신감을 생기게 한다.

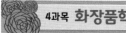

## (2) 종류

### ① 베이스 메이크업(Base Make-up) 화장품

기미, 주근깨 등 피부 결점을 커버하여 아름답게 보이도록 하며, 피부색에 맞는 베이스를 선택하여 얼굴 전체 피부색을 균일하게 정돈한다.

ⓒ 메이크업 베이스(Make-up base)

- 인공 피지막을 형성하여 피부를 보호한다.
- 피부를 자연스럽고 투명한 색으로 표현한다.
- 파운데이션의 밀착성과 퍼짐성을 높여 화장이 들뜨는 것을 방지하고 화장이 지속되게 한다.
- 파운데이션의 색소가 피부에 침착되는 것을 막아준다.
- 메이크업 베이스의 색상

| 파란색(Blue) | 붉은 얼굴, 하얀 피부톤을 표현할 때 효과적이다. |
|---|---|
| 보라색(Violet) | 피부톤을 밝게 표현하며 동양인의 노르스름한 피부를 중화시켜 준다. |
| 분홍색(Pink) | 신부 화장 및 얼굴이 창백한 사람에게 화사하고 생기 있는 건강한 피부를 표현할 때 사용한다. |
| 녹색(Green) | • 색상 조절 효과가 가장 크며 일반적으로 많이 사용한다.<br>• 잡티 및 여드름 자국. 모세혈관 확장 피부에 적합하다. |
| 흰색(White) | • 투명한 피부를 원할 때 효과적이다.<br>• T-zone 부위에 하이라이트를 줄 때 사용한다. |

ⓒ 파운데이션(Foundation)

- 피부색을 균일하게 하고 기미, 주근깨, 흉터 등 피부 결점을 보완한다.
- 얼굴 윤곽을 수정해주고 부분화장을 돋보이게 한다.
- 자외선, 추위, 건조 등 외부자극으로부터 피부를 보호해준다.
- 파운데이션의 종류

| 리퀴드 파운데이션<br>(Liquid Foundation) | • 로션 타입으로 수분을 많이 함유하고 있다.<br>• 퍼짐성이 우수하며 투명감 있게 마무리된다.<br>• 사용감 가볍고 산뜻하다.<br>• 화장을 처음 하는 사람이나 젊은 연령층에 적당하다. |
|---|---|
| 크림 파운데이션<br>(Cream Foundation) | • 유분을 많이 함유하고 있어 무거운 느낌을 준다.<br>• 피부 결점 커버력이 우수하다.<br>• 퍼짐성과 부착성이 좋아 땀이나 물에 화장이 잘 지워지지 않는다. |
| 케이크 타입<br>파운데이션 | • 트윈케이크(Twin Cake), 투웨이케이크(Two-Way Cake)라 한다.<br>• 사용감이 산뜻하고 밀착력이 좋다.<br>• 커버력이 좋고 뭉침이 없으며 땀에 쉽게 지워지지 않는다. |
| 스틱 파운데이션<br>(Stick Foundation) | 크림 파운데이션보다 피부 결점 커버력이 우수하다. |

ⓒ 파우더(Powder)

- 피부에 탄력과 투명감을 준다.
- 자외선으로부터 피부를 보호한다.
- 파운데이션의 유분기를 제거하고 피부를 화사하게 표현한다.
- 땀이나 피지를 억제하여 화장의 지속력을 높여준다.
- 화장이 번지는 것을 방지하고 피부가 번들거리는 것을 경감시킨다.

| 페이스 파우더<br>(Face Powder) | • 루분, 루스 파우더(Loose Power)라 한다.<br>• 입자가 고와서 피부톤을 투명하고 자연스럽게 보이게 한다.<br>• 유분감이 없어서 사용감이 가볍다.<br>• 가루 상태로 사용과 휴대가 불편하다.<br>• 수시로 발라 주어야 하며 커버력이 적다.<br>• 너무 많이 바르면 피부가 건조해진다. |
|---|---|
| 콤팩트 파우더<br>(Compact Powder) | • 고형분, 프레스 파우더(Pressed Powder)라 한다.<br>• 페이스 파우더에 소량의 유분을 첨가 후 압축시켜 만들었다.<br>• 가루날림이 적고 휴대가 간편하다.<br>• 페이스 파우더에 비해 무겁게 발라져 화장의 투명도가 떨어진다.<br>• 화장의 지속성이 떨어져 수시로 발라주어야 한다. |

- 바르는 방법
  - 파우더는 넓은 부위에서 좁은 부위로 바른다.
  (볼 → 이마 → 코 → 턱의 순서로 퍼프를 가볍게 누르면서 바른 후 눈, 입 주위를 꼼꼼히 바른다)
  - 너무 많이 바르면 피부가 주름져 보이므로 적당히 바른다.
  - 티슈로 파운데이션의 유분기를 제거해 주면 파우더가 들뜨지 않는다.

### ② 포인트 메이크업(Point Make-up)

ⓒ 아이브로우(Eye Brow)

- 특징
  - 눈썹을 그릴 때 목탄을 사용했기 때문에 눈썹먹이라고도 불린다.
  - 눈썹 모양을 그리고 눈썹 색을 조정하기 위해 사용한다.
- 종류
  - 펜슬 타입 : 연필 형태로 가장 일반적이며 사용이 간편하다.
  - 케이크 타입 : 브러시를 사용하며 사용이 불편하지만 자연스럽게 눈썹을 그릴 수 있다.
- 제품의 선택조건
  - 피부에 대한 안정성이 좋아야 한다.
  - 피부에 부드러운 감촉으로 균일하게 선명하고 미세한 선이 그려져야 한다.
  - 지속성이 높고 화장의 흐트러짐이 없어야 한다.
  - 오일이 스며나오는 발한, 추운 곳에서 오래 보관하면 뿌옇게 변하는 발분, 부러짐 현상이 없어야 한다.

ⓒ 아이섀도(Eye Shadow)

- 특징
  - 눈 주위에 명암과 색채감을 주어 보다 아름다운 눈매나 입체감을 연출한다.
  - 눈의 단점을 수정·보완해 준다.
  - 눈매에 표정을 주어 이미지와 개성을 연출한다.
- 종류
  - 케이크 타입 : 휴대가 간편하고 다양한 색상과 발색력이 좋다.
  - 크림 타입 : 유분이 함유되어 있고 밀착감과 지속성이 좋으나 시간이 경과하면 번들거린다.

– 펜슬 타입 : 선으로 눈매를 강조하기 좋으나 시간이 경과하면 뭉치는 단점이 있다.

• 제품의 선택조건

– 피부에 대한 안정성이 좋아야 한다.

– 바르기 쉽고 밀착감이 있어야 한다.

– 색상의 변화가 없어야 한다.

– 땀이나 피지에 의해 번지지 않아야 한다.

© 아이라이너(Eye Liner)

• 특징

– 눈의 윤곽을 또렷하게 하고 눈의 모양을 조정·수정한다.

– 눈이 커 보이고 생동감 있게 표현한다.

• 종류

– 리퀴드 타입 : 선이 분명하고 깔끔하여 선이 오래 유지되는 반면 그리기가 어렵고 부자연스러워 보일 수도 있다.

– 펜슬 타입 : 연필 모양으로 강약 조절이 쉽고 그리기가 쉬워 초보자에게 적당하다. 리퀴드 타입보다 눈매가 자연스럽다. 선이 번지고 지워지기 쉽다.

– 케이크 타입 : 선이 자연스러워 보이고 오래 유지된다. 붓에 물을 적셔 사용해야 하므로 사용이 불편하다.

• 제품의 선택조건

– 피부에 자극이 없고 안정성이 좋아야 한다.

– 건조가 빠르고 그리기 쉬워야 한다.

– 피막이 유연하고 벗겨지거나 갈라지지 않아야 한다.

– 적당한 내수성을 가지며 내용물이 가라앉거나 뭉침이 없어야 한다.

② 마스카라(Mascara)

• 특징

– 눈동자를 또렷하게 보이게 하고 눈의 인상을 좋게 한다.

– 속눈썹을 길고 짙게 하여 눈매에 표정을 부여한다.

• 종류

– 볼륨 마스카라 : 속눈썹이 짙고 풍성하게 보이게 한다.

– 컬링 마스카라 : 속눈썹이 위로 잘 올라가게 한다.

– 롱래쉬 마스카라 : 마스카라에 섬유질이 배합되어 속눈썹이 길어 보이게 한다.

– 워터프루프 마스카라 : 내수성이 좋아 땀이나 물에 강하다.

• 제품의 선택조건

– 눈과 피부에 자극이 없고 안정성이 좋아야 한다.

– 눈썹에 내용물이 균일하게 묻어야 한다.

– 적당한 윤기, 건조성, 컬링효과, 방수성이 있어야 한다.

– 내용물이 가라앉거나 뭉침이 없어야 한다.

⑩ 립스틱(Lip Stick) = 루즈(Rouge)

• 특징

– 입술에 색을 주어 얼굴을 돋보이게 하는 것으로 화장 효과가 가장 크다.

– 입술에 색감을 주어 입술 모양을 수정·보완한다.

– 추위, 건조, 자외선으로부터 입술을 보호한다.

• 종류

– 모이스처 타입 : 오일 함량이 많아 사용감이 촉촉하고 부드러우나 잘 번지고 지워지기 쉽다.

– 매트 타입 : 밀착감이 높아 번들거리지 않고 번짐이 적다.

– 롱래스팅 타입 : 잘 묻어나거나 지워지지 않아 지속력이 좋으나 입술이 건조해질 수 있으며 전용 클렌징제로 지워야 한다.

– 립글로스 : 입술을 보호하며 촉촉하게 보이게 하고 입술에 투명하고 부드러운 윤기를 부여한다.

• 제품의 선택조건

– 사용 시 부러짐이 없어야 한다.

– 입술 피부 점막에 자극이 없어야 한다.

– 인체에 무해하며 안정성이 있어야 하고 불쾌한 냄새나 맛이 없어야 한다.

– 발랐을 때 시간의 경과에 따라 색의 변화가 없어야 한다.

– 부드럽게 발리고 번짐이 없어야 한다.

– 지속력이 뛰어나야 하며 보관 시 변질되지 않아야 한다.

ⓗ 블러셔(Blusher) = 볼터치, 치크(Cheek)

• 특징

– 얼굴의 결점을 커버한다.

– 얼굴색을 건강하고 밝게 보이게 한다.

– 얼굴 윤곽에 음영을 주어 입체적으로 보이게 한다.

– 메이크업의 마무리 단계에서 사용한다.

• 종류

– 케이크 타입 : 브러시를 이용해 바르고 색감 표현이 잘되나 지속력이 없다. 얼굴 윤곽 수정 및 건강한 혈색 표현에 좋다.

– 크림 타입 : 스펀지를 이용해 바르고 밀착감이 좋아 지속력이 좋다. 색이 짙고 커버력이 적으며 얼굴 윤곽 수정을 위해 주로 사용한다.

✿ 풀어보고 넘어가자

다음 중 유분을 흡착하고 화장의 지속력을 높여주는 것은?

① 블러셔　　　　　② 메이크업베이스
③ 파운데이션　　　❹ 파우더

해설 ﹀ 파우더는 자외선으로부터 피부를 보호하며 파운데이션의 유분기를 제거하고 땀이나 피지를 억제하여 화장의 지속력을 높여 준다.

## 03 모발화장품

모발 화장품에는 두피, 모발에 존재하는 피지, 땀, 비듬, 각질, 먼지, 화장품, 찌꺼기 등을 세정하는 기능과 모발의 보호와 영양 공급 등의 트리트먼트 기능이 있다. 메이크업 화장품의 성격으로는 헤어스타일링 효과, 헤어 컬러링 효과, 퍼머넌트웨이브 효과 등이 있다.

(1) 세정용(洗淨用)

① 샴푸(Shampoo)

㉠ 특징

- 모발 및 두피를 세정하여 비듬과 가려움을 덜어주며 건강하게 유지시킨다.
- 모발 및 두피의 손질을 효과적으로 하게 한다.
- 두피를 자극하여 혈액 순환을 좋게 하고 모근을 강화한다.

㉡ 제품의 선택조건

- 두피, 모발 및 눈에 자극이 없고 안정성이 있어야 한다.
- 거품의 발생이 풍부하며 지속성을 가져야 한다.
- 물에 의한 씻김 현상이 좋아야 한다.
- 세정력은 우수하되 과도한 피지 제거로 모발의 손상이나 건조가 있어서는 안 된다.

② 린스(Rince)

㉠ 샴푸로 감소된 모발에 유분을 공급하여 자연스러운 윤기를 준다.

㉡ 모발의 표면을 매끄럽게 하여 빗질을 좋게 한다.

㉢ 정전기 발생을 방지한다.

㉣ 모발의 표면을 보호한다.

㉤ 샴푸 후 모발에 제거되지 않은 불용성 알칼리 성분을 중화시켜 준다.

(2) 정발용(整髮用)

정발제는 세정 후 모발을 원하는 형태로 만드는 스타일링의 기능과 모발의 형태를 고정시켜주는 세팅의 기능을 목적으로 사용된다.

① 헤어 오일(Hair Oil)

유분, 광택을 주며 모발을 정돈하고 보호한다.

② 포마드(Pomade)

남성용 정발제로 반 고체 상태의 젤리 형태로 식물성과 광물성으로 구분할 수 있다.

③ 헤어 크림(Hair Cream)

모발을 정리하고 보습효과와 광택을 주지만 유분이 많아 건조한 모발에 적합하다.

④ 헤어 로션(Hair Lotion)

모발에 수분을 공급하여 보습을 주며 끈적임이 적다.

⑤ 헤어 스프레이(Hair Spray)

세팅한 모발에 고루 분무하여 헤어스타일을 일정한 형태로 유지·고정시킨다.

⑥ 헤어 젤(Hair Gel)

투명하며 촉촉하고 자연스러운 스타일 연출 시 적당하다.

⑦ 헤어 무스(Hair Mousse)

거품을 내어 모발에 바른 후 원하는 헤어스타일을 연출한다. 모발이 손상되는 것을 방지하고 손상된 모발을 복구하는 것을 목적으로 사용된다.

(3) 트리트먼트

① 헤어 트리트먼트 크림(Hair Treatment Cream)

대부분 유화형으로 퍼머, 염색, 헤어드라이 사용, 공해 등으로 손상된 모발에 영양물질을 공급하고 모발의 건강 회복을 목적으로 한다.

② 헤어 팩(Hair Pack)

㉠ 손상 모발에 유화형 영양물질을 발라 모발에 투입시킨 후 씻어내는 타입이다.

㉡ 집중적인 트리트먼트 효과를 나타낸다.

③ 헤어 코트(Hair Coat)

㉠ 코팅 효과, 윤활성, 내수성, 밀착성이 있다.

㉡ 고분자 실리콘을 사용하여 갈라진 모발의 회복과 모발 갈라짐을 예방할 목적으로 사용한다.

④ 헤어 블로우(Hair Blow)

㉠ 펌프식 스프레이로 모발에 유분과 수분을 공급한다.

㉡ 컨디셔닝 효과와 헤어 스타일링 효과가 있다.

㉢ 드라이어 사용 시 모발 보호 목적으로 사용한다.

(4) 양모용(養毛用)

① 헤어 토닉(Hair Tonic)으로 알려져 있다.

② 살균력이 있어 두피나 모발을 청결히 하고 시원한 느낌과 쾌적함을 준다.

③ 두피에 발라 마사지 시 혈액순환을 촉진하고 배합성분이 두피에 작용하여 비듬과 가려움을 제거하고 모근을 튼튼하게 한다.

(5) 염모제(染毛劑)

① 모발의 염색, 탈색을 목적으로 한다.

② 머리색을 원하는 색으로 변화시켜 미적 아름다움을 추구하거나 개성을 표현한다.

(6) 탈색용(脫色用)

① 헤어 블리치(Hair Bleach)로 모발의 색을 빼는 것이다.

② 두발의 진한 색을 원하는 색조로 밝고 엷게 한다.

(7) 퍼머넌트

① 모발에 웨이브를 주어 멋을 표현하는 것이다.

② 물리적인 방법과 화학적인 방법으로 영구적인 웨이브를 만든다.

(8) 탈모(脫毛)·제모(除毛)용

① 탈모제는 털을 물리적으로 제거하는 것으로 부직포, 테이프를 이용한다.

② 제모제는 털을 화학적으로 제거하는 것으로 왁스를 이용한다.

헤어토닉으로 불리며 두피의 혈액순환을 촉진시키는 모발화장품은?

① 정발용 화장품　　　　❷ 양모용 화장품
③ 염모용 화장품　　　　④ 발모용 화장품

해설 양모용 화장품은 헤어토닉(Hair Tonic)으로 알려져 있으며, 살균력이 있어 두피나 모발을 청결히 하고, 두피에 발라 마사지 시 혈액순환을 촉진하고 배합성분이 두피에 작용하여 모근을 튼튼하게 한다.

## 04. 전신관리 화장품

### (1) 바디 화장품(Body Cosmetics)

① 얼굴을 제외한 전신의 넓은 부위를 바디(Body)라 하고 바디에 사용하는 제품을 바디 화장품이라고 한다.

② 바디 화장품은 건강하고 탄력 있는 피부를 유지하기 위해 청결 유지, 피부의 유·수분 균형 조절, 신진대사를 활발하게 하는 것을 목적으로 한다.

### (2) 종류

| 종류 | 사용 부위 | 기능 및 특징 | 제품 |
|------|-----------|--------------|------|
| 세정제 | 전신 | 피부 표면의 더러움 제거, 청결 유지 | • 비누<br>• 버블 바스(입욕제)<br>• 바디 클렌저 |
| 각질<br>제거제 | 전신<br>팔<br>뒤꿈치<br>발꿈치 | 노화된 각질을 부드럽게 제거 | • 바디 스크럽<br>• 바디 솔트 |
| 바디<br>트리트먼트<br>(Body<br>Treatment) | 전신 | 바디 세정 후 피부<br>표면을 보호, 보습 | • 바디 로션<br>• 바디 오일<br>• 바디 크림<br>• 핸드 로션<br>• 핸드 크림<br>• 풋 크림 |
| 슬리밍<br>(Slimming)<br>제품 | 신체<br>특정 부위 | • 피부를 매끄럽게 하고 혈액순환을<br>　도와 노폐물 배출을 도움<br>• 셀룰라이트가 생기기 쉬운 복부, 엉<br>　덩이, 허벅지 등의 예방 관리 가능 | • 마사지 크림<br>• 지방 분해 크림<br>• 바스트 크림 |
| 체취<br>방지제 | 겨드랑이<br>(액와) | 몸 냄새를 예방하거나 냄새의 원인이<br>되는 땀 분비 억제 | • 데오드란트 로션<br>• 데오드란트 스틱<br>• 데오드란트 스프레이 |
| 자외선<br>태닝 제품 | – | 제품을 이용하여 균일하고 아름다운<br>갈색 피부를 만듦 | • 선탠 오일<br>• 선탠 젤<br>• 선탠 로션 |

에틸알콜이 다량 함유되어 주로 액와 부위의 체취 방지에 사용되는 제품은?

❶ 데오드란트 로션　　　② 핸드 로션
③ 바디 로션　　　　　　④ 파우더

해설 데오드란트는 땀의 분비로 인한 냄새와 세균의 증식을 억제하기 위해 주로 액와 부위에 많이 사용한다.

## 05. 네일 화장품

네일 화장품은 손톱에 광택과 색채를 주어 전체적인 아름다움을 향상시키는 메이크업 기능이 있으며, 손톱에 수분과 영양을 공급하여 보호하고 건강한 손톱을 유지한다.

### (1) 애나멜(Nail Enamel)

① 특징
　㉠ 손톱에 광택과 색채를 주어 아름답게 할 목적으로 사용한다.
　㉡ 손톱 표면에 딱딱하고 광택이 있는 피막을 형성한다.

② 제품 선택조건
　㉠ 제거할 때는 쉽게 깨끗이 지워져야 한다.
　㉡ 도포 후 색깔이나 광택이 변하지 않아야 한다.
　㉢ 도포하기 쉬운 점성과 적당한 속도로 건조하여 균일한 피막을 형성해야 한다.
　㉣ 손톱 표면에 밀착된 피막은 쉽게 손상되거나 깨지지 않고 잘 벗겨지지 않아야 한다.

### (2) 베이스 코트(Base Coat)

① 네일 에나멜이 착색되거나 변색되는 것을 방지한다.
② 네일 에나멜을 도포하기 전에 미리 도포하는 제품이다.
③ 손톱 표면의 틈을 메워줌으로써 네일 에나멜의 밀착성을 좋게 한다.

### (3) 톱 코트(Top Coat)

네일 에나멜의 피막 위에 도포하여 광택과 굳기를 증가시켜 내구성을 좋게 한다.

### (4) 에나멜 리무버(Enamel Remaver)

① 폴리시 리무버(Polish Remover)라고 하며 네일 에나멜의 피막을 용해시켜 제거한다.
② 용해력이 크고 빠르게 건조하여 냄새나 피부 자극이 적어야 한다.
③ 탈지 작용이 있어 손톱의 유·수분이 소실되기 쉬우므로 유분과 보습제가 배합된 제품이 많다.

### (5) 큐티클 리무버(Cuticle Remover)

① 손톱 주변의 죽은 세포를 정리하거나 제거한다.
② 손톱 표면의 더러움을 제거하거나 손톱을 아름답게 보호하기 위해 사용한다.

## 06. 향수

체취에 대한 후각적인 아름다움에 대해 관심이 높아지면서 향수는 개인의 매력을 높여주고 개성을 표현하는 수단으로서 사용되고 있다.

## (1) 기원 및 어원

### ① 기원

신성한 제단 앞에서 향나무 등을 태워 나는 연기의 냄새가 향수의 시초로 전해진다. 향은 신에 대한 경의를 나타내기 위한 종교의식에서 시작되었다.

### ② 어원

라틴어 "Per-Fumum"에서 유래되었으며 라틴어 Per는 Through라는 의미, Fumum는 Smoke라는 의미로 태워서 연기를 낸다는 뜻이다.

## (2) 제조법

① 향료의 배합 비율, 즉 부향률에 따라 다양한 종류의 향수를 얻을 수 있다.
② 동·식물에서 추출한 천연 향료와 합성 향료를 적절히 조합한 후 알콜에 용해시켜 만든다.

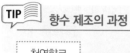 **향수 제조의 과정**

```
┌─────────┐
│ 천연향료 │
│   +     │ → 조합 향료 → 희석·용해 → 숙성(냉각) → 여과 → 향수
│ 합성향료 │    (알콜 첨가)   (1개월~1년)  (침전물 제거)
└─────────┘
```

## (3) 좋은 향수의 조건

① 향에 특징이 있어야 한다.
② 향의 확산성이 좋아야 한다.
③ 향기의 조화가 적절해야 한다.
④ 향기가 적절히 강하고 지속성이 있어야 한다.
⑤ 아름답고, 세련되며 격조 높은 향이 있어야 한다.

## (4) 보존법

① 직사광선, 고온과 온도 변화가 심한 장소는 피한다.
② 공기와 접촉되지 않도록 한다.
③ 사용 후 용기의 뚜껑을 잘 닫아 향의 발산을 막는다.

## (5) 농도에 따른 향수의 구분

| 유형 | 부향률<br>(농도) | 지속시간 | 특징 및 용도 |
|---|---|---|---|
| 퍼퓸<br>(Perfume : 향수) | 10~30% | 6~7시간 | • 향기가 풍부하고 완벽해서 가격이 비쌈<br>• 향기를 강조하고 싶거나 오래 지속시키고 싶을 때 사용 |
| 오데 퍼퓸<br>(Eau de Perfume) | 9~10% | 5~6시간 | • 향의 강도가 약해서 부담이 적고 경제적<br>• 퍼퓸에 가까운 지속력과 풍부한 향을 가지고 있음 |
| 오데 토일렛<br>(Eau de Toilette) | 6~9% | 3~5시간 | • 고급스러우면서도 상쾌한 향<br>• 퍼퓸의 지속성과 오데 코롱의 가벼운 느낌을 가짐 |

| 유형 | 부향률<br>(농도) | 지속시간 | 특징 및 용도 |
|---|---|---|---|
| 오데 코롱<br>(Eau de Colongne) | 3~5% | 1~2시간 | • 가볍고 신선한 효과로 향수를 처음 접하는 사람에게 적당 |
| 샤워 코롱<br>(Shower Colongne) | 1~3% | 1시간 | • 전신용 방향제품으로 가볍고 신선함 |

## (6) 향수의 발산 속도에 따른 단계 구분

| 단계 | 특징 |
|---|---|
| 탑 노트(Top Note) | 향수의 첫 느낌. 휘발성이 강한 향료 |
| 미들 노트(Middle Note) | 알콜이 날아간 다음 나타나는 향. 변화된 중간향 |
| 베이스 노트(Base Note) | 마지막까지 은은하게 유지되는 향. 휘발성이 낮은 향료 |

🌸 풀어보고 넘어가자

매우 강한 향으로 저녁 외출 시나 파티에 어울리는 향수는?

❶ 퍼퓸
② 오데 퍼퓸
③ 오데 토일렛
④ 샤워 코롱

해설 퍼퓸은 향수 가운데 가장 진한 농도의 제품으로 향이 가장 풍부하며 완성도가 높다.

## 07 에센셜(아로마) 오일 및 캐리어 오일

## (1) 아로마테라피

### ① 정의

㉠ 아로마테라피(Aroma Therapy)는 아로마(Aroma : 향기)와 테라피(Therapy : 치료)의 합성어로 향기 치료법으로 알려져 있다.
㉡ 식물의 꽃, 잎, 줄기, 뿌리, 열매 등에서 추출한 오일을 이용하여 육체적, 정신적 자극을 조절하여 면역력을 향상시켜 신체 건강을 유지 및 증진시키는 것이다.

### ② 아로마 치료의 역사적 인물

㉠ 르네 모리스 가떼포스 : 아로마테라피라는 단어를 처음 사용했다.
㉡ 장 발넷 : 임상 환자들을 아로마테라피로 치료한 기록인 'The Practice of Aromatherapy'가 아로마테라피의 고전적 교과서가 되었다.
㉢ 마가렛 모리 : 아로마를 미용학으로 발전시켰다.

## (2) 에센셜 오일(Essential Oil : 정유)의 추출 부위

| 추출<br>부위 | 효능 | 오일 |
|---|---|---|
| 꽃 | 성기능 강화,<br>항우울 | 장미(Rose), 네롤리(Neroli), 일랑일랑(Ylang-Ylang), 재스민(Jasmine) |
| 꽃잎 | 해독 작용 | 로즈마리(Rosemary), 라벤더(Lavender), 페퍼민트(Peppermint) |
| 잎 | 호흡기 질환 | 티트리(Tea Tree), 유칼립투스(Eucalyptus), 파출리(Patchouli), 계수(Cinnamon), 페티 그레인(Petit Grain), 제라늄(Geranium) |
| 열매 | 해독 이뇨 작용 | 그레이프프루트(Grapefruit), 오렌지(Orange), 버가못(Bergamot), 레몬(Lemon), 라임(Lime), 블랙페퍼(Black Pepper) |

| 추출<br>부위 | 효능 | 오일 |
|---|---|---|
| 수지 | 이완, 호흡기 질환<br>소독, 살균 작용 | 유향(Frankincense), 몰약(Myrrh), 페루발삼(Peru Balsam),<br>벤조인(Benzoin) |
| 나무 | 비뇨, 생식기관<br>감염치료 | 삼나무(Cedarwood), 백단(Sandalwood), 자단(Rosewood) |
| 뿌리 | 신경계 질환<br>진정작용 | 베티버(Vetiver), 생강(Ginger), 당귀(Angelica) |
| 풀 | – | 레몬그래스(Lemongrass), 팔마로사(Palmarosa), 멜리사<br>(Melissa) |

## (3) 에센셜 오일의 추출 방법

### ① 증류법

ㄱ 가장 오래된 방법으로 많이 이용되고 있으며 물 증류법, 수증기
증류법이 있다.

ㄴ 증기와 열, 농축의 과정을 거쳐 수증기와 정유가 함께 추출되어
물과 오일을 분리시키는 방법이다.

ㄷ 고온에서 추출하므로 열에 불안정한 성분은 파괴되는 단점이
있다.

ㄹ 단시간에 대량의 정유를 추출할 수 있어 경제적이다.

ㅁ 증류법에 의해 추출된 수증기는 약간의 유분을 함유하고 있어
화장품에 이용된다.

### ② 용매 추출법

ㄱ 벤젠이나 헥산과 같은 유기용매를 이용하여 식물에 함유된 매
우 적은 양의 정유, 수증기에 녹지 않는 정유, 수지에 포함된 정
유를 추출한다.

ㄴ 유기용매를 이용하여 추출한 정유를 앱솔루트(Absolute)라
한다.

ㄷ 로즈, 네롤리, 재스민이 용매추출법을 이용한다.

### ③ 압착법

ㄱ 열매의 껍질이나 내피를 기계로 압착하여 추출한다.

ㄴ 정유 성분이 파괴되는 것을 막기 위해 열매 껍질이나 내피를 실
온의 저온 상태에서 압착하는 방법으로 '콜드 압착법'이라고 부
른다.

ㄷ 오렌지, 버가못, 레몬, 라임, 만다린 등 시트러스 계열이 압착법
을 이용한다.

### ④ 침윤법

ㄱ 온침법 : 꽃과 잎을 누른 후 따뜻한 식물유에 넣어 식물에 정유
가 흡수되게 한 후 추출한다.

ㄴ 냉침법 : 동물성 기름인 라드(Lard)를 바른 종이 사이사이에 꽃
잎을 넣어 추출한다.

ㄷ 담금법 : 알코올에 정유를 함유하고 있는 식물 부위를 담가 추출
한다.

### ⑤ 이산화탄소 추출법

ㄱ 최근 개발된 추출법이다.

ㄴ 액체 상태의 이산화탄소가 용매와 같은 작용을 하는 성질을 이
용한 방법이다.

ㄷ 초저온에서 추출하므로 열에 약한 정유의 성분도 추출할 수 있다.

ㄹ 이물질이 남지 않으나 생산비가 비싸다.

## (4) 에센셜 오일의 분류

### ① 향의 휘발 속도(Note)에 따른 분류

| 단계 | 지속<br>시간 | 특징 | 종류 |
|---|---|---|---|
| 탑 노트<br>(Top Note) | 3시간<br>이내 | • 처음 발산되는 향<br>• 휘발성이 강함<br>• 신선하고 달콤한 향<br>• 정신과 신체에 작용을 함 | 예 오렌지, 레몬, 페퍼민트, 일<br>랑일랑, 유칼립투스, 바질,<br>버가못, 그레이프 프루트,<br>타임 |
| 미들 노트<br>(Middle Note) | 6시간<br>이내 | • 알코올이 날아간 다음의 향<br>• 블렌딩한 향의 인상을 결정<br>• 소화기능, 신진대사에 작용 | 꽃, 허브계<br>예 네롤리, 제라늄, 로즈,<br>재스민, 로즈마리 |
| 베이스 노트<br>(Base Note) | 2~6일<br>이내 | • 가장 오래 남아 자신의 체<br>취와 섞여서 나는 향<br>• 휘발성이 낮음<br>• 마음과 정신을 집중, 강화<br>시킴<br>• 향의 보류제적인 역할을 함 | 나무, 수지계<br>예 백단, 프랑킨센스, 벤조인,<br>파출리, 베티버 |

### ② 향에 따른 분류

ㄱ 플로랄 계열

• 화사하고 우아한 꽃에서 추출한다.

• 로즈, 재스민, 라벤더, 제라늄, 캐모마일 등이 있다.

ㄴ 시트러스 계열(감귤계)

• 신선, 상큼, 가벼운 느낌이 드는 향으로 일반적으로 사람들이
애호하는 향이다.

• 휘발성이 강해 공기 중에 빨리 퍼지나 지속성이 짧다.

• 레몬, 오렌지, 라임, 만다린, 그레이프프루트, 버가못 등이
있다.

ㄷ 허브 계열

• 그린, 스파이스, 플로랄 등 복합적인 식물의 향이다.

• 로즈마리, 바질, 세이지, 페퍼민트 등이 있다.

ㄹ 수목 계열

• 나무를 연상시키는 신선한 나무향으로 중후, 부드럽고 따뜻
한 느낌의 향이다.

• 사이프러스, 삼나무, 유칼립투스, 자단 등이 있다.

ㅁ 스파이시 계열

• 향신료를 연상시키는 자극적이고 샤푼 향이다.

• 블랙페퍼, 시나몬, 진저 등이 있다.

## (5) 에센셜 오일의 종류

| 종류 | 특징 및 효능 | 주의사항 |
|---|---|---|
| 그레이프프루트<br>(Grapefruit) | • 산뜻하고 가벼운 과일 향취<br>• 자몽의 열매 껍질을 냉동압착<br>• 셀룰라이트 분해작용(비만환자에게 좋음)<br>• 살균, 소독작용, 항우울에 효과 | 광과민성이 있으므로 일정<br>시간 햇빛 노출을 삼가 |

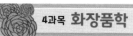 
| 종류 | 특징 및 효능 | 주의사항 |
|---|---|---|
| 네롤리(Neroli) | • 따뜻한 오렌지 향취<br>• 오렌지 꽃을 수증기 또는 용매로 추출<br>• 불안, 호흡 과다, 두근거림 등 긴장 완화에 특히 효과적 | 정신 집중만을 목적으로 할 때는 사용을 금함 |
| 라벤더<br>(Lavender) | • 허브와 발삼 향취<br>• 라벤더 꽃을 수증기로 증류하여 추출<br>• 소염, 항박테리아 효과(피부 질환에 폭넓게 사용)<br>• 일광화상, 상처 치유에 효과적<br>• 불면증, 정신적 스트레스 긴장 완화에 좋음 | 통경(通經) 작용을 하므로 임신초기에는 사용하지 않음 |
| 레몬<br>(Lemon) | • 신선하고 달콤한 과일 향취<br>• 레몬 껍질을 냉동 압착, 또는 수증기 증류<br>• 항박테리아, 부스럼 치유, 살균 미백작용, 기미, 주근깨, 티눈, 사마귀 제거에 효과적 | • 민감한 피부에는 자극을 줄 수 있음<br>• 광과민성을 일으킬 수 있으므로 전신 도포 금지 |
| 로즈<br>(Rose) | • 깊고 달콤한 꽃향<br>• 장미꽃을 수증기 증류, 용매 추출(물 층에 향성분이 남은 것이 로즈워터)<br>• 분노, 우울한 감정조절 작용<br>• 수렴, 진정, 배뇨 촉진 작용<br>• 여성과 관련된 대부분의 증상, 질병 치료에 효과적 | 생리 조절기능 있으므로 임신 중에는 사용 금지 |
| 로즈마리<br>(Rosemary) | • 강하고 시원한 발삼향의 우디 향취<br>• 로즈마리 꽃과 잎을 수증기 증류<br>• 기억력 증진, 집중력 강화, 두통 제거<br>• 혈행 촉진, 배뇨 촉진<br>• 진통 해소, 심신의 균형 | 간질, 고혈압, 임산부는 사용금지 |
| 마조람<br>(Majoram) | • 잎과 꽃 핀 선단부를 수증기 증류<br>• 혈액 흐름을 돕고 타박상 치유에 효과적<br>• 동맥과 모세혈관을 확장시킴<br>• 안정, 진정 효과, 성욕 감퇴제 역할 | • 과다 사용 시 식욕과 성욕이 감퇴 할 수 있음<br>• 임신 후 5개월 이내 사용 금지 |
| 멜리사<br>(Melissa) | • 달콤한 허브 향취<br>• 멜리사의 잎을 수증기 증류 | 민감성 피부, 임신 5개월 이내 피할 것 |
| 몰약<br>(Myrrh) | • 몰약을 수증기 증류하여 얻음<br>• 방부효과(미이라를 방부 처리할 때 사용)<br>• 기관 및 기관지염 완화<br>• 항염, 항균 효과<br>• 피부 주름 방지 | 임신 중에는 사용하지 말 것 |
| 사이프러스<br>(Cypress) | • 달콤한 발삼 향취<br>• 사이프러스 나무 잎을 수증기 증류<br>• 지성 피부, 지성 모발, 여드름, 비듬에 효과적<br>• 정맥류 해소, 셀룰라이트 분해 작용 | • 생리 주기를 규칙적으로 하는 작용이 있으므로 임신 중에는 사용금지<br>• 정맥류에 효과가 탁월하나 보통의 마사지를 하기에는 강함 |
| 샌달우 : 백단<br>(Sandalwood) | • 따뜻한 느낌의 발삼 향취<br>• 신경이완 작용으로 림프 배출을 도와줌<br>• 셀룰라이트 분해에 효과적<br>• 지성 여드름 피부에 효과적이며 살균, 수렴 효과가 있음 | • 임산부는 유산 가능성이 있으므로 사용을 금함<br>• 고농도로 사용 시 피부를 자극함 |
| 오렌지<br>(Orange) | • 오렌지 열매 껍질을 냉동 압착<br>• 피부 재생, 콜라겐 생성을 촉진, 기미 완화<br>• 배뇨를 촉진 시켜 노폐물 제거를 도와줌 | 광과민성이 있으므로 사용 후 바로 햇빛에 노출하지 않는 것이 좋다. |
| 일랑일랑<br>(Ylang-Ylang) | • 플로랄 발삼의 스파이시한 향취<br>• 호르몬과 피지샘을 조절하여 건성, 지성 피부에 효과적<br>• 최음 효과, 긴장, 분노, 불안 상태완화 | • 염증성 피부에 자극을 주므로 사용을 금함<br>• 냄새에 대한 알레르기 반응으로 두통과 메스꺼움을 느낄 수 있음 |
| 유칼립투스<br>(Eucalyptus) | • 호주의 상록수인 유칼립투스잎을 수증기 증류<br>• 피부에 청량감을 주어 근육통 치유<br>• 항박테리아소염, 살균, 소취효과 | 고혈압, 간질 환자는 사용을 금함 |

| 종류 | 특징 및 효능 | 주의사항 |
|---|---|---|
| 재스민<br>(Jasmine) | • 우아하고 고급스러운 향취<br>• 정서적 안정(불안, 우울, 무기력증)<br>• 긴장완화, 성기능 강화 | 최음, 통경 작용이 있어 임산부는 사용 금지 |
| 제라늄<br>(Geranium) | • 달콤하고 환한 장미 향취<br>• 항균(피부염 치유, 지성피부에 정화작용)<br>• 혈압조절(베이거나 상처로 인한 출혈 지혈)<br>• 생리 전 증후군, 비뇨기 염증치료 | 호르몬 조절 효과가 있으므로 임신 중에는 사용하지 않음 |
| 쥬니퍼<br>(juniper) | • 신선한 발삼의 우디 향취<br>• 두송실(杜松實)이라는 열매에서 추출<br>• 해독, 이뇨 작용(체내 독소 배출)<br>• 정신적 피로, 불면증 해소 | • 임신 후 5개월 이내 사용 금지<br>• 신장이 심하게 손상된 경우 증상을 악화시킴(사이프러스나 제라늄 사용) |
| 캐모마일<br>(Chamomile) | • 달콤한 사과 향취<br>• 항균, 살균, 특히 항염증 작용이 강함<br>• 신경이완 및 회복, 피로 회복 효과<br>• 근육통 및 류마티스 관절염에 효과 | 임신 초기에 사용하지 말 것 |
| 클라리 세이지<br>(Clary Sage) | • 살균, 항염증, 피부 재생 작용<br>• 신경안정 효과<br>• 여성호르몬과 유사한 물질을 함유하여 자궁 수축 촉진, 생리전 증후군 완화 | • 임신 5개월까지 사용하지 말 것<br>• 몽롱한 상태를 초래하거나 두통, 역겨움이 나타날 수 있음 |
| 타임<br>(Thyme) | • 백리향(百里香)의 잎과 꽃 봉우리에서 추출<br>• 항균, 항염증 항박테리아 작용<br>• 배뇨촉진(과용 시 림프계에 이상 초례) | • 어린아이, 임산부는 사용 금지<br>• 피부에 자극이 강하므로 점막부위 사용 금지 |
| 티트리<br>(Tea tree) | • 따뜻하고 싱싱한 장뇌향취<br>• 살균, 소독작용이 강함(여드름, 비듬 치료에 효과적)<br>• 항곰팡이작용(무좀 습진 해소), 화상완화 | 피부에 자극을 줄 수 있으므로 민감성 피부 사용금지 |
| 파츌리<br>(Patchouli) | • 오리엔탈 타입의 대표적 향취<br>• 항우울증, 불면증 해소, 최음 효과<br>• 항염증, 충혈완화, 진정작용<br>• 피부질환, 피부염 치료에 사용 | 많은 양을 사용할 경우 정신이 멍해질 수 있음 |
| 펜넬<br>(Fennel) | • 달콤하고 자극적인 특이한 냄새<br>• 회향의 열매를 수증기 증류<br>• 항우울증 작용<br>• 기관지염 완화, 기침 및 거담 해소 | • 신경계에 문제가 있는 사람, 임산부는 사용하지 말 것<br>• 민감한 피부에 자극을 일으킬 수 있음 |
| 페퍼민트<br>(peppermint) | • 산뜻하고 시원한 박하향<br>• 피로회복, 졸음 방지, 기분 상승 효과<br>• 기관지염 및 천식 해소<br>• 세정작용, 진정, 통증 완화<br>• 순환계, 호흡계, 소화계에 뛰어난 효과 | • 간질, 발열, 심장병이 있는 사람은 사용금지<br>• 반드시 희석해서 사용<br>• 피부에 자극을 주므로 도포 금지 |
| 프랑킨센스<br>(Frankincense) | • 신선한 느낌의 엷은 발삼 향취<br>• 유향을 수증기 증류하여 추출<br>• 세포 성장을 촉진하여 손상된 피부 회복<br>• 소염, 수렴, 진통작용<br>• 인체에 비교적 해가 없는 안정적인 정유 | – |

(6) 에센셜 오일의 기능

① 소염, 염증 작용

② 순환기 계통의 정상화

③ 국소 혈류작용

④ 항균, 항박테리아 작용

⑤ 정신 안정 및 항스트레스

⑥ 근육의 긴장과 이완 작용

⑦ 면역력 강화

⑧ 소화 촉진

### (7) 주의사항

① 서늘하고 어두운 곳에 보관한다.

② 감귤류 계열은 색소침착의 우려가 있으므로 감광성(感光性)에 주의한다.

③ 갈색 유리병에 보관하고 반드시 뚜껑을 닫아 보관한다.

④ 개봉한 정유는 1년 이내에 사용하는 것이 바람직하다.

⑤ 희석하지 않은 원액의 정유를 피부에 바로 사용하지 않는다.

⑥ 임산부, 고혈압, 간질 환자에게 사용이 금지된 특정한 정유는 사용하지 않는다.

⑦ 사용하기 전에 미리 첩포 테스트를 한다.

### (8) 활용방법

① **흡입법**

㉠ 공기 중에 발산된 향기를 들이마시는 방법이다.

㉡ 천식, 감기, 기침, 두통, 편두통, 호흡기 감염에 효과적이다.

㉢ 종류

• 건식흡입법

티슈, 손수건 등에 정유를 묻혀 3~5분 정도 냄새를 맡는 방법으로 가장 간단하고 손쉽다.

• 증기흡입법

– 향이 잘 증발되도록 끓인 물에 정유를 떨어트린 뒤 코로 들이마시는 방법이다.

– 인체에서 정유의 흡수 속도가 가장 빠르며 호흡기 질환 여드름성 피부에 사용하면 좋다.

• 스프레이 분사법

– 증류수나 알콜 용매에 4~5%로 희석된 정유를 스프레이로 분사하는 방법이다.

– 비염, 감기 등 호흡기 질환, 인후염의 증상 완화, 구취제거에 효과적이다.

• 아로마 확산기

오일 워머, 아로마 램프, 디퓨저를 이용하여 정유를 공기 중에 발산시키는 방법이다. 서서히 오랫동안 정유를 발산 시킬 수 있다.

② **마사지법**

㉠ 마사지 시 피부에 침투한 정유의 유효한 성분이 장기와 신체에 영향을 준다.

㉡ 후각 신경을 통해서 발산되는 향이 신경을 통해 심신과 감정상태에 영향을 준다.

③ **목욕법**

㉠ 전신욕 및 반신욕

• 욕조의 더운 물에 정유를 떨어트려 섞은 후 15~20분 정도 욕조에 몸을 담근다.

• 아로마테라피의 효과를 가장 극대화하는 방법이다.

㉡ 수욕법

더운 물에 정유를 떨어트린 후 15~30분 정도 손을 담근다.

㉢ 족욕법

• 더운 물에 정유를 떨어트린 후 15~30분 정도 발을 담근다.

• 당뇨병 환자의 경우에는 라벤더, 티트리, 로즈마리 정유를 사용한다.

• 안정을 원할 때에는 라벤더, 캐모마일, 샌달우드, 클라리세이지 정유를 사용한다.

• 발에 질환 또는 무좀이 있을 때에는 티트리, 라벤더, 유칼립투스 정유를 사용한다.

㉣ 좌욕법

• 전신욕을 하기 힘들 경우 더운 물에 정유를 떨어트린 후 엉덩이 부위만 담근다.

• 염증 치료, 항문질환, 비뇨기·생식기 질환, 부인과 질환에 효과적이다.

④ **습포법**

㉠ 통증이 있는 부위를 찜질하는 방법이다.

㉡ 염증, 타박상, 염좌에는 냉습포 방법을, 혈액순환 촉진, 통증 완화, 어깨 결림에는 온습포 방법을 이용한다.

⑤ **얼굴 증기욕**

㉠ 더운 물에 정유를 섞은 후 발산되는 정유를 얼굴에 쬐어 피부로 흡수하는 방법이다.

㉡ 혈액순환 촉진, 수분 공급, 노폐물 제거, 딥클렌징 효과를 얻을 수 있다.

## 08 캐리어 오일

### (1) 특징

① 식물의 씨를 압착하여 추출한 식물유(Vegetable Oil)로 베이스 오일(Base Oil)이라고도 한다.

② 정유를 피부에 효과적으로 침투시키기 위해 사용한다.

③ 오일마다 효능, 색상, 점도가 다르므로 사용목적에 적합한 것을 사용해야 한다.

### (2) 종류

| 종류 | 특징 및 효능 |
|---|---|
| 호호바 오일 | • 피부와의 친화성과 침투력이 우수하여 모든 피부, 건선 습진에 사용한다.<br>• 항균작용이 있어 여드름성 피부에 좋고 피부 수분증발을 억제한다. |
| 아몬드 오일 | • 미네랄, 비타민, 단백질이 풍부하다.<br>• 피부연화작용이 있어 거칠고 건조한 피부, 튼살, 가려움증에 사용한다. |
| 아보카도 오일 | • 밀림의 버터라는 별명이 있다.<br>• 비타민 A, D, E, 단백질, 지방산, 칼륨 등 영양이 풍부하다.<br>• 흡수력이 우수하여 노화 피부에 좋고 피부 건조를 예방한다. |
| 맥아유 | • 천연 토코페롤을 풍부하게 함유하고 있어 강력한 항산화 성분이 있다.<br>• 세포재생, 피부탄력을 촉진시킨다. |

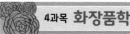

| 종류 | 특징 및 효능 |
|---|---|
| 포도씨 오일 | • 클렌징이나 지성 피부의 피지 조절에 사용한다.<br>• 콜레스테롤이 없어 사용감이 부드럽고 피부 흡수가 빠르며 자극, 알레르기를 유발하지 않는다. |
| 올리브 오일 | 지성 피부에는 부적당하며 민감성, 알레르기, 튼살, 건성 피부에 사용한다. |
| 참깨씨 오일 | • 칼슘을 다량 함유하고 있고 관절염, 습진에 사용한다.<br>• 해독작용, 항산화 효과가 있다. |
| 헤이즐넛 오일 | 탄력과 혈액순환을 촉진하고 셀룰라이트 예방, 튼살에 효과적이다. |
| 달맞이꽃 종자유 | • GLA(감마레놀산)이 함유되어 있어 항혈전, 항염증 작용이 있다.<br>• 호르몬 조절과 콜레스테롤 저하 기능이 있어 류머티즘, 생리전 증후군, 건선, 습진에 효과적이다. |
| 로즈힙 오일 | • 카로티노이드, 리놀레산, 비타민 C를 함유하고 있다.<br>• 수분유지, 세포재생, 색소침착 및 예방, 화상에 효과적이다. |
| 칼렌둘라 오일 | • 금잔화 추출물이다.<br>• 문제성 피부, 간지럽고 갈라진 피부, 건성 습진, 염증, 종기에 효과적이다. |
| 코코넛 오일 | 정유를 잘 용해시키고 부드럽고 점성이 약해 모든 피부에 거부감 없이 적용된다. |
| 마카다미아 오일 | • 마카다미아 열매에서 추출하며 지방산의 조성이 피지와 유사하다.<br>• 피부에 가장 잘 흡수되는 오일 중에 하나로 피부 윤활제 역할을 한다. |

❀ 풀어보고 넘어가자

다음은 어떤 캐리어 오일에 대한 설명인가?

• 인간의 피지와 화학적 구조가 유사하다.
• 피부염, 여드름, 건선, 습진 피부에 사용할 수 있다.
• 침투력과 보습력이 우수하다.

❶ 호호바 오일      ② 스위트 아몬드 오일
③ 아보카도 오일    ④ 그레이프 시드 오일

해설⟩ 호호바 오일은 피부와의 친화성과 침투력이 우수하여 모든 피부, 건선습진에 사용 가능하며, 항균작용이 있어 여드름성 피부에 좋고 피부 수분증발을 억제한다.

## 09 기능성 화장품

### (1) 기능성 화장품의 정의

피부의 문제를 개선시켜 주는 화장품으로 피부 미백, 주름 개선, 자외선으로부터 피부 보호 등 특정 부위를 집중적으로 케어하는 화장품이다.

### (2) 미백 성분

① 티로신의 산화를 촉매하는 티로시나제의 작용을 억제하는 물질

ㄱ 알부틴 : 월귤나뭇과에서 추출하며 인체에 독성이 없고 하이드로퀴논과 유사한 구조를 갖는다.

ㄴ 코직산 : 누룩곰팡이에서 추출한다.

ㄷ 감초 : 뿌리와 줄기에서 추출하며 해독, 소염, 상처치유, 자극을 완화한다.

ㄹ 닥나무 추출물 : 닥나무에서 추출하며, 미백, 항산화 효과가 있다.

② 도파의 산화를 억제하는 물질 : 비타민 C

ㄱ 수용성 비타민으로 진피의 콜라겐 합성에 관여한다.

ㄴ 항산화, 항노화, 미백, 재생, 모세혈관 강화효과가 있다.

③ 각질 세포를 벗겨내 멜라닌 색소를 제거하는 물질 : AHA(α-Hydroxy Acid)

ㄱ 수용성으로 5가지 과일산으로 이루어져 있다.

ㄴ 피부 도포 시 따가운 느낌을 부여하며 각질 제거, 피부 재생 효과가 있다.

④ 멜라닌 세포 자체를 사멸시키는 물질 : 하이드로퀴논(Hydro-quinone)

의약품에서만 사용되며 미백효과가 가장 뛰어나나 백반증을 유발할 수 있다.

TIP📖 피부 미백의 원리

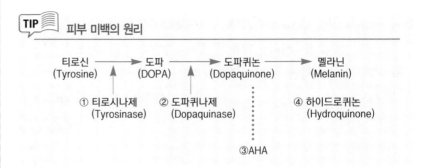

### (3) 주름개선 성분

① 레티놀(Retinol), 레티닐 팔미네이트(Retinyl Palmitate)

ㄱ 레티놀 : 피부의 자극이 상대적으로 적은 지용성 비타민으로 상피보호 비타민이다.

ㄴ 공기 중에 쉽게 산화되는 단점이 있다.

ㄷ 레티닐 팔미네이트 : 레티놀의 안정화를 위해서 팔미틴산과 같은 지방산과 결합한 것이다(특수 튜브를 사용하여 레티놀의 산화를 막기도 함).

② 아데노신(Adenosin)

낮이나 저녁 모두 사용할 수 있고 섬유세포의 증식 촉진, 피부세포의 활성화, 콜라겐 합성을 증가시켜 피부 탄력과 주름을 예방한다.

③ 항산화제

ㄱ 비타민 E(Tocopherol)

지용성 비타민으로 피부 흡수력이 우수하고 항산화, 항노화, 재생작용을 한다.

ㄴ 슈퍼옥사이드 디스뮤타제(Superoxide Dismutase : SOD)

활성산소 억제 효소로 노화를 방지한다.

④ 베타카로틴(β-Crotene)

비타민 A의 전구물질로 당근에서 추출하며 피부 재생과 피부 유연 효과가 뛰어나다.

❀ 풀어보고 넘어가자

주름 개선 성분 중 길어진 각화과정을 단축시키는 기능이 있는 성분은?

① 비타민 C      ② 코직산      ❸ 레틴산      ④ 알부민

해설⟩ 레틴산은 각질세포를 박리시켜 각화주기를 단축시키며, 기저층에서 새로운 세포형성을 촉진시켜 주름 억제 및 탄력을 준다.

# 5과목 공중위생관리학

## Chapter 01 공중보건학

### 01 공중보건학 총론

#### 1. 건강과 질병

(1) 건강의 정의(1948년 세계보건기구, WHO)

질병이 없거나 허약하지 않을 뿐 아니라 육체적·정신적·사회적 안녕이 완전한 상태

(2) 질병의 발생과 예방

① **질병 발생 요인**
   ㉠ 숙주 : 인간
   ㉡ 병인 : 병원체
   ㉢ 환경 : 물리적·생물학적·경제적 원인

② **질병 예방 단계**
   ㉠ 1차 예방 : 환경개선, 건강관리, 예방접종 등
   ㉡ 2차 예방 : 조기검진, 건강검진, 악화 방지 및 치료 등
   ㉢ 3차 예방 : 불구된 기능 재활, 사회 적응 복귀 등

🌸 풀어보고 넘어가자

질병 발생요인 중에서 숙주에 영향을 주는 요인이 아닌 것은?

① 연령　　　　　❷ 경제적 수준
③ 성별　　　　　④ 유전적 요인

해설✍ 숙주의 요인 : 연령, 성별, 저항력, 영양상태, 유전요인, 생활습관

#### 2. 공중보건의 개념

(1) 공중보건학의 정의(윈슬러, Winslow)

① 조직된 지역사회의 노력을 통하여 질병을 예방하고 수명을 연장하며 건강과 효율을 증진시키는 기술이며 과학이다.
② **대상** : 지역주민 단위의 다수
③ **목적** : 질병예방, 수명연장, 신체적·정신적 건강 및 효율의 증진
④ **접근방법** : 조직된 지역 사회의 노력
⑤ **공중보건학과 유사한 개념** : 예방의학, 위생학, 사회의학, 지역사회 보건학 등

(2) 공중보건의 발전과정

① **고대기(기원전~500년)** : 히포크라테스의 장기설
② **중세기(500~1500년) – 암흑기**
   ㉠ 콜레라, 나병, 페스트 유행
   ㉡ 검역법 통과, 검역소 설치(1383년)

③ **여명기(1500~1850년)**
   ㉠ 산업혁명
   ㉡ 라마치니(Ramazzini)는《직업인의 병》을 저술
   ㉢ 젠넬(Jennel)은 우두종두법 개발
   ㉣ 세계 최초 국세조사가 실시(1749년 스웨덴)

④ **확립기(1850~1900년)**
   ㉠ 1848년 공중보건법 제정(영국)
   ㉡ 감염병 예방과 치료의 발전
   ㉢ 페텐코퍼(Pettenkofer) : 실험위생학의 기초 확립(1866년)
   ㉣ 존 스노(John Snow) : 콜레라 역학 조사(1855년)
   ㉤ 파스퇴르(Pasteur) : 닭콜레라 백신(1880년), 돼지단독 백신(1883년), 광견병 백신(1884년) 발견

⑤ **발전기(20세기 이후)**
   ㉠ 보건소 보급
   ㉡ 사회, 경제학적 공중보건의 발전으로 사회보장 확충
   ㉢ 포괄적인 지역사회 보건학 발달

🌸 풀어보고 넘어가자

공중보건의 역사에서 검역법이 제정된 시기는?

❶ 중세기 – 1383년　　② 고대기 – 312년
③ 여명기 – 1749년　　④ 확립기 – 1873년

해설✍ 1383년에 검역법이 제정되었다.

#### 3. 인구

(1) 인구의 정의

어느 특정 시간에 일정한 지역에 거주하고 있는 사람의 집단

(2) 인구론

① **말더스주의(Malthus)**
   ㉠ 이론 : 인구는 기하급수적으로, 식량은 산술급수적으로 증가
   ㉡ 규제방법 : 도덕적 억제(만혼 장려, 성적 순결 강조)
② **신말더스주의(Neo-Malthus)** : 새로운 규제방법, 피임에 의한 산아 조절
③ **적정 인구론(Cannon)** : 생활 수준을 기본으로 산아 조절

(3) 인구의 구성(인구 피라미드)

① **피라미드형(인구증가형)** : 고출생률, 다사망률(다산다사형)
② **종형(인구정지형)** : 저출생률, 저사망률(소산소사형)
③ **항아리형(인구감소형)** : 출생률이 사망률보다 낮음(선진국형)
④ **별형(유입형)** : 도시형, 생산연령 인구 유입
⑤ **기타형(유출형)** : 농촌형, 생산연령 인구 유출

(4) 인구조사

　① **인구정태** : 성별, 연령별, 국적별, 학력별, 직업별, 산업별 조사

　② **인구동태** : 출생, 사망, 전입, 전출 등의 조사

(5) 인구 문제점

　① **3P** : 인구, 환경오염, 빈곤

　② **3M** : 영양실조, 질병, 죽음

TIP **인구문제**

• 자연증가 = 출생률 − 사망률
• 사회증가 = 전입인구 − 전출인구
• 인구증가 = 자연증가 + 사회증가

## 4. 보건지표

(1) 건강지표 : WHO의 국가 간 건강비교지표

　① 비례사망지수

　② 평균수명

　③ 조사망률

　④ 영아사망률

(2) 한 국가의 건강수준을 나타내는 가장 대표적인 지표 : 영아사망률

✿ 풀어보고 넘어가자

인구피라미드에서 고출생률·다사망률로 인구증가가 예견되는 것은?

　① 종형　　　**❷ 피라미드형**　　　③ 항아리형　　　④ 기타형

## ⓞ 역학 및 질병관리

## 1. 역학

(1) 역학의 정의

　① **역학(Epidemiology)** : 인구 또는 질병에 관한 학문

　② **대상** : 인간사회집단

　③ **목적** : 질병의 발생 분포 및 경향과 양상을 밝혀 원인을 탐구

(2) 역학의 궁극적 목적

　질병 발생의 원인을 제거함으로써 질병 예방

(3) 역학의 범위 및 역할

　① **범위** : 감염성, 비감염성 질환의 연구

　② **역할**

　　㉠ 질병 발생의 원인 규명

　　㉡ 질병 발생 및 유행의 감시

　　㉢ 질병 자연사 연구

　　㉣ 보건의료 서비스 연구

　　㉤ 임상분야에 대한 역할

(4) 질병 발생 다인설

　① 삼각형 모형설

　② 원인망 모형설(거미줄 모형설)

　③ 바퀴모형설

(5) 역학적 연구방법

　① 실험연구방법

　② 관찰적 방법

　　㉠ 기술 역학

　　㉡ 분석 역학

　　　• 단면적 연구

　　　• 환자 − 대조군연구

　　　• 코호트연구

(6) 역학의 시간적 특성

　① **추세 변화 질병(수십년 간격으로 질병 발생)** : 장티푸스(30~40년 주기), 디프테리아(10~24년), 인플루엔자(30년)

　② **주기 변화 질병(수년 간격으로 질병 발생)** : 인플루엔자 A(2~3년), 인플루엔자 B(4~6년), 백일해(2~4년), 홍역(2~3년)

✿ 풀어보고 넘어가자

역학의 시간적 특성에서 추세 변화하는 질병이 아닌 것은?

　① 장티푸스　　　　　② 인플루엔자
　③ 디프테리아　　　　**❹ 홍역**

해설 ✎ 홍역 : 순환 변화(주기 변화) 질병

## 2. 감염병

(1) 감염병 발생설

　① **감염병 관리의 발전사**

　　㉠ 종교설시대 : 악마나 귀신 때문에 질병 발생

　　㉡ 점성설시대 : 별자리의 이동에 의해 질병, 기아, 전쟁 등 발생

　　㉢ 장기설시대 : 바람에 따라 유독물질이 전파되어 질병이 발생

　　㉣ 접촉감염설시대 : 접촉에 의해 질병이 발생

　　㉤ 미생물 병인설시대 : 네델란드의 레벤후크(Leeuwenhoek)의 현미경 발견(1676년)으로 미생물에 의해 질병이 발생함을 알아냄

　② **질병발생 3요소와 감염병 생성 6요소**

　　㉠ 병인 ── 병원체
　　　　　　└ 병원소

　　㉡ 환경 ── 병원소로부터 병원체 탈출
　　　　　　├ 전파
　　　　　　└ 새로운 숙주로의 침입

　　㉢ 숙주 : 숙주의 감수성

　③ **감염병 관리대책**

ⓐ 전파의 예방

- 외래감염병 관리(검역감염병 및 감시기간 : 콜레라 120시간, 페스트 144시간, 황열 144시간)
- 병원소 관리
- 전파과정 단절(환경위생 관리)
- 감염병 집중관리 : 법정 감염병 지정

ⓑ 숙주의 면역증강

ⓒ 환자의 관리

## 우리나라 법정 감염병

| 구분 | 의의 | 해당 질병 | 신고 기간 |
|---|---|---|---|
| 제1급 감염병 (17종) | 생물테러감염병 또는 치명률이 높거나 집단 발생의 우려가 커서, 음압격리와 같은 높은 수준의 격리가 필요한 감염병 | 에볼라바이러스병, 마버그열, 라싸열, 크리미안콩고출혈열, 남아메리카출혈열, 리프트밸리열, 두창, 페스트, 탄저, 보툴리눔독소증, 야토병, 신종감염병증후군, 중증급성호흡기증후군(SARS), 중동호흡기증후군(MERS), 동물인플루엔자 인체감염증, 신종인플루엔자, 디프테리아 | 즉시 |
| 제2급 감염병 (21종) | 전파가능성을 고려하여 격리가 필요한 감염병 | 결핵, 수두, 홍역, 콜레라, 장티푸스, 파라티푸스, 세균성이질, 장출혈성대장균감염증, A형간염, 백일해, 유행성이하선염, 풍진, 폴리오, 수막구균 감염증, b형헤모필루스인플루엔자, 폐렴구균 감염증, 한센병, 성홍열, 반코마이신내성황색포도알균(VRSA) 감염증, 카바페넴내성장내세균속균종(CRE) 감염증, E형 간염 | 24시간 이내 |
| 제3급 감염병 (27종) | 발생을 계속 감시할 필요가 있는 감염병 | 파상풍, B형간염, 일본뇌염, C형간염, 말라리아, 레지오넬라증, 비브리오패혈증, 발진티푸스, 발진열, 쯔쯔가무시증, 렙토스피라증, 브루셀라증, 공수병, 신증후군출혈열, 후천성면역결핍증(AIDS), 크로이츠펠트-야콥병(CJD) 및 변종크로이츠펠트-야콥병(vCJD), 황열, 뎅기열, 큐열, 웨스트나일열, 라임병, 진드기매개뇌염, 유비저, 치쿤구니야열, 중증열성혈소판감소증후군(SFTS), 지카바이러스 감염증, 매독 | 24시간 이내 |
| 제4급 감염병 (22종) | 제1~3급감염병까지의 감염병 외에 유행 여부를 조사하기 위하여 표본감시 활동이 필요한 감염병 | 인플루엔자, 회충증, 편충증, 요충증, 간흡충증, 폐흡충증, 장흡충증, 수족구병, 임질, 클라미디아감염증, 연성하감, 성기단순포진, 첨규콘딜롬, 반코마이신내성장알균(VRE) 감염증, 메티실린내성황색포도알균(MRSA) 감염증, 다제내성녹농균(MRPA) 감염증, 다제내성아시네토박터바우마니균(MRAB) 감염증, 장관감염증, 급성호흡기감염증, 해외유입기생충감염증, 엔테로바이러스감염증, 사람유두종바이러스 감염증 | 7일 이내 |

## (2) 감염병 발생 요인

### ① 병원체의 종류

| 구분 | 해당 질병 |
|---|---|
| 세균 | 콜레라, 장티푸스, 파라티푸스, 디프테리아, 결핵, 나병, 백일해, 페스트, 성홍열, 수막구균성 수막염, 폐렴, 파상열, 파상풍, 매독, 임질, 렙토스피라증 |

| 바이러스 | 홍역, 폴리오, 유행성 이하선염, 일본뇌염, 광견병, 감염성 간염, 두창, AIDS |
|---|---|
| 기생충 | 말라리아, 사상충증, 아메바성 이질, 회충증, 간·폐흡충증, 유구조충, 무구조충 |
| 진균 | 백선(무좀), 칸디다증 |
| 리케차 | 발진티푸스, 발진열, 쯔쯔가무시병(양충병), 로키산홍반열 |
| 클라미디아 | 트라코마, 앵무새병 |

### ② 병원소의 종류

ⓐ 인간병원소

- 현성 감염자 : 환자
- 불현성 감염자 : 임상증상이 미약하고 행동 제한이 없어 감염병 관리상 중요한 관리대상
- 보균자 : 임상증상이 없지만 병원체 보유자로서 중요한 감염병 관리대상(회복기 보균자, 잠복기 보균자, 건강 보균자)

ⓑ 동물병원소 : 인축공통감염병

ⓒ 토양

### ③ 병원소로 병원체 탈출

ⓐ 호흡기 계통 탈출

- 탈출경로 : 기침, 재채기
- 해당질병 : 폐렴, 폐결핵, 백일해, 홍역, 수두, 천연두

ⓑ 소화기 계통 탈출

- 탈출경로 : 분변, 구토물
- 해당질병 : 이질, 콜레라, 장티푸스, 파라티푸스, 폴리오

ⓒ 비뇨 생식기 계통 탈출

- 탈출경로 : 소변, 성기 분비물
- 해당질병 : 성병

ⓓ 개방병소 탈출

- 탈출경로 : 피부병, 농양
- 해당질병 : 나병

ⓔ 기계적 탈출

- 탈출경로 : 흡혈성 곤충(모기 등), 주사기
- 해당질병 : 발진열, 발진티푸스, 말라리아

### ④ 전파

ⓐ 직접전파

- 접촉에 의한 감염
- 비말(콧물, 침, 가래) 감염

ⓑ 간접전파

- 개달물(수건, 의복, 서적 등)에 의한 전파
- 식품에 의한 전파 : 소화기계 감염병
- 절지(절족)동물에 의한 전파

| 절지동물 | 전파 질병 |
|---|---|
| 모기 | 말라리아, 사상충증, 일본뇌염, 황열, 뎅기열 |
| 이 | 발진티푸스, 재귀열, 참호열 |
| 파리 | 파라티푸스, 이질, 장티푸스, 콜레라, 결핵, 수면병 |
| 벼룩 | 흑사병(페스트), 발진열 |
| 진드기 | 재귀열, 로키산홍반열, 야토병, 쯔쯔가무시병 |

• 생물학적 전파 양식에 따른 구분

| 구분 | 해당 질병 |
|---|---|
| 증식형 전파 | 쥐벼룩(페스트), 모기(뎅기열, 황열), 이(재귀열, 발진티푸스), 벼룩(발진열) |
| 발육형 전파 | 모기(사상충증), 흡혈성 등에(Loa loa) |
| 발육증식형 전파 | 모기(말라리아), 체체파리(수면병) |
| 배설형 전파 | 이(발진티푸스), 벼룩(발진열, 페스트) |
| 경란형 전파 | 진드기(로키산홍반열, 재귀열) |

ⓒ 공기전파

　　Q열, 브루셀라병, 앵무새병, 히스토라즈마병, 결핵

⑤ 새로운 숙주로의 침입

　ⓐ 경구적 침입 : 오염된 식품, 물

　ⓑ 호흡기계 침입 : 비말, 비말핵

　ⓒ 기계적 침입 : 곤충, 주사기

　ⓓ 경피 침입 : 점막, 상처부위

⑥ 숙주의 감수성

　ⓐ 감수성 : 숙주에 침입한 병원체에 대해 감염이나 발병을 막을 수 없는 상태

　ⓑ 면역

　　• 선천적 면역

　　• 후천적 면역

　　　– 능동 면역

　　　┌ 자연 능동면역 : 질병이환 후 형성되는 면역

　　　└ 인공 능동면역 : 예방접종(생균, 사균, 순화독소)으로 얻어지는 면역

　　　– 수동 면역

　　　┌ 자연 수동면역 : 모체로부터 태반이나 수유를 통해서 얻는 면역

　　　└ 인공 수동면역 : 인공제재를 투입하여 질병에 대한 방어를 획득하는 면역

TIP 자연 능동면역되는 질병

| 면역기간 | 질병 |
|---|---|
| 질병이환 후 | 두창, 홍역, 수두, 유행성 이하선염, 백일해, 성홍열, 발진티푸스, 콜레라, 장티푸스, 페스트 |
| 불현성 감염 후 | 일본뇌염, 폴리오 |

예방접종으로 얻어지는 면역

| 방법별 | 예방 질병 |
|---|---|
| 생균백신 | 두창, 탄저, 광견병, 결핵, 황열, 폴리오, 홍역 |
| 사균백신 | 장티푸스, 파라티푸스, 콜레라, 백일해, 일본뇌염, 폴리오 |
| 순화독소 | 디프테리아, 파상풍 |

(3) 감염병 유행의 유형

　① 공동매개체 유행

　　ⓐ 단순 노출 전파 : 식중독

　　ⓑ 복수 노출 전파 : 수인성 감염병

　② 진행성 유행

💠 풀어보고 넘어가자

다음 중 인공 능동면역에 의한 예방접종이 실시되고 있는 것은?

① 후천성면역결핍증　　❷ 백일해
③ 세균성 이질　　④ 식중독

## 03. 감염병 관리

### 1. 감염병의 종류

(1) 급성감염병 – 발병률이 높고 유병률이 낮다.

　① 소화기계 감염병(수인성 감염병)

　　ⓐ 장티푸스

　　ⓑ 콜레라

　　ⓒ 세균성 이질

　　ⓓ 유행성 간염

　　ⓔ 파라티푸스

　② 호흡기계 감염병

　　ⓐ 디프테리아

　　ⓑ 백일해

　　ⓒ 홍역

　　ⓓ 성홍열

　　ⓔ 유행성 이하선염(볼거리)

　　ⓕ 풍진

　　ⓖ 인플루엔자

　　ⓗ 중증급성 호흡기 증후군(SARS, 사스)

　③ 절지동물 매개 감염병

　④ 동물 매개 감염병

(2) 만성 감염병 – 발병률이 낮고 유병률이 높다.

　① 결핵 : 예방접종(BCG – 생후 4주 이내)

　② 나병(한센병)

　③ 성병 : 매독, 임질

　④ B형 간염

　⑤ 후천성 면역결핍증(AIDS)

💠 풀어보고 넘어가자

소화기계 감염병이 아닌 것은?

❶ 성홍열　　② 세균성 이질　　③ 유행성 간염　　④ 폴리오

해설 소화기계 감염병 : 세균성 이질, 장티푸스, 콜레라, 유행성 간염, 파라티 푸스, 폴리오

## 2. 비감염성 질환

(1) 비감염성 질환을 유발하는 주요 원인

　① 유전적 요인

② 사회경제적 요인

③ 습관적 요인

④ 기호의 요인

⑤ 지역적 요인

⑥ 영양 상태

(2) 비감염성 질환의 종류

① 고혈압증

㉠ 원인

- 본태성 고혈압 : 유전
- 속발성 고혈압 : 신장질환, 호르몬 이상, 대혈관의 변화 등

㉡ 종류

- 본태성 고혈압(1차성 고혈압) : 원인 불명확, 85~90% 차지
- 속발성 고혈압(2차성 고혈압) : 원인이 명확(호르몬계통의 이상)하므로 치료하면 정상 회복

② 뇌졸중

㉠ 원인 : 동맥경화증, 고혈압

㉡ 종류

- 뇌출혈 : 뇌혈관의 파열로 뇌조직을 압박하여 발생
- 뇌경색 : 혈전이나 전색으로 혈관이 막혀서 발생

③ 허혈성 심장질환

㉠ 원인 : 고혈압, 당뇨병, 비만, 운동부족, 유전 등

㉡ 종류 : 고혈압성 심장병, 류마티스성 심장병

④ 당뇨병

㉠ 원인 : 유전적, 비만, 식생활

㉡ 종류

- 소년기 당뇨병 : 유아기, 청소년기에 발생, 췌장에서 인슐린을 생산하지 못해 발생
- 성숙기 당뇨병 : 성인에게 발생, 환자의 80% 차지, 체내에서 필요로 하는 충분한 양의 인슐린을 췌장에서 공급하지 못해 발생

⑤ 악성 신생물(암)

㉠ 원인 : 식생활 습관, 술, 흡연, 간염 질환자 및 보균자의 감염, 환경오염 물질 등

㉡ 종류

- 남자 : 위암 〉 간암 〉 폐암 〉 대장암 등
- 여자 : 위암 〉 유방암 〉 자궁경부암 〉 대장암 등

❀ 풀어보고 넘어가자

비감염성 질환의 종류에서 고혈압과 동맥경화가 원인인 질병은?

① 허혈성 심장질환  ② 당뇨병
③ 악성 신생물  ❹ 뇌졸중

해설 뇌졸중의 원인 : 고혈압, 동맥경화

## 3. 기생충 질환

(1) 기생충의 종류

① 선충류

㉠ 회충

- 기생 부위 : 소장
- 오염된 야채 등을 통한 경구 침입

㉡ 편충

- 기생 부위 : 대장 상부
- 오염된 식품을 통한 경구 침입

㉢ 구충

- 두비니 구충(십이지장충)
- 기생 부위 : 소장
- 경구침입, 경피침입
- 아메리칸 구충

㉣ 요충

- 기생부위 : 맹장, 산란 시 항문에서 산란 후 죽거나 대장에 침입

㉤ 말레이사상충증(열대성 풍토병) : 모기에 의해 전파

㉥ 아니사키스

- 전파
  - 제1중간숙주 : 해산 새우류
  - 제2중간숙주 : 해산 포유류(고래, 돌고래)의 생식으로 전파

② 조충류

㉠ 유구조충(갈고리촌충)

- 기생 부위 : 소장
- 오염된 사료를 먹은 돼지(중간숙주)의 생식으로 전파

㉡ 무구조충(민촌충)

- 기생 부위 : 소장
- 오염된 풀이나 사료를 먹은 소(중간숙주)의 생식으로 전파

㉢ 광절열두조충(긴촌충)

- 기생 부위 : 소장
- 제1중간숙주 : 물벼룩
- 제2중간숙주 : 담수어(연어, 송어, 농어) 생식으로 전파

③ 흡충류

㉠ 간흡충

- 기생 부위 : 간의 담관
- 제1중간숙주 : 쇠우렁이(왜우렁이)
- 제2중간숙주 : 잉어, 담수어(참붕어, 붕어, 잉어)의 생식으로 전파

㉡ 폐흡충

- 기생 부위 : 폐
- 제1중간숙주 : 다슬기
- 제2중간숙주 : 가재, 게의 생식으로 전파

㉢ 요코가와흡충

- 기생 부위 : 소장

- 제1중간숙주 : 다슬기
- 제2중간숙주 : 은어, 황어의 생식으로 전파
④ 원충류
ㄱ 이질아메바 : 경구적 전파(기생 부위 : 대장)
ㄴ 질트리코모나스 : 성접촉에 의한 전파
- 기생부위 : 여성(질), 남성(요도)

## 4. 위생해충

### (1) 구충구서의 원칙
① 발생원 및 서식처 제거
② 발생 초기에 실시
③ 생태습성에 따른 제거
④ 동시에 광범위하게 구제

### (2) 해충과 질병

| 위생해충 | 해당 질병 |
|---|---|
| 모기 | 작은 빨간집모기(일본뇌염), 중국얼룩날개모기(말라리아), 사상충(토고숲모기) |
| 파리 | 장티푸스, 콜레라, 파라티푸스, 세균성 이질, 결핵 |
| 바퀴 | 장티푸스, 세균성 이질, 콜레라, 결핵 |
| 쥐 | 페스트, 서교열, 렙토스피라증, 살모넬라증, 유행성 출혈열, 발진열, 쯔쯔가무시병 |

🌸 풀어보고 넘어가자

다음 중 위생해충과 매개 질병이 잘못 연결된 것은?

① 파리 – 파라티푸스    ② 바퀴 – 세균성 이질
❸ 쥐 – 장티푸스         ④ 토고숲모기 – 사상충

## 04. 가족 및 노인보건

## 1. 가족계획

### (1) 가족계획의 정의(WHO)
근본적으로 산아 제한을 의미하는 것으로 출산의 시기 및 간격을 조절하여 출생 자녀 수도 제한하고 불임증 환자의 진단 및 치료를 하는 것

### (2) 피임방법
① 영구적 피임법
ㄱ 난관수술 : 여성 대상
ㄴ 정관수술 : 남성 대상
② 일시적 피임법
ㄱ 질내 침입방지 : 콘돔, 성교 중절법 등
ㄴ 자궁 내 착상방지 : 자궁 내 장치, 화학적 방법 등
ㄷ 생리적 방법 : 월경주기법, 기초 체온법, 경구 피임약

### (3) 모자보건의 대상 및 모자보건지표
① 대상 : 15~44세 이하의 임산부 및 6세 이하의 영·유아

② 모자보건지표
ㄱ 영아사망률 : 0세(1년 미만)의 사망 수
ㄴ 주산기 사망률 : 출생 수와 태아 사망 28주 이상의 사망을 합한 분만 수와 태아 사망 28주 이상의 사망과 출생 후 7일 미만의 사망 수의 비율로서 1,000명당 비교하는 것
ㄷ 모성 사망률 : 연간 출생아 수에 대한 임신, 분만, 산욕과 관련된 사망 수의 비율

🌸 풀어보고 넘어가자

가족계획에서 일시적 피임 방법이 아닌 것은?

① 월경주기법    ② 콘돔    ③ 기초체온법    ❹ 난관수술

해설 난관수술은 영구적 피임법이다.

## 2. 노인보건

### (1) 노인보건의 의의 : 노인보건은 노년(65세 이상)의 건강에 관한 문제를 다루는 것이다.

### (2) 노인보건의 중요성
① 고령화 사회 진입
② 노화의 기전이나 유전적 조절 등에 관심 고조
③ 노인인구 급증으로 만성·비감염성 질환 급증
④ 노인성 질환은 장기치료가 필요하므로 국민 총 의료비 증가

### (3) 노인의 질병 예방 및 건강 증진
① 1일 1,800kcal 섭취(50~60g의 단백질, 칼슘 섭취)
② 술, 담배 조절
③ 규칙적인 목욕 및 배설(용변)
④ 충분한 숙면과 적절한 운동
⑤ 정기검진 및 치료

🌸 풀어보고 넘어가자

노인보건의 중요성이 아닌 것은?

① 국민 총 의료비 증가    ② 고령화 사회 진입
③ 만성질환 급증          ❹ 경제 물가상승

## 05. 환경보건

## 1. 환경위생의 개념

### (1) 환경위생의 정의(WHO)
인간의 신체 발육, 건강 및 생존에 유해한 영향을 미치거나 미칠 가능성이 있는 인간의 물리적 생활환경에 있어서의 모든 요소를 통제하는 것이다.

### (2) 기후의 개념
① 기후의 정의 : 대기 중에 발생하는 하나의 물리적 현상
② 기후 요소 : 기온, 기류, 기습, 복사열, 강우 등

⊙ 기온
  • 정의 : 대기의 온도
  • 측정
    – 인간의 호흡 위치인 1.5m 높이의 백엽상 안에서 측정한 온도
    – ℃, ℉로 표시
  • 실내온도 : 18±2℃

ⓒ 기습(습도)
  • 정의 : 대기 중에 포함된 수분량
  • 쾌적습도 : 40~70%

ⓒ 기류(바람)
  • 실내는 온도차, 실외는 기압차에 의해 기류 발생
  • 불감기류 : 0.5m/sec 이하

ⓔ 복사열 : 태양의 적외선에 의한 열

③ 체온 조절
  ⊙ 정상체온 : 36.5℃ 유지
  ⓒ 최적온도 : 여름 21~22℃, 겨울 18~21℃

④ 일광 및 유해광선
  ⊙ 자외선
    • 자외선이 인체에 미치는 영향
      – 단점
        ┌ 피부의 홍반 및 색소침착, 피부암 유발
        └ 결막염, 백내장 유발
      – 장점
        ┌ 비타민 D의 생성 : 구루병 예방, 도노선(Dorno-ray)
        ├ 피부결핵 및 관절염 치료작용
        ├ 신진대사 및 적혈구 생성 촉진
        └ 살균작용(2600~2800Å)

TIP 도노선(Dorno-ray) – 2,800~3,200Å
살균작용 등 인체에 유익한 작용을 하는 자외선 파장

ⓒ 가시광선 : 망막을 자극하여 명암과 색채를 구별하게 하는 작용
ⓒ 적외선 : 복사열을 운반하므로 열선이라고 한다.
  • 적외선이 인체에 미치는 영향
    – 장점 : 피부온도의 상승, 혈관 확장, 혈액순환 및 신진대사 촉진
    – 단점 : 피부홍반, 백내장, 열경련, 일사병의 원인

| 종류 | 파장(Å) | 비율(%) |
|---|---|---|
| 자외선 | 3,800Å 이하 | 5% |
| 가시광선 | 3,800~7,700Å | 34% |
| 적외선 | 7,700Å 이상 | 52% |

⑤ 공기와 건강
  ⊙ 공기 조성

| 성분 | 농도(%) |
|---|---|
| 질소($N_2$) | 78.1% |
| 산소($O_2$) | 20.1% |
| 아르곤(Ar) | 0.93% |
| 이산화탄소($CO_2$) | 0.03% |
| 기타 | 0.04% |

ⓒ 공기의 자정작용 : 희석작용, 산화작용, 교환작용, 세정작용, 살균작용
ⓒ 공기와 건강
  • 군집독
    – 실내에 다수인이 밀집해 있을 때 발생, 공기의 물리적·화학적 변화로 인해 불쾌감, 두통, 현기증, 구토증세 유발
    – 예방법 : 환기

⑥ 산소와 건강
  ⊙ 산소중독
    • 고농도의 산소상태에서 일어나는 증상
    • 폐부종, 충혈, 호흡억제, 서맥, 저혈압, 흉통, 심하면 사망
  ⓒ 저산소증
    • 산소가 부족한 상태에서 일어나는 증상
    • 호흡곤란(산소량 10% 정도), 질식(산소량 7% 이하)

⑦ 질소와 건강
  ⊙ 발생 : 고기압에서 정상기압으로 갑자기 복귀할 때 발생
  ⓒ 원인 : 체액 및 지방조직에 질소가스가 주원인이 되어 기포발생

⑧ 이산화탄소와 건강
  ⊙ 무색, 무취, 비독성 가스(소화제, 청량음료에 사용)
  ⓒ 실내공기 오염지표로 사용
  ⓒ 허용농도 0.1%, 호흡곤란 8%, 질식사 10% 이상

⑨ 일산화탄소와 건강
  ⊙ 무색, 무취, 자극성이 없는 기체, 맹독성(불완전 연소 시 발생)
  ⓒ 헤모글로빈(Hb)과의 친화력이 250~300배로 산소 결핍증 유발
  ⓒ 허용농도 : 8시간 기준 0.01%

(3) 물과 건강
① 음용수의 수질 기준
  ⊙ 수질검사
    • 매일 검사항목 : 냄새, 맛, 탁도, 색도, pH, 잔류염소
    • 매주 검사항목 : 일반세균, 총대장균군, 대장균, 암모니아성 질소, 질산성 산소, 과망간산, 칼륨 소비량, 증발 잔류물
  ⓒ 오염된 상태의 의의
    • 암모니아성 질소 검출 : 유기물질에 오염된 지 얼마 되지 않은 것
    • 과망간산칼륨 검출 : 유기물 산화 시 소비, 수중 유기물을 간접적으로 추정
    • 대장균군 검출
      – 미생물이나 분변에 오염된 것 추측
      – 검출방법이 간단하고 정확해 수질오염의 지표로 사용

② 물과 보건

ㄱ 수인성 감염병의 종류 : 콜레라, 장티푸스, 파라티푸스, 세균성 이질, 유행성 간염

ㄴ 불소함량 : 과잉 함량 – 반상치의 원인, 저함량 – 충치의 원인

③ 물의 정화

ㄱ 침전

- 보통 침전
- 약품 침전

ㄴ 여과

- 완속여과법
- 급속여과법

ㄷ 소독

- 염소 소독
  - 장점 : 강한 살균력, 잔류효과 큼, 경제적, 조작 간편
  - 단점 : 냄새 유발, 독성이 있는 트리할로메탄 발생
- 오존 소독
  - 1.5~5g/㎥, 15분 접촉
  - 장점 : 무미, 무취
  - 단점 : 비용이 많이 들고, 잔류효과가 약함
- 가열 소독
  - 100℃, 30분 가열
  - 가정 및 소규모 사용 시 이용
- 자외선 소독
  - 2,800~3,200Å(도노선) 이용
  - 살균력은 강하나 투과력 약함

❋ 풀어보고 넘어가자

기후의 3대요소가 아닌 것은?

① 기온 　 ❷ 복사열 　 ③ 기습 　 ④ 기류

해설 기후의 3대 요소 : 기온, 기습, 기류

## 2. 환경오염

### (1) 대기오염

① 대기오염 물질

ㄱ 입자상 물질 : 분진, 매연, 검댕, 액적, 훈연

ㄴ 가스상 물질

- 황산화물(SOx) : 아황산가스($SO_2$)가 주오염물질
- 질소산화물(NOx) : 일산화질소(NO), 이산화질소($NO_2$) 주오염 물질 → 2차 오염물질 발생

ㄷ 2차 오염물질 : 오존, PAN, 알데히드 등 자외선→ 광화학스모그 발생

② 대기오염의 역사

ㄱ 1300년 영국 에드워드 1세 : 석탄사용 금지령

ㄴ 1578년 영국 엘리자베스 여왕 : 석탄연료 사용금지

ㄷ 1930년 벨기에 뮤즈계곡 사건

ㄹ 1948년 펜실베이니아주 도노라 사건

ㅁ 1952년 영국 런던 스모그 사건

ㅂ 1954년 미국 LA 스모그 사건

ㅅ 1956년 영국 대기청정법 제정

ㅇ 1957년 미국 대기청정법 제정

ㅈ 1984년 멕시코 포자리카 사건

③ 대기오염의 원인

ㄱ 기온 역전 : 고도가 올라갈수록 기온은 하강해야 정상이지만 반대로 상승하는 현상

ㄴ 기온 역전의 종류 : 복사성(방사선, 접지) 역전, 침강성 역전

- 복사성 역전 : 지표 200m 이하에서 발생
- 침강성 역전 : 1,000m 내외의 고도에서 발생

④ 대기오염 사건

ㄱ 런던형 스모그

- 1952년 영국에서 발생
- 원인물질 : 가정의 석탄난방($SO_2$)
- 호흡기 자극 증상

ㄴ LA형 스모그

- 1954년 미국에서 발생
- 원인물질 : 자동차 배기가스($NO_2$)
- 눈의 자극 증상

TIP  열섬현상

대도시의 건물, 공장들이 자연적인 공기의 흐름이나 바람을 지연시켜 도심의 온도가 변두리 지역보다 높아 따뜻한 공기가 상승하며 도시 주위에서 도심으로 들어오는 찬 바람이 지표로 흐르게 되는 현상

### (2) 수질오염

① 수질오염물질

ㄱ 유기물질

ㄴ 화학적 유해물질 : 수은, 납, 카드뮴, 시안 등

ㄷ 병원균 : 수인성 감염병의 원인

ㄹ 부영양화물질 : 도시하수, 농업배수

ㅁ 비분해성 물질 : 경성세제, PCB, DDT

② 수질오염 사건

ㄱ 미나마타병 : 원인물질 – 메틸수은

ㄴ 이타이이타이병 : 원인물질 – 카드뮴

ㄷ 가네미유사건 : 원인물질 – PCB

③ 수질오염 지표

ㄱ 생물학적 산소 요구량(BOD)

세균이 호기성 상태에서 유기물질을 20℃에서 5일간 안정화시키는 데 소비한 산소량

ㄴ 용존산소(DO)

물의 오염을 나타내는 지료의 하나로서 물에 녹아 있는 유기산소

ㄷ 화학적 산소 요구량(COD)

수중에 함유되어 있는 유기물질을 화학적으로 산화시킬 때 소모되는 산화제의 양에 상당하는 산소량

② 부유물질(SS)

수중에 있는 유기, 무기물질을 함유한 0.1~2mm 이하의 고형물

(3) 하수

① **정의** : 오수, 천수, 산업폐수로 구분되며 액체성, 고체성 수질 오염
물질이 혼입되어 그대로 사용할 수 없는 물

② **하수도** : 합류식, 혼합식

③ **하수 처리 목적**

㉠ 수인성 감염병 예방

㉡ 상수원 오염방지 농작물 오염 줄이기

④ **하수 처리 과정**

㉠ 예비처리 : Screening, 침사법, 침전법

㉡ 본 처리 : 혐기성 처리, 호기성 처리

㉢ 오니처리

(4) 폐기물 처리

① **정의** : 쓰레기 연소재, 오니, 폐유, 폐산, 폐알칼리, 동물의 사체 등
생활이나 사업 활동에 필요 없는 물질

② **종류** : 일반 폐기물, 특정 폐기물

③ **처리법**

㉠ 일반폐기물 : 매립법, 퇴비법, 소각법

㉡ 특정 폐기물 : 위탁 관리자에게 위탁처리

(5) 소음

① **소음의 정의** : 원하지 않는 소리

② **음의 특성**

㉠ 단위 : 데시벨(dB)

㉡ 음의 영역 : 20~20,000Hz(가청영역)

㉢ 음의 크기 : 폰(phone)

(6) 진동

① **단위** : dB(v)

② **피해**

㉠ 전신진동증

㉡ 국소진동증

• 레이노 현상 : 손가락 말초혈관 운동의 장애로 인한 혈액순환
장애

🌸 풀어보고 넘어가자

수인성 감염병의 종류가 아닌 것은?

❶ 백일해　　　② 장티푸스　　　③ 유행성 간염　　　④ 파라티푸스

해설 수인성 감염병 : 콜레라, 장티푸스, 파라티푸스, 세균성 이질, 유행성 간염

## 3. 주택 및 보건

(1) 주택

① **주택의 조건**

㉠ 남향 또는 동남향

㉡ 언덕의 중복에 위치

㉢ 매립지의 경우 10년 이상 경과 후 건축

㉣ 지하수위 1.5~3m

㉤ 건조지반은 지질 견고

② **환기**

㉠ 자연 환기

㉡ 인공 환기

③ **채광 및 조명**

㉠ 조명

• 자연조명

– 거실방향 남향(하루 최소 4시간 이상 일조량)

– 거실면적의 1/7~1/5이 창의 면적으로 세로로 긴 것

– 개각(4~5°), 입사각(28° 이상)이 클수록 좋음

– 거실 안쪽 길이는 창틀 상단 높이의 1.5배 이내

• 인공조명

– 간접조명, 주광색

– 작업에 충분한 조도, 균등하고 열발생 적을 것

– 취급간편, 가격저렴, 폭발·발화 위험 없을 것

– 빛은 좌상방에서 비출 것

예 초정밀작업 : 750Lux 이상, 정밀작업 : 300Lux 이상,
보통작업 : 150Lux 이상, 기타 : 75Lux 이상(조도단위 :
Lux)

• 조명과 보건 : 부적절한 조명 시 눈의 피로, 안구 진탕증, 전
망성안염, 백내장, 작업능률 저하

④ **실내온도 조절**

㉠ 난방

• 국소난방 : 연탄, 전기 난로 등

• 중앙난방 : 온수난방, 증기난방법

• 지역난방 : 광범위한 지역의 건물에 온열 공급

㉡ 냉방

• 국소냉방 : 선풍기

• 중앙냉방 : Carrier System

• 냉방 시 실내·외 온도화 : 5~7℃ 적당

🌸 풀어보고 넘어가자

자연조명에 대한 설명으로 틀린 것은?

① 개각은 4~5°가 적당하다.

② 창의 면적은 거실 면적의 1/7~1/50이 좋다.

③ 거실 안쪽 길이는 상단 높이의 1.5배 이내가 적당하다.

❹ 입사각은 28° 이하가 적당하다.

해설 입사각은 28° 이상이 적당하다.

## 4. 산업보건

(1) 정의 : WHO, 1950년

산업보건이란 모든 산업장 직업인들의 육체적, 정신적, 사회복지를 고도로 증진·유지하는 데 있다.

(2) 산업보건의 목적 : 근로자의 건강을 보호 증진하고 노동 생산성을 향상시키는 것

(3) RMR(Relative Metabolic Rate) 작업대사율

① RMR $= \dfrac{\text{작업 시 소비열량} - \text{같은 시간의 안정 시 소비열량}}{\text{기초대사량}}$

$= \dfrac{\text{작업대사량}}{\text{기초대사량}}$

② 작업강도

㉠ RMR 1 이하 : 경노동

㉡ RMR 1~2 : 중등노동

㉢ RMR 2~4 : 강노동

㉣ RMR 4~7 : 중노동

㉤ RMR 7 이상 : 격노동

(4) 산업재해

① RMR $= \dfrac{\text{재해건수}}{\text{평균 근로자수}} \times 1,000$

② 도수율 $= \dfrac{\text{재해건수}}{\text{연 근로시간수}} \times 1,000,000$

③ 강도율 $= \dfrac{\text{근로손실일수}}{\text{연 근로시간수}} \times 1,000$

## 5. 물리적 인지에 의한 건강장애

(1) 이상기온에 의한 장애

① 열경련

㉠ 고온 환경에서 심한 육체적 노동 시 탈수로 인한 염분 손실

㉡ 응급처치 : 생리식염수 1~2ℓ를 정맥주사하거나 0.1%의 식염수 섭취

② 열사병(일사병)

㉠ 고온환경에 장시간 노출되어 체온조절의 부조화로 뇌온이 상승하여 중추신경 장애 발생

㉡ 응급처치 : 얼음물, 사지를 격렬하게 마찰, 호흡곤란 시 산소 공급, 항신진대사제를 투여

③ 열허탈증(열피로)

㉠ 고온환경에 오랫동안 노출된 결과로 혈관신경의 부조화, 심박출량 감소, 피부혈관 확장, 탈수

㉡ 응급처치 : 5% 포도당 용액을 정맥주사

④ 열쇠약

㉠ 고열에 의한 비타민 $B_1$ 결핍으로 발생하는 만성 체력소모

㉡ 응급처치 : 영양공급, 비타민 $B_1$ 공급, 휴양

⑤ 열성발진 : 습난한 기후대에 머물거나 계속적인 고온다습한 대기에 폭로될 때에 발생

(2) 저온 노출에 의한 건강장애

① 전신 체온 강화

② 참호족, 침수족 : 한랭 상태에 계속해서 장기간 폭로되고, 동시에 지속적으로 습기나 물에 잠기게 되면 참호족이 발생

③ 동상 : 조직이 동결되서 세포구조에 기계적 파탄이 일어나기 때문에 발생

(3) 이상기압에 의한 건강장애

① 고압환경과 건강장애

㉠ 질소 마취 : 4기압 이상에서 공기 중의 질소 가스는 마취 작용

㉡ 산소 중독 : 기압이 넘으면 산소 중독 증세

㉢ 이산화탄소 : 3%를 초과해서는 안 된다.

② 감압과정 환경과 건강장애

㉠ 잠함병(감압병) : 급격한 감압에 따라 혈액과 조직에 용해되어있던 질소가 기포를 형성하여 순환장애와 조직 손상을 유발

③ 저압환경과 건강장애 : 해발 3km 이상에서는 산소호흡기의 착용이 필요

(4) 소음 및 진동

① 소음 : 허용농도는 8시간 기준, 90dB

② 소음의 생체작용

㉠ 청력에 대한 작용 : 일과성 청력장애, 영구성 청력장애

㉡ 대화 방해

㉢ 일반 생리반응

㉣ 작업방해

③ 진동 : 단위 Hertz(Hz)

(5) 분진에 의한 건강장애

① 진폐증 : 분진흡입에 의해 폐에 조직반응을 일으킨 상태

② 규폐증

㉠ 대표적인 진폐증으로서 원인은 유리규산(Free Silica)의 분진

㉡ 분진입자의 크기가 0.5~5㎛일 때 잘 유발

③ 석면폐증

㉠ 석면섬유가 세소기관지에 부착하여 그 부위의 섬유증식이 생기는 것

㉡ 석면분진의 크기가 2~5㎛인 것이 가장 유해

🌸 풀어보고 넘어가자

분진에 의한 건강장애 중 유리규산 분진에 의한 폐에 만성섬유증식이 일어나는 것은?

① 활석폐증　　② 면폐증　　❸ 규폐증　　④ 농부폐증

해설 규폐증은 유리규산 분진에 의해 폐에 만성섬유증식을 일으키는 질환이다

## 6. 공업중독

(1) **납(연) 중독** : 위장장애, 신경 및 근육계통 장애, 중추신경 장애

(2) **수은 중독** : 구내염, 근육경련, 불면증, 홍독성 흥분

(3) **크롬 중독**

    ① 원인 : 중크롬산

    ② 증상 : 비중격천공(비중격의 연골부에 둥근 구멍이 뚫리는 것)

(4) **카드뮴 중독** : 폐기종, 신장기능 장애, 단백뇨

(5) **벤젠 중독** : 근육마비, 의식상실, 조혈장애

## 7. 작업환경의 위생관리

(1) **작업환경관리의 원칙**

    ① 대치

    ② 격리

    ③ 환기

    ④ 교육

(2) **산업위생 보호구**

    ① **호흡용 보호구**

        ㉠ 방진 마스크

        ㉡ 가스 마스크

        ㉢ 공기공급식 마스크

    ② **차음보호구**

        ㉠ 귀마개

        ㉡ 귀덮개

## 06 식품위생과 영양

### 1. 식품위생의 개념

(1) **식중독** : 식품 섭취로 인하여 발생하는 급성위장염을 주증상으로 하는 건강장애

(2) **식중독의 구분**

| 식중독 | 세균성 | 감염형 : 살모넬라, 장염 비브리오, 병원성 대장균 등 |
| | | 독소형 : 보툴리누스균, 포도상구균 |
| | 자연독 | 식물성 : 버섯독, 감자(솔라닌), 맥각균 등 |
| | | 동물성 : 복어독, 조개류 등 |

### 2. 세균성 식중독

(1) **세균성 식중독의 특징**

    ① 다량의 세균이나 독소량이 있어야 발병한다.

    ② 2차 감염이 없고 원인식품의 섭취로 발병한다.

    ③ 잠복기가 짧다.

    ④ 면역이 획득되지 않는다.

(2) **세균성 식중독의 종류**

    ① **감염형 식중독**

        ㉠ 살모넬라 식중독

            원인식품 : 식육, 우유, 달걀 등 동물성 식품

        ㉡ 장염 비브리오 식중독

            원인식품 : 어패류가 대부분(70%)

        ㉢ 병원대장균 식중독

            감염경로 : 경구적으로 외부에서 침입

    ② **독소형 식중독**

        ㉠ 포도상구균 식중독

            원인식품 : 유제품과 육류제품

        ㉡ 보툴리누스균 식중독

            • 세균성 식중독 중에서 가장 치명률이 높은 식중독

            • 원인식품 : 통조림, 소시지 등 섭취

        ㉢ Welchii균 식중독

            원인식품 : 어류나 육류 또는 가공품 등 단백질 식품 섭취

(3) **자연독 식중독**

    ① **식물성 식중독**

        ㉠ 독버섯에 의한 식중독 : 독성분 – 무스카린(Muscarin)

        ㉡ 감자

            • 독성분 : 솔라닌(Solanine)

            • 독성부위 : 녹색 부위, 발아 부위

        ㉢ 맥각균(특히 보리) : 독성분 – 에고타민, 에고톡신, 에고메트리

        ㉣ 기타 중독 : 청매(미숙 매실)중독

            • 독성분 : 아미그달린(Amygdalin)

    ② **동물성 식중독**

        ㉠ 복어 중독

            • 독성분 : 테트로도톡신(Tetrodotoxin)

            • 독성부위 : 복어의 난소, 간장, 고환, 위장 등에 많이 함유

        ㉡ 조개류 중독

            • 베네루핀(Venerupin) 중독 : 모시조개, 바지락, 굴, 고동 등의 독성분

            • 삭시톡신(Saxitoxin) 중독 : 검은 조개, 섭조개, 대합조개 등의 독성분

🌸 **풀어보고 넘어가자**

**다음 중 독성분의 연결이 잘못된 것은?**

① 복어 – 테트로도톡신    ② 감자 – 솔라닌
③ 독버섯 – 무스카린    ❹ 바지락 – 삭시톡신

**해설** 바지락 : 베네루핀

## 3. 식품의 보존방법

### (1) 물리적 보존방법

① **냉장 및 냉동법**

    ㉠ 움저장 : 온도를 약 10℃로 유지

    ㉡ 냉장 : 온도를 약 0~4℃로 보존

    ㉢ 냉동 : 온도를 0℃ 이하로 보존

② **탈수법** : 수분 함유량을 감소시켜 건조 저장

③ **가열법** : 미생물을 죽이거나 효소를 파괴하여 미생물의 작용을 저지함으로써 식품의 변질을 방지하여 보존

④ **자외선 및 방사선 조사법**

    ㉠ 자외선 살균법

    ㉡ 방사선 살균법

### (2) 화학적 보존방법

① **절임법** : 염장, 당장, 산장

② **보존료 첨가법**

③ **복합처리법** : 훈증, 훈연

④ **생물학적 처리법** : 세균, 곰팡이 및 효모의 작용으로 식품을 저장

🌸 풀어보고 넘어가자

**식품의 물리적 보존방법이 아닌 것은?**

❶ 훈증법    ② 탈수법    ③ 냉장법    ④ 가열법

해설🖐 훈증법은 화학적 보존방법 중 복합처리법이다.

## 4. 식품위생과 영양

### (1) 보건 영양의 정의 : 인간 집단을 대상으로 건강을 유지하고 증진시키는 것을 목표로 하는 것

### (2) 국민 영양의 목표

① 국민 건강상태의 향상과 질병 예방을 도모

② 어린이 및 임신, 수유부의 영양 관리

③ 비만증의 관리

④ 노인 집단의 영양 관리

## 07 보건행정

## 1. 보건행정의 개념

### (1) 보건행정의 정의 : 공중보건의 목적을 달성하기 위해 공중보건의 원리를 적용하여 행정조직을 통해 행하는 일련의 과정

### (2) 보건행정의 특성

① 공공이익을 위한 공공성과 사회성을 지닌다.

② 적극적인 서비스를 하는 봉사행정이다.

③ 지역사회 주민을 교육하거나 자발적인 참여를 유도함으로써 목적을 달성한다.

④ 과학과 기술의 확고한 기초 위에 수립된 기술행정이다.

### (3) 보건행정의 범위(W.H.O)

① 보건관계 기록의 보존

② 환경위생

③ 모자보건

④ 보건간호

⑤ 대중에 대한 보건교육

⑥ 감염병관리

⑦ 의료

### (4) 우리나라 중앙 보건 행정조직

① **보건복지부**

② **식품의약품안전처**

③ **보건복지부 소속기관** : 국립정신병원, 국립소록도병원, 국립결핵병원, 국립망향의동산관리소, 질병관리본부, 국립의료원, 국립재활원

### (5) 우리나라 지방보건 행정조직

① **시·도 보건 행정조직** : 복지여성국, 보건복지국 하에 의료·위생·복지 등의 업무 취급

② **시·군·구 보건행정조직** : 보건소(보건행정의 대부분은 보건소를 통해 이루어지므로 비중이 크다)

③ **보건소의 역사** : 1956년 보건소법이 제정되었으나 보건소가 설치되지 않았고, 1962년 9월 24일 새로운 보건소법이 제정된 후 시·군에 보건소 설치, 보건소 설치기준은 시·군·구 단위로 1개조씩 배정

④ **보건소 업무**

    ㉠ 국민건강 증진, 보건교육, 구강건강 및 영양개선 사업

    ㉡ 감염병의 예방·관리 및 진료

    ㉢ 모자보건 및 가족계획 사업, 노인보건사업

    ㉣ 공중위생 및 식품위생

    ㉤ 의료인 및 의료기관에 대한 지도 등에 관한 사항, 의료기사·의무기록사 및 대항 지도 등에 관한 사항

    ㉥ 응급의료에 관한 사항

    ㉦ 농어촌 등 보건의료를 위한 특별조치법에 의한 공중보건의사·보건진료원 및 보건진료소에 대한 지도 등에 관한 사항

    ㉧ 약사에 관한 사항과 마약·향정신성 의약품의 관리에 관한 사항

    ㉨ 정신보건에 관한 사항

    ㉩ 가정·사회복지시설 등을 방문하여 행하는 보건의료사업

    ㉪ 지역주민에 대한 진료, 건강진단 및 만성퇴행성질환 등의 질병관리에 관한 사항

    ㉫ 보건에 관한 실험 또는 검사에 관한 사항

    ㉬ 장애인의 재활사업 기타 보건복지부령이 정하는 사회복지사업

    ㉭ 기타 지역주민의 보건의료의 향상·증진 및 이를 위한 연구 등에 관한 사업

## Chapter 02 소독학

### 01 소독의 정의 및 분류

#### 1. 소독의 개념

(1) 소독의 정의 : 병원 미생물의 생활력을 파괴하여 감염력을 없애는 것

(2) 소독력 : 멸균 〉살균 〉소독 〉방부

> **TIP**
> • 살균 : 생활력을 가지고 있는 미생물을 여러 가지 물리·화학적 작용에 의해 급속하게 죽이는 것
> • 방부 : 병원성 미생물의 발육과 그 작용을 제거하거나 정지시켜 음식물의 부패나 발효를 방지하는 것
> • 소독 : 사람에게 유해한 미생물을 파괴시켜 감염의 위험성을 제거하는 비교적 약한 살균작용으로 세포의 포자까지는 작용하지 못한다.
> • 멸균 : 병원성 또는 비병원성 미생물 및 포자를 가진 것을 전부 사멸 또는 제거하는 것

(3) 소독방법

① 자연소독법

ㄱ 희석 : 살균 효과는 없으나 균수를 감소시켜준다.

ㄴ 태양광선 : 도노선(2,900~3,200nm) 파장이 강력한 살균 작용을 한다.

ㄷ 한랭 : 세균발육을 저지시켜준다.

② 물리적 소독법

ㄱ 건열멸균법

| 종류 | 방법 |
|---|---|
| 화염멸균법 | 불꽃에서 20초 이상 접촉 |
| 건열멸균법 | 170℃에서 1~2시간 처리 |
| 소각소독법 | 불에 태우는 법 |

ㄴ 습열멸균법

| 종류 | 방법 |
|---|---|
| 자비소독법 | 100℃ 끓는물에 15~20분간 처리 |
| 고압증기멸균법 | 121℃에서 15분간 |
| 유통증기멸균법 | 100℃ 증기를 30~60분간 통과 |
| 저온소독법 | 60~65℃에서 30분간 처리 |
| 초고온순간멸균법 | 135℃에서 2초간 처리 |

ㄷ 무가열처리법

| 종류 | 방법 |
|---|---|
| 자외선 멸균법 | 2,650Å 파장 이용 |
| 초음파 멸균법 | 매초 8,800Hz의 음파를 이용 |
| 방사선 멸균법 | 50Co, 137Cs 등에서 발생하는 방사선 이용 |
| 냉동법 | 식품의 저장에 이용, 살균효과 없음 |
| 세균여과법 | 0.1~0.4μm 여과지로 이용 |
| 무균조작법 | 미생물의 오염방지 |
| 희석 | 병원균 주의 농도 희석으로 소독효과 |

③ 화학적 소독법

| 종류 | 방법 | | 특징 |
|---|---|---|---|
| 알콜 | • 70~75% 에탄올<br>• 기구 피부 소독, 미용실 실내 소독 | 장점 | 무독성, 세균과 바이러스에 효과적이다. |
| | | 단점 | 포자형성균에는 효과가 없다. 무수알콜도 효과가 없다. 고무, 플라스틱을 녹인다. |
| 석탄산 | • 3% 수용액<br>• 오염된 의류 용기 소독 | 장점 | 살균력이 강하다. 고온일수록 효과가 크다. |
| | | 단점 | 피부점막 자극이 강하다, 금속 부식성, 냄새·독성이 강하다. |
| 크레졸 | • 3% 수용액<br>• 오염된 손, 오물 소독 | 장점 | 일반세균, 소독효과가 크고 피부자극이 없다. |
| | | 단점 | 냄새가 강하다. |
| 승홍수 | • 0.1% 수용액<br>• 손 소독 | 장점 | 무색·무취, 액온도가 높을 수록 강하다, 값이 저렴하다. |
| | | 단점 | 금속부식성, 단백질과 결합해 침전이 발생한다. |
| 생석회 | • 2 : 8(생석회분말 : 물) 희석<br>• 하수, 화장실 소독 | 장점 | 습기 있는 곳, 소독에 효과적이다. (분변, 하수, 오수, 오물, 토사) |
| | | 단점 | 결핵균, 아포균에 거의 효력이 없다. |
| 과산화 수소수 | • 3% 수용액<br>• 피부 상처 소독(입안 상처) | | 무포자균 살균, 자극이 적다. |
| 머큐로 크롬 | • 2% 머큐로크롬<br>• 점막, 피부 상처에 이용 | | 자극성은 없으나 살균력이 강하지 않다. |
| 약용비누 | • 손, 피부 소독 | | 일반비누, 세정효과만 있다. |
| 포르말린 | • 1~1.5% 수용액<br>• 실내기구 소독 | 장점 | 세균 단백질을 응고시켜 살균력이 보인다. |
| | | 단점 | 눈, 코 자극이 심하고 냄새도 강하다. |
| 역성 비누 | • 0.01~0.1% 액<br>• 식기, 기구 소독 | 장점 | 무미·무해·무자극·무독성, 침투력, 살균력이 강하다, 특히 포도상구균, 결핵균에 유효하다. |
| | | 단점 | 아포, 결핵균에는 효과가 없다. |

> **TIP**
> 석탄산계수 = $\dfrac{\text{소독약의 희석배수}}{\text{석탄산 희석배수}}$
>
> → 소독제의 살균력을 비교하기 위해 석탄산계수 이용

(4) 소독약의 살균기전

| 작용가능 | 종류 |
|---|---|
| 산화작용 | 오존, 염소 및 유도체, 과망간산칼륨 |
| 균체 단백질 응고작용 | 석탄산, 알콜, 크레졸, 포르말린, 승홍 |
| 가수분해작용 | 강산, 강알칼리, 열탕수 |
| 탈수 작용 | 식염, 설탕, 알콜 |
| 중금속염 형성 | 승홍수, 머큐로크롬, 질산은 |
| 핵산 작용 | 자외선, 방사선 |
| 세포막의 삼투압 변화작용 | 석탄산, 중금속염, 역성 비누 |

(5) 구비조건

① 살균력이 강하고 높은 석탄산계수를 가질 것

② 안전성이 있고 인체에 무해·무독일 것

③ 부식성, 표백성 없을 것

④ 용해성과 안정성이 있을 것

⑤ 냄새 없고 탈취력이 있을 것

⑥ 환경오염이 발생하지 않을 것

🌸 풀어보고 넘어가자

소독제의 구비 조건에 해당되지 않는 것은?

① 살균력이 강할 것
② 높은 석탄산 계수를 가질 것
③ 부식성, 표백성이 없을 것
❹ 냄새가 강해 소독 효과가 클 것

해설 소독제는 냄새가 없어야 한다.

## 02. 미생물 총론

### 1. 미생물

(1) 미생물의 정의 : 육안으로 보이지 않는 0.1㎛ 이하의 미세한 생물체의 총칭

(2) 미생물의 역사

① 기원 전 459~377년

㉠ 히포크라테스(Hippocrates)의 장기설 : '나쁜 바람이 병을 운반해 온다.'

㉡ 페스트, 천연두, 매독 유행

② 1632~1723년 : 네덜란드의 레벤후크(Leeuwenhoek)가 현미경 발견

③ 1822~1895년 : 파스퇴르(Pasteur)

㉠ 저온멸균법(미생물 사멸)

㉡ S자 플라스크(외기의 침입방지로 장기간 보관)

㉢ 효모법 등의 발견

④ 1843~1910년 : 독일의 코흐(Kcoh)는 병원균(콜레라균, 결핵균, 탄저균) 발견으로 세균연구법 기초 확립

(3) 미생물의 분류

① 원핵생물 : 핵이 없고 세포의 구조가 간단하며 유사분열하지 않는다.

② 진핵생물 : 핵이 있는 고도로 진화된 구조의 세포이며 유사분열한다.

(4) 미생물의 분류 : 세포벽, 세포막, 세포질, 핵, 아포(포자), 편모로 구성

## 03. 병원성 미생물

### 1. 병원성 미생물의 종류

(1) 세균

① 생물체를 구성하는 형태상의 기본단위, 마이크로미터(㎛)로 측정

② 핵막, 미토콘드리아, 유사분열 등이 없고 인간에 기생하여 질병 유발

③ 병원성 세균의 종류 : 여러 질병을 일으키는 세균으로 파상풍균, 콜레라균, 디프테리아균, 결핵균 등이 있다.

(2) 바이러스

① 병원체 중 가장 작아 전자현미경으로 측정

② 살아 있는 세포 속에서만 생존

③ 열에 불안정(56℃에서 30분 가열하면 불활성 초래- 간염바이러스 제외)

(3) 기생충(동물성 기생체)

① 진균 : 광합성이나 운동성이 없는 생물

② 리케차

㉠ 세균보다 작고 살아 있는 세포 안에서만 기생하는 특성

㉡ 절지동물(진드기, 이, 벼룩 등)을 매개로 질병 감염되며 발진성, 열성 질환을 일으킨다.

③ 클라미디아 : 세균보다 작고 살아 있는 세포 안에서만 기생하나 균 체계 내에 생산계를 갖지 않는다.

TIP 미생물의 크기 : 곰팡이 〉효모 〉세균 〉리케차 〉바이러스

④ 미생물 증식곡선

㉠ 잠복기 : 환경 적응기간으로 미생물의 생장이 관찰되지 않는 시기

㉡ 대수기 : 세포수가 2의 지수적으로 증가하는 시기

㉢ 정지기 : 세균수가 일정하고 최대치를 나타내는 시기

㉣ 사멸기 : 생존 미생물의 수가 점차로 줄어드는 시기

TIP 미생물의 성장과 사멸에 영향을 주는 요소

영양원, 온도와 산소농도, 물의 활성, 빛의 세기, 삼투압, pH

## 04. 피부 관리분야의 소독방법 및 위생 소독

(1) 피부 관리실의 위생 및 소독

① 실내 위생

㉠ 탈의실 및 샤워실

• 벽과 바닥은 비누와 락스 등의 소독제 사용

• 사용한 타월과 가운은 뚜껑 있는 통에 보관

㉡ 시술공간

• 피부 관리실 내 미닫이문이 위생적

• 수시로 통풍, 환기하고 환기구 자주 청소

㉢ 화장실

• 펌프형 액체비누 사용

• 생석회 이용해서 소독

• 뚜껑이 있는 쓰레기통을 준비

② **기구 및 도구류의 위생 소독**

　㉠ 종합 미안기류의 부속품

　　• 튜브류, 유리제품 및 브러시류, 고무 달린 전극봉류, 금속류 전극봉, 패드류

　　　– 미온수에 담근 후 세척한다.

　　　– 70% 알콜에 담그거나 닦는다.

　　　– 자외선 소독기에 보관(단, 고무 달린 전극봉은 보관 안 됨)한다.

　　• 각종 볼(Bowl)

　　　– 유리나 플라스틱제는 세척 후 자외선 소독기를 이용한다.

　　　– 소독기에 볼을 넣을 때는 포개지지 않도록 하며 안쪽 면이 자외선에 조사되어 소독이 될 수 있도록 한다.

　　• 족집게 핀셋, 여드름 짜는 기계(Comedone Extractor)

　　　– 70% 알콜에 20분 이상 담가두었다가 사용한다.

　　　– 고름과 혈액 등이 묻은 경우는 자비 소독 혹은 고압증기 멸균 소독을 한다.

　㉡ 전기 제품류, 확대경 및 적외선램프, 우드램프, 정리대

　　• 먼지가 끼지 않도록 하며 미사용 시 덮개를 씌워 보관한다.

　　• 시술 전·후 70% 알콜에 적신 솜으로 닦는다.

　㉢ 베이퍼라이저(Vaporizer)

　　• 증류수나 정수된 물을 사용하며 사용 후 물을 **빼둔다**.

　　• 1주일에 한 번씩 식초를 넣은 물(물 : 식초 = 10 : 1)을 물통에 넣어 8시간 이상 두어 물로 인해 생기는 물석회를 제거한다.

③ **용품 소독**

　㉠ 피부 관리 시술 시 사용되는 용품은 가능한 한 1회 용품을 사용 : 솜클렌징패드, 면봉, 왁스천, 터번, 스파튤라, 바늘, 랜셋, 베드깔개

　㉡ 해면스펀지(Sponge)

　　• 1회용으로 사용

　　• 재사용 시 망 속에 스펀지를 넣고 중성세제를 푼 미온수에 세탁

　　• 채광과 통풍이 잘 되는 곳에 펼쳐 말린 후 자외선 소독기에 넣어 소독

　㉢ 타월

　　• 자비 소독 권장

　　• 피나 고름이 묻는 경우는 고압증기멸균기에 멸균 소독처리하는 것이 안전

　㉣ 가운

　　• 고객마다 새 것을 교환해서 사용

　　• 세탁 후 일광 소독

> **TIP**
> 랜셋, 바늘은 멸균된 것만 사용하고 안전 보관함에 폐기한다.

## Chapter 03 공중위생관리법

### 01 총칙

(1) **목적**

공중위생관리법은 공중이 이용하는 영업과 시설의 위생관리 등에 관한 사항을 규정함으로써 위생수준을 향상시켜 국민의 건강증진에 기여함을 목적으로 한다(법 제1조).

(2) **용어의 정의(법 제2조)**

① **공중위생영업** : 다수인을 대상으로 위생관리서비스를 제공하는 영업으로서 숙박업, 목욕장업, 이용업, 미용업, 세탁업, 건물위생관리업을 말한다.

② **이용업** : 손님의 머리카락 또는 수염을 깎거나 다듬는 등의 방법으로 손님의 용모를 단정하게 하는 영업을 말한다.

③ **미용업** : 손님의 얼굴, 머리, 피부 및 손톱·발톱 등을 손질해 손님의 외모를 아름답게 꾸미는 영업을 말한다.

　㉠ 미용업(일반) : 파마·머리카락자르기·머리카락모양내기·머리피부손질·머리카락염색·머리감기, 의료기기나 의약품을 사용하지 아니하는 눈썹손질

　㉡ 미용업(피부) : 의료기기나 의약품을 사용하지 아니하는 피부 상태분석·피부 관리·제모(除毛)·눈썹손질

　㉢ 미용업(손톱·발톱) : 손톱과 발톱을 손질 및 화장(化粧)하는 영업

　㉣ 미용업(화장·분장) : 얼굴 등 신체의 화장·분장 및 의료기기나 의약품을 사용하지 아니하는 눈썹손질

　㉤ 미용업(종합) : ㉠~㉣까지의 업무를 모두 하는 영업

④ **건물위생 관리업** : 공중이 이용하는 건축물·시설물 등의 청결유지와 실내공기정화를 위한 청소 등을 대행하는 영업을 말한다.

### 02 공중위생영업의 신고 등

(1) **영업의 신고**

① **시장·군수·구청장에 신고** : 공중위생영업을 하고자 하는 자는 공중위생영업의 종류별로 보건복지부령이 정하는 시설 및 설비를 갖

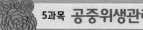 
추고 시장·군수·구청장에게 신고해야 한다(법 제3조).

② 이용업과 미용업의 시설·설비기준(규칙 별표1)

| 구분 | 시설 설비기준 |
|------|----------------|
| 이용업 | • 이용기구는 소독을 한 기구와 소독을 하지 아니한 기구를 구분해 보관할 수 있는 용기를 비치해야 한다.<br>• 소독기, 자외선살균기 등 이용기구를 소독하는 장비를 갖추어야 한다.<br>• 영업소 안에는 별실, 그 밖에 이와 유사한 시설을 설치해서는 아니 된다 |
| 미용업 | • 미용기구는 소독을 한 기구와 소독을 하지 아니한 기구를 구분해 보관할 수 있는 용기를 비치해야 한다.<br>• 소독기, 자외선살균기 등 미용기구를 소독하는 장비를 갖추어야 한다. |

③ 공중위생영업신고 시 시장·군수·구청장에게 제출할 서류(규칙 제3조)

　㉠ 영업시설 및 설비개요서, 영업시설 및 설비의 사용에 관한 권리를 확보하였음을 증명하는 서류

　㉡ 교육필증(미리 교육을 받은 경우)

## (2) 변경신고

영업신고사항의 변경 시 보건복지부령이 정하는 중요사항의 변경인 경우에는 시장·군수·구청장에게 변경신고를 해야 한다(법 제3조 후단).

① 보건복지부령이 정하는 중요한 사항일 경우(규칙 제3조의2)

　㉠ 영업소의 명칭 또는 상호

　㉡ 영업소의 주소

　㉢ 신고한 영업장 면적의 3분의 1 이상의 증감

　㉣ 대표자의 성명 또는 생년월일

　㉤ 업종 간 변경

② 영업신고사항 변경신고 시 시장·군수·구청장에게 제출할 서류(규칙 제3조의2)

　㉠ 영업신고증(신고증을 분실하여 영업신고사항 변경신고서에 분실사유를 기재하는 경우에는 첨부하지 아니한다)

　㉡ 변경사항을 증명하는 서류

## (3) 폐업신고(법 제3조제2항, 제5항)

공중위생영업을 폐업한 자는 폐업한 날부터 20일 이내에 시장·군수·구청장에게 신고해야 한다. 다만, 영업정지 등의 기간 중에는 폐업신고를 할 수 없다. 폐업신고의 방법 및 절차 등에 관하여 필요한 사항은 보건복지부령으로 정한다.

## (4) 공중위생영업의 승계(법 제3조의 2)

① 이용업 또는 미용업의 경우에는 면허를 소지한 자에 한해 공중위생영업자의 지위를 승계할 수 있다.

② 공중위생영업자의 지위를 승계한 자는 1월 이내에 보건복지부령이 정하는 바에 따라 시장·군수 또는 구청장에게 신고해야 한다.

③ 공중위생영업자가 그 공중위생영업을 양도하거나 사망한 때 또는 법인의 합병이 있는 때에는 그 양수인, 상속인 또는 합병 후 존속하는 법인이나 합병에 의하여 설립되는 법인은 그 공중위생영업자의 지위를 승계한다.

④ 민사집행법에 의한 경매, 〈채무자 회생 및 파산에 관한 법률〉에 의한 환가나 국세징수법, 관세법 또는 〈지방세징수법〉에 의한 압류재산의 매각 그밖에 이에 준하는 절차에 따라 공중위생영업 관련 시설 및 설비의 전부를 인수하는 자는 이 법에 의한 그 공중위생영업자의 지위를 승계한다.

> 🌸 풀어보고 넘어가자
>
> 공중위생영업자는 영업소를 개설시 누구에게 신고해야 하는가?
>
> ❶ 시장·군수·구청장　　　　❷ 보건복지부장관
> ❸ 대통령　　　　　　　　　❹ 시·도지사
>
> 해설 법 제3조(공중위생영업의 신고 및 폐업신고)
> 공중위생영업을 하고자 하는 자는 보건복지부령이 정하는 시설 및 설비를 갖추고 시장·군수·구청장에게 신고한다.

## 🔵 03. 공중위생영업자의 위생관리의무 등

공중위생영업자는 그 이용자에게 건강상 위해요인이 발생하지 아니하도록 영업 관련 시설 및 설비를 위생적이고 안전하게 관리하여야 한다(법 제4조).

## (1) 이용업자의 위생관리의무

① 이용기구는 소독을 한 기구와 소독을 하지 아니한 기구로 분리하여 보관하고, 면도기는 1회용 면도날만을 손님 1인에 한하여 사용할 것

② 이용사면허증을 영업소 안에 게시할 것

③ 이용업소 표시 등을 영업소 외부에 설치할 것

## (2) 미용업자의 위생관리의무

① 의료기구와 의약품을 사용하지 아니하는 순수한 화장 또는 피부미용을 할 것

② 미용기구는 소독을 한 기구와 소독을 하지 아니한 기구로 분리하여 보관하고, 면도기는 1회용 면도날만을 손님 1인에 한하여 사용할 것

③ 미용사면허증을 영업소 안에 게시할 것

(3) 위생관리의무에 따른 공중위생영업자가 준수하여야 할 위생관리 기준(규칙 별표 4)

| 구분 | 위생관리기준 |
|---|---|
| 이용업 | • 이용기구 중 소독을 한 기구와 소독을 하지 아니한 기구는 각각 다른 용기에 넣어 보관하여야 한다.<br>• 1회용 면도날은 손님 1인에 한하여 사용하여야 한다.<br>• 업소 내에 이용업신고증, 개설자의 면허증 원본 및 최종지급요금표를 게시하여야 한다.<br>• 영업장 안의 조명도는 75룩스 이상이 되도록 유지하여야 한다. |
| 미용업 | • 점빼기, 귓불뚫기, 쌍꺼풀수술, 문신, 박피술, 그 밖에 이와 유사한 의료행위를 하여서는 아니 된다.<br>• 피부미용을 위하여 약사법 규정에 의한 의약품 또는 의료기기법에 따른 의료기기를 사용하여서는 아니 된다.<br>• 미용기구 중 소독을 한 기구와 소독을 하지 아니한 기구는 각각 다른 용기에 넣어 보관하여야 한다.<br>• 1회용 면도날은 손님 1인에 한하여 사용하여야 한다.<br>• 업소 내에 미용업신고증, 개설자의 면허증 원본 및 최종지급요금표를 게시하여야 한다.<br>• 영업장 안의 조명도는 75룩스 이상이 되도록 유지하여야 한다. |

**TIP** 이·미용기구의 소독기준 및 방법(규칙 별표 3, 일반기준)
• 자외선 소독 : 1cm²당 85㎼ 이상의 자외선을 20분 이상 쬐어준다.
• 건열멸균 소독 : 섭씨 100℃ 이상의 건조한 열에 20분 이상 쬐어준다.
• 증기 소독 : 섭씨 100℃ 이상의 습한 열에 20분 이상 쐬어준다.
• 열탕 소독 : 섭씨 100℃ 이상의 물 속에 10분 이상 끓여준다.
• 석탄산수 소독 : 석탄산수(석탄산 3%, 물 97%의 수용액)에 10분 이상 담가둔다.
• 크레졸 소독 : 크레졸수(크레졸 3%, 물 97%의 수용액)에 10분 이상 담가둔다.
• 에탄올 소독 : 에탄올수용액(에탄올이 70%인 수용액)에 10분 이상 담가두거나 에탄올수용액을 머금은 면 또는 거즈로 기구의 표면을 닦아준다.
(※ 개별기준으로서 이용기구 및 미용기구의 종류·재질 및 용도에 따른 구체적인 소독기준 및 방법은 보건복지부장관이 정하여 고시한다)

🌸 풀어보고 넘어가자

미용기구의 소독기준 및 방법은 누구령으로 정하는가?

① 대통령령          ② 시장·군수·구청장
❸ 보건복지부령      ④ 시·도지사

**해설** 법 제44조 (공중위생영업자의 위생관리 의무 등)
미용기구의 소독기준 및 방법은 보건복지부령으로 정한다.

## ④ 이용사 및 미용사의 면허 등

(1) 자격기준(법 제6조)

이용사 또는 미용사가 되고자 하는 자는 다음의 어느 하나에 해당하는 자로서 보건복지부령이 정하는 바에 의하여 시장·군수·구청장의 면허를 받아야 한다.
① 전문대학 또는 이와 동등 이상의 학력이 있다고 교육부장관이 인정하는 학교에서 이용 또는 미용에 관한 학과를 졸업한 자
② 학점인정 등에 관한 법상 대학 또는 전문대학을 졸업한 자와 동등 이상의 학력이 있는 것으로 인정되어 이용 또는 미용에 관한 학위를 취득한 자
③ 고등학교 또는 이와 동등의 학력이 있다고 교육부장관이 인정하는

학교에서 이용 또는 미용에 관한 학과를 졸업한 자
④ 초·중등교육법령에 따른 특성화고등학교, 고등기술학교나 고등학교 또는 고등기술학교에 준하는 각종 학교에서 1년 이상 이용 또는 미용에 관한 소정의 과정을 이수한 자
⑤ 국가기술자격법에 의한 이용사 또는 미용사의 자격을 취득한 자

**TIP** 면허가 취소되거나 정지된 자는 지체 없이 관할 시장·군수·구청장에게 면허증을 반납하여야 하고 반납된 면허증은 해당 면허정지기간 동안 관할 시장·군수·구청장이 이를 보관한다(규칙 제12조).

(2) 결격사유(법 제6조제2항)

다음의 사유 중 하나라도 해당하는 자는 면허를 받을 수 없다.
① 피성년후견인
② 〈정신건강증진 및 정신질환자 복지서비스 지원에 관한 법률〉에 따른 정신질환자. 다만, 전문의가 이용사 또는 미용사로서 적합하다고 인정하는 경우 제외
③ 공중의 위생에 영향을 미칠 수 있는 감염병 환자로서 보건복지부령이 정하는 자
④ 마약, 기타 대통령령으로 정하는 약물 중독자(대마 또는 향정신성 의약품의 중독자)
⑤ 면허가 취소된 후 1년이 경과되지 아니한 자

(3) 면허의 취소(법 제7조)

시장·군수·구청장은 이용사 또는 미용사가 다음 취소사유 중 어느 하나에 해당하는 때에는 그 면허를 취소하거나 6월 이내의 기간을 정하여 그 면허의 정지를 명할 수 있다. 다만, ①에 해당하는 경우에는 면허를 취소해야 한다.
① 위 (2) 결격사유 중 ①~④에 해당하게 된 때 → 취소
② 면허증을 다른 사람에게 대여한 때 → 취소 또는 정지
③ 면허취소·정지처분의 세부적인 기준은 그 처분의 사유와 위반의 정도 등을 감안하여 보건복지부령으로 정한다.

**TIP** 면허신청자는 면허신청서에 본인이 해당하는 자격요건에 대한 졸업증명서, 학위증명서, 이수증명서, 국가기술자격증 등 확인서류(1부)와 결격사유에 해당하지 않음을 증명하는 최근 6개월 내에 의사의 진단서(1부)를 최근 6개월 내 찍은 탈모 정면 상반신 사진(1매 또는 전자적 파일 형태의 사진)과 함께 첨부하여야 한다(규칙 제9조).

## ⑤ 이용사 및 미용사의 업무

(1) 이용사 및 미용사의 업무범위

이용사 또는 미용사의 면허를 받은 자가 아니면 이용업 또는 미용업을 개설하거나 그 업무에 종사할 수 없다. 다만, 이용사 또는 미용사의 감독을 받아 이용 또는 미용 업무의 보조를 행하는 경우에는 그러하지 아니하다(법 제8조제1항).

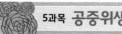 
① **이용사의 업무범위** : 이발, 아이론, 면도, 머리피부손질, 머리카락
  염색 및 머리감기
② **미용사의 업무범위**

 ㉠ 미용업(일반) : 파마·머리카락자르기·머리카락모양내기·머리피
  부손질·머리카락염색·머리감기, 의료기기나 의약품을 사용하
  지 아니하는 눈썹손질을 하는 영업
 ㉡ 미용업(피부) : 의료기기나 의약품을 사용하지 아니하는 피부상
  태분석·피부 관리·제모(除毛)·눈썹손질을 하는 영업
 ㉢ 미용업(손톱·발톱) : 손톱과 발톱을 손질 및 화장(化粧)하는 영업
 ㉣ 미용업(화장·분장) : 얼굴 등 신체의 화장·분장 및 의료기기나
  의약품을 사용하지 아니하는 눈썹손질을 하는 영업
 ㉤ 미용업(종합) : ㉠~㉣까지의 업무를 모두 하는 영업

(2) 이·미용 업무의 제한

이용 및 미용의 업무는 영업소 외의 장소에서 행할 수 없다. 다만, 보
건복지부령이 정하는 특별한 사유가 있는 경우에는 그러하지 아니하다
(법 제8조제2항).

> **TIP** 보건복지부령이 정하는 특별한 사유
> ① 질병, 그 밖의 사유로 인하여 영업소에 나올 수 없는 자에 대하여 이용 또는 미용을
>   하는 경우
> ② 혼례, 그 밖의 의식에 참여하는 자에 대하여 그 의식 직전에 이용 또는 미용을 하
>   는 경우
> ③ 사회복지시설에서 봉사활동으로 이용 또는 미용을 하는 경우
> ④ 방송 등의 촬영에 참여하는 사람에 대하여 그 촬영 직전에 이용 또는 미용을 하는
>   경우
> ⑤ ①~④까지의 경우 외에 특별한 사정이 있다고 시장·군수·구청장이 인정하는 경우

> 🌸 풀어보고 넘어가자
> 다음 중 미용사의 면허를 받을 수 있는 사람은?
> ① 금치산자     ② 정신질환자 또는 간질병자
> ③ 약물중독자    ❹ 면허가 취소된 후 1년이 경과된 자
> **해설** 법 제6조(이·미용사의 면허 등)
> 이·미용사 면허를 받을 수 없는 자 : 금치산자, 정신질환자, 감염병환자, 약물중독자, 면허가
> 취소된 후 1년이 경과되지 아니한 자

## 06 시·도지사 또는 시장·군수·구청장의 감독 및 처분

(1) 보고 및 출입·검사(법 제9조)

① 특별시장·광역시장·도지사 또는 시장·군수·구청장은 공중위생관
  리상 필요하다고 인정하는 때에는 공중위생영업자에 대하여 필요
  한 보고를 하게 하거나 소속공무원으로 하여금 영업소·사무소 등
  에 출입하여 공중위생영업자의 위생관리의무이행 등에 대하여 검
  사하게 하거나 필요에 따라 공중위생영업장부나 서류를 열람하게
  할 수 있다.
② 시·도지사 또는 시장·군수·구청장은 공중위생영업자의 영업소에
  제5조에 따라 설치가 금지되는 카메라나 기계장치가 설치되었는지

를 검사할 수 있다. 이 경우 공중위생영업자는 특별한 사정이 없으
면 검사에 따라야 한다.

(2) 영업의 제한(법 제9조의2)

시·도지사는 공익상 또는 선량한 풍속을 유지하기 위하여 필요하다고
인정하는 때에는 공중위생영업자 및 종사원에 대하여 영업시간 및 영
업행위에 관한 필요한 제한을 할 수 있다.

(3) 위생지도 및 개선명령(법 제10조)

시·도지사 또는 시장·군수·구청장은 다음의 어느 하나에 해당하는 자
에 대하여 보건복지부령으로 정하는 바에 따라 기간을 정하여 그 개선
을 명할 수 있다.
① 공중위생영업의 종류별 시설 및 설비기준을 위반한 공중위생영업자
② 위생관리의무 등을 위반한 공중위생영업자

(4) 공중위생영업소의 폐쇄 등(법 제11조)

① 시장·군수·구청장은 공중위생영업자가 이 법 또는 이 법에 의한
  명령에 위반하거나 또는 관계행정기관의 장의 요청이 있는 때에는
  6월 이내의 기간을 정하여 영업의 정지 또는 일부 시설의 사용중지
  를 명하거나 영업소 폐쇄 등을 명할 수 있다.
② 행정처분의 세부기준은 그 위반행위의 유형과 위반 정도 등을 고려
  하여 보건복지부령으로 정한다.
③ 시장·군수·구청장은 공중위생영업자가 영업소 폐쇄명령을 받고도
  계속하여 영업을 하는 때에는 관계공무원으로 하여금 당해 영업소
  를 폐쇄하기 위하여 다음의 조치를 하게 할 수 있다.
 ㉠ 해당 영업소의 간판, 기타 영업표지물의 제거
 ㉡ 해당 영업소가 위법한 영업소임을 알리는 게시물 등의 부착
 ㉢ 영업을 위하여 필수불가결한 기구 또는 시설물을 사용할 수 없
  게 하는 봉인
④ 시장·군수·구청장은 봉인 후 봉인을 계속할 필요가 없다고 인정되
  는 때와 영업자 등이나 그 대리인이 당해 영업소를 폐쇄할 것을 약
  속하는 때 및 정당한 사유를 들어 봉인의 해제를 요청하는 때에는
  그 봉인을 해제할 수 있다.

(5) 공중위생영업의 위생관리

① 위생서비스수준 평가(법 제13조)
 ㉠ 시·도지사는 공중위생영업소의 위생관리수준을 향상시키기 위
  하여 위생서비스 평가계획을 수립하여 시장·군수·구청장에게
  통보하여야 한다.
 ㉡ 시장·군수·구청장은 평가계획에 따라 관할 지역별 세부평가계
  획을 수립한 후 공중위생영업소의 위생서비스수준을 평가하여
  야 한다. 평가는 2년마다 실시함을 원칙으로 하되, 특히 필요한
  경우에는 보건복지부장관이 정하여 고시하는 바에 따라 달리
  할 수 있다.
 ㉢ 시장·군수·구청장은 위생서비스평가의 전문성을 높이기 위하
  여 필요하다고 인정하는 경우에는 관련 전문기관 및 단체로 하

여금 위생서비스평가를 실시하게 할 수 있다.

② 위생서비스평가의 주기·방법, 위생관리등급의 기준 기타 평가에 관하여 필요한 사항은 보건복지부령으로 정한다.

### ② 위생관리등급(법 제14조)

㉠ 시장·군수·구청장은 보건복지부령이 정하는 바에 의하여 위생서비스평가의 결과에 따른 위생관리등급을 해당공중위생영업자에게 통보하고(송부) 이를 공표하여야 한다.

㉡ 공중위생영업자는 시장·군수·구청장으로부터 통보받은 위생관리등급의 표지를 영업소의 명칭과 함께 영업소의 출입구에 부착할 수 있다.

> **TIP 위생관리등급의 구분**
>
> • 최우수소 : 녹색등급
> • 우수업소 : 황색등급
> • 일반관리대상 업소 : 백색등급

### ③ 위생교육(법 제17조)

㉠ 공중위생영업자는 매년 위생교육을 받아야 한다.

㉡ 공중위생영업의 영업신고를 하고자 하는 자는 미리 위생교육을 받아야 한다. 다만, 보건복지부령으로 정하는 부득이한 사유로 미리 교육을 받을 수 없는 경우에는 영업개시 후 6개월 이내에 위생교육을 받을 수 있다. → 부득이한 사유로 위생교육을 받을 수 없다고 인정되는 자는 영업 신고를 한 후 6개월 이내에 위생교육을 받을 수 있다(규칙 제23조제6항).

㉢ 위생교육은 매년 3시간으로 하며, 시장·군수·구청장이 이를 실시한 후 수료증을 교부한다.

㉣ 시장·군수·구청장은 위생교육에 관한 기록을 2년 이상 보관, 관리해야 한다.

### ④ 공중위생감시원(영 제8조) : 관계공무원의 업무를 행하게 하기 위하여 특별시·광역시·도 및 시·군·구(자치구에 한한다)에 공중위생감시원을 둔다.

㉠ 공중위생감시원의 자격 및 임명 : 특별시장·광역시장·도지사 또는 시장·군수·구청장은 다음에 해당하는 소속 공무원 중에서 공중위생감시원을 임명한다.

• 위생사 또는 환경기사 2급 이상의 자격증이 있는 자

•「고등교육법」에 따른 대학에서 화학·화공학·환경공학 또는 위생학 분야를 전공하고 졸업한 자 또는 이와 동등 이상의 학력이 있다고 인정되는 자

• 외국에서 위생사 또는 환경기사의 면허를 받은 자

• 1년 이상 공중위생 행정에 종사한 경력이 있는 자

㉡ 공중위생감시원의 업무범위(영 제9조)

• 시설 및 설비의 확인

• 공중위생영업 관련 시설 및 설비의 위생상태 확인·검사, 공중위생영업자의 위생관리의무 및 영업자 준수사항 이행여부의 확인

• 위생지도 및 개선명령 이행여부의 확인

• 공중위생영업소의 영업의 정지, 일부 시설의 사용중지 또는 영업소 폐쇄명령 이행여부의 확인

• 위생교육 이행여부의 확인

### ⑤ 위임 및 위탁(법 제18조)

㉠ 보건복지부장관은 이 법에 의한 권한의 일부를 대통령령이 정하는 바에 의하여 시·도지사 또는 시장·군수·구청장에게 위임할 수 있다.

㉡ 보건복지부장관은 대통령령이 정하는 바에 의하여 관계전문기관 등에 그 업무의 일부를 위탁할 수 있다.

### (6) 행정처분기준(규칙 별표 7) - 미용업

| 위반사항 | 관련 법규 | 행정처분기준 | | | |
|---|---|---|---|---|---|
| | | 1차 위반 | 2차 위반 | 3차 위반 | 4차 이상 위반 |
| 1. 영업신고를 하지 않거나 시설과 설비기준을 위반한 경우 | 법 제11조 제1항 제1호 | | | | |
| 가. 영업신고를 하지 않은 경우 | | 영업장 폐쇄명령 | | | |
| 나. 시설 및 설비기준을 위반한 경우 | | 개선명령 | 영업정지 15일 | 영업정지 1월 | 영업장 폐쇄명령 |
| 2. 변경신고를 하지 않은 경우 | 법 제11조 제1항 제2호 | | | | |
| 가. 신고를 하지 않고 영업소의 명칭 및 상호 또는 영업장 면적의 3분의 1 이상을 변경한 경우 | | 경고 또는 개선명령 | 영업정지 15일 | 영업정지 1월 | 영업장 폐쇄명령 |
| 나. 신고를 하지 아니하고 영업소의 소재지를 변경한 경우 | | 영업정지 1월 | 영업정지 2월 | 영업장 폐쇄명령 | |
| 3. 지위승계신고를 하지 않은 경우 | 법 제11조 제1항 제3호 | 경고 | 영업정지 10일 | 영업정지 1월 | 영업장 폐쇄명령 |
| 4. 공중위생영업자의 위생관리의무 등을 지키지 않은 경우 | 법 제11조 제1항 제4호 | | | | |
| 가. 소독을 한 기구와 소독을 하지 않은 기구를 각각 다른 용기에 넣어 보관하지 않거나 1회용 면도날을 2인 이상의 손님에게 사용한 경우 | | 경고 | 영업정지 5일 | 영업정지 10일 | 영업장 폐쇄명령 |
| 나. 피부미용을 위하여 「약사법」에 따른 의약품 또는 「의료기기법」에 따른 의료기기를 사용한 경우 | | 영업정지 2월 | 영업정지 3월 | 영업장 폐쇄명령 | |
| 다. 점빼기·귓볼뚫기·쌍꺼풀수술·문신·박피술 그밖에 이와 유사한 의료행위를 한 경우 | | 영업정지 2월 | 영업정지 3월 | 영업장 폐쇄명령 | |
| 라. 미용업 신고증 및 면허증 원본을 게시하지 않거나 업소 내 조명도를 준수하지 않은 경우 | | 경고 또는 개선명령 | 영업정지 5일 | 영업정지 10일 | 영업장 폐쇄명령 |
| 마. 개별 미용서비스의 최종 지불가격 및 전체 미용서비스의 총액에 관한 내역서를 이용자에게 미리 제공하지 않은 경우 | | 경고 | 영업정지 5일 | 영업정지 10일 | 영업정지 1월 |
| 5. 법 제5조를 위반하여 카메라나 기계장치를 설치한 경우 | 법 제11조 제1항 제4호의 2 | 영업정지 1월 | 영업정지 2월 | 영업장 폐쇄명령 | |
| 6. 면허 정지 및 면허 취소 사유에 해당하는 경우 | 법 제7조 제1항 | | | | |
| 가. 피성년후견인, 정신질환자, 감염병환자, 약물중독자(미용사가 면허를 받을 수 없는 경우) | | 면허취소 | | | |
| 나. 면허증을 다른 사람에게 대여한 경우 | | 면허정지 3월 | 면허정지 6월 | 면허취소 | |

| 위반사항 | 관련 법규 | 행정처분기준 | | | |
|---|---|---|---|---|---|
| | | 1차 위반 | 2차 위반 | 3차 위반 | 4차 이상 위반 |
| 다. 「국가기술자격법」에 따라 자격이 취소된 경우 | | 면허취소 | | | |
| 라. 「국가기술자격법」에 따라 자격정지처분을 받은 경우(「국가기술자격법」에 따른 자격정지처분 기간에 한정한다) | | 면허정지 | | | |
| 마. 이중으로 면허를 취득한 경우(나중에 발급받은 면허를 말한다) | | 면허취소 | | | |
| 바. 면허정지처분을 받고도 그 정지 기간 중 업무를 한 경우 | | 면허취소 | | | |
| 6. 영업소 외의 장소에서 미용 업무를 한 경우 | 법 제11조제1항제5호 | 영업정지 1월 | 영업정지 2월 | 영업장 폐쇄명령 | |
| 7. 시·도지사 또는 시장·군수·구청장이 공중위생관리상 필요로 하는 보고를 하지 않거나 거짓으로 보고한 경우 또는 관계 공무원의 출입, 검사 또는 공중위생영업 장부 또는 서류의 열람을 거부·방해하거나 기피한 경우 | 법 제11조제1항제6호 | 영업정지 10일 | 영업정지 20일 | 영업정지 1월 | 영업장 폐쇄명령 |
| 8. 개선명령을 이행하지 않은 경우 | 법 제11조제1항제7호 | 경고 | 영업정지 10일 | 영업정지 1월 | 영업장 폐쇄명령 |
| 9. 「성매매알선 등 행위의 처벌에 관한 법률」, 「풍속영업의 규제에 관한 법률」, 「청소년 보호법」, 「아동·청소년의 성보호에 관한 법률」 또는 「의료법」을 위반하여 관계 행정기관의 장으로부터 그 사실을 통보받은 경우 | 법 제11조제1항제8호 | | | | |
| 가. 손님에게 성매매알선 등 행위 또는 음란행위를 하게 하거나 이를 알선 또는 제공한 경우 | | | | | |
| (1) 영업소 | | 영업정지 3월 | 영업장 폐쇄명령 | | |
| (2) 미용사 | | 면허정지 3월 | 면허취소 | | |
| 나. 손님에게 도박 그밖에 사행행위를 하게 한 경우 | | 영업정지 1월 | 영업정지 2월 | 영업장 폐쇄명령 | |
| 다. 음란한 물건을 관람·열람하게 하거나 진열 또는 보관한 경우 | | 경고 | 영업정지 15일 | 영업정지 1월 | 영업장 폐쇄명령 |
| 라. 무자격안마사로 하여금 안마사의 업무에 관한 행위를 하게 한 경우 | | 영업정지 1월 | 영업정지 2월 | 영업장 폐쇄명령 | |
| 10. 영업정지처분을 받고 그 영업정지 기간에 영업을 한 경우 | 법 제11조제2항 | 영업장 폐쇄명령 | | | |
| 11. 공중위생영업자가 정당한 사유 없이 6개월 이상 계속 휴업하는 경우 | 법 제11조제3항 제1호 | 영업장 폐쇄명령 | | | |
| 12. 관할 세무서장에게 폐업신고를 하거나 관할 세무서장이 사업자 등록을 말소한 경우 | 법 제11조제3항 제2호 | 영업장 폐쇄명령 | | | |

## 07 벌칙 및 과태료

### (1) 벌칙(법 제20조)

① 1년 이하의 징역 또는 1천만 원 이하의 벌금

　㉠ 시장·군수·구청장에게 공중위생영업의 신고를 하지 아니한 자

　㉡ 영업정지명령 또는 일부 시설의 사용중지명령을 받고도 그 기간 중에 영업을 하거나 그 시설을 사용한 자 또는 영업소 폐쇄명령을 받고도 계속하여 영업을 한 자

② 6월 이하의 징역 또는 500만 원 이하의 벌금

　㉠ 변경신고를 하지 아니한 자

　㉡ 공중위생영업자의 지위를 승계한 자로서 위생관리의무 신고를 하지 아니한 자

　㉢ 건전한 영업질서를 위하여 공중위생영업자가 준수하여야 할 사항을 준수하지 아니한 자

③ 300만 원 이하의 벌금

　㉠ 면허의 취소 또는 정지 중에 이용업 또는 미용업을 행한 자

　㉡ 면허를 받지 않고 이용 또는 미용의 업무를 개설하거나 종사한 자

　㉢ 다른 사람에게 면허증을 빌려주거나 빌리거나 이를 알선한 자

### (2) 과태료(법 제22조)

① 300만 원 이하의 과태료

　㉠ 필요한 보고를 하지 아니하거나 관계공무원의 출입·검사, 기타 조치를 거부·방해 또는 기피한 자

　㉡ 개선명령에 위반한 자

　㉢ 시·군·구에 이용업 신고를 하지 않고 이용업소 표시 등을 설치한 자

② 200만 원 이하의 과태료

　㉠ 이용업소의 위생관리 의무를 지키지 아니한 자

　㉡ 미용업소의 위생관리 의무를 지키지 아니한 자

　㉢ 영업소 외의 장소에서 이용 또는 미용업무를 행한 자

　㉣ 위생교육을 받지 아니한 자

③ 과징금의 부과·징수 절차(영 제7조의2제2항, 제7조의3)

　㉠ 과징금의 징수 절차는 보건복지부령으로 정한다.

　㉡ 시장·군수·구청장은 과징금을 부과하고자 할 때에는 그 위반 행위의 종별과 해당 과징금의 금액 등을 명시하여 서면으로 통지하여야 한다.

　㉢ 통지를 받은 자는 받은 날로부터 20일 이내에 시장·군수·구청장이 정하는 수납기간에 납부하여야 한다. 천재지변 및 부득이한 경우에는 그 사유가 없어진 날부터 7일 이내에 납부한다.

　㉣ 과징금 수납기관은 영수증을 교부하고, 지체 없이 시장·군수·구청장에게 통보한다.

　㉤ 과징금 금액의 2분의 1의 범위 안에서 늘리거나 줄일 수 있으나 과징금의 총액이 1억 원을 초과할 수 없다.

　㉥ 과징금 금액이 100만 원 이상인 경우 시장, 군수, 구청장이 인정할 때는 과징금납부의무자의 신청을 받아 12개월의 범위에서 분할 납부의 횟수를 3회 이내로 정하여 분할 납부할 수 있다.

　㉦ 과징금납부의무자는 과징금을 분할 납부하려는 경우 그 납부기한의 10일 전까지 증명 서류를 첨부하여 시장, 군수, 구청장에게 과징금의 분할 납부를 신청해야 한다.

◎ 시장, 군수, 구청장은 분할 납부 결정을 취소하고 과징금을 한꺼번에 징수할 수 있다.

TIP 양벌규정

법인의 대표자나 법인 또는 개인의 대리인·사용인, 기타 종업원이 그 법인 또는 개인의 업무에 관하여 '벌칙'에 해당하는 위반행위를 한 때에는 행위자를 벌하는 외에 그 법인 또는 개인에 대하여도 동조의 벌금형을 과한다.

🌸 풀어보고 넘어가자

미용업의 위생교육에 대한 설명 중 틀린 것은?

❶ 위생교육에 관한 기록은 1년 이상 보관·관리해야 한다.
② 부득이한 사정으로 교육을 못 받은 자는 6월 이내에 위생교육을 받게 한다.
③ 위생교육 시간은 3시간이다.
④ 위생교육은 시장·군수·구청장이 실시한다.

해설 시행규칙 제23조(위생교육 등)
교육한 기록을 2년 이상 보관·관리해야 한다.

# Part 02

## 실력다지기
## 모의고사

**01** 세계 여러 나라의 피부미용 용어 중 옳지 않은 것은?
① 독일 : Kosmetik
② 영국 : Cosmetic
③ 일본 : Skin Care
④ 프랑스 : Esthetique

**해설** 일본의 피부미용 용어는 エステ(에스테)이다.

**02** 피부의 유분 함량, 모공 크기, 예민 상태, 혈액순환 상태 등의 판독이 가능한 피부분석 방법은?
① 견진
② 문진
③ 촉진
④ 소진

**해설** 견진은 육안, 확대경, 우드램프 등을 통하여 피부 유형을 판독하는 방법으로 피부의 유분 함량, 모공 크기, 예민 상태, 혈액순환 상태 등의 판독이 가능하다.

**03** 다음 중 피부의 진피층까지 파괴되어 영구적인 흉터를 남기는 여드름은?
① 농포성 여드름
② 구진성 여드름
③ 결절성 여드름
④ 낭종성 여드름

**해설** 낭종성 여드름은 여드름 형태 중 화농의 상태가 가장 크고 통증도 심하며 진피층 깊은 곳까지 파괴하여 영구적인 흉터를 남긴다.

**04** 물의 세정 효과에 대한 설명으로 틀린 것은?
① 찬물은 가벼운 세정 효과가 있고 혈관을 확장시켜 혈액순환을 돕는다.
② 미지근한 물은 가벼운 세정 및 각질 제거가 용이하다.
③ 따뜻한 물은 세정 및 각질 제거의 효과가 크다.
④ 뜨거운 물은 세정 효과가 매우 크나 피부의 탄력을 저하시킬 수 있다.

**해설** 찬물은 혈관을 수축시켜 피부 탄력을 높이고 신선감을 준다.

**05** 스크럽 제품에 대한 설명으로 적절하지 않은 것은?
① 혈관이 확장된 부위는 피한다.
② 각질이 두터운 피부에 적합하다.
③ 심한 염증성 피부에 적합하다.
④ 예민하거나 모세혈관이 확장된 피부는 피해야 한다.

**해설** 심한 염증성 피부는 다른 부위로 감염될 수 있으므로 피해야 한다.

**06** 여드름 피부의 관리 방법으로 적절하지 않은 것은?
① 피지 분비를 조절해주는 팩을 사용한다.
② 피부 표피의 각질세포들을 정기적으로 제거해준다.
③ 세안 시 가볍게 찬물로 세안하여 모공을 축소시키고 자극을 최소화한다.
④ 소독과 피부 진정 효과가 있는 화장수를 사용한다.

**해설** 여드름 피부는 피지와 노폐물을 효과적으로 제거하기 위해서 세안 시 미지근한 물로 세안하는 것이 좋다.

**07** 매뉴얼 테크닉 중 반죽하듯이 주무르는 동작으로 근육을 풀어주고 부기를 해소하는 데 효과가 있는 동작은?
① 강찰법
② 유연법
③ 고타법
④ 진동법

**해설** 유연법은 반죽하듯이 피부를 주무르는 동작으로 부종을 풀어주는 데 효과적이다.

**08** 콜라겐이나 다른 활성 성분을 건조시킨 종이를 증류수, 화장수 등의 용액에 적셔 도포하는 마스크의 종류는?
① 고무 마스크
② 클레이 마스크
③ 시트 마스크
④ 모델링 마스크

**해설** 시트 마스크는 콜라겐과 피부에 유효한 성분을 건조시킨 것을 물에 적셔 도포한다.

**09** 다음 중 제모가 가능한 경우는?
① 상처 부위 피부
② 사마귀 또는 점 부위의 털
③ 당뇨 환자
④ 비만 환자

**해설** 제모는 정맥류, 혈관 이상이 있는 경우, 당뇨병, 사마귀와 점 부위에 털이 난 경우, 피부가 예민하거나 상처가 있는 경우는 피한다.

**10** 아로마테라피에 대한 설명으로 옳지 않은 것은?
① 각종 허브 식물이 제공하는 향기를 이용해 치료하는 향기 요법이다.
② 아로마 마사지는 마사지 효과와 더불어 향기가 주는 심리적 효과까지 얻을 수 있다.
③ 에센셜 오일은 원액 그대로 사용하여 효과를 증대시킨다.
④ 아로마테라피의 방법에는 흡입법, 목욕법, 찜질법, 마사지, 습포법 등이 있다.

**해설** 에센셜 오일은 독성이 강하므로 반드시 캐리어 오일에 블랜딩하여 사용한다.

**11** 타이 마사지의 특징이 아닌 것은?
① 손, 발, 팔꿈치를 이용하여 신체에 압력을 준다.
② 마사지 시 명상, 요가, 호흡법을 함께 이용한다.
③ 림파의 순환을 촉진시켜 노폐물을 체외로 배출시키는 것을 돕는다.
④ 신체를 정화하고 운동시키는 스트레칭 마사지이다.

**해설** 타이 마사지는 근육과 관절이 좋아지고 유연성이 증대되며 통증을 완화시키는 효과가 있으며, 림프드레나쥐는 림프 순환을 촉진시켜 노폐물 배출을 돕는다.

**12** TPO에 따른 화장법으로 옳지 않은 것은?
① 아침 피부는 보습제와 자외선 차단 크림을 바른 후 메이크업을 하는 것이 좋다.
② 점심 피부는 오일페이퍼를 사용하여 피지와 피부의 번들거림을 제거한다.
③ 저녁 피부는 미지근한 물로 가볍게 세안하고 중성이나 순한 약산성의 클렌징 제품을 사용한다.
④ 저녁 피부는 메이크업과 피부 노폐물을 제거하기 위해 클렌징 크림과 클렌징 폼을 이용하여 이중세안한다.

**해설** ③은 아침 피부의 세안 방법이다.

**13** 표피 중 가장 두꺼운 층이며, 면역을 담당하는 랑게르한스 세포가 존재하는 층은?
① 과립층
② 기저층
③ 유극층
④ 각질층

**해설** 랑게르한스 세포는 유극층에 존재하며 면역 반응과 알레르기 반응에 관여한다.

**14** 피부 구조에 대한 설명으로 옳은 것은?
① 표피, 진피, 피하조직의 3층으로 구분된다.
② 각질층, 투명층, 과립층의 3층으로 구분된다.
③ 한선, 피지선, 유선의 3층으로 구분된다.
④ 결합섬유, 탄력섬유, 평활근의 3층으로 구분된다.

**해설** 피부의 구조는 피부 바깥쪽부터 표피, 진피, 피하조직으로 구성되어 있다.

| 정답 | | | | | | | |
|---|---|---|---|---|---|---|---|
| | 01 ③ | 02 ① | 03 ④ | 04 ① | 05 ③ | 06 ③ | 07 ② |
| | 08 ③ | 09 ④ | 10 ③ | 11 ③ | 12 ③ | 13 ③ | 14 ① |

**15** 모발의 색을 나타내는 색소로 입자형 색소는?

① 티로신(Tyrosine)
② 멜라노사이트(Melanocyte)
③ 유멜라닌(Eumelanin)
④ 페오멜라닌(Pheomelanin)

**해설** 유멜라닌은 입자형 색소이고, 페오멜라닌은 분사형 색소이다.

**16** 과립층에 대한 설명으로 틀린 것은?

① 각질화가 시작되는 곳이다.
② 피부염과 피부 건조를 막아준다.
③ 수분 저지막이 존재한다.
④ 모세혈관으로부터 영양분을 공급받아 세포분열을 일으킨다.

**해설** 세포분열을 일으키는 곳은 기저층이다.

**17** 영양소를 각 조직으로 운반하는 것은?

① 물    ② 단백질    ③ 섬유질    ④ 탄수화물

**해설** 물은 신체 곳곳과 세포 안으로 영양분을 이동시킨다.

**18** 항산화 비타민으로 아스코르브산(Ascorbic Acid)이라고 부르는 것은?

① 비타민 A    ② 비타민 B    ③ 비타민 C    ④ 비타민 D

**해설** 비타민 C(아스코르브산)는 모세혈관벽을 간접적으로 튼튼하게 한다.

**19** 다음 중 섬유소에 대한 설명으로 틀린 것은?

① 장의 연동운동을 촉진시킨다.
② 식사 시 영양분의 흡수를 억제한다.
③ 변의 양을 증가시킨다.
④ 체내에서 합성된다.

**해설** 섬유소는 체내에서 합성이 안 되므로 음식물로 섭취해야 한다.

**20** 바이러스성 질환으로 수포가 입술 주위에 잘 생기고 흉터 없이 치유되나 재발이 잘 되는 것은?

① 습진    ② 태선    ③ 단순포진    ④ 대상포진

**해설** 단순포진은 면역력이 약해지면 언제라도 재발할 수 있는 질환이다.

**21** 다음 중 자외선 차단지수를 나타내는 약어는?

① UVC    ② SPF    ③ WHO    ④ FDA

**해설** SPF : Sun Protection Factor

**22** 다음 중 인체의 단위를 작은 순서부터 차례로 나열한 것은?

① 세포 – 조직 – 계통 – 기관 – 인체
② 조직 – 기관 – 계통 – 인체 – 세포
③ 세포 – 조직 – 기관 – 계통 – 인체
④ 세포 – 계통 – 조직 – 기관 – 인체

**해설** 세포 – 조직 – 기관 – 계통 – 인체의 순이다.

**23** 다음 중 인체를 구성하는 기본 조직이 아닌 것은?

① 상피조직    ② 근육조직    ③ 혈관조직    ④ 신경조직

**해설** 인체의 4대 기본 조직은 상피조직, 근육조직, 결합조직, 신경조직이다.

**24** 다음 중 연골내골화에 의해 형성되는 뼈가 아닌 것은?

① 상완골    ② 전두골    ③ 대퇴골    ④ 척골

**해설** 전두골은 두개골의 일종으로 막내골화에 의해 형성된다.

**25** 활동전압이 일어나지 않고 근육이 딱딱하게 굳은 상태를 무엇이라 하는가?

① 연축    ② 긴장    ③ 강축    ④ 강직

**해설** 강직은 활동전압이 일어나지 않고 근육이 딱딱하게 굳은 상태이다.

**26** 다음 설명 중 틀린 것은?

① 교감신경은 대체로 낮에 활동한다.
② 교감신경은 내부기관의 기능을 조절한다.
③ 부교감신경을 자극하면 말초혈관의 수축을 일으킨다.
④ 부교감신경이 흥분하면 소화액 분비가 촉진된다.

**해설** 교감신경을 자극하면 말초혈관의 수축이 일어난다.

**27** 림프의 기능이 아닌 것은?

① 조직액을 혈액으로 돌려 보낸다.
② 신체방어 작용을 한다.
③ 림프절에서 림프구를 생산한다.
④ 적혈구를 생산한다.

**해설** 림프계는 체액의 순환과 신체방어 작용을 하며, 적혈구를 생산하는 곳은 골수이다.

**28** 다음 중 내분비선에 대한 설명으로 맞는 것은?

① 신경계에 속한다.
② 분비물질이 도관을 통해 표적기관으로 직접 분비되는 것을 말한다.
③ 땀샘, 침샘 등이 포함된다.
④ 도관 없이 혈액을 통해 호르몬을 온몸으로 방출한다.

**해설** 내분비선은 도관 없이 호르몬을 온몸으로 방출한다.

**29** 다음 중 부신수질 호르몬에 대한 설명으로 틀린 것은?

① 아드레날린과 노르아드레날린을 분비한다.
② 아드레날린은 심장활동을 촉진하고, 혈압을 상승시킨다.
③ 노르아드레날린은 말초혈관에 대한 작용이 강하다.
④ 탄수화물대사와 전해질 조절이 주작용이다.

**해설** 탄수화물대사와 전해질 조절이 주작용인 것은 부신피질 호르몬이다.

**30** 뇌하수체 후엽에서 분비되며 분만을 촉진하는 호르몬은?

① 옥시토신    ② 바소프레신
③ 티록신    ④ 알도스테론

**해설** 옥시토신은 자궁벽의 평활근을 수축시켜 분만을 촉진하며, 유선벽의 평활근을 수축시켜 유즙 분비를 촉진한다.

**31** 적외선램프의 피부에 미치는 작용으로 적합한 것은?

① 비타민 C 생성    ② 신경 자극
③ 온열 작용    ④ 근육 수축

**해설** 적외선램프의 작용 : 온열작용으로 혈액순환 촉진, 팩 말리는 효과

**32** 미안용 적외선등(Infrared Lamp)에 관한 설명이다. 틀린 것은?

① 10분 이상 조사한다.
② 팩 재료를 빨리 말리는 경우에도 사용한다.
③ 지구 표면에 도달하는 태양 에너지의 약 60%가 원적외선 에너지이다.
④ 적외선 조사 시 사용자와의 거리를 45~90cm 내외로 한다.

**해설** 5~7분간 조사한다.

**정답**
15 ③  16 ④  17 ①  18 ③  19 ④  20 ③  21 ②  22 ③  23 ③
24 ②  25 ④  26 ③  27 ④  28 ④  29 ④  30 ①  31 ③  32 ①

**33** 갈바닉(Galvanic) 기기에 관한 설명으로 틀린 것은?

① 항상 한 방향으로만 흐르는 직류에 해당하는 기기이다.
② 양극은 신경을 안정시키고 조직을 강하게 만드는 작용을 한다.
③ 전류의 방향과 크기가 주기적으로 변하는 일종의 교류 전류이다.
④ 음극은 신경을 자극하고 조직을 부드럽게 만드는 작용을 한다.

**해설** 갈바닉 전류는 전압이 낮으며 한 방향으로 흐르는 직류로 극성을 갖는다.

**34** 자외선등에 대한 설명으로 틀린 것은?

① 에르고스테린을 비타민 D로 합성시킨다.
② 구루병을 방지한다.
③ 여드름 피부 관리에 효과적이다.
④ 온열작용으로 혈액순환을 촉진시킨다.

**해설** 적외선등 : 온열작용

**35** 고주파에 관한 설명이다. 옳은 것은?

① 근육과 신경에 자극을 주어 통증을 완화시킨다.
② 전기자극을 가하여 셀룰라이트와 지방 연소 촉진에 이용된다.
③ 조직 온도 상승으로 제품이 피부 깊숙이 침투된다.
④ 무선에 사용되는 전파보다 긴 파장을 이용한다.

**해설** 고주파 : 심부열을 발생시켜 혈류량 증가, 조직온도 상승, 세포기능 증진의 효과

**36** 화장품의 요건에 대한 설명이다. 틀린 것은?

① 안전성 – 피부에 대한 자극, 독성, 알레르기가 없을 것
② 사용성 – 피부 사용 시 손놀림이 쉽고 잘 스며들어야 함
③ 유효성 – 보습효과, 노화 억제, 미백효과 등 치료기능이 있을 것
④ 안정성 – 보관에 따른 변색, 변질, 변취, 미생물 오염이 없을 것

**해설** 화장품의 유효성은 보습효과, 자외선 방어, 세정효과, 색채효과 등을 말하며, 치료기능은 의약품의 영역에 속한다.

**37** 화장수(토닉)의 작용으로 틀린 것은?

① 클렌징 후 피부의 유분을 제거한다.
② 피부에 충분한 수분을 공급한다.
③ 피부 진정, 보습, 유연효과가 있다.
④ 아스트린젠트는 유연 화장수를 가리킨다.

**해설** 아스트린젠트는 수렴 화장수를 가리킨다.

**38** 다음 중 동물성 왁스에 속하는 것은?

① 호호바 오일       ② 라놀린
③ 카르나우바 왁스   ④ 칸데릴라 왁스

**해설** • 동물성 왁스 : 라놀린(양모에서 추출), 밀납(벌집에서 추출) 등
• 식물성 왁스 : 호호바 오일, 카르나우바 왁스, 칸데릴라 왁스

**39** 계면활성제의 종류가 바르게 연결된 것은?

① 양이온 계면활성제 – 비누, 샴푸, 클렌징 폼
② 음이온 계면활성제 – 크림의 유화제, 분산제
③ 양쪽성 계면활성제 – 베이비 샴푸, 저자극 샴푸
④ 비이온 계면활성제 – 헤어 린스, 헤어 트리트먼트제

**해설** 양쪽성 계면활성제는 피부자극과 독성이 적어 베이비 샴푸, 저자극 샴푸에 사용된다.

**40** 피부에 좋은 영양성분을 농축해 만든 것으로 소량의 사용만으로도 큰 효과를 볼 수 있는 것은?

① 에센스   ② 로션   ③ 팩   ④ 화장수

**해설** 에센스는 세럼 또는 부스터라고도 불리며, 고농축 성분으로 피부를 보호하고 영양물질을 공급한다.

**41** 다음 중 성격이 다른 하나는?

① 데이 크림       ② 영양 크림
③ 화이트닝 크림   ④ 나이트 크림

**해설** 데이 크림, 영양 크림, 나이트 크림은 피부 보습, 유연작용을 하는 기초 화장품이고, 화이트닝 크림은 미백작용을 하는 기능성 화장품이다.

**42** 화장품에 배합되는 에탄올의 역할이 아닌 것은?

① 청량감       ② 수렴작용
③ 소독작용     ④ 보습작용

**해설** 보습작용은 보습제인 글리세린, 천연보습인자 등이 담당한다.

**43** 립스틱이 갖추어야 할 조건으로 틀린 것은?

① 저장 시 수분이나 분가루가 분리되면 좋다.
② 시간의 경과에 따라 색의 변화가 없어야 한다.
③ 피부 점막에 자극이 없어야 한다.
④ 입술에 부드럽게 잘 발라져야 한다.

**해설** 립스틱은 저장 시 발분 현상이 없어야 한다.

**44** 화장품 성분 중에서 가장 많이 사용되는 것은?

① 수분   ② 산소   ③ 지질   ④ 비타민 C

**해설** 수분은 가장 기본적으로 사용되는 원료로 정제수, 증류수 등의 형태로 사용된다.

**45** 다음 중 여드름 피부의 개선을 위해 사용되는 활성 성분은?

① 살리실산     ② 알부틴
③ 아줄렌       ④ 플라센타

**해설** 살리실산은 BHA로 불리며 살균효과, 피지 억제 기능으로 화농성 여드름에 효과적이다.

**46** 공중보건의 목적으로 맞는 것은?

① 수명 연장, 건강 증진, 조기 발견
② 질병 예방, 수명 연장, 건강 증진
③ 조기 치료, 조기 발견, 건강 증진
④ 조기 치료, 질병 예방, 건강 증진

**해설** 공중보건의 목적은 질병 예방, 수명 연장, 신체적 · 정신적 건강 및 효율 증진에 있다.

**47** 질병 발생 요인이 아닌 것은?

① 숙주   ② 병원체   ③ 환경   ④ 매개곤충

**해설** 질병 발생 요인 : 숙주(인간), 병인(병원체), 환경

**48** 다음 중 인구의 구성형 연결이 틀린 것은?

① 피라미드형 – 인구증가형   ② 종형 – 인구정지형
③ 항아리형 – 인구감소형     ④ 별형 – 인구유출형

**해설** 별형 : 도시형(유입형), 기타형 : 농촌형(유출형)

**49** 인구정태에 해당하는 것은?

① 출생률       ② 국세조사
③ 전출입       ④ 영아 사망률

**해설** 인구정태 : 성별, 연령별, 국적별, 학력별, 직업별, 산업별 등 국세조사

**정답** 33 ③  34 ④  35 ③  36 ③  37 ④  38 ②  39 ③  40 ①  41 ③
42 ④  43 ①  44 ①  45 ①  46 ②  47 ④  48 ④  49 ②

**50** 다음 중 검역 감염병인 것은?

① 파라티푸스   ② 장티푸스   ③ 발진열   ④ 황열

해설 검역 감염병 : 콜레라 → 120시간, 페스트 → 144시간, 황열 → 144시간

**51** 면역에 대한 설명 중 가장 타당하지 않는 것은?

① 면역은 크게 선천면역과 후천면역으로 나눈다.
② 수동면역은 능동면역에 비해 면역효과가 늦게 나타나지만 효력지속시간이 길다.
③ 능동면역은 자연능동면역과 인공능동면역으로 나눈다.
④ 자연수동면역은 수유, 태반 등을 통해서 얻는 면역이고 인공수동면역은 r-globulin 등이 있다.

해설 수동면역 : 효과가 빠르고 지속시간이 짧다.

**52** 다음 중 제2급감염병만으로 짝지어진 것은?

① 폴리오, 백일해, 발진티푸스
② A형간염, 풍진, 수두
③ 후천성 면역결핍증, 말라리아, 결핵
④ 말라리아, 발진열, 장티푸스

해설 제2급감염병 : 결핵, 수두, 홍역, 콜레라, 장티푸스, 파라티푸스, 세균성이질, 장출혈성대장균감염증, A형간염, 백일해, 유행성이하선염, 풍진, 폴리오, 수막구균 감염증, b형헤모필루스인플루엔자, 폐렴구균 감염증, 한센병, 성홍열, 반코마이신내성황색포도알균(VRSA) 감염증, 카바페넴내성장내세균속균종(CRE) 감염증, E형간염

**53** 바이러스가 일으키는 질병이 아닌 것은?

① 광견병   ② 아메바성 이질
③ 후천성 면역결핍증   ④ 간염

해설 바이러스 유발 질병 : 홍역, 폴리오, 유행성 이하선염, 일본뇌염, 광견병, 후천성 면역결핍증, 간염

**54** 선충류 중에서 모기에 의해 감염되며 우리나라에 분포하는 기생충은?

① 말레이사상충   ② 아니사키스
③ 편충   ④ 구충

해설 말레이사상충은 모기에 의해 전파된다.

**55** 가시광선에 대한 설명으로 맞지 않는 것은?

① 파장이 380~770nm인 광선이다.
② 태양광선 중 34%를 차지한다.
③ 조도가 낮으면 시력저하, 눈의 피로의 원인이 되기도 한다.
④ 눈의 망막을 자극하여 명암과 색채를 구별한다.

해설 가시광선은 태양광선의 51.8%를 차지한다.

**56** 이·미용실에서 사용하는 타월류의 소독법으로 적당한 것은?

① 석탄산 소독   ② 건열 소독
③ 알콜 소독   ④ 증기 또는 자비 소독

해설 타월류 : 증기, 자비 소독

**57** 금속제 기구의 소독에 사용되지 않는 것은?

① 포르말린   ② 크레졸   ③ 알콜   ④ 승홍수

해설 승홍수는 금속 부식성이 높다.

**58** 이·미용사의 손 소독법 중 가장 널리 이용되는 것으로 적합한 것은?

① 석탄산수   ② 음이온 계면활성제
③ 역성비누액   ④ 알콜

해설 역성비누액 : 이·미용업소에서 손 소독에 사용하며, 냄새가 없고 독성이 적다.

**59** 공중위생관리법에서 규정하고 있는 공중위생영업의 종류에 해당되지 않는 것은?

① 이용업   ② 위생관리용역업
③ 학원영업   ④ 세탁업

해설 공중위생영업의 종류에는 숙박업, 목욕장업, 이용업, 미용업, 세탁업, 위생관리용역업 등이 있다.

**60** 이·미용사의 면허가 취소되었을 경우 몇 개월이 경과해야 다시 그 면허를 받을 수 있는가?

① 3개월   ② 6개월
③ 9개월   ④ 12개월

해설 이·미용사 면허가 취소되었을 경우 1년이 경과된 후에 면허를 받을 수 있다.

| 정답 | 50 ④ | 51 ② | 52 ② | 53 ② | 54 ① | 55 ② | 56 ④ |
|------|------|------|------|------|------|------|------|
|  | 57 ④ | 58 ③ | 59 ③ | 60 ④ | | | |

**01** 서양의 피부미용 역사에 관한 설명으로 틀린 것은?

① 로마시대에는 천연향과 오일을 이용한 마사지를 의학적인 목적으로 사용하였다.
② 중세시대는 현대 아로마 요법의 기초가 되는 시대이다.
③ 르네상스시대에는 과도한 치장과 분화장이 성행하였고 향수 문화가 발달했다.
④ 바로크시대에는 클렌징 크림이 개발되었다.

**[해설]** 천연향과 오일을 이용한 마사지를 의학적인 목적으로 사용한 시대는 그리스시대이다.

**02** 다음 중 피부 유형에 대한 설명으로 옳지 않은 것은?

① 표피 건성 피부 – 잔주름이 생기기 쉽고 피부 조직이 얇다.
② 진피 건성 피부 – 피부 자체의 수분공급에 문제가 생겨 발생한다.
③ 민감성 피부 – 피부가 붉고 모세혈관이 피부 표면에 확장되어 있다.
④ 여드름 피부 – 피지 분비가 많아 번들거리며 지저분해지기 쉽다.

**[해설]** ③은 모세혈관 확장 피부에 대한 설명이다.

**03** 클렌징 제품에 대한 설명으로 적절하지 않은 것은?

① 클렌징 오일은 건성 타입, 예민성 피부나 노화된 피부에 적합하다.
② 클렌징 젤은 세정력이 강하며 이중세안이 필요하다.
③ 클렌징 워터는 아이, 립, 메이크업, 리무버 용도로 사용된다.
④ 클렌징 폼은 비누의 단점인 피부당김과 자극을 제거한 제품이다.

**[해설]** 클렌징 젤은 오일 성분이 전혀 함유되어 있지 않고 세정력이 뛰어나며 이중세안이 필요 없다.

**04** 물리적인 딥클렌징에 사용되는 재료가 아닌 것은?

① 살구씨, 곡물씨
② 머드
③ 조개껍질 가루, 고령토
④ 폴리에틸렌류의 미세한 알갱이

**[해설]** 물리적인 딥클렌징은 미세한 알갱이를 이용하여 피부에 마찰을 가하여 각질을 제거하는 방법이다.

**05** 복합성 피부의 관리 방법으로 옳지 않은 것은?

① T-존 부위의 세안과 딥클렌징은 주기적으로 철저하게 해준다.
② 볼 부위는 피부가 건조해지지 않도록 유 · 수분 밸런스에 신경을 쓴다.
③ 얼굴 전체에 알콜이 많이 함유된 화장수를 사용한다.
④ 부위에 따른 차별적인 관리를 해준다.

**[해설]** T-존 이외의 부위는 건성 피부나 민감성 피부인 경우가 많으므로 알콜이 많이 함유된 제품은 피부를 더욱 건조하고 예민하게 만들 수 있다.

**06** 워시오프 타입에 대한 설명으로 옳지 않은 것은?

① 피부에 자극이 적어 가정용 마스크로 많이 사용된다.
② 팩을 바르고 일정 시간이 지난 후에 물로 씻어서 제거한다.
③ 시간이 지나면 얇은 필름막을 형성하고 피부에 긴장감을 준다.
④ 크림, 젤, 거품, 클레이, 분말 등의 형태로 되어 있다.

**[해설]** 얇은 필름막을 형성하고 피부에 긴장감을 주는 팩은 필오프 타입이다.

**07** 부위별 제모 방법 중 설명이 옳지 않은 것은?

① 팔은 아래에서 위 방향으로 왁스를 도포한다.
② 겨드랑이를 제모할 때에는 팔을 머리 쪽으로 올리게 한 자세를 취한다.
③ 코 밑에 왁스를 바를 때 왁스가 입술에 묻지 않도록 주의한다.
④ 눈썹은 왁스 사용 후 눈썹 가위와 핀셋을 이용하여 눈썹 형태를 완성시킨다.

**[해설]** 팔은 위에서 아래 방향으로 왁스를 도포하고 반대 방향으로 제거한다.

**08** 얼굴형에 따른 마무리 방법이 옳지 않은 것은?

① 긴 얼굴형은 볼에 진한 색 파운데이션을 발라 얼굴이 갸름하게 보이게 한다.
② 둥근 얼굴형은 콧등과 턱에 밝은 색 파운데이션을 써서 하이라이트를 준다.
③ 네모난 얼굴형은 턱의 각진 부분과 얼굴의 옆면을 섀도로 어둡게 표현한다.
④ 역삼각형 얼굴형은 턱의 중앙을 하이라이트 컬러로 밝고 도톰하게 표현한다.

**[해설]** 긴 얼굴형은 이마의 끝과 턱에 섀도 컬러를 넣어 얼굴의 길이가 짧아 보이도록 하여 단점을 커버한다.

**09** 온습포에 대한 설명으로 맞는 것은?

① 혈관 수축으로 염증을 완화시킨다.
② 피부에 긴장감을 준다.
③ 죽은 각질의 제거에 효과적이다.
④ 모공을 수축시킨다.

**[해설]** 온습포는 혈액순환 촉진, 죽은 각질 제거, 적절한 수분공급 등의 역할을 한다.

**10** 다음 중 파운데이션의 역할이 아닌 것은?

① 피부의 결점을 커버한다.
② 피부색을 조절한다.
③ 얼굴의 윤곽 수정을 가능하게 한다.
④ 피부의 번들거림을 커버해준다.

**[해설]** 피부의 번들거림을 커버해주는 것은 페이스 파우더의 역할이다.

**11** 다음 중 마사지를 할 때 고려해야 할 점이 아닌 것은?

① 마사지의 방향
② 마사지의 속도
③ 관리사의 기분
④ 마사지에 사용하는 제품

**[해설]** 마사지시 고려할 사항은 마사지의 방향, 속도, 압력, 제품, 고객의 피부 상태이다.

**12** 다음 중 천연과일에서 추출한 각질 제거제는?

① B.H.A
② 캄퍼
③ A.H.A
④ 클로로필

**[해설]** A.H.A는 과일에서 추출한 천연 과일산으로 각질의 응집력을 약화시켜 각질 제거를 용이하게 한다.

**13** 표피의 본격적인 각질화가 시작되는 층은 어느 곳인가?

① 유극층
② 과립층
③ 기저층
④ 유두층

**[해설]** 과립층은 케라틴의 전구물질인 Keratohyalin이 형성되며 이는 각질화의 1단계이다.

**14** 모낭에 붙어 있는 피부 부속기관은?

① 외분비선
② 피지선
③ 뇌하수체
④ 갑상선

**[해설]** 피지선은 진피의 망상층에 위치하여 모낭으로 연결되며 모공을 통해 피지를 배출한다.

**정답**
01 ① 02 ③ 03 ② 04 ② 05 ③ 06 ③ 07 ① 08 ①
09 ③ 10 ④ 11 ③ 12 ③ 13 ② 14 ②

**15** 피지선에 대한 설명으로 틀린 것은?

① 피지의 분비는 호르몬의 영향을 받는다.
② 모발에 수분공급을 해준다.
③ 땀과 기름을 유화시켜 산성 피지막을 만든다.
④ 미생물의 침투로부터 피부를 보호한다.

**해설** 피지선은 모발에 유분을 공급해주어 윤기를 준다.

**16** 모발의 구조 중 중간 층에 있으며 멜라닌을 함유하고 있는 층은?

① 모표피    ② 모피질    ③ 모수질    ④ 모근

**해설** 모피질은 모발의 80%를 차지하며 멜라닌을 함유하고, 파마나 염색이 이루어지는 부위이다.

**17** 유용성 비타민으로서 간유, 버터, 달걀, 우유 등에 많이 함유되어 있으며 결핍 시 건성 피부가 되고 각질층이 두터워지며 피부가 세균감염을 일으키기 쉬운 비타민은?

① 비타민 A    ② 비타민 $B_1$    ③ 비타민 $B_2$    ④ 비타민 C

**해설** 비타민 A는 부족 시 피부가 건조해져 가렵고 각질이 생기며, 건선 같은 피부염에 걸린다.

**18** 감염에 대한 저항력을 높여주는 것은?

① 판토텐산    ② 칼시페롤    ③ 코발아민    ④ 피리독신

**해설** 판토텐산(비타민 $B_5$)은 피부의 면역력을 증가시키고 항체를 형성한다.

**19** 무기질의 종류와 특징이 잘못 연결된 것은?

① 칼슘 - 케라틴 합성에 관여한다.
② 요오드 - 갑상선 호르몬의 성분이다.
③ 나트륨 - 근육의 수축에 관여한다.
④ 칼륨 - 혈압을 저하시킨다.

**해설** 칼슘은 뼈와 치아를 형성하며, 황이 케라틴 합성에 관여한다.

**20** 다음 중 남성형 탈모증의 주원인이 되는 호르몬은?

① 안드로겐(Androgen)    ② 에스트라디올(Estradiol)
③ 코티손(Cortisone)    ④ 옥시토신(Oxytocin)

**해설** 남성 호르몬의 영향으로 남성형 탈모증이 생기며 안드로겐 탈모증으로도 명명한다.

**21** 피부에 자외선을 너무 많이 조사(照射)했을 경우 일어날 수 있는 일반적인 현상은?

① 멜라닌 색소가 증가해 기미, 주근깨 등이 발생한다.
② 피부가 윤기가 나고 부드러워진다.
③ 피부에 탄력이 생기고 각질이 엷어진다.
④ 세포의 탈피현상이 감소된다.

**해설** 자외선은 자연색소침착(기미의 직접적 원인)을 일으킨다.

**22** 다음 중 해부학에 대한 설명으로 틀린 것은?

① 인체 기관의 기능을 연구하는 것이다.
② 인체의 구조와 각 조직의 형태 및 상호위치를 파악하는 것이다.
③ 해부학 중 현미경을 이용해 관찰하는 것을 조직학이라고 한다.
④ 생물학의 한 분야이다.

**해설** 인체 기관의 특유한 기능을 연구하는 학문은 생리학이다.

**23** 세포의 구조 중 유전자를 복제하고 세포분열에 관여하는 것은?

① 소포체    ② 리보솜    ③ 중심소체    ④ 핵

**해설** 핵은 유전자를 복제하거나 유전정보를 저장하고 세포분열에 관여한다.

**24** 다음 중 골외막에 대한 설명으로 틀린 것은?

① 혈관과 신경이 풍부하며, 근육이 붙는 자리를 제공한다.
② 관절면을 제외한 뼈의 표면을 싸고 있는 막이다.
③ 골절 시 회복, 재생의 기능을 한다.
④ 골수강을 덮는 막이다.

**해설** 골내막이 골수강을 덮는다.

**25** 근육의 기능으로 적당하지 않은 것은?

① 에너지와 열 생산    ② 운동기능
③ 보호기능    ④ 자세 유지

**해설** 근육의 기능은 운동 담당, 자세 유지, 체열 발생, 혈액순환 촉진, 배변 등이다.

**26** 신경 교세포의 기능이 아닌 것은?

① 세포 외액의 칼륨 완충
② 외부의 자극을 받아 세포체에 정보 전달
③ 신경세포의 성장과 영양공급
④ 신경세포의 지지

**해설** 외부의 자극을 받아 세포체에 정보를 전달하는 것은 뉴런의 돌기이다.

**27** 다음 중 말초신경계에 관한 설명은?

① 교감신경과 부교감신경으로 구분된다.
② 체성신경계와 자율신경계로 구분된다.
③ 뇌신경과 척수신경으로 구분된다.
④ 뇌와 척수로 구분된다.

**해설** 말초신경계는 뇌신경, 척수신경의 체성신경계와 교감신경, 부교감신경의 자율신경계로 구분된다.

**28** 림프액의 순환경로로 맞는 것은?

① 림프관 → 림프절 → 모세림프관 → 대정맥 → 림프본관 → 집합관
② 림프본관 → 대정맥 → 림프절 → 모세림프관 → 집합관 → 림프관
③ 모세림프관 → 림프관 → 림프절 → 림프본관 → 집합관 → 대정맥
④ 대정맥 → 집합관 → 림프본관 → 림프정 → 림프관 → 모세림프관

**해설** 모세림프관 → 림프관 → 림프절 → 림프본관 → 집합관 → 대정맥의 순이다.

**29** 영양분의 흡수 순서가 바르게 배열된 것은?

① 탄수화물 - 단백질 - 지방    ② 단백질 - 탄수화물 - 지방
③ 탄수화물 - 지방 - 단백질    ④ 지방 - 단백질 - 탄수화물

**해설** 영양분 중 탄수화물이 제일 먼저 에너지원으로 사용되고, 다음으로 지방, 단백질의 순이다.

**30** 아드레날린의 작용이 아닌 것은?

① 심박수 감소    ② 혈압 상승
③ 혈당 상승    ④ 글리코겐 분해

**해설** 아드레날린은 교감신경 흥분제로 심장활동을 촉진시킨다.

**31** 다음 중 전기 용어에 대한 설명으로 틀린 것은?

① 전류는 전자의 이동을 말한다.
② 전력은 일정시간 동안 사용된 전류의 양으로 단위는 W이다.
③ 전류가 잘 통하는 금속물질 등을 전도체라 한다.
④ 전류가 잘 통하는 금속물질 등을 부도체라 한다.

**해설** 부도체 : 전류가 잘 안 통하는 유리, 고무 등의 물질

**정답**
15 ② 16 ② 17 ① 18 ① 19 ① 20 ① 21 ① 22 ① 23 ④
24 ④ 25 ③ 26 ② 27 ② 28 ③ 29 ③ 30 ① 31 ④

**32** 중주파에 관한 설명이다. 옳은 것은?

① 심부열을 발생시켜 조직 온도를 상승시킨다.
② 근육의 이완과 수축을 통해 운동에너지를 발산시키는 아이소토닉 운동을 기본원리로 한다.
③ 기기 자극으로 근육 주위의 지방을 칼로리로 소비되게 한다.
④ 경피를 거의 자극하지 않고 근육을 자극한다.

**해설** 중주파 : 전류에 의한 자극이 거의 없이 근육탄력을 강화시킨다.

**33** 피부분석기기로 관리사와 고객이 동시에 분석할 수 있는 기기는?

① 확대경　　② pH 측정기　　③ 우드램프　　④ 스킨스코프

**해설** 스킨스코프 : 정교한 피부분석기기로 관리사와 고객이 동시에 피부분석

**34** 1초 동안 반복하는 전류의 진동 횟수를 나타내는 단위는?

① A　　② W　　③ V　　④ Hz

**해설** 주파수(Hz) : 1초 동안 반복하는 전류의 진동 횟수

**35** 우드램프(Wood Lamp)를 통한 피부분석 시 여드름은 어떤 색으로 반응하는가?

① 노란색　　② 주황색　　③ 청백색　　④ 보라색

**해설** 피지나 여드름은 주황색으로 나타난다.

**36** 분대화장(짙은 화장)과 비분대화장(옅은 화장)으로 화장이 이원화되었던 시기는?

① 삼한시대　　② 삼국시대　　③ 조선시대　　④ 고려시대

**해설** 고려시대의 화장은 기생 중심의 분대화장과 일반인 중심의 비분대화장으로 이원화되어 있었다.

**37** 계면활성제의 종류 중 헤어 린스 등의 정전기 방지와 컨디셔닝의 성질을 갖는 것은?

① 음이온성 계면활성제　　② 양이온성 계면활성제
③ 비이온성 계면활성제　　④ 비양쪽성 계면활성제

**해설** 양이온성 계면활성제는 유연효과와 정전기 방지 등의 역할을 한다.

**38** 다음 중 지성피부 관리에 적합한 크림은?

① 콜드 크림　　　　② 라놀린 크림
③ 바니싱 크림　　　④ 에몰리엔트 크림

**해설** 바니싱 크림은 무유성 크림으로 지성피부에 적합하다.

**39** 크림 파운데이션의 기능이 아닌 것은?

① 유연효과가 좋아 하절기에 적당하다.
② 피부에 퍼짐성이 좋다.
③ 피부에 부착성이 좋다.
④ 피부결점 커버력이 우수하다.

**해설** 크림 파운데이션은 유분 함유량이 많아 영양이 필요한 동절기에 적당하다.

**40** 다음 중 진정 효과를 갖는 피부 관리 제품 성분이 아닌 것은?

① 아줄렌(Azulene)
② 캐모마일 추출물(Chamomile Extracts)
③ 비사볼롤(Bisabolol)
④ 알콜(Alcohol)

**해설** 알콜(Alcohol)은 소독, 청정효과가 있으나, 피부에 자극을 줄 수 있다.

**41** 광물성 오일에 대한 설명으로 옳지 않은 것은?

① 석유에서 추출한다.
② 여드름을 유발할 수 있다.
③ 유성감이 낮고 산패, 변질의 우려가 높다.
④ 피부 표면의 수분 증발을 억제한다.

**해설** 광물성 오일은 산패, 변질의 우려가 없으며 유성감이 높다.

**42** 모이스처라이저의 기능에 대한 설명으로 옳은 것은?

① 피부의 건조를 방지한다.
② 메이크업을 제거하고 피지를 없앤다.
③ 활성물질이 피부에 스며들도록 한다.
④ 유분의 양을 감소시킨다.

**해설** 모이스처라이저는 피부 보습 및 유연 효과가 있다.

**43** 물과 함께 거품을 내서 사용하는 부드러운 크림 형태의 클렌징은?

① 클렌징 로션　② 클렌징 워터　③ 클렌징 오일　④ 클렌징 폼

**해설** 클렌징 폼은 피부에 자극이 적은 계면활성제에 유성 성분을 첨가하여 세정력을 높인 제품이다.

**44** 다음 중 저녁 취침 전에 사용하여 가장 많은 효과를 볼 수 있는 것은?

① 콜드 크림　② 유연 화장수　③ 영양 크림　④ 수렴 화장수

**해설** 영양 크림은 대체로 유분을 많이 함유하고 있으며, 저녁에 사용하면 피부 재생, 영양, 보습효과 등을 볼 수 있다.

**45** 다음 중 난황에 많이 함유되어 있으며 피부에 윤택함을 부여하고 유화제 또는 산화방지제로 많이 사용되는 것은?

① 콜라겐　　② 스쿠알렌　　③ 레시틴　　④ 라놀린

**해설** 레시틴은 천연유화제로 콩과 계란노른자에서 추출한다.

**46** 세계보건기구(WHO)에서 규정한 건강의 정의는?

① 허약하지 않고 질병이 없는 상태
② 질병이 없고 육체적, 정신적으로 완전한 상태
③ 허약하지 않고 질병이 없을 뿐 아니라 육체적 · 정신적 · 사회적 안녕이 완전한 상태
④ 육체적 완전과 사회적 안녕이 유지되는 상태

**해설** WHO 건강의 정의 : 허약하지 않고 질병이 없을 뿐 아니라 육체적 · 정신적 · 사회적 안녕이 완전한 상태

**47** 다음 중 도시 인구 구성형은?

① 피라미드형　② 종형　③ 별형　④ 항아리형

**해설** 별형 : 도시형(유입형)

**48** 신말더스주의(neo-Multhusism)에서 인구규제 방법은?

① 도덕적 억제　② 만혼 장려　③ 피임　④ 성 순결

**해설** 신말더스주의 : 규제방법을 피임으로 변경

**정답**　32 ④　33 ④　34 ④　35 ②　36 ④　37 ②　38 ③　39 ①　40 ④
41 ③　42 ①　43 ④　44 ③　45 ③　46 ③　47 ③　48 ③

**49** 다음 중 제3급감염병은?

① 홍역　② 결핵　③ AIDS　④ 성홍열

**해설** 제3급감염병 : 파상풍, B형간염, 일본뇌염, C형간염, 말라리아, 레지오넬라증, 비브리오패혈증, 발진티푸스, 발진열, 쯔쯔가무시증, 렙토스피라증, 브루셀라증, 공수병, 신증후군출혈열, 후천성면역결핍증(AIDS), 크로이츠펠트-야콥병(CJD) 및 변종크로이츠펠트-야콥병(vCJD), 황열, 뎅기열, 큐열, 웨스트나일열, 라임병, 진드기매개뇌염, 유비저, 치쿤구니야열, 중증열성혈소판감소증후군(SFTS), 지카바이러스 감염증, 매독

**50** 감수성이 가장 낮은 감염병은?

① 홍역　② 폴리오　③ 백일해　④ 두창

**해설** 감수성 지수(접촉감염지수) : 두창 95%, 홍역 95%, 백일해 60~80%, 성홍열 40%, 디프테리아 10%, 폴리오 0.1%

**51** 리케차가 일으키는 질병이 아닌 것은?

① 발진티푸스　② 발진열　③ 로키산홍반열　④ 폴리오

**해설** 리케차가 일으키는 질병 : 발진티푸스, 발진열, 쯔쯔가무시열, 로키산 홍반열

**52** 수인성 감염병에 대한 설명으로 옳지 않은 것은?

① 환자 발생이 폭발적이어서 2~3일 내에 환자가 급증한다.
② 연령, 성별, 직업 등에 따라 환자 발생에 차이가 있다.
③ 계절과 관계없이 발생한다.
④ 환자 발생은 급수지역 내에 한정되어 있고, 급수원에 오염원이 있다.

**해설** 연령, 성별, 직업에 차이가 없다.

**53** 고압증기멸균법의 대상물로 부적합한 것은?

① 초자기구　② 의류　③ 음용수　④ 거즈

**해설** 음용수는 염소 소독, 자비 소독, 자외선 소독, 오존 소독법을 이용한다.

**54** 피부 관리실 기구 및 도구류 소독에 사용하는 알콜의 농도는?

① 30%　② 50%　③ 70%　④ 90%

**해설** 대부분 70% 알콜을 사용한다.

**55** 일반 세균 소독효과가 크고 피부 자극이 없어 피부 관리실의 실내 소독에 사용되는 소독제로 적당한 것은?

① 요오드액　② 크레졸수　③ 포르말린　④ 에탄올

**해설** 실내 소독 : 크레졸수

**56** 다음 중 공중위생관리법의 궁극적인 목적은?

① 공중위생영업 종사자의 위생 및 건강관리
② 공중위생영업소의 위생관리
③ 국민의 건강증진에 기여함
④ 공중위생영업의 위상 향상

**해설** 공중위생관리법은 공중이 이용하는 영업과 시설의 위생관리 등에 관한 사항을 규정함으로써 위생수준을 향상시켜 국민의 건강증진에 기여함을 목적으로 한다.

**57** 이·미용사의 업무 등에 대한 설명 중 맞는 것은?

① 이·미용사의 업무범위는 보건복지부령으로 정하고 있다.
② 이·미용의 업무는 영업소 이외의 장소에서도 보편적으로 행할 수 있다.
③ 미용사(피부)의 업무범위는 파마, 아이론, 면도, 피부 손질 등이 포함된다.
④ 이·미용사의 면허를 받지 않고도 일정기간 수련과정을 마치면 이·미용업무에 종사할 수 있다.

**해설** 이·미용사의 업무범위는 보건복지부령으로 정한다.

**58** 변경신고 없이 영업소의 소재지를 변경한 때의 1차 위반 행정처분 기준은?

① 개선명령
② 경고
③ 영업정지 2월
④ 영업정지 1월

**59** 공중위생영업이란 다수인을 대상으로 무엇을 제공하는 영업으로 정의되고 있는가?

① 위생관리서비스
② 위생서비스
③ 위생안전서비스
④ 공중위생서비스

**해설** 공중위생영업은 다수의 인물을 대상으로 위생관리서비스를 제공하는 영업이다.

**60** 이·미용사가 아닌 사람이 이·미용의 업무에 종사할 때에 대한 벌칙은?

① 1년 이하의 징역 또는 1천만 원 이하의 벌금
② 6월 이하의 징역 또는 500만 원 이하의 벌금
③ 300만 원 이하의 벌금
④ 100만 원 이하의 벌금

**해설** 300만 원 이하의 벌금을 부과한다.

| 정답 | 49 ③ | 50 ② | 51 ④ | 52 ② | 53 ③ | 54 ③ | 55 ② |
|---|---|---|---|---|---|---|---|
| | 56 ③ | 57 ① | 58 ④ | 59 ① | 60 ③ | | |

 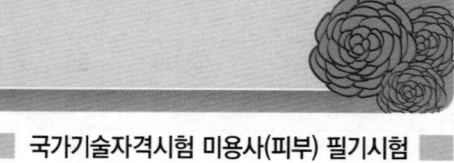

**01** 피부분석의 목적 및 효과에 대한 설명으로 틀린 것은?

① 고객의 피부 상태와 피부 유형을 알아야 올바른 관리를 할 수 있다.
② 피부 부작용 및 알레르기는 피부분석을 통해 발견하기 어렵다.
③ 건강하고 효과적인 예방 및 관리를 할 수 있다.
④ 성공적이고 올바른 피부 관리를 하기 위한 기초자료로 삼기 위함이다.

**해설** 피부 부작용 및 알레르기는 피부분석을 통해 미리 알 수 있다.

**02** 복합성 피부의 특징이 아닌 것은?

① 화장품을 바꾸어 사용하면 처음에 자주 예민한 반응을 일으킨다.
② 세안 후 눈과 입가에 잔주름이 생기고 피부 당김 현상이 있다.
③ 피지 분비는 많지만 T-존을 제외하면 건조하다.
④ T-존 부위에 피지 분비가 많아 여드름과 뾰루지가 잘 생긴다.

**해설** 화장품을 바꾸어 사용하면 예민한 반응을 일으키는 것은 민감성 피부이다.

**03** 화장수에 대한 설명으로 옳지 않은 것은?

① 피부에 남아 있는 메이크업의 잔여물을 닦아낸다.
② 피부 각질층에 수분을 공급한다.
③ 피부의 각질을 제거한다.
④ 피부에 수렴 및 보습기능을 한다.

**해설** 일반적인 화장수는 피부의 각질을 제거하지 못한다.

**04** 여드름 피부의 관리 방법으로 적절하지 못한 것은?

① 진정, 소염작용이 있는 팩을 정기적으로 사용한다.
② 유분이 적은 보습제품을 사용한다.
③ 여드름이 심할 경우 오일 마사지를 해준다.
④ 여드름 발생 초기에 적절한 예방과 관리가 필요하다.

**해설** 여드름 피부는 피지 분비가 왕성하여 발생하므로 오일 마사지는 피한다.

**05** 매뉴얼 테크닉의 효과가 아닌 것은?

① 긴장된 근육을 이완시키고 통증을 완화시킨다.
② 피부 조직의 긴장도를 상승시켜 탄력성을 증진시킨다.
③ 심리적으로 안정감을 주고 신경을 진정시켜 긴장을 풀어준다.
④ 기미, 주근깨를 제거하는 데 효과적이다.

**해설** 매뉴얼 테크닉은 조직의 노폐물 배출을 돕는 작용을 하고 근육의 긴장을 완화시키며 심리적으로 안정감을 준다.

**06** 팩의 목적에 대한 설명으로 옳지 않은 것은?

① 피부에 영양과 수분을 공급한다.
② 피부 청정 효과가 있고 노폐물을 제거한다.
③ 혈액순환과 신진대사를 촉진시켜 피부의 탄력성을 증가시킨다.
④ 피부의 두꺼운 각질을 제거하는 데 효과적이다.

**해설** 피부의 각질을 제거하는 효과적인 방법은 딥클렌징이다.

**07** 석고 마스크에 대한 설명으로 옳지 않은 것은?

① 열작용과 압력에 의해 유효성분이 피부에 깊숙이 침투되는 것을 돕는다.
② 얼굴, 가슴, 다리 등 신체부위에 적절하게 사용할 수 있다.
③ 민감성 피부, 모세혈관 확장 피부, 화농성 여드름 피부에도 효과적이다.
④ 노폐물이 배출되는 것을 돕고, 늘어진 부위를 당겨주는 리프팅 효과가 있다.

**해설** 석고 마스크는 노화 피부, 건성 피부, 늘어진 피부에 효과적이고 민감성 피부, 모세혈관 확장 피부, 화농성 여드름 피부는 피하는 것이 좋다.

**08** 온왁스에 대한 설명이 옳지 않은 것은?

① 왁스가 식기 전 빠른 동작으로 털의 진행 방향으로 떼어낸다.
② 왁스포트에 데운 후 녹여서 사용하는 왁스를 의미한다.
③ 굵고 거센 털을 제거하는 데 효과적이다.
④ 혈액순환에 장애가 있거나 민감한 피부는 주의를 요한다.

**해설** 왁스가 식기 전 빠른 동작으로 털의 성장 반대 방향으로 떼어낸다.

**09** 전신 관리의 순서가 올바른 것은?

① 수요법 → 전신 마사지 → 전신 각질 제거 → 전신 랩핑 → 마무리
② 수요법 → 전신 각질 제거 → 전신 마사지 → 전신 랩핑 → 마무리
③ 수요법 → 전신 각질 제거 → 전신 랩핑 → 전신 마사지 → 마무리
④ 전신 각질 제거 → 수요법 → 전신 랩핑 → 전신 마사지 → 마무리

**해설** 전신 관리는 수요법, 전신 각질 제거, 전신 마사지, 전신 랩핑, 마무리 단계로 이루어진다.

**10** 매뉴얼 테크닉 동작 중 피부를 꼬집듯이 쥐어 올리는 동작으로 노폐물 배출에 효과적인 것은?

① 경찰법(Effleurage)
② 강찰법(Friction)
③ 닥터 자켓(Dr. Jacquet)
④ 진동법(Vibration)

**해설** 유연법은 반죽하듯이 주무르는 동작으로, 피하조직에도 영향을 준다.

**11** 스웨디시 마사지에 대한 설명으로 옳지 않은 것은?

① 19세기 초 스웨덴 의사인 Pehr Henring Ling에 의해 창시되었다.
② 유럽 마사지의 경향이 강하고 부드럽게 진행된다.
③ 스웨디시 마사지의 궁극적인 목표는 관절의 기능을 향상시키는 것이다.
④ 모든 동작은 심장을 향하여 시술하는 것이 원칙이다.

**해설** 스웨디시 마사지의 궁극적인 목표는 전신에 걸쳐 흐르는 혈관을 자극하여 혈액순환을 도와 노폐물을 제거하는 것이다.

**12** 다음 중 고객 상담의 목적으로 옳은 것은?

① 고객의 경제력을 파악하여 관리의 등급을 정한다.
② 제품 판매를 주목적으로 한다.
③ 고객 피부의 문제점을 파악하고 해결책을 찾는다.
④ 상담 내용 중 홈케어에 대한 교육은 병행하지 않아도 된다.

**해설** 고객 상담의 주목적은 피부의 문제점과 원인을 파악하고 앞으로의 관리방법과 계획을 세우는 것이다.

**13** 멜라노사이트(Melanocyte)는 어디에 위치하는가?

① 기저층
② 유두층
③ 피하지방
④ 각질층

**해설** 멜라노사이트(Melanocyte)는 표피의 기저층에 위치한다.

정답  01 ②  02 ①  03 ③  04 ③  05 ④  06 ④  07 ③
      08 ①  09 ②  10 ③  11 ③  12 ③  13 ①

**14** 아포크린선에 대한 설명 중 틀린 것은?

① 분비되는 땀은 단백질 함유량이 많다.

② 체취선이라고도 부른다.

③ 겨드랑이, 생식기 등에 분포한다.

④ 소한선이라고도 부른다.

해설 아포크린선은 대한선으로, 에크린선은 소한선이라고도 부른다.

**15** 기질에 대한 설명으로 틀린 것은?

① 피부에 장력과 탄력성을 주는 성분이다.

② 다른 조직을 지지해준다.

③ 히알루론산, 콘드로이친 황산, 헤파린 황산염으로 구성되어 있다.

④ 진피 내의 섬유성분과 세포 사이를 채우고 있는 물질을 말한다.

해설 피부에 장력과 탄력성을 주는 성분은 콜라겐과 엘라스틴이다.

**16** 레인방어막(Rein Membrane)의 역할이 아닌 것은?

① 외부로부터 침입하는 각종 물질을 방어한다.

② 체액이 외부로 새어나가는 것을 방지한다.

③ 피부의 색소를 만든다.

④ 피부염 유발을 억제한다.

해설 피부의 색소를 만드는 것은 멜라닌 색소이다.

**17** 표피 수분 부족 피부에 대한 설명으로 옳은 것은?

① 노화 피부와 동일하다.

② 민감성 피부와 동일하다.

③ 수분이 부족한 피부 타입이다.

④ 기름이 부족한 피부 타입이다.

해설 표피 수분 부족 피부는 건성 피부 중 표피의 수분이 부족한 타입을 말한다.

**18** 피부 부속기관에 대한 설명 중 틀린 것은?

① 아포크린선 – 겨드랑이에 많고 산패되면 악취를 낸다.

② 피지선 – 한선을 통해 피지를 배출한다.

③ 모발 – 케라틴으로 구성되어 있다.

④ 에크린선 – 소한선으로 체온 유지 기능이 있다.

해설 피지는 모공을 통해 배출된다.

**19** 표피 및 진피층에 멜라닌 색소가 과잉 침착되어 나타나는 현상은?

① 기미          ② 여드름          ③ 백반증          ④ 주근깨

해설 기미는 후천적인 과색소 침착증이며, 주근깨는 대체로 유전적인 요인에 의한다.

**20** 땀띠가 생기는 원인으로 가장 옳은 것은?

① 땀띠는 피부 표면에 땀구멍이 일시적으로 막혀서 생기는 발한기능의 장애 때문에 발생한다.

② 땀띠는 여름철 너무 잦은 세안 때문에 발생한다.

③ 땀띠는 여름철 과다한 자외선 때문에 발생하므로 햇볕을 받지 않으면 생기지 않는다.

④ 땀띠는 피부에 미생물이 감염되어 생긴 피부질환이다.

해설 한진(땀띠)은 한선이 각질에 의해 폐쇄되어 땀이 배출되지 못해 발생한다.

**21** 자외선 차단제에 관한 설명이 틀린 것은?

① 자외선 차단제에는 SPF의 지수가 있다.

② 자외선 차단지수는 제품을 사용했을 때 홍반을 일으키는 자외선 양을 제품을 사용하지 않았을 때의 자외선 양으로 나눈 값이다.

③ 자외선 차단제의 효과는 자신의 멜라닌 색소의 양과 자외선에 대한 민감도에 따라 달라질 수 있다.

④ SPF는 차단지수가 낮을수록 차단도가 높다.

해설 SPF는 차단지수가 높을수록 차단도가 높다.

**22** 세포의 특징에 대한 설명이 바르지 못한 것은?

① 리소좀은 세포 내 소화작용에 관여한다.

② 조면소포체에는 리보솜이 있어서 단백질 합성 기능이 있다.

③ 핵은 유전자를 복제한다.

④ 단백질 합성과 관계 깊은 곳은 미토콘드리아이다.

해설 단백질 합성과 관계 깊은 것은 리보솜이다.

**23** 다음 연결이 올바른 계통은?

① 근육계 – 장기 보호, 신체의 지지 및 운동

② 신경계 – 각종 자극을 감수

③ 내분비계 – 호르몬 생산 및 분비, 신체기능의 화학적 조절

④ 순환계 – 오줌의 생산 및 배설, 항상성 조절

해설 내분비계는 도관 없이 호르몬을 분비하여 생체기능을 조절한다.

**24** 호흡작용과 관련된 근육은 무엇인가?

① 대흉근          ② 소흉근          ③ 횡경막          ④ 복직근

해설 호흡근은 횡경막, 내늑간근, 외늑간근, 늑하근이다.

**25** 다음 중 뇌와 그 기능이 바르게 연결된 것은?

① 연수 – 체온조절 중추

② 간뇌 – 생명 중추(심장, 발한, 호흡)

③ 중뇌 – 시각, 청각 반사 중추

④ 소뇌 – 감정조절 중추

해설 • 연수 : 호흡운동, 심장박동 등을 조절, 생명중추
• 간뇌 : 시상(감각 연결 중추)과 시상하부(생리조절 중추)로 나뉨
• 소뇌 : 자세를 바로잡음

**26** 자율신경계에 관한 설명으로 옳지 않은 것은?

① 불수의적 운동을 조절한다.

② 내장, 혈관, 선 등의 불수의성 장기에 분포한다.

③ 대뇌의 영향을 절대적으로 받는다.

④ 교감신경과 부교감신경으로 나뉜다.

해설 자율신경계는 대뇌의 영향을 거의 받지 않고 불수의적 운동을 조절한다.

**27** 혈관에 대한 설명 중 옳은 것은?

① 정맥은 판막이 있고, 동맥은 없다.

② 동맥은 얇은 한 층의 내피세포로 구성되어 있다.

③ 혈관 중 가장 넓은 면적은 동맥계이다.

④ 정맥은 동맥보다 중막이 두껍다.

해설 정맥은 노폐물을 운반하므로 역류방지를 위한 판막이 존재한다.

**28** 다음 설명 중 틀린 것은?

① 소장에서 알콜을 흡수한다.

② 대장에서 수분의 흡수가 일어난다.

③ 소장에는 융모가 있다.

④ 구강에서 저작운동이 일어난다.

해설 위에서 알콜을 흡수한다.

| 정답 | | | | | | | | |
|---|---|---|---|---|---|---|---|---|
| 14 ④ | 15 ① | 16 ③ | 17 ③ | 18 ② | 19 ① | 20 ① | 21 ④ | |
| 22 ④ | 23 ③ | 24 ③ | 25 ③ | 26 ③ | 27 ① | 28 ① | | |

**29** 다음 중 부신피질 호르몬의 특징이 아닌 것은?
① 체내의 전해질 중 나트륨양을 적절하게 유지
② 지방과 단백질을 당질로 전환하는 작용
③ 성 스테로이드 분비
④ 카테콜아민계의 호르몬을 분비

**해설** 부신수질 호르몬은 카테콜아민계의 호르몬을 분비한다.

**30** 다음 중 전립선에 대한 설명으로 틀린 것은?
① 전립선은 방광의 밑에 있고, 밤알 크기이다.
② 유백색의 알칼리성 정액을 분비한다.
③ 정자를 보호하고 활동을 원활하게 하는 액을 분비한다.
④ 소변과 정액의 통로로 이용된다.

**해설** 음경이 소변과 정액의 통로로 이용된다.

**31** 저주파 전류에 관한 설명이다. 옳은 것은?
① 세포기능을 촉진시킨다.
② 근육의 수축·이완과 함께 비틀리는 효과에 의해 최대한의 에너지를 발산시킨다.
③ 심부열을 발생시켜 혈류량을 증가시킨다.
④ 신경과 근육에 자극을 주어 통증을 강화한다.

**해설** 저주파 : 근육에 전기자극을 가하여 수축 및 이완을 통한 운동효과와 셀룰라이트, 지방 연소 효과

**32** 스티머(베이퍼라이저)의 효과가 아닌 것은?
① 영양 공급          ② 각질 연화
③ 보습 효과          ④ 혈액순환 촉진

**해설** 스티머 효과 : 보습 효과, 각질 연화, 피부 긴장감 완화, 혈액순환 및 신진대사 촉진

**33** 원자에 관한 설명으로 틀린 것은?
① 물질을 이루는 가장 작은 단위이다.
② 음전하를 띤 원자핵과 양전하를 띤 전자로 구성된다.
③ 원소는 원자로 구성된다.
④ 전자는 에너지궤도에서 핵 주위를 돈다.

**해설** 원자는 양전하를 띤 원자핵과 음전하를 띤 전자로 구성돼 있다.

**34** 스킨토닉 분무기기로 화장솜에 의한 피부 자극을 줄여주는 기기는?
① 스티커       ② 루카스       ③ 프리마톨       ④ 초음파기

**해설** 스킨토닉 분무기기 : 루카스, 스프레이머신

**35** 이온에 관한 설명으로 틀린 것은?
① 화학적 특성이 있다.
② 원자가 한 개 또는 그 이상의 전자를 잃거나 얻어서 생성된다.
③ 전자를 받으면 음(−)전하를 띠는 음이온이 된다.
④ 전자를 잃어버리면 양(+)전하를 띠는 양이온이 된다.

**해설** 이온은 전기적 특성을 갖는다.

**36** 다음 중 수분함량이 가장 많은 파운데이션은?
① 크림 파운데이션
② 리퀴드 파운데이션
③ 스틱 파운데이션
④ 스킨커버

**해설** 리퀴드 파운데이션은 수분함량이 많아 투명감이 있고 사회초년생이나 화장을 처음 하는 사람에게 적당하다.

**37** 오일의 설명으로 옳은 것은?
① 식물성 오일 − 향은 좋으나 부패하기 쉽다.
② 동물성 오일 − 무색, 투명하고 냄새가 없다.
③ 광물성 오일 − 색이 진하며, 피부 흡수율이 낮다.
④ 합성 오일 − 냄새가 나빠 정제한 것을 사용한다.

**해설** 식물성 오일은 식물의 꽃, 열매, 뿌리 등에서 추출하여 종류가 다양하나 부패하기 쉽기 때문에 서늘하고 어두운 곳에 보관한다.

**38** 향료 사용에 관한 설명으로 옳지 않은 것은?
① 향 발산을 목적으로 맥박이 뛰는 손목이나 목에 분사한다.
② 자외선에 반응하여 피부에 광 알레르기를 유발시킬 수도 있다.
③ 색소침착된 피부에 향료를 분사한 후, 자외선을 받으면 색소침착이 완화된다.
④ 향수 사용 시 시간이 지나면서 향의 농도가 변하는데, 그것은 조합 향료 때문이다.

**해설** 색소침착된 피부에 향료를 분사하고 자외선을 받으면 색소침착이 심해진다.

**39** 눈가에 코울(Khol)을 사용하여 화장을 한 나라는?
① 이집트       ② 인도       ③ 아랍       ④ 미국

**해설** 이집트에서는 태양으로부터 눈을 보호하고 곤충의 접근을 막기 위해 눈가에 코울(Khol)을 사용하였다 .

**40** 다음 중 지방 성분이 없고 세정력이 우수하며 마사지와 클렌징 효과가 있는 것은?
① 클렌징 오일   ② 클렌징 워터   ③ 클렌징 젤   ④ 클렌징 폼

**해설** 클렌징 젤은 지방에 예민한 알레르기성 피부나 모공이 넓은 피부에 적합하며 오염물질 제거가 쉽다.

**41** 다음 중 식물성 유지에 속하지 않는 것은?
① 피마자유          ② 올리브유
③ 스쿠알란          ④ 아보카도 오일

**해설** 스쿠알란은 심해상어의 간유에서 얻어지는 스쿠알렌에 수소를 첨가하여 산패를 방지한 성분으로 동물성 오일에 속한다.

**42** 다음 중 콜드 크림의 기능이 아닌 것은?
① 혈액순환          ② 신진대사 활성화
③ 혈색을 좋게 함       ④ 피부 청결

**해설** 콜드 크림은 마사지용 크림으로 혈액순환과 신진대사를 원활히 하며, 혈색을 좋게 해준다.

**43** 거친 피부를 방지하고 보습에 중요한 역할을 하는 것은?
① 플라센타   ② 비타민 E   ③ 글리세린   ④ 알부틴

**해설** 글리세린은 보습효과가 뛰어나며 유연효과가 있다.

**44** 다음 중 아이크림의 주성분이 아닌 것은?
① 콜라겐       ② 스쿠알렌       ③ 엘라스틴       ④ 캄퍼

**해설** 캄퍼는 지성용 활성성분으로 피부의 피지를 흡착한다. 콜라겐, 스쿠알렌, 엘라스틴은 피부의 탄력을 강화시키고 잔주름을 예방한다.

| 정답 | 29 ④ | 30 ④ | 31 ② | 32 ① | 33 ② | 34 ④ | 35 ① | 36 ② |
|------|------|------|------|------|------|------|------|------|
|      | 37 ① | 38 ③ | 39 ① | 40 ③ | 41 ③ | 42 ④ | 43 ③ | 44 ④ |

**45** 다음 자외선 차단 성분 중 성격이 다른 것은?
① 산화아연(Zinc Oxide)　　② 이산화티탄(Titanum Oxide)
③ 벤조페논(Benzophenone)　④ 탈크(Talc)

해설 벤조페논은 자외선 흡수제이고 산화아연, 이산화티탄, 탈크는 자외선 산란제이다.

**46** 한 국가의 공중보건 수준을 나타내는 가장 대표적인 지표는?
① 신생아 사망률　　　　② 인구 증가율
③ 평균 수명　　　　　　④ 영아 사망률

해설 영아 사망률은 한 국가의 건강 수준을 나타내는 가장 대표적인 지표로 사용된다.

**47** 검역 감염병과 감시 시간이 바르게 연결되지 않은 것은?
① 콜레라 – 120시간　　② 황열 – 144시간
③ 장티푸스 – 100시간　④ 페스트 – 144시간

해설 장티푸스는 검역 감염병이 아니다.

**48** 인공능동면역법에서 생균백신으로 예방하는 질병이 아닌 것은?
① 탄저　　　　　　　② 광견병
③ 백일해　　　　　　④ 결핵

해설 생균백신 : 두창, 탄저, 광견병, 결핵, 황열, 폴리오, 홍역

**49** 비활성전파에서 개달물에 해당되는 것은?
① 모기　　　　　　　② 서적, 수건
③ 음식물　　　　　　④ 우유

**50** 세균이 일으키는 질병이 아닌 것은?
① 콜레라　　　　　　② 간염
③ 장티푸스　　　　　④ 백일해

해설 세균이 일으키는 질병 : 콜레라, 장티푸스, 디프테리아, 결핵, 나병, 백일해, 페스트

**51** 폐흡충의 제1중간숙주는?
① 다슬기　　　　　　② 물벼룩
③ 게　　　　　　　　④ 은어

해설 폐흡충 : 제1중간숙주 → 다슬기, 제2중간숙주 → 가재, 게

**52** 기후의 3대 요소는?
① 기온, 기습, 기류　　② 기온, 강우량, 복사량
③ 기습, 기류, 복사량　④ 기온, 기습, 강우량

해설 기후의 3대 요소 : 기온, 기습, 기류

**53** 메틸수은에 오염된 어패류를 먹고 발생한 수질오염 사건은?
① 연빈혈　　　　　　② 이타이이타이병
③ 미나마타병　　　　④ 비중격천공

해설 메틸수은 : 미나마타병

**54** 다음 중 물리적 소독법이 아닌 것은?
① 방사선멸균법　　　② 포르말린 소독법
③ 건열멸균법　　　　④ 자비 소독법

해설 물리적 소독법 : 건열멸균법, 화염멸균법, 소각 소독법, 자비 소독법, 고압증기멸균법, 저온 소독법, 방사선멸균법 등

**55** 승홍수에 관한 설명으로 틀린 것은?
① 액온도가 높을수록 살균력이 강하다.
② 금속부식성이 있다.
③ 상처 소독에 적합하다.
④ 0.1% 수용액을 손 소독에 사용한다.

해설 승홍수 : 상처 소독에 부적합하며 0.1% 수용액은 손 소독에 이용한다.

**56** 여드름 짜는 기계를 소독하지 않고 사용했을 경우 감염 우려가 큰 질환은?
① 콜레라　　　　　　② 독감
③ 후천성 면역결핍증　④ 결핵

해설 후천성 면역결핍증, 간염 등의 질환은 기구의 고압증기멸균 후 감염을 예방한다.

**57** 다음 중 공중위생관리법의 궁극적인 목적은?
① 공중위생영업종사자의 위생 및 건강관리
② 공중위생영업소의 위생관리
③ 국민의 건강증진에 기여함
④ 공중위생영업의 위상 향상

해설 공중위생관리법은 공중이 이용하는 영업과 시설의 위생관리 등에 관한 사항을 규정함으로써 위생수준을 향상시켜 국민의 건강증진에 기여함을 목적으로 한다.

**58** 보건복지부령으로 정하는 것이 아닌 것은?
① 공중위생영업의 폐업신고　② 면허취소의 세부기준
③ 미용사 업무 범위　　　　　④ 과태료, 수수료

해설 과태료, 수수료는 대통령령으로 정한다.

**59** 이 · 미용사의 면허증을 영업소 안에 게시하지 않았을 때의 법적 조치는?
① 100만 원 이하의 벌금
② 100만 원 이하의 과태료
③ 200만 원 이하의 과태료
④ 200만 원 이하의 벌금

해설 200만 원 이하의 과태료
① 이 · 미용업소의 위생관리 의무를 지키지 아니한 자
② 영업장 외에서 이 · 미용 업무를 행한 자
③ 위생교육을 받지 아니한 자
이 · 미용사 면허증을 영업소 안에 게시하는 것은 위생관리 의무이다.

**60** 공중위생감시원을 둘 수 없는 곳은?
① 도　　　　　　　　② 시, 군, 구
③ 특별시, 광역시　　④ 읍, 면, 동

해설 공중위생감시원은 특별시, 광역시, 도 및 시 · 군 · 구에 둔다.

정답 | 45 ③　46 ④　47 ③　48 ③　49 ②　50 ②　51 ①　52 ①
53 ③　54 ②　55 ③　56 ③　57 ③　58 ④　59 ③　60 ④

# 제4회 실력다지기 모의고사

**01** 쑥을 달인 물로 목욕을 하여 피부를 관리했던 시대는?
① 상고시대  ② 삼국시대  ③ 고려시대  ④ 조선시대

**해설** 단군신화에 미백을 위해 쑥과 마늘을 달인 물을 사용했다는 기록이 남아 있다.

**02** 다음 중 중성 피부의 특징이 아닌 것은?
① 부드럽고 촉촉하며 탄력성이 좋은 피부
② 모공이 작아 피부결이 곱고 섬세하지만 윤기가 없는 피부
③ 세균에 대한 저항력이 있고 화장이 오랫동안 유지되는 피부
④ 색소침착, 여드름이 없는 깨끗한 피부

**해설** 모공이 작아 피부결이 곱고 섬세하지만 윤기가 없는 피부는 건성 피부이다.

**03** 좋은 클렌징 제품으로 적절하지 않은 것은?
① 피부의 각질과 노폐물을 제거한다.
② 피부의 혈액순환과 신진대사를 촉진한다.
③ 피부의 산성막을 제거한다.
④ 피부 호흡을 원활하게 한다.

**해설** 클렌징제는 피부의 산성막을 파괴해서는 안 된다.

**04** 화장품 도포의 목적이 아닌 것은?
① 피부 표면의 더러움과 메이크업 잔류물 등을 제거하기 위해
② 피부의 신진대사를 활성화시키기 위해
③ 주름을 없애기 위해
④ 피부 표면을 정돈하고 pH의 불균형을 정상화시키기 위해

**해설** 화장품은 피부가 정상적인 기능을 할 수 있도록 도와주는 것으로 피부의 주름을 예방하거나 완화시키기 위해서 사용한다.

**05** 매뉴얼 테크닉을 얼굴에 할 경우 가장 가벼운 손동작을 해야 하는 부분은?
① 턱 주변  ② 이마  ③ 눈 주변  ④ 양 볼

**해설** 눈 주변은 피부가 얇고 민감하므로 가장 부드러운 손동작을 해야 한다.

**06** 파우더 타입의 팩에 대한 설명으로 옳지 않은 것은?
① 피부의 습기와 지방을 흡수하는 성질을 가졌다.
② 건성 피부와 노화 피부에 효과적이다.
③ 팩을 만들 때 증류수, 화장수 등과 섞어 쓴다.
④ 입자가 고울수록 흡입력이 크다.

**해설** 파우더 형태의 팩은 수분과 지방을 흡수하는 성질을 가지고 있으므로 건성 피부와 노화 피부에는 적합하지 않다.

**07** 면도를 이용한 제모 방법에 대한 설명으로 옳지 않은 것은?
① 모근까지 제거된다.
② 짧은 시간에 가장 손쉽게 할 수 있는 방법이다.
③ 감염 또는 염증을 일으킬 수 있으므로 항염 물질이 함유된 연고를 바른다.
④ 목욕이나 샤워 후 털이 부드러워졌을 때 면도하는 것이 좋다.

**해설** 면도는 피부 표면에 있는 털을 자르는 방법으로 모근은 제거할 수 없다.

**08** 가을철 피부 관리 방법과 관련이 없는 것은?
① 가을에는 각질층이 일어나고 잔주름 증가, 피부 당김 현상이 나타난다.
② 피부가 예민해지는 시기이므로 각질은 제거하지 않는 편이 좋다.
③ 보습 효과가 뛰어난 스킨과 로션, 에센스로 충분히 수분과 영양을 공급한다.

④ 미지근한 물로 세안한 후 마지막에 찬물로 두드리듯 마무리하여 피부탄력을 증가시킨다.

**해설** 가을에는 팩으로 두터워진 각질층을 제거해야 한다.

**09** 피부에 자극을 주지 않기 위해 에센셜 오일에 캐리어 오일을 섞어 마사지 오일로 만들어 흡수 효과를 높이는 것을 무엇이라 하는가?
① 믹싱  ② 블렌딩  ③ 유화  ④ 가용화

**해설** 에센셜 오일을 직접 도포하는 것은 위험하므로 캐리어 오일에 섞어 사용하는데 이를 블렌딩이라 한다.

**10** 피부 관리 시 사용되는 화장솜에 대한 설명 중 틀린 것은?
① 사용 전 적당한 크기로 적당한 양을 준비한다.
② 젖은 상태의 퍼프가 사용에 용이하다.
③ 천연 코튼 재료가 좋다.
④ 한꺼번에 많은 양의 화장솜을 물에 담가 두었다가 사용하면 좋다.

**해설** 퍼프를 많이 적셔 놓으면 오염되기 쉽다.

**11** 에스테틱에서 각질 제거의 의미는 무엇인가?
① 각질 탈락주기를 늦추는 것이다.
② 노화된 주름을 없애는 것이다.
③ 피부에 무리한 자극을 주지 않으며 각질을 떼어내는 것이다.
④ 피부의 진피층까지 필링하는 것이다.

**해설** 각질 제거는 각질층의 죽은 각질을 떼어내는 것이다.

**12** 필링에 대한 설명 중 틀린 것은?
① 사후 관리가 매우 중요하다.
② 각질 제거, 색소침착 완화에 효과적이다.
③ 피부의 재생을 유도한다.
④ 예민 피부에 적용하면 효과적이다.

**해설** 필링은 강한 자극을 주므로 예민 피부에는 신중을 기해야 한다.

**13** 피부의 pH에 대한 설명으로 틀린 것은?
① 20대의 산성도는 노년기에 비해 낮다.
② 지성 피부의 산성도는 정상 피부에 비해 높다.
③ 피부의 피지막은 약산성이다.
④ 피부의 산성도는 성인 남자의 경우 여성보다 낮다.

**해설** 지성 피부의 산성도는 pH 4.5로 정상 피부에 비해 낮다.

**14** 진피의 구성층으로 바르게 짝지어진 것은?
① 각질층과 기저층  ② 유극층과 망상층
③ 과립층과 투명층  ④ 유두층과 망상층

**해설** 진피는 유두층과 망상층으로 구성되어 있다.

**정답**

| 01 ① | 02 ② | 03 ③ | 04 ③ | 05 ③ | 06 ② | 07 ① |
| 08 ② | 09 ② | 10 ④ | 11 ③ | 12 ④ | 13 ② | 14 ④ |

**15** 모근부에 대한 설명으로 틀린 것은?

① 모낭은 모근을 보호한다.
② 모유두는 모구에 영양을 공급한다.
③ 모근은 피부 표면에 나와 있는 부분을 말한다.
④ 모구에는 모질세포와 멜라닌 세포가 있다.

해설 모근은 피부 속 모낭 안에 있는 부분을 말하며, 모간은 피부 표면에 나와 있는 부분이다.

**16** 모세혈관 확장피부에 대한 설명이다. 틀린 것은?

① 내분비기능 장애로 울혈이 발생한다.
② 모공이 작아 피지 분비량이 많지 않다.
③ 부신피질호르몬제인 코티손 연고의 장기간 사용 때문이다.
④ 자극을 주는 마사지와 강한 필링 때문이다.

해설 모공이 작아 피지량이 적은 것은 건성 피부의 특징이다.

**17** 다음 중 지방의 기능이 아닌 것은?

① 세포막 형성
② 에너지의 근원
③ 수용성 비타민 흡수 촉진
④ 호르몬의 구성 성분

해설 지방은 지용성 비타민의 흡수를 촉진시킨다.

**18** 얼굴의 피지가 세안으로 없어졌다가 원상태로 회복될 때까지의 일반적인 소요시간은?

① 10분 정도
② 30분 정도
③ 2시간 정도
④ 5시간 정도

해설 피부가 정상적인 pH를 회복할 때까지 약 2시간이 걸린다.

**19** 영양소의 기능이 잘못 연결된 것은?

① 탄수화물 – 면역체를 생산한다.
② 단백질 – 피부 구성 성분의 대부분을 차지한다.
③ 지방 – 외부의 충격을 완화시킨다.
④ 무기질 – 효소, 호르몬의 구성 성분이다.

해설 탄수화물은 열량소이고, 단백질이 면역체를 생산한다.

**20** 비듬의 일반적인 원인이 아닌 것은?

① 비타민 $B_1$ 결핍증
② 두피 혈액순환 악화
③ 단백질의 과잉섭취
④ 부신피질 기능저하

해설 단백질의 섭취와 비듬과는 상관이 없다.

**21** 오존층에서 거의 흡수되며 살균작용을 하고 피부암을 발생시킬 수 있는 파장의 선은?

① 적외선
② 가시광선
③ UV – A
④ UV – C

해설 UV-C는 오존층에서 99% 이상 흡수되며 박테리아 및 바이러스 등 단세포성 조직을 죽이는 데 효과적이다.

**22** 다음 중 세포막에 대한 설명으로 틀린 것은?

① 세포막은 물질수송을 조절한다.
② 세포막은 인접세포를 인식한다.
③ 핵을 둘러싸고 세포질과의 경계를 긋는다.
④ 세포막은 단백질과 지질로 구성된 얇은 막이다.

해설 핵막이 핵을 둘러싸고 세포질과의 경계를 긋는다.

**23** 해부학적 자세에서 인체의 길이방향, 즉 수직방향으로 이루어진 단면으로서 신체를 좌우로 나눈 것은?

① 시상면
② 전두면
③ 횡단면
④ 대각선면

해설 시상면은 인체를 수직으로 나누어 좌우로 나눈 면을 말한다.

**24** 골격근에 대한 설명으로 맞는 것은?

① 자율신경의 영향을 받는다.
② 민무늬근이다.
③ 골격에 붙어 운동에 관여한다.
④ 불수의근이다.

해설 골격근은 운동에 관여하며 횡문근이고 의지의 영향을 받는 수의근이다.

**25** 다음 중 척수에 관한 설명이 아닌 것은?

① 반사 중추이다.
② 생리조절 중추이다.
③ 소화조절 중추이다.
④ 회백질의 신경세포집단이다.

해설 간뇌의 시상하부가 생리조절 중추이다(소화, 체온, 감정 등).

**26** 다음 중 혈액 성분과 작용이 바르게 연결된 것은?

① 혈장 – 고체성분이다.
② 백혈구 – 세균으로부터 신체를 보호한다.
③ 혈소판 – 산소를 운반하는 헤모글로빈을 함유한다.
④ 적혈구 – 지혈 및 응고작용에 관여한다.

해설 백혈구는 식균작용을 하며, 세균을 소화시켜 신체를 방어한다.

**27** 다음 중 틀린 설명은?

① 폐순환은 소순환이라고 한다.
② 체순환에서 대정맥을 통해 우심방으로 혈액이 들어온다.
③ 폐순환은 우심실에서 폐정맥을 거쳐 폐로 혈액이 들어간다.
④ 체순환은 심장에서 나온 혈액이 온몸을 돌아 다시 심장으로 들어오는 것이다.

해설 폐순환은 우심실 → 폐동맥 → 폐 → 폐정맥 → 좌심방의 순이다.

**28** 다음 중 뇌하수체 전엽에서 분비되는 호르몬이 아닌 것은?

① 성장 호르몬
② 갑상선 자극 호르몬
③ 항이뇨 호르몬
④ 부신피질 자극 호르몬

해설 항이뇨 호르몬은 뇌하수체 후엽에서 분비된다.

**29** 다음 중 성장호르몬에 대한 설명이 아닌 것은?

① 신체 세포의 크기와 분열속도를 증가
② 세포의 탄수화물, 단백질, 지방의 대사를 촉진
③ 항체형성 호르몬의 효과를 증진
④ 연골세포를 증식시켜 장골의 성장을 촉진

해설 유즙 분비 자극 호르몬은 남성에서 항체형성 호르몬의 효과를 증진시킨다.

**30** 다음 중 방광에 대한 설명으로 틀린 것은?

① 요관에서 운반되어 온 소변을 일시적으로 저장하는 주머니 모양의 장기이다.
② 지방과 단백질을 당질로 전환하는 작용을 한다.
③ 길이 25~28cm 정도의 가느다란 관으로 신장과 연결되어 있다.
④ 방광의 벽은 점막, 근층, 외막의 3층으로 이루어져 있다.

해설 수뇨관은 길이 25~28cm 정도의 가느다란 관으로 신장과 방광을 연결한다.

**31** 시간이 지나도 전류의 흐르는 방향과 크기가 바뀌지 않는 전류를 무엇이라 하는가?

① 격동 전류
② 갈바닉 전류
③ 감응 전류
④ 정현파 전류

해설 갈바닉 전류는 시간이 지나도 전류의 흐르는 방향과 크기가 바뀌지 않는다.

정답  15 ③  16 ②  17 ③  18 ③  19 ①  20 ③  21 ④  22 ③  23 ①
24 ③  25 ②  26 ②  27 ③  28 ③  29 ③  30 ③  31 ②

**32** 영양침투를 목적으로 하는 열을 이용한 기기로 틀린 것은?

① 적외선램프　　　　　　　② 스티머
③ 파라핀 왁스기　　　　　　④ 이온토포레시스

**해설** 이온토포레시스 : 극을 이용한 유효성분 침투 기기

**33** 광선을 이용한 기기로 부작용 없이 면역력, 치유력 증진을 도와주는 미용기기는?

① 초음파　　　　　　　　　② 우드램프
③ 고주파 기기　　　　　　　④ 컬러테라피 기기

**해설** 컬러테라피 기기는 부작용과 감염 없이 효과를 발생시킨다.

**34** 자외선 미용기기에서 주로 UVA만을 방출하여 피부색소를 만드는 미용기기는?

① 자외선 소독기　　　　　　② 인공선탠기
③ 우드램프　　　　　　　　④ 바이브레이터기

**해설** 인공선탠기는 UVA만을 방출하여 피부에 색소를 만든다.

**35** 다음 보기에서 설명하는 피부분석 진단기기는?

> • 3~5배의 배율로 여드름을 추출할 때 이용하면 좋다.
> • 육안으로 판별하기 어려운 잔주름, 색소침착, 모공 상태 등을 관찰할 수 있다.

① 확대경　　② 우드램프　　③ 수분 측정기　　④ 유분 측정기

**해설** 확대경 : 확대배율이 다양하나 일반적으로 3~5배의 배율이 사용되며 여드름 추출 시 활용

**36** 조선 중엽 얼굴화장에 대한 설명으로 틀린 것은?

① 눈썹 화장을 했다.
② 연지, 곤지를 찍었다.
③ 분화장을 했다.
④ 밑화장은 주로 피마자유를 사용했다.

**해설** 조선시대에는 밑화장용으로 주로 참기름을 사용하였다.

**37** 다음 중 피지 분비가 많고 발한작용이 있는 여성에게 적합한 파운데이션은?

① 케이크 파운데이션　　　　② 크림 파운데이션
③ 리퀴드 파운데이션　　　　④ 스틱 파운데이션

**해설** 케이크 파운데이션은 트윈케익을 말하며 밀착력이 좋고 땀에 쉽게 지워지지 않는다.

**38** 광물성 오일 중 피부에 막을 형성하여 이물질의 침입을 막는 작용을 하는 것은?

① 라놀린　　② 바셀린　　③ 이소프로필　　④ 아보카도

**해설** 바셀린은 기름막을 형성하여 피부를 보호하고 수분증발을 억제한다.

**39** 계면활성제의 작용 중 액체와 고체입자를 균일하게 혼합한 작용을 무엇이라 하는가?

① 가용화　　　② 유화　　　③ 증발　　　④ 분산

**해설** 분산은 액체와 고체입자를 계면활성제로 균일하게 혼합한 작용으로서 아이섀도, 마스카라, 파운데이션 등에 사용된다.

**40** 화장품에 사용하는 색소 중 물, 오일에 녹는 것으로 모발 및 기초화장품에 사용되는 것은?

① 염료　　　② 레이크　　　③ 유기안료　　　④ 무기안료

**해설** 염료는 물 또는 오일에 녹으며 기초화장품과 모발화장품에 사용된다.

**41** 다음 중 동물성 유지가 아닌 것은?

① 카뮤 오일　　　　　　　② 라놀린
③ 호호바 오일　　　　　　④ 밍크 오일

**해설** 호호바 오일은 식물성 왁스에 속한다.

**42** 다음 중 Noncomedogenic 화장품 성분은?

① 올레인산　　　　　　　② 솔비톨
③ 라우린산　　　　　　　④ 올리브 오일

**해설** 솔비톨은 천연보습인자의 성분으로 보습성분이 뛰어나며 여드름을 유발하지 않는다.

**43** 화장품 성분 중 아줄렌은 피부에 어떤 작용을 하는가?

① 미백　　　　　　　　　② 자극
③ 진정 효과　　　　　　　④ 색소침착

**해설** 아줄렌은 캐모마일에서 추출한 성분으로 진정 효과가 뛰어나다.

**44** 피부의 피지막은 보통 상태에서 어떤 유화상태로 존재하는가?

① W/S 유화　　　　　　　② S/W 유화
③ W/O 유화　　　　　　　④ O/W 유화

**해설** 피부의 피지막은 W/O 유화상태로 존재한다.

**45** 자외선 차단제에 관한 설명이 틀린 것은?

① 자외선 차단제는 SPF(Sun Protect Factor)의 지수가 매겨져 있다.
② 자외선 차단 지수는 제품을 사용했을 때 홍반을 일으키는 자외선 양을 제품을 사용하지 않았을 때 홍반을 일으키는 자외선의 양으로 나눈 값이다.
③ 자외선 차단제의 효과는 자신의 멜라닌 색소의 양과 자외선에 대한 민감도에 따라 달라질 수 있다.
④ 자외선 차단제는 주로 UV−C를 차단하기 위해 도포한다.

**해설** 자외선 차단제는 UV−A, UV−B를 차단하기 위해 도포한다.

**46** 세계보건기구에서 국가간 보건수준을 비교하는 건강지표가 아닌 것은?

① 영아사망률　　　　　　② 평균수명
③ 노령인구　　　　　　　④ 비례사망지수

**해설** 건강지표 : 비례사망지수, 평균수명, 조사망률(영아사망률)

**47** 지방보건기구에서 시 · 군 · 구의 보건행정조직은?

① 의원　　　② 보건소　　　③ 의료원　　　④ 재활원

**해설** 시 · 군 · 구의 보건행정조직 – 보건소

**48** 인공능동면역방법에서 사균백신으로 예방하는 질병이 아닌 것은?

① 장티푸스　　② 콜레라　　③ 백일해　　④ 탄저

**해설** 사균백신 : 장티푸스, 파라티푸스, 콜레라, 백일해, 일본뇌염, 폴리오

**49** 돼지고기의 생식으로 감염되는 기생충은?

① 무구조충　　② 유구조충　　③ 말레이사상충　　④ 긴촌충

**해설** 유구조충(갈고리촌충) 중간숙주 : 돼지고기

**정답**　32 ④　33 ④　34 ②　35 ①　36 ④　37 ①　38 ②　39 ④　40 ①
　　　　41 ③　42 ②　43 ③　44 ③　45 ④　46 ③　47 ②　48 ④　49 ②

**50** 적외선의 인체에 대한 작용으로 잘못된 것은?

① 일사병의 원인이다.
② 백내장을 일으키기도 한다.
③ 피부에 색소침착을 일으킨다
④ 과량조사 시 화상과 홍반을 일으킨다.

해설 적외선
• 피부온도 상승, 혈관 확장, 피부홍반
• 과량조사 시 : 두통, 현기증, 백내장, 일사병의 원인

**51** 공기의 조성에서 함유량이 틀린 것은?

① 질소($N_2$) : 78.10%
② 산소($O_2$) : 20.93%
③ 아르곤(Ar) : 0.93%
④ 이산화탄소($CO_2$) : 0.3%

해설 공기의 조성 : 질소 78.1%, 산소 20.93%, 아르곤 0.93%, 이산화탄소 0.03%

**52** 치사율이 가장 높은 식중독은?

① 장염비브리오 식중독
② 보툴리누스 식중독
③ 장구균 식중독
④ 포도상구균 식중독

해설 보툴리누스 식중독 : 세균성 식중독 중에서 가장 치명률이 높다.

**53** 저온 살균법의 온도와 시간이 올바르게 짝지어진 것은?

① 71.5℃, 15초
② 100℃, 10분
③ 130℃, 10초
④ 62~63℃, 30분

해설 저온살균법 : 60~65℃에서 30분간 가열

**54** 다음 중 소독약의 독성이 없는 것은?

① 석탄산
② 포르말린
③ 에탄올
④ 크레졸

**55** 이 · 미용 소독기준으로 잘못된 것은?

① 자비 소독은 100℃ 끓는 물에서 10분 이상 처리한다.
② 자외선 소독은 1㎠당 85㎼ 이상의 자외선을 20분 이상 쬐어준다.
③ 건열멸균법은 70℃ 열에서 20분 이상 처리한다.
④ 화염멸균법은 불꽃에서 20초 이상 접촉한다.

해설 건열멸균 : 섭씨 100℃ 이상의 건조한 열에서 20분 이상 조사한다.

**56** 일시적 피임법이 아닌 것은?

① 월경주기법
② 난관수술
③ 기초체온법
④ 경구피임법

해설 영구적 피임 : 난관수술(여성), 정관수술(남성)

**57** 이 · 미용기구 소독 시의 기준으로 틀린 것은?

① 자외선 소독 : 1cm²당 85㎼ 이상의 자외선을 10분 이상 쬐어준다.
② 석탄산수 소독 : 석탄산 3% 수용액에 10분 이상 담가둔다.
③ 크레졸 소독 : 크레졸 3% 수용액에 10분 이상 담가둔다.
④ 열탕 소독 : 섭씨 100℃ 이상의 물속에 10분 이상 끓여준다.

해설 자외선 소독 : 1cm²당 85㎼ 이상의 자외선을 20분 이상 조사한다.

**58** 영업소 외의 장소에서 이 · 미용을 할 때 1차 위반 행정처분기준은?

① 영업정지 1월
② 개선명령
③ 영업정지 10일
④ 영업정지 20일

해설 1차 : 영업정지 1월, 2차 : 영업정지 2월, 3차 : 영업장 폐쇄명령

**59** 위생서비스 평가계획을 수립하여야 하는 자는?

① 행정자치부장관
② 보건복지부장관
③ 시 · 도지사
④ 시장 · 군수 · 구청장

해설 위생서비스 평가계획 수립 : 시 · 도지사

**60** 이 · 미용사가 아닌 사람이 이용 또는 미용의 업무에 종사할 때 이에 대한 벌칙은?

① 1년 이하의 징역 또는 1천만 원 이하의 벌금
② 6월 이하의 징역 또는 500만 원 이하의 벌금
③ 300만 원 이하의 벌금
④ 100만 원 이하의 벌금

해설 300만 원 이하의 벌금 : 면허를 받지 않고 이 · 미용업무를 행한 자

정답

| 50 ③ | 51 ④ | 52 ② | 53 ④ | 54 ③ | 55 ③ | 56 ② |
| 57 ① | 58 ① | 59 ③ | 60 ③ | | | |

**01** 다음 중 지성 피부의 세안 방법은?

① 잦은 세안과 세정력이 강한 제품은 피하며 물은 미온수로 세안한다.
② 유분이 많으므로 하루에 여러 번 비누 세안한다.
③ 비누의 잔여물이 남지 않도록 미지근한 물로 헹궈주고, 마지막에는 찬물을 사용한다.
④ 클렌징을 할 때는 유분이 풍부한 로션이나 크림 타입의 클렌저를 사용한다.

해설 ①은 건성 피부, ④는 중성 피부의 관리방법이며, 지성 피부라 하더라도 잦은 비누 세안은 얼굴의 산성막을 파괴시켜 오히려 피부 트러블을 일으킬 수 있다.

**02** 수렴 화장수와 관련이 없는 것은?

① 모공을 수축시켜 피부결을 정리해준다.
② 피지, 땀에 오염되기 쉬운 여름철에는 모든 피부에 사용된다.
③ 흔히 아스트리젠트라 불린다.
④ 유분과 수분을 보충하여 피부 각질층을 부드럽게 해준다.

해설 유분과 수분을 보충하여 피부 각질층을 촉촉하게 해주는 것은 유연 화장수이다.

**03** 피부의 유형에 따른 화장품의 선택이 적절하지 않은 것은?

① 노화된 피부는 유연 화장수를 사용한다.
② 지성 피부는 오일이 함유되지 않은 클렌징 젤을 사용해도 좋다.
③ 중성 피부는 피부에 수분공급과 모공축소 효과가 있는 화장수를 사용한다.
④ 건성 피부는 수렴 화장수를 사용한다.

해설 건성 피부는 유분과 수분을 공급해주기 위해 유연 화장수를 사용한다.

**04** 매뉴얼 테크닉의 쓰다듬기 동작과 관련이 없는 것은?

① 손가락을 포함한 손바닥 전체로 피부를 부드럽게 쓰다듬는 동작이다.
② 양손을 동시에 사용하여 빠르게 두드리는 동작이다.
③ 손바닥과 피부의 접촉을 최대한으로 한다.
④ 매뉴얼 테크닉 부위에 손가락을 약간 구부려 올려놓는다.

해설 양손을 동시에 사용하여 빠르게 두드리는 동작은 고타법이다.

**05** 피부 타입에 맞게 팩을 사용한 경우가 아닌 것은?

① 건성 피부는 수분과 유분을 공급하고 잔주름을 예방하는 팩을 한다.
② 노화 피부는 피부의 재생과 혈액순환을 촉진시키는 팩을 한다.
③ 여드름 피부는 모공 속의 노폐물을 제거하고 염증을 완화시키는 팩을 한다.
④ 예민 피부는 각질을 제거하고 피부진정과 모공수축 효과가 있는 팩을 한다.

해설 각질을 제거하고 피부 진정과 모공수축 효과가 있는 팩은 지성 피부에 적합하다.

**06** 젤라틴과 파라핀 형태가 있으며 온열기를 이용하여 사용 직전에 녹여 사용하고, 발열작용을 이용하여 혈액순환을 촉진하고 유효 성분을 침투시키는 팩은?

① 파라핀 마스크  ② 석고 마스크  ③ 고무 마스크  ④ 시트 마스크

해설 왁스 마스크는 파라핀과 젤라틴 형태가 있으며 발열작용을 이용하여 피부에 유효성분을 침투시킨다.

**07** 레이저 제모에 대한 설명으로 옳지 않은 것은?

① 털에 흡수된 후 열에너지가 털을 만드는 세포를 파괴시키는 방법이다.
② 혈액순환에 장애가 있거나 민감한 피부는 주의를 요한다.

③ 영구적 제모에 속한다.
④ 사용이 편리하고 효율적이며 안전하다.

해설 혈액순환에 장애가 있거나 피부가 민감할 경우 주의가 필요한 제모 방법은 온 왁스 제모이다.

**08** 림프 마사지에 대한 설명으로 옳지 않은 것은?

① 일반적인 마사지에서와 같이 많은 오일을 사용한다.
② 림프의 순환을 촉진시켜 노폐물을 체외로 배출시키는 것을 돕는다.
③ 노폐물을 제거하여 노화를 예방하고 피부를 탄력 있게 한다.
④ 급성 혈전증, 만성적 염증성 질환, 심부전증, 천식의 경우에는 시술할 수 없다.

해설 피부의 유분 유지가 필요한 경우에만 한 부위에 2~3방울 정도 오일을 사용한다.

**09** 전신 랩핑의 재료로 사용되지 않는 것은?

① 해조류  ② 머드  ③ 콜라겐  ④ 클레이

해설 콜라겐은 얼굴관리에 사용되는 재료이다.

**10** 다음 중 피부의 보습 상태를 분석하는 데 알맞은 기구는?

① 우드램프  ② 스킨스캐너
③ 확대경  ④ 마이크로카피

해설 스킨스캐너는 피부의 보습 상태를 분석하기에 적합하다.

**11** AHA의 재료 중 포도에서 추출한 것은?

① 구연산  ② 글리콜릭산  ③ 주석산  ④ 젖산

해설 구연산 : 감귤류, 글리콜릭산 : 사탕수수, 주석산 : 포도, 젖산 : 발효유

**12** 임산부나 당뇨인 사람에게 좋은 마사지 기본 동작으로 피부의 휴식을 주는 마사지 기법은?

① 쓰다듬기(Effleurage)  ② 문지르기(Friction)
③ 반죽하기(Petrissage)  ④ 떨기(Vibration)

해설 쓰다듬기는 마사지의 시작과 끝을 알리는 가벼운 동작으로 진정 효과가 있다.

**13** 표피 중 진피와 경계를 이루고 있는 층은?

① 기저층  ② 망상층  ③ 투명층  ④ 유극층

해설 기저층은 표피의 최저부에 위치하여 진피와 경계를 이루며, 영양분을 공급받아 세포분열을 일으킨다.

**14** 모발의 색은 흑색, 적색, 갈색, 금발색, 백색 등 여러 가지 색이 있다. 다음 중 주로 검은 모발의 색을 나타나게 하는 멜라닌은?

① 유멜라닌  ② 페오멜라닌
③ 티로신  ④ 멜라노싸이트

해설 유멜라닌은 검은 모발의 색을, 페오멜라닌은 금발과 빨간 머리의 색을 나타낸다.

**15** 노화 피부의 특징으로 틀린 것은?

① 각질층이 두껍다.  ② 탄력이 저하된다.
③ 피지 분비가 활발하다.  ④ 안색이 불균형하다.

해설 노화 피부는 피지선의 퇴화로 피지막이 감소된다.

정답
| 01 ③ | 02 ④ | 03 ④ | 04 ② | 05 ④ | 06 ① | 07 ② | 08 ① |
| 09 ③ | 10 ② | 11 ③ | 12 ① | 13 ① | 14 ① | 15 ③ |

**16** 토코페롤에 대한 설명으로 옳은 것은?
① 항산화제이다.
② 체내지방에서 저장할 수 없다.
③ 골다공증의 원인이 된다.
④ 콜라겐의 형성에 도움을 준다.

해설 토코페롤(비타민 E)은 노화방지와 세포재생에 관여하는 항산화 비타민이다.

**17** 피부 영양관리에 대한 설명 중 가장 올바른 것은?
① 대부분의 영양은 음식물을 통해 얻을 수 있다.
② 외용약을 사용해야만 유지할 수 있다.
③ 마사지를 잘하면 된다.
④ 영양 크림을 어떻게 잘 바르는가에 달려 있다.

해설 체내의 신진대사가 원활히 이루어져 영양분이 피부에 공급되어 건강한 피부가 만들어진다.

**18** 피부질환의 증상에 대한 설명 중 맞는 것은?
① 수족구염 – 홍반성 결절이 하지부 부분에 여러 개 나타나며 손으로 누르면 통증을 느낀다.
② 지루 피부염 – 기름기가 있는 인설(비듬)이 특징이며 호전과 악화를 되풀이 하고 약간의 가려움증을 동반한다.
③ 무좀 – 홍반에서부터 시작되며 수 시간 후에는 구진이 발생한다.
④ 여드름 – 구강 내 병변으로 동그란 홍반에 둘러싸여 작은 수포가 나타난다.

해설 지루 피부염은 만성 염증성 피부질환으로 열에 민감하며, 홍반(紅斑)과 인설(鱗屑)을 동반한다.

**19** 피부 표면에서 탈락되는 각질 덩어리이며 불규칙한 비늘 박리 조각으로 크기나 모양이 다양한 것은?
① 인설　　② 균열　　③ 가피　　④ 미란

해설 인설은 표피가 피부 표면으로 떨어져 나간 것을 말한다.

**20** 비타민 C가 인체에 미치는 효과가 아닌 것은?
① 피부의 멜라닌 색소의 생성을 억제시킨다.
② 혈색을 좋게 하여 피부에 광택을 준다.
③ 호르몬 분비를 억제시킨다.
④ 피부의 과민증을 억제하는 힘과 해독작용을 한다.

해설 비타민 C는 콜라겐 형성에 관여하여 피부를 튼튼하게 하고 멜라닌 색소 형성을 억제, 환원하여 엷게 하고, 항산화제로 작용한다.

**21** 자외선 등(Ultraviolet Lamp)을 이용한 미안술로 올바른 것은?
① 시술자와 고객은 보호안경과 아이패드를 착용한다.
② 가급적 장시간의 시술로 효과를 높인다.
③ 파장은 650~1,400㎛ 정도의 것을 사용한다.
④ 자외선 등은 피부에서 30cm 정도 거리를 두고 시술한다.

해설 자외선 등은 눈에 손상을 입힐 수 있으므로 아이패드를 착용하는 것이 좋다.

**22** DNA는 어떤 구조로 되어 있는가?
① 이중 나선형　② 단일 나선형　③ 다중 나선형　④ 삼중 나선형

해설 DNA는 이중 나선형 구조이다.

**23** 다음 중 피부를 구성하고 있는 상피조직은 무엇인가?
① 편평상피　② 이행상피　③ 입방상피　④ 원주상피

해설 편평상피는 비늘 모양의 상피로 혈관, 림프관, 폐포, 사구체낭, 표피, 구강, 식도, 항문 등에 분포해 있다.

**24** 장골의 세로방향으로 배열되어 있는 관으로서 혈관과 신경을 통과시키는 것은?
① 하버스관　② 골수강　　③ 해면골　　④ 볼크만관

해설 하버스관은 단단한 골세포로 구성되어 있으며 혈관과 신경을 통과시킨다.

**25** 복부내장을 압박하고 근육이 수축하면 척추를 구부리게 하는 근육은?
① 복횡근　　② 복직근　　③ 요방형근　　④ 외복사근

해설 외복사근은 척추의 회전과 굴곡, 복부내장 압박의 역할을 한다.

**26** 다음 중 사람의 재능과 개성을 결정하며 학습, 기억, 판단 등의 정신활동에 관여하는 신경조직은?
① 대뇌　　② 소뇌　　③ 중뇌　　④ 간뇌

해설 대뇌는 신경에서 가장 고위의 중추로서 학습능력에 관여하며, 재능과 개성을 결정한다.

**27** 모세혈관에 대한 설명으로 맞는 것은?
① 심장에서 온몸으로 나가는 혈관이다.
② 물질의 확산, 침투, 여과작용을 한다.
③ 심장으로 들어오는 혈관이다.
④ 판막이 존재한다.

해설 모세혈관은 확산, 침투, 여과에 의한 물질교환이 이루어지는 혈관이다.

**28** 다음 중 림프절의 기능이 아닌 것은?
① 식균작용을 한다.　　② 림프구를 생산한다.
③ 항체를 형성한다.　　④ 혈액응고에 관여한다.

해설 혈장은 혈액응고 기전에 중요한 역할을 한다.

**29** 부갑상선에서 분비되는 호르몬으로 혈액 내의 칼슘농도를 높이는 작용을 하는 것은?
① 인슐린　② 파라스 호르몬　③ 부신 호르몬　④ 알도스테론

해설 파라스 호르몬은 부갑상선 호르몬으로 혈중 칼슘 농도를 증가시키는 작용을 한다.

**30** 월경주기 중 에스트로겐의 영향을 받아 자궁점막이 증식하고 두꺼워지는 시기는?
① 월경기　　② 증식기　　③ 분비기　　④ 월경전기

해설 증식기는 에스트로겐의 영향을 받아 자궁점막이 증식하고 두꺼워지는 시기이다.

**31** 컬러테라피 기기에서 빨간색의 효과로 틀린 것은?
① 혈액 순환 증진　　　② 여드름 피부 관리에 이용
③ 셀룰라이트 개선　　　④ 식욕 조절

해설 보라색 : 식욕조절

정답　16 ①　17 ①　18 ②　19 ①　20 ③　21 ①　22 ①　23 ①
24 ①　25 ④　26 ①　27 ②　28 ④　29 ②　30 ②　31 ④

**32** 파라핀왁스 사용에 대한 설명으로 틀린 것은?

① 발열작용은 혈액순환을 도와준다.
② 표피까지 수분을 공급한다.
③ 파라핀을 3~5층으로 덮고 15분간 유지한다.
④ 슬리밍 효과가 있다.

해설 파라핀왁스는 진피까지 충분한 수분을 공급하므로 노화와 건성피부에 아주 효과적이다.

**33** 갈바닉(Galvanic)기기 사용 시 주의사항이다. 틀린 것은?

① 사용하고자 하는 제품의 극을 확인한다.
② 고객의 몸에 부착된 금속류의 유무를 확인한다.
③ 영양침투 목적일 경우 먼저 양극 시술을 한 후 반드시 다시 음극을 켜서 시술한다.
④ 전류의 세기가 너무 강하면 화상의 우려가 있다.

해설 영양침투 목적일 경우 먼저 음극 시술 후 반드시 다시 양극을 켜서 시술해야 한다.

**34** 엔더몰로지(Endermology)기 사용 시 주의할 점으로 틀린 것은?

① 시술 부위를 깨끗이 클렌징한다.
② 관절이나 뼈 부위는 적용하지 않는다.
③ 강한 압으로 어혈이 생기도록 관리한다.
④ 기기 관리 시간은 10~20분 정도가 적당하다.

해설 강한 압으로 인해 어혈이 생겨서는 안 된다.

**35** 스티머의 피부 타입별 거리와 관리시간이 틀리게 연결된 것은?

① 노화 피부 : 30cm – 15분 ② 정상 피부 : 35cm – 10분
③ 민감성 피부 : 50cm – 5분 ④ 여드름 피부 : 35cm – 15분

해설 여드름 피부에는 40~50cm 떨어진 상태에서 5분간 시술한다.

**36** 고대 이집트에서 머리 염색 시 사용한 것은?

① 헤나 ② 코올 ③ 리트머스 ④ 백납

해설 머리염색에는 헤나를, 눈화장에는 코올을 사용하였다.

**37** 다음 중 기초화장품이 아닌 것은?

① 에몰리엔트 크림 ② 스킨로션
③ 부스터 ④ 콤팩트

해설 콤팩트는 메이크업 화장품에 속한다.

**38** 또렷한 눈매를 표현하고 눈의 모양을 수정하는 것은?

① 아이브로우펜슬 ② 아이라이너
③ 마스카라 ④ 섀도

해설 • 아이브로우펜슬 : 눈썹 그리기
• 마스카라 : 속눈썹을 길고 짙게
• 섀도 : 눈 주위의 색상

**39** 친수성으로 지성 피부에 적합한 것은?

① O/W 크림 ② W/O 크림 ③ W/S 크림 ④ S/W 크림

해설 O/W(Oil in Water) 크림은 친수성이며 지성 피부에 적합하고, W/O(Water in Oil) 크림은 친유성이며 건성 피부에 적합하다.

**40** 피부에 자극이 적어 기초화장품 분야에서 많이 사용되는 계면활성제는?

① 양이온성 계면활성제 ② 음이온성 계면활성제
③ 양쪽성 계면활성제 ④ 비이온성 계면활성제

해설 비이온성 계면활성제는 물에 용해되어도 이온화되지 않으며 피부자극이 적어 화장수, 크림, 클렌징제 등에 사용된다.

**41** 다음 중 멜라닌 생성 저해 물질인 것은?

① 비타민 C ② 콜라겐 ③ 티로시나제 ④ 엘라스틴

해설 비타민 C는 도파의 산하를 억제하여 멜라닌의 생성을 저하시킨다.

**42** 현대 향수의 시초라 할 수 있는 헝가리 워터(Hungary Water)가 개발된 시기는?

① 1770년경 ② 1970년경 ③ 1570년경 ④ 1370년경

해설 헝가리 워터는 1370년경에 개발되었다.

**43** 다음은 어떤 성분에 관한 설명인가?

• 여드름 치유와 잔주름 개선에 널리 사용된다.
• 콜라겐과 엘라스틴의 생합성을 촉진시킨다.

① 레틴산(Retinoic Acid) ② 아스코르빈산(Ascorbic Acid)
③ 토코페롤(Tocopherol) ④ 칼시페롤(Calciferol)

해설 레틴산은 세포재생과 주름개선에 효과적인 성분이다.

**44** 립스틱의 성분으로 가장 많이 조합하는 것은?

① 글리세린 ② 왁스 ③ 유지 ④ 착색료

해설 왁스는 립스틱의 베이스로 사용된다.

**45** 파운데이션의 유분기를 제거하고 화장을 지속시키며 블루밍 효과를 볼 수 있는 것은?

① 파우더 ② 메이크업베이스
③ 선크림 ④ 비비크림

해설 파우더는 유분기를 흡착하고 화장을 지속시키며 피부를 화사하게 표현한다.

**46** 국세조사(National Census)를 최초로 실시한 나라와 연도가 바르게 연결된 것은?

① 미국 – 1849년 ② 스웨덴 – 1749년
③ 미국 – 1749년 ④ 스웨덴 – 1849년

해설 스웨덴 : 1749년, 우리나라 : 1925년(5년마다 실시)

**47** 감염병 생성과정의 요소에 해당되지 않는 것은?

① 병원체 ② 감염원에 병원체의 침입
③ 병원체의 전파 ④ 병원소로부터 병원체의 탈출

해설 감염병 생성과정의 요소 : 병원체, 병원소, 병원소로부터 병원체의 탈출, 전파, 새로운 숙주로의 침입, 숙주의 감수성

**48** 생물학적 전파와 해당 질병이 잘못 연결된 것은?

① 증식형 전파 – 페스트, 뎅기열, 발진티푸스
② 발육형 전파 – 사상충증, 로아로아
③ 발육, 증식형 전파 – 말라리아, 수면병
④ 배설형 전파 – 황열, 재귀열, 페스트

해설 배설형 전파 : 발진티푸스 – 이, 발진열 · 페스트 – 벼룩

정답 **32** ② **33** ③ **34** ③ **35** ④ **36** ① **37** ④ **38** ② **39** ① **40** ④
**41** ① **42** ④ **43** ① **44** ② **45** ① **46** ② **47** ② **48** ④

**49** 제1급감염병 신고기간은?

① 즉시 　　② 2일 이내 　　③ 5일 이내 　　④ 7일 이내

> **해설** ・제1급감염병 : 즉시
> ・제2급, 제3급감염병 : 24시간 이내
> ・제4급감염병 : 7일 이내

**50** 군집독의 가장 중요한 원인은?

① 실내 온도의 변화
② $O_2$
③ $CO_2$의 증가
④ 실내 공기의 화학적・물리적 조성의 변화

> **해설** 군집독 : 실내에 다수인이 밀집해 있을 때 공기의 물리적・화학적 조건이 문제
> 가 되어 불쾌감, 두통, 현기증, 구토, 생리저하 등 생리현상을 일으키는 것(예
> 방 – 환기)

**51** 다음 중 공기의 자정작용과 관계가 없는 것은?

① 희석작용 　　　　　② 세정작용
③ 살균작용 　　　　　④ 기온역전작용

> **해설** 공기 자정작용 : 희석작용, 세정작용, 산화작용, 살균작용, 교환작용

**52** 다음 중 크롬 중독에 의한 질환은?

① 이타이이타이병 　　　② 미나마타병
③ 비중격천공 　　　　　④ 조혈장애

> **해설** 크롬 만성중독 : 비중격천공(비중격의 연골부에 둥근 구멍이 뚫리는 것)

**53** 우리나라 노인복지법의 노인 기준 연령은?

① 60세 　　② 55세 　　③ 65세 　　④ 70세

> **해설** 노인 기준 : 65세 이상

**54** 세균성 식중독에 대한 설명으로 틀린 것은?

① 소화기감염병에 비해 잠복기가 짧다.
② 소량의 균으로 발병한다.
③ 2차 감염이 없다.
④ 면역이 획득되지 않는다.

> **해설** 세균성 식중독은 다량의 세균이나 독소량 때문에 발병한다.

**55** 다음 중 소독약의 독성이 없는 것은?

① 석탄산 　　② 포르말린 　　③ 에탄올 　　④ 크레졸

> **해설** 독성이 없는 것 : 에탄올

**56** 저온 소독법에 대해 바르게 표기한 것은?

① 50~55℃에서 1시간 　　② 60~65℃에서 30분
③ 70~75℃에서 1시간 　　④ 80~85℃에서 30분

> **해설** 저온 소독법 : 60~65℃에서 30분간 처리

**57** 공중위생업자의 지위를 승계한 자는 누구에게 언제 신고해야
하는가?

① 시・도지사 – 1월 　　　② 보건복지부장관 – 3월
③ 시장, 군수, 구청장 – 1월 　　④ 시장, 군수, 구청장 – 3월

> **해설** 공중위생영업자의 지위를 승계한 자는 1월 이내에 시장・군수・구청장에게
> 신고한다.

**58** 이・미용업자가 준수하여야 하는 위생관리 기준에 대한 설명
으로 틀린 것은?

① 영업장 안의 조명도는 100룩스 이상이 되도록 유지해야 한다.
② 영업소 내 이・미용업 신고증, 개설자의 면허증 원본 및 이・미용 요
금표를 게시하여야 한다.
③ 1회용 면도날은 손님 1인에 한하여 사용하여야 한다.
④ 이・미용 기구 중 소독을 한 기구와 소독을 하지 아니한 기구는 각각
다른 용기에 넣어 보관하여야 한다.

> **해설** 이・미용업소 조명은 75Lux 이상이어야 한다.

**59** 신고를 하지 아니하고 영업소의 명칭 및 상호를 변경할 때의 1
차 위반 시 행정처분 기준은?

① 경고 또는 개선명령 　　　② 영업정지 5일
③ 영업정지 10일 　　　　　④ 영업정지 15일

> **해설** ・1차 : 경고 또는 개선명령
> ・2차 : 영업정지 15일
> ・3차 : 영업정지 1월
> ・4차 : 영업장 폐쇄명령

**60** 1차 위반 시의 행정처분이 면허취소가 아닌 것은?

① 국가 기술자격법에 의하여 이・미용사 자격이 취소된 때
② 공중의 위생에 영향을 미칠 수 있는 감염병자로서 보건복지부령이
정하는 자
③ 면허정지 처분을 받고 그 정지 기간 중 업무를 행한 때
④ 국가기술자격법에 의하여 미용사자격 정지처분을 받을 때

> **해설** ④인 경우 면허정지에 해당된다.

**정답**

| 49 ① | 50 ④ | 51 ④ | 52 ③ | 53 ③ | 54 ② | 55 ③ | 56 ② |
|---|---|---|---|---|---|---|---|
| 57 ③ | 58 ① | 59 ① | 60 ④ | | | | |

Memo

# Part 03

## 실전 적중문제

**01** 딥클렌징의 효과에 대한 설명이 아닌 것은?
① 피부표면을 매끈하게 한다.
② 면포를 강화시킨다.
③ 혈색을 좋아지게 한다.
④ 불필요한 각질세포를 제거한다.

**02** 피부 관리를 위해 실시하는 피부상담의 목적과 가장 거리가 먼 것은?
① 고객의 방문 목적 확인
② 피부 문제의 원인 파악
③ 피부 관리 계획 수립
④ 고객의 사생활 파악

**03** 민감성 피부의 마무리 단계에 사용될 보습제로 적합한 성분이 아닌 것은?
① 알란토인
② 알부틴
③ 아줄렌
④ 알로에베라

**04** 피부미용실에서 손님에 대한 피부 관리의 과정 중 피부분석을 통한 고객카드 관리의 방법으로 가장 바람직한 것은?
① 개인의 피부 상태는 변하지 않으므로 첫 회 피부 관리를 시작할 때 한 번만 피부분석을 해서 분석 내용을 고객카드에 기록해두고 매회마다 활용한다.
② 첫 회 피부 관리를 시작할 때 한 번만 피부분석을 해서 분석 내용을 고객카드에 기록을 해두고 매회마다 활용하며 마지막 회에 다시 피부분석을 해서 좋아진 것을 고객에게 비교해준다.
③ 첫 회 피부 관리를 시작할 때 한 번 피부분석을 해서 분석 내용을 고객카드에 기록을 해두고 매회마다 활용하며 중간에 한 번, 마지막 회에 다시 한 번 피부분석을 해서 좋아진 것을 고객에게 비교해준다.
④ 개인의 피부 유형과 피부 상태는 수시로 변화하므로 매회마다 피부 관리 전에 항상 피부분석을 해서 분석 내용을 고객카드에 기록을 해두고 매회마다 활용한다.

**05** 도포 후 온도가 40℃ 이상 올라가며, 노화 피부 및 건성 피부에 필요한 영양흡수 효과를 높이는 데 가장 효과적인 마스크는?
① 석고 마스크
② 콜라겐 마스크
③ 머드 마스크
④ 알긴산 마스크

**06** 피부 관리의 정의와 가장 거리가 먼 것은?
① 안면 및 전신의 피부를 분석하고 관리하여 피부 상태를 개선시키는 것
② 얼굴과 전신의 상태를 유지 및 개선하여 근육과 골절을 정상화시키는 것
③ 피부미용사의 손과 화장품 및 적용 가능한 피부미용 기기를 이용하여 관리하는 것
④ 의약품을 사용하지 않고 피부 상태를 아름답고 건강하게 만드는 것

**07** 피부 유형별 관리방법으로 적합하지 않은 것은?
① 복합성 피부 – 유분이 많은 부위는 손을 이용한 관리를 행하여 모공을 막고 있는 피지 등의 노폐물이 쉽게 나올 수 있도록 한다.
② 모세혈관 확장 피부 – 세안 시 세안제를 손에서 충분히 거품을 낸 후 미온수로 완전히 헹구어 내고 손을 이용한 관리를 부드럽게 진행한다.
③ 노화 피부 – 피부가 건조해지지 않도록 수분과 영양을 공급하고 자외선 차단제를 바른다.
④ 색소침착 피부 – 자외선 차단제를 색소가 침착된 부위에 집중적으로 발라준다.

**08** 매뉴얼 테크닉을 적용할 수 있는 경우는?
① 피부나 근육, 골격에 질병이 있는 경우
② 골절상으로 인한 통증이 있는 경우
③ 염증성 질환이 있는 경우
④ 피부에 셀룰라이트(Cellulite)가 있는 경우

**09** 팩에 대한 설명으로 옳은 것은?
① 파라핀 팩은 모세혈관 확장피부에의 사용을 금한다.
② Wash-off 타입의 팩은 건조되어 얇은 필름을 형성하며 피부청결에 효과적이다.
③ Peel-off 타입의 팩은 도포 후 일정 시간이 지나면 미온수로 닦아내는 형태의 팩이다.
④ 건성 피부에 적용 시 도포하여 건조시키는 것이 효과적이다.

**10** 민감성 피부의 화장품 사용에 대한 설명으로 틀린 것은?
① 석고팩이나 피부에 자극이 되는 제품의 사용을 피한다.
② 피부의 진정, 보습효과가 뛰어난 제품을 사용한다.
③ 스크럽이 들어간 세안제를 사용하고 알콜 성분이 들어간 화장품을 사용한다.
④ 화장품 도포 시 첩포실험(Patch Test)을 하여 적합성 여부를 먼저 확인한 후 사용하는 것이 좋다.

**11** 딥클렌징에 대한 설명으로 틀린 것은?
① 스크럽 제품의 경우 여드름 피부나 염증 부위에 사용하면 효과적이다.
② 민감성 피부는 가급적 사용하지 않는 것이 좋다.
③ 효소를 이용할 경우 스티머가 없을 시 온습포를 적용할 수 있다.
④ 칙칙하고 각질이 두꺼운 피부에 효과적이다.

**12** 피부 유형과 화장품의 사용 목적이 틀리게 연결된 것은?
① 민감성 피부 – 진정 및 쿨링 효과
② 여드름 피부 – 멜라닌 생성 억제 및 피부기능 활성화
③ 건성 피부 – 피부에 유·수분을 공급하여 보습기능 활성화
④ 노화 피부 – 주름 완화, 결체조직 강화, 새로운 세포의 형성 촉진 및 피부 보호

**13** 홈 케어 시에 여드름 피부에 대한 조언으로 맞지 않는 것은?
① 여드름 전용 제품을 사용
② 붉어지는 부위는 약간 진하게 파운데이션이나 파우더를 사용
③ 지나친 당분섭취를 피함
④ 지나치게 얼굴이 당길 경우 수분 크림, 에센스 사용

**14** 포인트 메이크업 클렌징 과정에서 주의할 사항으로 틀린 것은?
① 콘택트렌즈를 뺀 후 시술한다.
② 아이라인 제거 시 안에서 밖으로 닦아낸다.
③ 마스카라를 짙게 한 경우 강하게 자극하여 닦아낸다.
④ 입술화장 제거 시 윗입술은 위에서 아래로, 아랫입술은 아래에서 위로 닦는다.

**15** 매뉴얼 테크닉을 이용한 관리 시 그 효과에 영향을 주는 요소와 가장 거리가 먼 것은?

① 속도와 리듬
② 피부결의 방향
③ 연결성
④ 다양하고 현란한 기교

**16** 왁스와 머절린(부직포)을 이용한 일시적 제모의 특징으로 가장 적합한 것은?

① 제모하고자 하는 털을 한번에 제거하여 즉각적인 결과를 가져온다.
② 넓은 부분의 불필요한 털을 제거하기 위해서는 많은 비용이 든다.
③ 깨끗한 외관을 유지하기 위해서 반복시술을 하지 않아도 된다.
④ 한번 시술을 하면 다시는 털이 나지 않는다.

**17** 일반적인 클렌징에 해당하는 사항이 아닌 것은?

① 색조화장 제거
② 먼지 및 유분의 잔여물 제거
③ 메이크업 잔여물 및 피부표면의 노폐물 제거
④ 효소나 고마쥐를 이용한 깊은 단계의 묵은 각질 제거

**18** 습포의 효과에 대한 내용과 가장 거리가 먼 것은?

① 온습포는 모공을 확장시키는 데 도움을 준다.
② 온습포는 혈액순환 촉진, 적절한 수분공급의 효과가 있다.
③ 냉습포는 모공을 수축시키며 피부를 진정시킨다.
④ 온습포는 팩 제거 후 사용하면 효과적이다.

**19** 다음 중 비타민에 대한 설명으로 틀린 것은?

① 비타민 A가 결핍되면 피부가 건조해지고 거칠어진다.
② 비타민 C는 교원질 형성에 중요한 역할을 한다.
③ 레티노이드는 비타민 A를 통칭하는 용어이다.
④ 비타민 A는 많은 양이 피부에서 합성된다.

**20** 자외선에 대한 설명으로 틀린 것은?

① 자외선 C는 오존층에 의해 차단될 수 있다.
② 자외선 A의 파장은 320~400nm이다.
③ 자외선 B는 유리에 의하여 차단될 수 있다.
④ 피부에 제일 깊게 침투하는 것은 자외선 B이다.

**21** 피부의 주체를 이루는 층으로서 망상층과 유두층으로 구분되며 피부조직 외에 부속기관인 혈관, 신경관, 림프관, 땀샘, 기름샘, 모발과 입모근을 포함하고 있는 곳은?

① 표피
② 진피
③ 근육
④ 피하조직

**22** 진피에 자리하고 있으며 통증이 동반되고, 여드름 피부의 4단계에서 생성되는 것으로 치료 후 흉터가 남는 것은?

① 가피
② 농포
③ 면포
④ 낭종

**23** 기미에 대한 설명으로 틀린 것은?

① 피부 내에 멜라닌이 합성되지 않아 야기되는 것이다.
② 30~40대의 중년여성에게 잘 나타나고 재발이 잘 된다.
③ 선탠기에 의해서도 기미가 생길 수 있다.
④ 경계가 명확한 갈색의 점으로 나타난다.

**24** 피부의 면역에 관한 설명으로 맞는 것은?

① 세포성 면역에는 보체, 항체 등이 있다.
② T림프구는 항원전달세포에 해당한다.
③ B림프구는 면역글로불린이라고 불리는 항체를 생성한다.
④ 표피에 존재하는 각질형성 세포는 면역조절에 작용하지 않는다.

**25** 림프액의 기능과 가장 관계가 없는 것은?

① 동맥기능의 보호
② 항원반응
③ 면역반응
④ 체액 이동

**26** 피부 노화의 원인과 가장 관련이 없는 것은?

① 노화 유전자와 세포 노화
② 항산화제
③ 아미노산 라세미화
④ 텔로미어(Telomere) 단축

**27** 멜라닌세포가 주로 분포되어 있는 곳은?

① 투명층
② 과립층
③ 각질층
④ 기저층

**28** 다음 중 골격계의 기능이 아닌 것은?

① 보호기능
② 저장기능
③ 지지기능
④ 열생산기능

**29** 인체의 구성요소 중 기능적·구조적 최소단위는?

① 조직
② 기관
③ 계통
④ 세포

**30** 담즙을 만들며, 포도당을 글리코겐으로 저장하는 소화기관은?

① 간
② 위
③ 충수
④ 췌장

**31** 신경계에 관련된 설명이 옳게 연결된 것은?

① 시냅스 – 신경조직의 최소단위
② 축삭돌기 – 수용기 세포에서 자극을 받아 세포체에 전달
③ 수상돌기 – 단백질을 합성
④ 신경초 – 말초신경섬유의 재생에 중요한 부분

**32** 두부의 근육을 안면근과 저작근으로 나눌 때 안면근에 속하지 않는 근육은?

① 안륜근
② 후두전두근
③ 교근
④ 협근

**33** 근육에 짧은 간격으로 자극을 주면 연축이 합쳐져서 단일 수축보다 큰 힘과 지속적인 수축을 일으키는 근수축은?

① 강직(Contraction)
② 강축(Tetanus)
③ 세동(Fibrillation)
④ 긴장(Tonus)

**34** 조직 사이에서 산소와 영양을 공급하고 이산화탄소와 대사노폐물이 교환되는 혈관은?

① 동맥(Artery)
② 정맥(Vein)
③ 모세혈관(Capillary)
④ 림프관(Lymphatic Vessel)

**35** 다음 중 열을 이용한 기기가 아닌 것은?

① 진공 흡입기
② 스티머
③ 파라핀 왁스기
④ 왁스워머

**36** 스티머 활용 시의 주의사항과 가장 거리가 먼 것은?

① 오존을 사용하지 않는 스티머를 사용하는 경우는 아이패드를 하지 않아도 된다.
② 스팀이 나오기 전 오존을 켜서 준비한다.
③ 상처가 있거나 일광에 손상된 피부에는 사용을 제한하는 것이 좋다.
④ 피부 타입에 따라 스티머의 시간을 조정한다.

**37** 적외선(Infra Red Lamp)에 대한 설명으로 옳은 것은?

① 주로 UVA를 방출하고 UVB, UVC는 흡수한다.
② 색소침착을 일으킨다.
③ 주로 소독, 멸균의 효과가 있다.
④ 온열작용을 통해 화장품의 흡수를 도와준다.

**38** 브러싱에 관한 설명으로 틀린 것은?

① 모세혈관 확장 피부는 석고 재질의 브러싱이 권장된다.
② 건성 및 민감성 피부의 경우는 회전속도를 느리게 해서 사용하는 것이 좋다.
③ 농포성 여드름 피부에는 사용하지 않아야 한다.
④ 브러싱은 피부에 부드러운 마찰을 주므로 혈액순환을 촉진시키는 효과가 있다.

**39** 전기에 대한 설명으로 틀린 것은?

① 전류란 전도체를 따라 움직이는 (−)전하를 지닌 전자의 흐름이다.
② 도체란 전류가 쉽게 흐르는 물질을 말한다.
③ 전류의 크기의 단위는 볼트(Volt)이다.
④ 전류에는 직류(D.C)와 교류(A.C)가 있다.

**40** 우드램프로 피부 상태를 판단할 때 지성 피부는 어떤 색으로 나타나는가?

① 푸른색    ② 흰색    ③ 오렌지    ④ 진보라

**41** 다음 중 피부상재균의 증식을 억제하는 항균기능을 가지고 있고, 발생한 체취를 억제하는 기능을 가진 것은?

① 바디샴푸    ② 데오드란트    ③ 샤워코롱    ④ 오데 토일렛

**42** 화장품을 만들 때 필요한 4대 조건은?

① 안전성, 안정성, 사용성, 유효성
② 안전성, 방부성, 방향성, 유효성
③ 발림성, 안정성, 방부성, 사용성
④ 방향성, 안전성, 발림성, 사용성

**43** 캐리어 오일 중 액체상 왁스에 속하고, 인체 피지와 지방산의 조성이 유사하여 피부친화성이 좋으며, 다른 식물성 오일에 비해 쉽게 산화되지 않아 보존안정성이 높은 것은?

① 아몬드 오일(Almond Oil)
② 호호바 오일(Jojoba Oil)
③ 아보카도 오일(Avocado Oil)
④ 맥아 오일(Wheat Germ Oil)

**44** 미백화장품의 매커니즘이 아닌 것은?

① 자외선 차단    ② 도파(DOPA) 산화 억제
③ 티로시나제 활성    ④ 멜라닌 합성 저해

**45** SPF에 대한 설명으로 틀린 것은?

① Sun Protection Factor의 약자로서 자외선 차단지수라 불린다.
② 엄밀히 말하면 UV−B 방어효과를 나타내는 지수라고 볼 수 있다.
③ 오존층으로부터 자외선이 차단되는 정도를 알아보기 위한 목적으로 사용된다.
④ 자외선 차단제를 바른 피부가 최소의 홍반량을 일어나게 하는 데 필요한 자외선 양을, 바르지 않은 피부가 최소의 홍반을 일어나게 하는 데 필요한 자외선 양으로 나눈 값이다.

**46** 다음 중 피부에 수분을 공급하는 보습제의 기능을 하는 것은?

① 계면활성제    ② 알파−하이드록시산
③ 글리세린    ④ 메틸파라벤

**47** 계면활성제에 대한 설명으로 옳은 것은?

① 계면활성제는 일반적으로 둥근 머리 모양의 소수성기와 막대 꼬리 모양의 친수성기를 가진다.

② 계면활성제의 피부에 대한 자극은 양쪽성 〉 양이온성 〉 음이온성 〉 비이온성의 순으로 감소한다.
③ 비이온성 계면활성제는 피부자극이 적어 화장수의 가용화제, 크림의 유화제, 클렌징 크림의 세정제 등에 사용된다.
④ 양이온성 계면활성제는 세정작용이 우수하여 비누, 샴푸 등에 사용된다.

**48** 보건교육의 내용과 관계가 가장 먼 것은?

① 생활환경위생 − 보건위생 관련 내용
② 성인병 및 노인성 질병 − 질병 관련 내용
③ 기호품 및 의약품의 외용, 남용 − 건강 관련 내용
④ 미용 정보 및 최신 기술 − 산업 관련 기술 내용

**49** 보건행정에 대한 설명으로 가장 올바른 것은?

① 공중보건의 목적을 달성하기 위해 공공의 책임하에 수행하는 행정활동
② 개인보건의 목적을 달성하기 위해 공공의 책임하에 수행하는 행정활동
③ 국가 간의 질병교류를 막기 위해 공공의 책임하에 수행하는 행정활동
④ 공중보건의 목적을 달성하기 위해 개인의 책임하에 수행하는 행정활동

**50** 제3급감염병이 아닌 것은?

① 발진열    ② B형 간염
③ 후천성면역결핍증    ④ 세균성 이질

**51** 세균성 식중독이 소화기계감염병과 다른 점은?

① 균량이나 독소량이 소량이다.
② 대체적으로 잠복기가 길다.
③ 연쇄전파에 의한 2차 감염이 드물다.
④ 원인식품 섭취와 무관하게 일어난다.

**52** 순도 100% 소독약 원액 2ml에 증류수 98ml를 혼합하여 100ml의 소독약을 만들었다면 이 소독약의 농도는?

① 2%    ② 3%    ③ 5%    ④ 98%

**53** 다음 중 자비 소독을 하기에 가장 적합한 것은?

① 스테인레스 보울    ② 제모용 고무장갑
③ 플라스틱 스파튤라    ④ 피부 관리용 팩붓

**54** 석탄산 소독액에 관한 설명으로 틀린 것은?

① 가구류의 소독에는 1~3% 수용액이 적당하다.
② 세균포자나 바이러스에 대해서는 작용력이 거의 없다.
③ 금속기구의 소독에는 적합하지 않다.
④ 소독액 온도가 낮을수록 효력이 높다.

**55** 다음 중 가장 강한 살균작용을 하는 광선은?

① 자외선    ② 적외선
③ 가시광선    ④ 원적외선

**56** 다음 중 이 · 미용사 면허의 발급자는?

① 시 · 도지사    ② 시장 · 군수 · 구청장
③ 보건복지부장관    ④ 주소지를 관장하는 보건소장

**57** 다음 중 공중위생감시원이 될 수 없는 자는?

① 위생사 또는 환경기사 2급 이상의 자격증이 있는 자

② 1년 이상 공중위생 행정에 종사한 경력이 있는 자

③ 외국에서 공중위생총감시원으로 활동한 경력이 있는 자

④ 고등교육법에 의한 대학에서 화학, 화공학, 위생학 분야를 전공하고 졸업한 자

**58** 공중위생관리법규상 공중위생영업자가 받아야 하는 위생교육 시간은?

① 매년 3시간      ② 매년 8시간

③ 2년마다 4시간      ④ 2년마다 8시간

**59** 공중위생관리법령에 따른 과징금의 부과 및 납부에 관한 사항으로 틀린 것은?

① 과징금을 부과하고자 할 때에는 위반행위의 종별과 해당 과징금의 금액을 명시하여 이를 납부할 것을 서면으로 통지하여야 한다.

② 통지를 받은 자는 통지를 받은 날부터 20일 이내에 과징금을 납부해야 한다.

③ 과징금납부의무자는 과징금을 분할 납부하려는 경우 증명 서류를 첨부하여 법원에 과징금 분할 납부를 신청해야 한다.

④ 과징금의 징수절차는 보건복지부령으로 정한다.

**60** 이 · 미용사의 면허증을 대여한 때의 1차 위반 시 행정처분기준은?

① 면허정지 3월      ② 면허정지 6월

③ 영업정지 3월      ④ 영업정지 6월

**01** 제모시술의 올바른 방법이 아닌 것은?

① 시술자의 손을 소독한다.
② 머절린(부직포)을 떼어낼 때 털이 자란 방향으로 떼어낸다.
③ 스파츌라에 왁스를 묻힌 후 손목 안쪽에 온도 테스트를 한다.
④ 소독 후 시술부위에 남아 있을 유·수분을 정리하기 위하여 파우더를 사용한다.

**02** 물의 수압을 이용해 혈액순환을 촉진시켜 체내의 독소 배출, 세포 재생 등의 효과를 높일 수 있는 건강 증진 방법은?

① 아로마테라피(Aroma-Therapy) ② 스파테라피(Spa-Therapy)
③ 스톤테라피(Stone-Therapy)  ④ 허벌테라피(Hebal-Therapy)

**03** 다음 중 필링의 대상이 아닌 것은?

① 모세혈관 확장 피부     ② 모공이 넓은 지성 피부
③ 일반 여드름 피부     ④ 잔주름이 많은 건성 피부

**04** 신체 부위별 관리의 효과를 극대화시키기 위한 방법과 가장 거리가 먼 것은?

① 배농을 돕기 위해 따뜻한 차를 마시게 한다.
② 온타월을 사용하여 고객의 몸을 이완시켜준다.
③ 시원한 물을 마시게 하여 고객을 안정시킨다.
④ 편안한 환경을 만들어 고객이 심리적 안정감을 갖도록 한다.

**05** 제모 관리에서 왁스 제모법의 장점이 아닌 것은?

① 신체의 광범위한 부위를 짧은 시간 내에 효과적으로 제거할 수 있다.
② 털을 닳게 하여 제거하는 방법이므로 통증이 적다.
③ 다른 일시적 제모제보다 제모 효과가 4~5주 정도 오래 지속된다.
④ 피부나 모낭 등에 화학적 해를 미치지 않는다.

**06** 매뉴얼 테크닉의 기본 동작에 대한 설명으로 틀린 것은?

① 에플라쥐(Effleurage) - 손바닥을 이용해 부드럽게 쓰다듬는 동작
② 프릭션(Friction) - 근육을 횡단하듯 반죽하는 동작
③ 타포트먼트(Tapotement) - 손가락을 이용하여 두드리는 동작
④ 바이브레이션(Vibration) - 손 전체나 손가락에 힘을 주어 고른 진동을 주는 동작

**07** 글리콜산이나 젖산을 이용하여 각질층에 침투시키는 방법으로 각질세포의 응집력을 약화시키며 자연탈피를 유도시키는 필링제는?

① Phenol     ② TCA     ③ AHA     ④ BP

**08** 피부 관리 시 마무리 동작에 대한 다음 설명 중 틀린 것은?

① 장시간 동안의 피부 관리로 인해 긴장된 근육의 이완을 도와 고객의 만족을 최대로 향상시킨다.
② 피부 타입에 적당한 화장수로 피부결을 일정하게 한다.
③ 피부 타입에 적당한 앰플, 에센스, 아이크림, 자외선 차단제 등을 피부에 차례로 흡수시킨다.
④ 딥클렌징제를 사용한 다음 화장수로만 가볍게 마무리 관리해주어야만 자극을 최소화할 수 있다.

**09** 표피 수분부족 피부의 특징이 아닌 것은?

① 연령에 관계없이 발생한다.
② 피부조직에 표피성 잔주름이 형성된다.
③ 피부 당김이 진피(내부)에서 심하게 느껴진다.
④ 피부조직이 별로 얇게 보이지 않는다.

**10** 다음에서 설명하는 팩(마스크)의 재료는?

> 열을 내서 혈액순환을 촉진시키고 또한 피부를 완전 밀폐시켜 팩(마스크) 도포 전에 바르는 앰플과 영양액 및 영양 크림의 성분이 피부 깊숙이 흡수되어 피부개선에 효과를 준다.

① 해초     ② 석고     ③ 꿀     ④ 아로마

**11** 입술 화장을 제거하는 방법으로 가장 적합한 것은?

① 클렌저를 묻힌 화장솜으로 입술 바깥쪽에서 안쪽으로 닦아준다.
② 클렌저를 묻힌 화장솜으로 입술 안쪽에서 바깥쪽으로 닦아준다.
③ 클렌저를 묻힌 화장솜으로 입꼬리에서 반대쪽 입꼬리까지 닦아준다.
④ 클렌저를 묻힌 면봉으로 닦아준다.

**12** 화장수의 작용이 아닌 것은?

① 피부에 남은 클렌징 잔여물 제거 작용
② 피부의 pH 밸런스 조정 작용
③ 피부에 집중적인 영양 공급 작용
④ 피부 진정 또는 쿨링 작용

**13** 팩 중 아줄렌 팩의 주된 효과는?

① 진정 효과     ② 탄력 효과
③ 항산화작용 효과     ④ 미백 효과

**14** 피부미용의 기능이 아닌 것은?

① 피부 보호     ② 피부 문제 개선
③ 피부 질환 치료     ④ 심리적 안정

**15** 클렌징의 목적과 가장 거리가 먼 것은?

① 청결과 위생     ② 혈액순환 촉진
③ 트리트먼트의 준비     ④ 유효성분 침투

**16** 여드름 피부에 직접 사용하기에 가장 좋은 아로마는?

① 유칼립투스     ② 로즈마리     ③ 페퍼민트     ④ 티트리

**17** 매뉴얼 테크닉 시술 시 주의해야 할 사항이 아닌 것은?

① 피부미용사는 손의 온도를 따뜻하게 하여 고객이 차갑게 느끼지 않도록 한다.
② 처음과 마지막 동작은 주무르기 방법으로 부드럽게 시술한다.
③ 동작마다 일정한 리듬을 유지하면서 정확한 속도를 지키도록 한다.
④ 피부 타입과 피부 상태의 필요성에 따라 동작을 조절한다.

**18** 피부미용의 관점에서 딥클렌징의 목적이 아닌 것은?

① 영양물질의 흡수를 용이하게 한다.
② 피지와 각질층의 일부를 제거한다.
③ 피부 유형에 따라 주 1~2회 정도 실시한다.
④ 화학적 화상을 유발하여 피부세포 재생을 촉진한다.

**19** 성인이 하루에 분비하는 피지의 양은?

① 약 1~2g  ② 약 0.1~0.2g  ③ 약 3~5g  ④ 약 5~8g

**20** 피부구조에 대한 설명 중 틀린 것은?

① 피부는 표피, 진피, 피하지방층의 3개층으로 구성된다.
② 표피는 일반적으로 내측으로부터 순서대로 기저층 – 투명층 – 유극층 – 과립층 – 각질층의 5층으로 나뉜다.
③ 멜라닌 세포는 표피의 기저층에 산재한다.
④ 멜라닌 세포수는 민족과 피부색에 관계없이 일정하다.

**21** 각 비타민의 효능 설명 중 옳은 것은?

① 비타민 E – 아스코르빈산의 유도체로 사용되며 미백제로 이용된다.
② 비타민 A – 혈액순환 촉진과 피부 청정효과가 우수하다.
③ 비타민 P – 바이오플라보노이드(Bioflavonoid)라고도 하며 모세혈관을 강화하는 효과가 있다.
④ 비타민 B – 세포 및 결합조직의 조기 노화를 예방한다.

**22** 지성 피부에 대한 설명 중 틀린 것은?

① 지성 피부는 정상 피부보다 피지 분비량이 많다.
② 피부결이 섬세하지만 피부가 얇고 붉은 색이 많다.
③ 지성 피부는 남성 호르몬인 안드로겐(Androgen)이나 여성 호르몬인 프로게스테론(Progesterone)의 기능이 활발해져서 생긴다.
④ 지성 피부의 관리는 피지제거 및 세정을 주목적으로 한다.

**23** 피부의 각질층에 존재하는 세포간지질 중 가장 많이 함유된 것은?

① 세라마이드(Ceramide)  ② 콜레스테롤(Cholesterol)
③ 스쿠알렌(Squalene)  ④ 왁스(Wax)

**24** 사춘기 이후에 주로 분비가 되며, 모공을 통하여 분비되어 독특한 체취를 발생시키는 것은?

① 소한선  ② 대한선  ③ 피지선  ④ 갑상선

**25** 콜라겐(Collagen)에 대한 설명으로 틀린 것은?

① 노화된 피부에는 콜라겐 함량이 낮다.
② 콜라겐이 부족하면 주름이 발생하기 쉽다.
③ 콜라겐은 피부의 표피에 주로 존재한다.
④ 콜라겐은 섬유아세포에서 생성된다.

**26** 광노화의 반응과 가장 거리가 먼 것은?

① 거칠어짐  ② 건조
③ 과색소침착증  ④ 모세혈관 수축

**27** 피부 표피 중 가장 두꺼운 층은?

① 각질층  ② 유극층  ③ 과립층  ④ 기저층

**28** 평활근에 대한 설명 중 틀린 것은?

① 근원섬유에는 가로무늬가 없다.
② 운동신경의 분포가 없는 대신 자율신경이 분포되어 있다.
③ 수축은 서서히 느리게 지속된다.
④ 신경을 절단하면 자동적으로 움직일 수 없다.

**29** 혈액의 기능으로 틀린 것은?

① 호르몬 분비 작용
② 노폐물 배설 작용
③ 산소와 이산화탄소의 운반 작용
④ 삼투압과 산·염기 평형의 조절 작용

**30** 췌장에서 분비되는 단백질 분해효소는?

① 펩신(Pepsin)  ② 트립신(Trypsin)
③ 리파아제(Lipase)  ④ 펩티다아제(Peptidase)

**31** 다음 보기의 사항에 해당되는 신경은?

안면근육운동, 혀 앞 2/3 미각담당, 뇌신경 중 하나, 제7뇌신경이다.

① 3차 신경  ② 설안신경  ③ 안면신경  ④ 부신경

**32** 골과 골 사이의 충격을 흡수하는 결합조직은?

① 섬유  ② 연골  ③ 관절  ④ 조직

**33** 인체의 각 주요 호르몬의 기능 저하에 따라 나타나는 현상으로 틀린 것은?

① 부신피질자극호르몬(ACTH) : 갑상선 기능 저하
② 난포자극호르몬(FSH) : 불임
③ 인슐린(Insulin) : 당뇨
④ 에스트로겐(Estrogen) : 무월경

**34** 세포 내에서 호흡생리를 담당하고 이화작용과 동화작용에 의해 에너지를 생산하는 곳은?

① 리소좀  ② 염색체
③ 소포체  ④ 미토콘드리아

**35** 전동브러시(Frimator)의 효과가 아닌 것은?

① 앰플 침투  ② 클렌징  ③ 필링  ④ 딥클렌징

**36** 전류에 대한 설명으로 옳은 것은?

① 양(+)전자들이 양(+)극을 향해 흐르는 것이다.
② 음(–)전자들이 음(–)극을 향해 흐르는 것이다.
③ 전자들이 전도체를 따라 한 방향으로 흐르는 것이다.
④ 전자들이 양(+)극 방향과 음(–)극 방향을 번갈아 흐르는 것이다.

**37** 적외선 미용기기를 사용할 때의 주의사항으로 옳은 것은?

① 램프와 고객과의 거리는 최대한 가까이 한다.
② 자외선 적용 전 단계에 사용하지 않는다.
③ 최대흡수 효과를 위해 해당부위와 램프가 직각이 되도록 한다.
④ 간단한 금속류를 제외한 나머지 장신구는 허용되지 않는다.

**38** 증기연무기(Steamer)를 사용할 때 얻는 효과와 가장 거리가 먼 것은?

① 따뜻한 연무는 모공을 열어 각질 제거를 돕는다.
② 혈관을 확장시켜 혈액 순환을 촉진시킨다.
③ 세포의 신진대사를 증가시킨다.
④ 마사지 크림 위에 증기연무를 사용하면 유효성분의 침투가 촉진된다.

**39** 갈바닉 전류 중 음(–)극을 이용한 것으로 제품을 피부 속으로 스며들게 하기 위해 사용하는 것은?

① 아나포레시스(Anaphoresis)
② 에피더마브레이션(Epidermabrassion)
③ 카타포레시스(Cataphoresis)
④ 전기마스크(Electronic Mask)

**40** 디스인크러스테이션(Desincrustation)을 가급적 피해야 할 피부 유형은?

① 중성 피부  ② 지성 피부  ③ 노화 피부  ④ 건성 피부

**41** 세정작용과 기포형성작용이 우수하여 비누, 샴푸, 클렌징 폼 등에 주로 사용되는 계면활성제는?

① 양이온성 계면활성제
② 음이온성 계면활성제
③ 비이온성 계면활성제
④ 양쪽성 계면활성제

**42** 자외선 차단제에 대한 설명으로 옳은 것은?

① 일광에 노출 전에 바르는 것이 효과적이다.
② 피부 병변이 있는 부위에 사용하여도 무관하다.
③ 사용 후 시간이 경과하여도 다시 덧바르지 않는다.
④ SPF 지수가 높을수록 민감한 피부에 적합하다.

**43** 다음의 설명에 해당되는 천연향의 추출방법은?

> 식물의 향기 부분을 물에 담가 가온하여 증발된 기체를 냉각하면 물 위에 향기 물질이 뜨게 되는데 이것을 분리하여 순수한 천연향을 얻어내는 방법이다. 이는 대량으로 천연향을 얻어낼 수 있는 장점이 있으나 고온에서 일부 향기성분이 파괴될 수도 있다는 단점이 있다.

① 수증기 증류법
② 압착법
③ 휘발성 용매 추출법
④ 비휘발성 용매 추출법

**44** 화장품의 4대 요건에 해당되는 않는 것은?

① 안전성
② 안정성
③ 사용성
④ 보호성

**45** 기능성 화장품에 대한 설명으로 옳은 것은?

① 자외선에 의해 피부가 심하게 그을리거나 일광화상이 생기는 것을 지연해 준다.
② 피부 표면의 더러움이나 노폐물을 제거하여 피부를 청결하게 해준다.
③ 피부 표면의 건조를 방지해주고 피부를 매끄럽게 한다.
④ 비누 세안에 의해 손상된 피부의 pH를 정상적인 상태로 빨리 돌아오게 한다.

**46** 바디샴푸에 요구되는 기능과 가장 거리가 먼 것은?

① 피부 각질층 세포간지질 보호
② 부드럽고 치밀한 기포 부여
③ 높은 기포 지속성 유지
④ 강력한 세정성 부여

**47** 다음 중 향수의 부향률이 높은 것부터 순서대로 나열된 것은?

① 퍼퓸 〉 오데 퍼퓸 〉 오데 코롱 〉 오데 토일렛
② 퍼퓸 〉 오데 토일렛 〉 오데 코롱 〉 오데 퍼퓸
③ 퍼퓸 〉 오데 퍼퓸 〉 오데 토일렛 〉 오데 코롱
④ 퍼퓸 〉 오데 코롱 〉 오데 퍼퓸 〉 오데 토일렛

**48** 식중독에 관한 설명으로 옳은 것은?

① 세균성 식중독 중 치사율이 가장 낮은 것은 보툴리누스 식중독이다.
② 테트로도톡신은 감자에 다량 함유되어 있다.
③ 식중독은 급격한 발생률, 지역과 무관한 동시 다발성의 특성이 있다.
④ 식중독은 원인에 따라 세균성, 화학물질, 자연독, 곰팡이독 등으로 분류된다.

**49** 공중보건학의 개념과 관계가 가장 적은 것은?

① 지역주민의 수명 연장에 관한 연구
② 감염병 예방에 관한 연구
③ 성인병 치료기술에 관한 연구
④ 육체적 · 정신적 효율 증진에 관한 연구

**50** 보건행정의 제 원리에 관한 것으로 맞는 것은?

① 일반행정원리의 관리 과정적 특성과 기획 과정은 적용되지 않는다.
② 의사결정과정에서 미래를 예측하고, 행동하기 전의 행동계획을 결정한다.
③ 보건행정에서는 생태학이나 역학적 고찰이 필요없다.
④ 보건행정은 공중보건학에 기초한 과학적 기술이 필요하다.

**51** 다음 중 같은 병원체에 의하여 발생하는 인수공통감염병은?

① 천연두
② 콜레라
③ 디프테리아
④ 공수병

**52** 혈청이나 약제, 백신 등 열에 불안정한 액체의 멸균에 주로 이용되는 멸균법은?

① 초음파멸균법
② 방사선멸균법
③ 초단파멸균법
④ 여과멸균법

**53** 고압증기멸균기의 소독대상물로 적합하지 않은 것은?

① 금속성 기구
② 의류
③ 분말제품
④ 약액

**54** 멸균의 의미로 가장 적합한 표현은?

① 병원균의 발육 및 증식의 억제 상태
② 체내에 침입하여 발육 및 증식하는 상태
③ 세균의 독성만을 파괴한 상태
④ 아포를 포함한 모든 균을 사멸시킨 무균 상태

**55** 석탄산의 90배 희석액과 어느 소독약의 180배 희석액이 같은 조건하에서 같은 소독효과가 있었다면 이 소독약의 석탄산 계수는?

① 0.50
② 0.05
③ 2.00
④ 20.0

**56** 과태료에 대한 설명 중 틀린 것은?

① 과태료는 관할 시장 · 군수 · 구청장이 부과 · 징수한다.
② 과태료 처분에 불복이 있는 자는 그 처분을 고지받은 날부터 30일 이내에 처분권자에게 이의를 제기할 수 있다.
③ 기간 내에 이의를 제기하지 아니하고 과태료를 납부하지 아니한 때에는 지방세 체납처분의 예에 의하여 과태료를 징수한다.
④ 과태료에 대하여 이의 제기가 있을 경우 청문을 실시한다.

**57** 이 · 미용업 영업자의 지위를 승계받을 수 있는 자의 자격은?

① 자격증이 있는 자
② 면허를 소지한 자
③ 보조원으로 있는 자
④ 상속권이 있는 자

**58** 미용업자가 점빼기, 귓불뚫기, 쌍꺼풀수술, 문신, 박피술 그밖에 이와 유사한 의료행위를 하여 관련법규를 1차 위반했을 때의 행정처분은?

① 경고
② 영업정지 2월
③ 영업장 폐쇄명령
④ 면허 취소

**59** 미용업 영업자가 영업소 폐쇄 명령을 받고도 계속하여 영업을 하는 때에 시장 · 군수 · 구청장이 관계공무원으로 하여금 당해 영업소를 폐쇄하기 위하여 조치를 하게 할 수 있는 사항에 해당하지 않는 것은?

① 출입자 검문 및 통제
② 영업소의 간판, 기타 영업표지물의 제거
③ 위법한 영업소임을 알리는 게시물 등의 부착
④ 영업을 위하여 필수불가결한 기구 또는 시설물을 사용할 수 없게 하는 봉인

**60** 공중위생관리법상 다음 (    ) 속에 가장 적합한 것은?

> 공중위생관리법은 공중이 이용하는 영업과 시설의 (    ) 등에 관한 사항을 규정함으로써 위생수준을 향상시켜 국민의 건강증진에 기여함을 목적으로 한다.

① 위생
② 위생관리
③ 위생과 소독
④ 위생과 청결

**01** 필오프 타입(Peel-off Type) 마스크의 특징이 아닌 것은?

① 젤 또는 액체 형태의 수용성으로 바른 후 건조되면서 필름막을 형성한다.
② 볼 부위는 영양분의 흡수를 위해 두껍게 바른다.
③ 팩 제거 시 피지나 죽은 각질세포가 제거되므로 피부 청정효과를 준다.
④ 일주일에 1~2회 사용한다.

**02** 매뉴얼 테크닉의 기본 동작 중 하나인 쓰다듬기에 대한 내용과 가장 거리가 먼 것은?

① 매뉴얼 테크닉의 처음과 끝에 주로 이용된다.
② 혈액과 림프의 순환을 도모한다.
③ 자율신경계에 영향을 미쳐 피부에 휴식을 준다.
④ 피부에 탄력성을 증가시킨다.

**03** 모세혈관 확장 피부에 효과적인 성분이 아닌 것은?

① 루틴  ② 아줄렌  ③ 알로에  ④ A.H.A

**04** 다음의 설명에 가장 적합한 팩은?

> • 효과 : 피부 타입에 따라 다양하게 사용되며 유화 형태이므로 사용감이 부드럽고 침투가 쉽다.
> • 사용방법 및 주의사항 : 사용량만큼 필요한 부위에 바르고 필요에 따라 호일, 랩, 적외선 램프를 사용한다.

① 크림팩  ② 벨벳(시트)팩  ③ 분말팩  ④ 석고팩

**05** 피부 유형별 적용 화장품 성분이 맞게 짝지어진 것은?

① 건성 피부 – 클로로필, 위치하젤
② 지성 피부 – 콜라겐, 레티놀
③ 여드름 피부 – 아보카드 오일, 올리브 오일
④ 민감성 피부 – 아줄렌, 비타민 $B_5$

**06** 온습포의 작용으로 볼 수 없는 것은?

① 모공을 수축시키는 작용이 있다.
② 혈액 순환을 촉진시키는 작용이 있다.
③ 피지 분비선을 자극하는 작용이 있다.
④ 피부 조직에 영양공급이 원활히 될 수 있도록 작용한다.

**07** 딥클렌징의 효과 및 목적과 가장 거리가 먼 것은?

① 다음 단계의 유효성분 흡수율을 높여준다.
② 모공 깊숙이 있는 피지와 각질 제거를 목적으로 한다.
③ 피지가 모낭 입구 밖으로 원활하게 나오도록 해준다.
④ 효과적인 주름 관리가 되도록 해준다.

**08** 다음 중 세정력이 우수하며, 지성 여드름 피부에 가장 적합한 제품은?

① 클렌징 젤  ② 클렌징 오일  ③ 클렌징 크림  ④ 클렌징 밀크

**09** 제모에 대한 설명으로 틀린 것은?

① 왁싱을 이용한 제모는 얼굴이나 다리의 털을 제거하는 데 적합하며 모근까지 제거되기 때문에 보통 4~5주 정도 지속된다.
② 제모 적용부위를 사전에 깨끗이 씻고 소독한다.
③ 제모 후에 진정 제품을 피부 표면에 발라준다.
④ 왁스를 바른 후 떼어낼 때는 아프지 않게 천천히 떼어내는 것이 좋다.

**10** 클렌징 제품의 올바른 선택조건이 아닌 것은?

① 클렌징이 잘 되어야 한다.
② 피부의 산성막을 손상시키지 않는 제품이어야 한다.
③ 피부 유형에 따라 적절한 제품을 선택해야 한다.
④ 충분하게 거품이 일어나는 제품을 선택해야 한다.

**11** 피부 관리 후 피부미용사가 마무리해야 할 사항과 가장 거리가 먼 것은?

① 피부 관리 기록카드에 관리내용과 사용 화장품에 대해 기록한다.
② 고객이 집에서 자가관리를 잘하도록 홈케어에 대해서도 기록하여 추후 참고 자료로 활용한다.
③ 반드시 메이크업을 해 준다.
④ 피부미용관리가 마무리되면 베드와 주변을 청결하게 정리한다.

**12** 지성 피부의 특징으로 맞는 것은?

① 모세혈관이 약화되거나 확장되어 피부 표면으로 보인다.
② 피지 분비가 왕성하여 피부 번들거림이 심하며 피부결이 곱지 못하다.
③ 표피가 얇고 피부 표면이 항상 건조하며 잔주름이 쉽게 생긴다.
④ 표피가 얇고 투명해 보이며 외부 자극에 쉽게 붉어진다.

**13** 손가락이나 손바닥으로 연속적인 쓰다듬기 동작을 하는 매뉴얼 테크닉 방법은?

① 프릭션(Friction)  ② 페트리사지(Pertrissage)
③ 에플러라지(Effleurage)  ④ 러빙(Rubbing)

**14** 다음 중 스크럽 성분의 딥클렌징을 피하는 것이 좋은 피부는?

① 모공이 넓은 지성 피부
② 모세혈관이 확장되고 민감한 피부
③ 정상 피부
④ 지성 우세 복합성 피부

**15** 바디랩에 관한 설명으로 틀린 것은?

① 비닐을 감쌀 때는 타이트하게 꽉 조이도록 한다.
② 수증기나 드라이 히트는 몸을 따뜻하게 하기 위해서 사용되기도 한다.
③ 보통 사용되는 제품은 앨쥐나 허브, 슬리밍 크림 등이다.
④ 이 요법은 독소 제거나 노폐물의 배출 증진, 순환 증진을 위해서 사용된다.

**16** 피부미용의 개념에 대한 설명으로 가장 거리가 먼 것은?

① 피부미용이란 내외적 요인으로 인한 미용상의 문제를 물리적이나 화학적인 방법을 이용하여 예방하는 것이다.
② 피부의 생리기능을 자극함으로써 아름답고 건강한 피부를 유지하고 관리하는 미용기술을 말한다.
③ 피부미용은 과학적 지식을 바탕으로 다양한 미용적인 관리를 행하므로 하나의 과학이라 말할 수 있다.
④ 과학적인 지식과 기술을 바탕으로 미의 본질과 형태를 다룬다는 기술이라고는 할 수 없다.

**17** 왁스를 이용한 제모의 부적용증과 가장 거리가 먼 것은?

① 신부전      ② 정맥류      ③ 당뇨병      ④ 과민한 피부

**18** 건성 피부, 중성 피부, 지성 피부를 구분하는 가장 기본적인 피부 유형의 분석 기준은?

① 피부의 조직상태      ② 피지 분비 상태
③ 모공의 크기      ④ 피부의 탄력도

**19** 자외선의 영향으로 인한 부정적인 효과는?

① 홍반 반응    ② 비타민 D 형성    ③ 살균 효과    ④ 강장 효과

**20** 땀의 분비가 감소하고 갑상선 기능의 저하, 신경계 질환의 원인이 되는 것은?

① 다한증      ② 소한증      ③ 무한증      ④ 액취증

**21** 장기간에 걸쳐 반복하여 긁거나 비벼서 표피가 건조하고 가죽처럼 두꺼워진 상태는?

① 가피      ② 낭종      ③ 태선화      ④ 반흔

**22** 화상의 구분 중 홍반, 부종, 통증 뿐만 아니라 수포를 형성하는 것은?

① 제1도 화상    ② 제2도 화상    ③ 제3도 화상    ④ 중급 화상

**23** 원주형의 세포가 단층으로 이어져 있으며 각질형성 세포와 색소형성 세포가 존재하는 피부 세포층은?

① 기저층      ② 투명층      ③ 각질층      ④ 유극층

**24** 피부에서 피지가 하는 작용과 관계가 가장 먼 것은?

① 수분 증발 억제      ② 살균작용
③ 열발산 방지작용      ④ 유화작용

**25** 각화유리질과립(Keratohyaline)은 피부 표피의 어떤 층에 주로 존재하는가?

① 과립층      ② 유극층      ③ 기저층      ④ 투명층

**26** 다음 중 진피의 구성 세포는?

① 멜라닌 세포      ② 랑게르한스 세포
③ 섬유아 세포      ④ 머켈 세포

**27** 기미, 주근깨 피부 관리에 가장 적합한 비타민은?

① 비타민 A    ② 비타민 B1    ③ 비타민 $B_2$    ④ 비타민 C

**28** 안륜근의 설명으로 맞는 것은?

① 뺨의 벽에 위치하며 수축하면 뺨이 안으로 들어가서 구강 내압을 높인다.
② 눈꺼풀의 피하조직에 있으면서 눈을 감거나 깜빡거릴 때 이용된다.
③ 구각을 외상방으로 끌어 당겨서 웃는 표정을 만든다.
④ 교근 근막의 표층으로부터 입 꼬리 부분에 뻗어 있는 근육이다.

**29** 근육의 기능에 따른 분류에서 서로 반대되는 작용을 하는 근육을 무엇이라 하는가?

① 길항근      ② 신근      ③ 반건양근      ④ 협력근

**30** 골격근의 기능이 아닌 것은?

① 수의적 운동    ② 자세유지    ③ 체중의 지탱    ④ 조혈작용

**31** 원형질막을 통한 물질의 이동 과정에 관한 설명 중 틀린 것은?

① 확산은 물질 자체의 운동 에너지에 의해 저농도에서 고농도로 물질이 이동하는 것이다.
② 포도당은 보조 없이 원형질막을 통과할 수 없으며, 단백질과 결합하여 세포 안으로 들어가는 것을 촉진 · 확산한다.
③ 삼투 현상은 높은 물 농도에서 낮은 물 농도로 물 분자만이 선택적으로 투과하는 것을 말한다.
④ 여과는 높은 압력이 낮은 압력이 있는 곳으로 이동하는 압력 경사에 의해 이루어지는 것이다.

**32** 척주에 대한 설명이 아닌 것은?

① 머리와 몸통을 움직일 수 있게 함
② 성인의 척주를 옆에서 보면 4개의 만곡이 존재
③ 경추 5개, 흉추 11개, 요추 7개, 천골 1개, 미골 2개로 구성
④ 척수를 뼈로 감싸면서 보호

**33** 안면의 피부와 저작근에 존재하는 감각신경과 운동신경의 혼합신경으로 뇌신경 중 가장 큰 것은?

① 시신경      ② 삼차신경      ③ 안면신경      ④ 미주신경

**34** 림프의 주된 기능은?

① 분비작용      ② 면역작용
③ 체절 보호작용      ④ 체온 보호작용

**35** 피부분석 시 고객과 관리사가 동시에 피부 상태를 보면서 분석하기에 가장 적합한 피부분석기기는?

① 확대경      ② 우드램프      ③ 브러싱      ④ 스킨스코프

**36** 바이브레이터기의 올바른 사용법이 아닌 것은?

① 기기관리 도중 지속성이 끊어지지 않게 한다.
② 압력을 최대한 주어 효과를 극대화시킨다.
③ 항상 깨끗한 헤드를 사용하도록 유의한다.
④ 관리 도중 신체 손상이 발생하지 않도록 헤드부분을 잘 고정한다.

**37** 갈바닉 전류에서 음극의 효과는?

① 진정 효과    ② 통증 감소    ③ 알칼리성 반응    ④ 혈관 수축

**38** 직류(DC)와 교류(AC)에 대한 설명으로 옳은 것은?

① 교류를 갈바닉 전류라고 한다.
② 교류 전류에는 평류, 단속 평류가 있다.
③ 직류는 전류의 흐르는 방향이 시간의 흐름에 따라 변하지 않는다.
④ 직류전류에는 정현파, 감응, 격동 전류가 있다.

**39** 다음 보기와 같은 내용은 어떠한 타입의 피부 관리 중점사항인가?

> 피부의 완벽한 클렌징과 긴장완화, 보호, 진정, 안정 및 냉효과를 목적으로 기기관리가 이루어져야 한다.

① 건성 피부    ② 지성 피부    ③ 복합성 피부    ④ 민감성 피부

**40** 고주파 직접법의 주효과에 해당하는 것은?

① 수렴 효과    ② 피부 강화    ③ 살균 효과    ④ 자극 효과

**41** 아로마 오일을 피부에 효과적으로 침투시키기 위해 사용하는 식물성 오일은?

① 에센셜 오일    ② 캐리어 오일    ③ 트랜스 오일    ④ 미네랄 오일

**42** 메이크업 화장품 중에서 안료가 균일하게 분산되어 있는 형태로 대부분 O/W형 유화 타입이며, 투명감 있게 마무리되므로 피부에 결점이 별로 없는 경우에 사용하는 것은?
① 트윈케이크
② 스킨커버
③ 리퀴드 파운데이션
④ 크림 파운데이션

**43** 여드름 피부용 화장품에 사용되는 성분과 가장 거리가 먼 것은?
① 살리실산
② 글리시리진산
③ 아줄렌
④ 알부틴

**44** 각질제거용 화장품에 주로 쓰이는 것으로 죽은 각질을 빨리 떨어져 나가게 하고 건강한 세포가 피부를 자극할 수 있도록 도와주는 성분은?
① 알파-하이드록시산
② 알파-토코페롤
③ 라이코펜
④ 리포좀

**45** 아로마 오일에 대한 설명으로 가장 적절한 것은?
① 수증기 증류법에 의해 얻어진 아로마 오일이 주로 사용되고 있다.
② 아로마 오일은 공기 중 산소나 빛에 안전하기 때문에 주로 투명용기에 보관하여 사용한다.
③ 아로마 오일은 주로 향기식물의 줄기나 뿌리 부위에서만 추출된다.
④ 아로마 오일은 주로 베이스 노트이다.

**46** 화장품의 분류에 관한 설명 중 틀린 것은?
① 마사지 크림은 기초 화장품에 속한다.
② 샴푸, 헤어린스는 모발용 화장품에 속한다.
③ 퍼퓸, 오데 코롱은 방향 화장품에 속한다.
④ 페이스 파우더는 기초 화장품에 속한다.

**47** 유아용 제품과 저자극성 제품에 많이 사용되는 계면활성제에 대한 설명 중 옳은 것은?
① 물에 용해될 때 친수기에 양이온과 음이온을 동시에 갖는 계면활성제
② 물에 용해될 때 이온으로 해리하지 않는 수산기, 에테르 결합, 에스테르 등을 분자 중에 갖고 있는 계면활성제
③ 물에 용해될 때 친수 부분이 음이온으로 해리되는 계면활성제
④ 물에 용해될 때 친수기 부분이 양이온으로 해리되는 계면활성제

**48** 제1급감염병은 무엇인가?
① 백일해
② 공수병
③ 중증급성호흡기증후군
④ 홍역

**49** 다음 중 오염된 주사기, 면도날 등으로 인해 감염이 잘 되는 만성 감염병은?
① 렙토스피라증
② 트라코마
③ 간염
④ 파라티푸스

**50** 공중보건에 대한 설명으로 가장 적절한 것은?
① 개인을 대상으로 한다.
② 예방의학을 대상으로 한다.
③ 집단 또는 지역사회를 대상으로 한다.
④ 사회의학을 대상으로 한다.

**51** 독소형 식중독의 원인균은?
① 황색 포도상구균
② 장티푸스균
③ 콜레라균
④ 장염균

**52** 다음 중 아포를 형성하는 세균에 대한 가장 좋은 소독법은?
① 적외선 소독
② 자외선 소독
③ 고압증기멸균 소독
④ 알콜 소독

**53** 여러 가지 물리·화학적 방법으로 병원성 미생물을 가능한 한 제거하여 사람에게 감염의 위험이 없도록 하는 것은?
① 멸균
② 소독
③ 방부
④ 살충

**54** 소독약이 고체인 경우 1% 수용액이란?
① 소독약 0.1g을 물 100mℓ에 녹인 것
② 소독약 1g을 물 100mℓ에 녹인 것
③ 소독약 10g을 물 100mℓ에 녹인 것
④ 소독약 10g을 물 990mℓ에 녹인 것

**55** 호기성 세균이 아닌 것은?
① 결핵균
② 백일해균
③ 가스괴저균
④ 녹농균

**56** 갑이라는 미용업 영업자가 처음으로 손님에게 윤락행위를 제공했다가 적발되었다. 이 경우 어떠한 행정 처분을 받는가?
① 영업정지 3월 및 면허정지 3월
② 영업장 폐쇄명령 및 면허취소
③ 향후 1년간 영업장 폐쇄
④ 업주에게 경고와 함께 행정처분

**57** 보건복지부장관이 공중위생관리법에 의한 권한의 일부를 무엇이 정하는 바에 의해 시·도지사에게 위임할 수 있는가?
① 대통령령
② 보건복지부령
③ 공중위생관리법 시행규칙
④ 행정자치부령

**58** 면허의 정지명령을 받은 자는 그 면허증을 누구에게 제출해야 하는가?
① 보건복지부장관
② 시·도지사
③ 시장, 군수, 구청장
④ 이·미용사 중앙회장

**59** 이·미용업의 준수사항으로 틀린 것은?
① 소독을 한 기구와 하지 않은 기구는 각각 다른 용기에 보관하여야 한다.
② 간단한 피부미용을 위한 의료기구 및 의약품은 사용하여도 된다.
③ 영업장의 조명도는 75룩스 이상이 되도록 유지한다.
④ 점빼기, 쌍꺼풀수술 등의 의료행위를 하여서는 안 된다.

**60** 이·미용업을 승계할 수 있는 경우가 아닌 것은?(단, 면허를 소지한 자에 한함)
① 이·미용업을 양수한 경우
② 이·미용업 영업자의 사망에 의한 상속에 의한 경우
③ 공중위생관리법에 의한 영업장 폐쇄명령을 받은 경우
④ 이·미용업 영업자의 파산에 의해 시설 및 설비의 전부를 인수한 경우

**01** 피부미용사의 피부분석 방법이 아닌 것은?
① 문진　　　② 견진　　　③ 촉진　　　④ 청진

**02** 림프드레나쥐의 대상이 되지 않는 피부는?
① 모세혈관 확장 피부　　　② 일반적인 여드름 피부
③ 부종이 있는 셀룰라이트 피부　　　④ 감염성 피부

**03** 셀룰라이트(Cellulite)의 원인이 아닌 것은?
① 유전적 요인　　　② 지방 세포수의 과다 증가
③ 내분비계 불균형　　　④ 정맥울혈과 림프정체

**04** 다음에서 클렌징 제품과 그에 대한 설명이 바르게 짝지어진 것은?
① 클렌징 티슈 – 지방에 예민한 알레르기 피부에 좋으며 세정력이 우수하다.
② 클렌징 폼 – 눈 화장을 지울 때 자주 사용된다.
③ 클렌징 오일 – 물에 용해가 잘 되며, 건성, 노화, 수분부족, 지성결핍 및 민감성 피부에 좋다.
④ 클렌징 밀크 – 화장을 연하게 하는 피부보다 두껍게 하는 피부에 좋으며, 쉽게 부패되지 않는다.

**05** 팩과 관련한 내용 중 틀린 것은?
① 피부 상태에 따라 선별해서 사용해야 한다.
② 팩을 바르기 전 냉타월로 피부를 진정시킨 후 사용하면 효과적이다.
③ 피부에 상처가 있는 경우에는 사용을 삼간다.
④ 눈썹, 눈 주위, 입술 위는 팩 사용을 피한다.

**06** 벨벳 마스크 사용 시 기포를 제거해야 하는 이유는?
① 기포가 생기면 마스크의 모양이 예쁘지 않기 때문이다.
② 기포가 생기면 마스크의 적용시간이 길어지기 때문이다.
③ 기포가 생기면 고객이 불편해하기 때문이다.
④ 기포가 생기는 부분에는 마스크의 성분이 피부에 침투하지 않기 때문이다.

**07** 딥클렌징에 관한 설명으로 옳지 않은 것은?
① 화장품을 이용한 방법과 기기를 이용한 방법으로 구분된다.
② AHA를 이용한 딥클렌징의 경우 스티머를 이용한다.
③ 피부 표면의 노화된 각질을 부드럽게 제거함으로써 유용한 성분의 침투를 높이는 효과를 갖는다.
④ 기기를 이용한 딥클렌징 방법에는 석션, 브러싱, 디스인크러스테이션 등이 있다.

**08** 딥클렌징의 효과로 틀린 것은?
① 모공 깊숙이 들어 있는 불순물을 제거한다.
② 미백 효과가 있다.
③ 피부 표면의 각질을 제거한다.
④ 화장품의 흡수 및 침투가 좋아진다.

**09** 피부미용 시 처음과 마지막 동작 또는 연결동작으로 이용되는 매뉴얼 테크닉은?
① 에플로라지(Effleurage)　　　② 타포트먼트(Tapotement)
③ 니딩(Kneading)　　　④ 롤링(Rolling)

**10** 피부 유형과 관리목적과의 연결이 틀린 것은?
① 민감성 피부 : 진정, 긴장 완화
② 건성 피부 : 보습작용 억제
③ 지성 피부 : 피지 분비 조절
④ 복합성 피부 : 피지, 유·수분 균형 유지

**11** 매뉴얼 테크닉의 기본 동작 중 신경조직을 자극하여 혈액순환을 촉진시켜 피부 탄력성 증가에 가장 효과를 주는 것은?
① 쓰다듬기　　② 문지르기　　③ 두드리기　　④ 반죽하기

**12** 피부 관리실에서 피부 관리 시 마무리 관리에 해당하지 않는 것은?
① 피부 타입에 따른 화장품 바르기
② 자외선 차단 크림 바르기
③ 머리 및 뒷목 부위 풀어주기
④ 피부 상태에 따라 매뉴얼 테크닉하기

**13** 다음 중 화학적인 제모방법은?
① 제모크림을 이용한 제모　　　② 온왁스를 이용한 제모
③ 족집게를 이용한 제모　　　④ 냉왁스를 이용한 제모

**14** 매뉴얼 테크닉의 효과가 아닌 것은?
① 내분비 기능의 조절　　　② 결체조직에 긴장과 탄력성 부여
③ 혈액순환 촉진　　　④ 반사작용의 억제

**15** 왁스를 이용한 제모 방법으로 적합하지 않은 것은?
① 피지막이 제거된 상태에서 파우더를 도포한다.
② 털이 성장하는 방향으로 왁스를 바른다.
③ 쿨왁스를 바를 때는 털이 잘 제거되도록 왁스를 얇게 바른다.
④ 남은 왁스를 오일로 제거한 후 온습포로 진정한다.

**16** 피부 유형별 화장품 사용 시 AHA의 적용 피부가 아닌 것은?
① 예민 피부　　　② 노화 피부
③ 지성 피부　　　④ 색소침착 피부

**17** 피부 유형에 대한 다음 설명 중 틀린 것은?
① 정상 피부 – 유·수분 균형이 잘 잡혀 있다.
② 민감성 피부 – 각질이 드문드문 보인다.
③ 노화 피부 – 미세하거나 선명한 주름이 보인다.
④ 지성 피부 – 모공이 크고 표면이 귤껍질같이 보이기 쉽다.

**18** 클렌징 제품의 선택과 관련된 내용과 가장 거리가 먼 것은?
① 피부에 자극이 적어야 한다.
② 피부의 유형에 맞는 제품을 선택해야 한다.
③ 특수 영양성분이 함유되어 있어야 한다.
④ 화장이 짙을 때는 세정력이 높은 클렌징 제품을 사용하여야 한다.

**19** 피지선에 대한 내용으로 틀린 것은?
① 진피층에 놓여 있다.
② 손바닥과 발바닥, 얼굴, 이마 등에 많다.
③ 사춘기 남성에게 집중적으로 분비된다.
④ 입술, 성기, 유두, 귀두 등에 독립피지선이 있다.

**20** 켈로이드는 어떤 조직이 비정상적으로 성장한 것인가?
① 피하지방조직
② 정상상피조직
③ 정상분비선 조직
④ 결합조직

**21** 성장 촉진, 생리대사의 보조역할, 신경 안정과 면역기능 강화 등의 역할을 하는 영양소는?
① 단백질
② 비타민
③ 무기질
④ 지방

**22** 교원섬유(Collagen)와 탄력섬유(Elastin)로 구성되어 있어 강한 탄력성을 지니고 있는 곳은?
① 표피
② 진피
③ 피하조직
④ 근육

**23** 물사마귀라고도 불리우며 황색 또는 분홍색의 반투명성 구진(2~3mm 크기)을 가지는 피부양성종양으로 땀샘관의 개출구 이상으로 피지 분비가 막혀 생성되는 것은?
① 한관종
② 혈관종
③ 섬유종
④ 지방종

**24** 기미 피부의 손질방법으로 가장 틀린 것은?
① 정신적 스트레스를 최소화한다.
② 자외선을 자주 이용하여 멜라닌을 관리한다.
③ 화학적 필링과 AHA 성분을 이용한다.
④ 비타민 C가 함유된 음식을 섭취한다.

**25** 장기간에 걸쳐 반복하여 긁거나 비벼서 표피가 건조하고 가죽처럼 두꺼워진 상태는?
① 가피
② 낭종
③ 태선화
④ 반흔

**26** 피부의 피지막은 보통상태에서 어떤 유화상태로 존재하는가?
① W/O 유화
② O/W 유화
③ W/S 유화
④ S/W 유화

**27** 피부의 각화과정(Keratinization)이란?
① 피부가 손톱, 발톱으로 딱딱하게 변하는 것을 말한다.
② 피부 세포가 기저층에서 각질층까지 분열되어 올라가 죽은 각질세포로 되는 현상을 말한다.
③ 기저세포 중의 멜라닌 색소가 많아져서 피부가 검게 되는 것을 말한다.
④ 피부가 거칠어져서 주름이 생겨 늙는 것을 말한다.

**28** 다음 중 수면을 조절하는 호르몬은?
① 티로신
② 멜라토닌
③ 글루카곤
④ 칼시토닌

**29** 다음 중 윗몸 일으키기를 하였을 때 주로 강해지는 근육은?
① 이두박근
② 복직근
③ 삼각근
④ 횡경막

**30** 다음 중 척수신경이 아닌 것은?
① 경신경
② 흉신경
③ 천골신경
④ 미주신경

**31** 인체의 혈액량은 체중의 약 몇 %인가?
① 약 2%
② 약 8%
③ 약 20%
④ 약 30%

**32** 각 소화기관별 분비되는 소화 효소와 그것이 소화시킬 수 있는 영양소가 올바르게 짝지어진 것은?
① 소장 : 키모트립신 – 단백질
② 위 : 펩신 – 지방
③ 입 : 락타아제 – 탄수화물
④ 췌장 : 키모트립신 – 단백질

**33** 성장기까지 뼈의 길이 성장을 주도하는 것은?
① 골막
② 골단판
③ 골수
④ 해면골

**34** 난자를 형성하는 성선인 동시에, 에스트로겐과 프로게스테론을 분비하는 내분비선은?
① 난소
② 고환
③ 태반
④ 췌장

**35** 용액 내에서 이온화되어 전도체가 되는 물질은?
① 전기분해
② 전해질
③ 혼합물
④ 분자

**36** 전류의 세기를 측정하는 단위는?
① 볼트
② 암페어
③ 와트
④ 주파수

**37** 엔더몰로지의 사용방법으로 틀린 것은?
① 시술 전 용도에 맞는 오일을 바른 후 시술한다.
② 지성의 경우 탈크 파우더를 약간 바른 후 시술한다.
③ 전신 체형 관리 시 10~20분 정도 적용한다.
④ 말초에서 심장 방향으로 밀어 올리듯 시술한다.

**38** 자외선 램프의 사용에 대한 내용으로 틀린 것은?
① 고객으로부터 1m 이상의 거리에서 사용한다.
② 주로 UVA를 방출하는 것을 사용한다.
③ 눈 보호를 위해 패드나 선글라스를 착용하게 한다.
④ 살균이 강한 화학선이므로 사용 시 주의를 해야 한다.

**39** 고주파기의 효과에 대한 설명으로 틀린 것은?
① 피부의 활성화로 노폐물 배출의 효과가 있다.
② 내분비선의 분비를 활성화한다.
③ 색소침착 부위의 표백 효과가 있다.
④ 살균, 소독 효과로 박테리아 번식을 예방한다.

**40** 프리마톨을 가장 잘 설명한 것은?
① 석션유리관을 이용하여 모공의 피지와 불필요한 각질을 제거하기 위해 사용하는 기기이다.
② 회전브러시를 이용하여 모공의 피지와 불필요한 각질을 제거하기 위해 사용하는 기기이다.
③ 스프레이를 이용하여 모공의 피지와 불필요한 각질을 제거하기 위해 사용하는 기기이다.
④ 우드램프를 이용하여 모공의 피지와 불필요한 각질을 제거하기 위해 사용하는 기기이다.

**41** 기능성 화장품에 속하지 않는 것은?
① 피부의 미백에 도움을 주는 제품
② 자외선으로부터 피부를 보호해주는 제품
③ 피부 주름 개선에 도움을 주는 제품
④ 피부 여드름 치료에 도움을 주는 제품

**42** 아로마 오일에 대한 설명 중 틀린 것은?
① 아로마 오일은 면역기능을 높여준다.
② 아로마 오일은 기미, 피부미용에 효과적이다.
③ 아로마 오일은 피부 관리는 물론 화상, 여드름, 염증 치유에도 쓰인다.
④ 아로마 오일은 피지에 쉽게 용해되지 않으므로 다른 첨가물을 혼합하여 사용한다.

**43** 페이셜 스크럽(Facial Scrub)에 관한 설명 중 옳은 것은?
① 민감성 피부의 경우에는 스크럽제를 문지를 때 무리하게 압을 가하지만 않으면 매일 사용해도 상관없다.
② 피부 노폐물, 세균, 메이크업 찌꺼기 등을 깨끗하게 지워주기 때문에 메이크업을 했을 경우에는 반드시 사용한다.
③ 각화된 각질을 제거해 줌으로써 세포의 재생을 촉진해준다.
④ 스크럽제로 문지르면 신경과 혈관을 자극하여 혈액순환을 촉진시켜 주므로 15분 정도 마사지가 되도록 충분히 문질러 준다.

**44** 비누에 대한 설명으로 틀린 것은?
① 비누의 세정작용은 비누 수용액이 오염과 피부 사이에 침투하여 부착을 약화시켜 떨어지기 쉽게 하는 것이다.
② 비누는 거품이 풍성하고 잘 헹구어져야 한다.
③ 비누는 세정작용뿐만 아니라 살균ㆍ소독 효과를 주로 가진다.
④ 메디케이티드 비누는 소염제를 배합한 제품으로 여드름, 면도 상처 및 피부 거칠어짐 방지 효과가 있다.

**45** 화장품 성분 중에서 양모에서 정제한 것은?
① 바셀린 ② 밍크 오일 ③ 플라센타 ④ 라놀린

**46** 세정용 화장수의 일종으로 가벼운 화장 제거에 가장 적합한 것은?
① 클렌징 오일 ② 클렌징 워터
③ 클렌징 로션 ④ 클렌징 크림

**47** 화장품의 4대 품질조건에 대한 설명으로 틀린 것은?
① 안전성-피부에 대한 자극, 알러지, 독성이 없을 것
② 안정성-변색, 변취, 미생물의 오염이 없을 것
③ 사용성-피부에 사용감이 좋고 잘 스며들 것
④ 유효성-질병 치료 및 진단에 사용할 수 있는 것

**48** 식품의 혐기성 상태에서 발육하여 신경독소를 분비하는 세균성 식중독 원인균은?
① 살모넬라균 ② 황색 포도상구균
③ 캠필로박터균 ④ 보툴리누스균

**49** 사회보장의 분류에 속하지 않는 것은?
① 산재보험 ② 자동차보험 ③ 소득보장 ④ 생활보호

**50** 관할 보건소에 즉시 신고해야 하는 감염병은?
① 파상풍 ② 콜레라 ③ 성병 ④ 디프테리아

**51** 임신 7개월(28주)까지의 분만을 뜻하는 것은?
① 조산 ② 유산 ③ 사산 ④ 정기산

**52** 환자 접촉자가 손의 소독 시 사용하는 약품으로 가장 부적당한 것은?
① 크레졸수 ② 승홍수 ③ 역성비누 ④ 석탄산

**53** 당이나 혈청과 같이 열에 의해 변성되거나 불안정한 액체의 멸균에 이용되는 소독법은?
① 저온살균법 ② 여과멸균법 ③ 간헐멸균법 ④ 건열멸균법

**54** 다음 중 화학적 소독법에 해당하는 것은?
① 알콜 소독법 ② 자비 소독법
③ 고압증기멸균법 ④ 간헐멸균법

**55** 석탄산의 희석배수 90배를 기준으로 할 때 어떤 소독약의 석탄산계수가 4였다면 이 소독약의 희석배수는?
① 90배 ② 94배 ③ 360배 ④ 400배

**56** 손님의 얼굴, 머리, 피부 등을 손질하여 손님의 외모를 아름답게 꾸미는 공중위생영업은?
① 건물위생관리업 ② 이용업
③ 미용업 ④ 목욕장업

**57** 영업소의 폐쇄명령을 받고도 계속하여 영업을 하는 때에 관계 공무원으로 하여금 영업소를 폐쇄할 수 있도록 조치를 취할 수 있는 자는?
① 보건복지부장관 ② 시ㆍ도지사
③ 시장ㆍ군수ㆍ구청장 ④ 보건소장

**58** 면허증을 다른 사람에게 대여한 때에 대한 3차 위반 시 행정 처분기준은?
① 면허취소 ② 면허정지 6월 ③ 면허정지 3월 ④ 면허정지 1월

**59** 공중이용시설의 위생관리 규정을 위반한 시설의 소유자에게 개선명령을 할 때 명시하여야 할 것에 해당되는 것을 모두 고르면?

| ㉠ 위생관리기준 | ㉡ 개선 후 복구 상태 |
|---|---|
| ㉢ 개선기간 | ㉣ 발생된 오염물질의 종류 |

① ㉠, ㉢ ② ㉡, ㉣
③ ㉠, ㉢, ㉣ ④ ㉠, ㉡, ㉢, ㉣

**60** 이ㆍ미용사의 면허증을 재교부 신청할 수 없는 경우는?
① 국가기술자격법에 의한 이ㆍ미용사 자격증이 취소된 때
② 면허증의 기재사항에 변경이 있을 때
③ 면허증을 분실한 때
④ 면허증이 못쓰게 된 때

# 제5회 실전 적중문제

**01** 올바른 피부 관리를 위한 필수조건과 가장 거리가 먼 것은?
① 관리사의 유창한 화술　② 정확한 피부 타입 측정
③ 화장품에 대한 지식과 응용기술　④ 적절한 매뉴얼 테크닉 기술

**02** 여드름 관리에 효과적인 성분이 아닌 것은?
① 스테로이드(Steroid)
② 과산화 벤조인(Benzoyl Peroxide)
③ 살리실산(Salicylic Acid)
④ 글리콜산(Glycolic Acid)

**03** 크림 타입의 클렌징 제품에 대한 설명으로 옳은 것은?
① W/O 타입으로 유성 성분과 메이크업 제거에 효과적이다.
② 노화 피부에 적합하고 물에 잘 용해가 된다.
③ 친수성으로 모든 피부에 사용 가능하다.
④ 클렌징 효과는 약하나 끈적임이 없고 지성 피부에 특히 적합하다.

**04** 딥클렌징(Deep Cleansing) 시 사용되는 제품의 형태와 가장 거리가 먼 것은?
① 액체(AHA) 타입　② 고마쥐(Gommage) 타입
③ 스프레이(Spray) 타입　④ 크림(Cream) 타입

**05** 매뉴얼 테크닉의 방법에 대한 설명으로 옳은 것은?
① 고객의 병력을 꼭 체크한다.
② 손을 밀착시키고 압은 강하게 한다.
③ 관리 시 심장에서 가까운 쪽부터 시작한다.
④ 충분한 상담을 하되 피부미용사는 의사가 아니므로 몸 상태를 살펴볼 필요는 없다.

**06** 두 가지 이상 다른 종류의 마스크를 적용시킬 경우 가장 먼저 적용시켜야 하는 마스크는?
① 가격이 높은 것　② 수분 흡수 효과를 가진 것
③ 피부로의 침투시간이 긴 것　④ 영양성분이 많이 함유된 것

**07** 제모의 방법에 대한 내용 중 틀린 것은?
① 왁스는 모간을 제거하는 방법이다.
② 전기응고술은 영구적인 제모 방법이다.
③ 전기분해술은 모유두를 파괴시키는 방법이다.
④ 제모크림은 일시적인 제모 방법이다.

**08** 콜라겐 벨벳 마스크의 설명으로 틀린 것은?
① 피부의 수분 보유량을 향상시켜 잔주름을 예방한다.
② 필링 후 사용하여 피부를 진정시킨다.
③ 천연 콜라겐을 냉동 건조시켜 만든 마스크이다.
④ 효과를 높이기 위해 비타민을 함유한 오일을 흡수시킨 후 실시한다.

**09** 피부미용의 기능적 영역이 아닌 것은?
① 관리적 기능　② 실제적 기능　③ 심리적 기능　④ 장식적 기능

**10** 안면 매뉴얼 테크닉의 효과와 가장 거리가 먼 것은?
① 피부세포에 산소와 영양소를 공급한다.
② 여드름을 없애준다.
③ 피부의 혈액순환을 촉진시킨다.
④ 피부를 부드럽고 유연하게 해주며 근육을 이완시켜 노화를 지연시킨다.

**11** 피부 미용의 영역이 아닌 것은?
① 눈썹정리　② 제모(Waxing) ③ 피부 관리　④ 모발 관리

**12** 다음 설명에 따르는 화장품이 가장 적합한 피부형은?

> 저자극성 성분을 사용하며, 향·알콜·색소·방부제가 적게 함유되어 있다.

① 지성 피부　② 복합성 피부　③ 민감성 피부　④ 건성 피부

**13** 각 피부 유형에 대한 설명으로 틀린 것은?
① 유성 지루 피부 – 과잉 분비된 피지가 피부 표면에 기름기를 만들어 항상 번질거리는 피부
② 건성 지루 피부 – 피지 분비기능의 상승으로 피지는 과다 분비되어 표피에 기름기가 흐르나 보습기능이 저하되어 피부 표면의 당김 현상이 일어나는 피부
③ 표피 수분부족 건성 피부 – 피부 자체의 내적 원인에 의해 피부 자체의 수화기능에 문제가 되어 생기는 피부
④ 모세혈관 확장 피부 – 코와 뺨 부위의 피부가 항상 붉거나 피부 표면에 붉은 실핏줄이 보이는 피부

**14** 딥클렌징에 대한 내용으로 가장 적합한 것은?
① 노화된 각질을 부드럽게 연화하여 제거한다.
② 피부 표면의 더러움을 제거하는 것이 주목적이다.
③ 주로 메이크업의 제거를 위해 사용한다.
④ 고마쥐, 스크럽 등이 해당하며, 화학적 필링이라고 한다.

**15** 매뉴얼 테크닉 시 피부미용사의 자세로 가장 적합한 것은?
① 허리를 살짝 구부린다.
② 발은 가지런히 모으고 손목에 힘을 뺀다.
③ 양팔은 편안한 상태로 손목에 힘을 준다.
④ 발은 어깨넓이만큼 벌리고 손목에 힘을 뺀다.

**16** 온습포의 효과로 바른 것은?
① 혈액을 촉진시켜 조직의 영양공급을 돕는다.
② 혈관 수축작용을 한다.
③ 피부 수렴작용을 한다.
④ 모공을 수축시킨다.

**17** 유분이 많은 화장품보다는 수분 공급에 효과적인 화장품을 선택하여 사용하고, 알콜 함량이 많아 피지 제거기능과 모공 수축 효과가 뛰어난 화장수를 사용하여야 할 피부 유형으로 가장 적합한 것은?
① 건성 피부　② 민감성 피부　③ 정상 피부　④ 지성 피부

**18** 매뉴얼 테크닉의 부적용 대상과 가장 거리가 먼 것은?
① 임산부의 복부, 가슴 매뉴얼 테크닉
② 외상이 있거나 수술 직후
③ 오랫동안 서 있는 자세로 인한 다리의 부종
④ 다리부위에 정맥류가 있는 경우

**19** 손바닥과 발바닥 등 비교적 피부층이 두터운 부위에 주로 분포되어 있으며 수분 침투를 방지하고 피부를 윤기있게 해주는 기능을 가진 엘라이딘이라는 단백질을 함유하고 있는 표피 세포층은?
① 각질층 　② 유두층 　③ 투명층 　④ 망상층

**20** 피부가 느끼는 오감 중에서 가장 감각이 둔감한 것은?
① 냉각(冷覺) 　② 온각(溫覺) 　③ 통각(通覺) 　④ 압각(壓覺)

**21** 피부 색소인 멜라닌을 주로 함유하고 있는 세포층은?
① 각질층 　② 과립층 　③ 기저층 　④ 유극층

**22** 모세혈관이 위치하며 콜라겐 조직과 탄력적인 엘라스틴 섬유 및 무코다당류로 구성되어 있는 피부의 부분은?
① 표피 　② 유극층 　③ 진피 　④ 피하조직

**23** 기미가 생기는 원인으로 가장 거리가 먼 것은?
① 정신적 불안 　　　　② 비타민 C의 과다
③ 내분비 기능 장애 　④ 질이 좋지 않은 화장품의 사용

**24** 다음 중 원발진으로만 짝지어진 것은?
① 농포, 수포 　　　　② 색소침착, 찰상
③ 티눈, 흉터 　　　　④ 동상, 궤양

**25** 나이아신 부족과 아미노산 중 트립토판 결핍으로 생기는 질병으로써 옥수수를 주식으로 하는 지역에서 자주 발생하는 것은?
① 각기증 　② 괴혈병 　③ 구루병 　④ 펠라그라병

**26** 피부의 각질(케라틴)을 만들어 내는 세포는?
① 색소세포 　② 기저세포 　③ 각질형성세포 　④ 섬유아세포

**27** 대상포진(헤르페스)의 특징에 대한 설명으로 옳은 것은?
① 지각신경 분포를 따라 군집 수포성 발진이 생기며 통증이 동반된다.
② 바이러스를 갖고 있지 않다.
③ 감염되지 않는다.
④ 목과 눈꺼풀에 나타나는 감염성 비대 증식현상이다.

**28** 다음 중 소화기관이 아닌 것은?
① 구강 　② 인두 　③ 기도 　④ 간

**29** 다음 중 중추신경계가 아닌 것은?
① 대뇌 　② 소뇌 　③ 뇌신경 　④ 척수

**30** 다음 중 뇌, 척수를 보호하는 골이 아닌 것은?
① 두정골 　②측두골 　③ 척추 　④ 흉골

**31** 평활근은 잡아당기면 쉽게 늘어나서 장력(Tension)의 큰 변화 없이 본래 길이의 몇 배까지도 되는데, 이와 같은 성질을 무엇이라고 하는가?
① 연축(Twitch) 　　　② 강직(Contracture)
③ 긴장(Tonus) 　　　④ 가소성(Plasticity)

**32** 다음 중 혈액응고와 관련이 가장 먼 것은?
① 조혈자극인자 　② 피브린 　③ 프로트롬빈 　④ 칼슘이온

**33** 다음 중 세포막의 기능에 대한 설명으로 틀린 것은?
① 세포의 경계를 형성한다.
② 물질을 확산에 의해 통과시킬 수 있다.
③ 단백질을 합성하는 장소이다.
④ 조직을 이식할 때 자기 조직이 아닌 것을 인식할 수 있다.

**34** 다음 중 신장의 신문으로 출입하는 것이 아닌 것은?
① 요도 　② 신우 　③ 맥관 　④ 신경

**35** 진공흡입기 적용을 금지해야 하는 경우와 가장 거리가 먼 것은?
① 모세혈관 확장 피부 　　　② 알레르기성 피부
③ 지나치게 탄력이 저하된 피부 　④ 건성 피부

**36** 전기장치에서 퓨즈(Fuse)의 역할은?
① 전압을 바꾸어 준다.
② 전류의 세기를 조절한다.
③ 부도체에 전기가 잘 통하도록 한다.
④ 전선의 과열을 막아 주는 안전장치 역할을 한다.

**37** 열을 이용한 기기가 아닌 것은?
① 스티머 　　　　② 이온토포레시스
③ 파라핀 왁스기 　④ 적외선등

**38** 브러싱 기기의 올바른 사용법은?
① 브러시 끝이 눌리도록 적당한 힘을 가한다.
② 손목으로 회전브러시를 돌리면서 적용시킨다.
③ 브러시는 피부에 대해 수평 방향으로 적용시킨다.
④ 회전 시 내용물이 튀지 않도록 양을 적당히 조절한다.

**39** 교류 전류로 신경근육계의 자극이나 전기 진단에 많이 이용되는 감응전류(Faradic Current)의 피부 관리 효과와 가장 거리가 먼 것은?
① 근육 상태를 개선한다.
② 세포의 작용을 활발하게 하여 노폐물을 제거한다.
③ 혈액순환을 촉진한다.
④ 산소의 분비가 조직을 활성화시켜 준다.

**40** 피부분석 시 사용하는 기기가 아닌 것은?
① 확대경 　② 우드램프 　③ 스킨스코프 　④ 적외선램프

**41** 다음 설명 중 파운데이션의 일반적인 기능과 가장 거리가 먼 것은?
① 피부색을 기호에 맞게 바꾼다.
② 피부의 기미, 주근깨 등 결점을 커버한다.
③ 자외선으로부터 피부를 보호한다.
④ 피지 억제와 화장을 지속시켜 준다.

**42** 화장품을 선택할 때에 검토해야 하는 조건이 아닌 것은?
① 피부나 점막, 두발 등에 손상을 주거나 알레르기 등을 일으킬 염려가 없는 것
② 구성 성분이 균일한 성상으로 혼합되어 있지 않는 것
③ 사용 중이나 사용 후에 불쾌감이 없고, 사용감이 산뜻한 것
④ 보존성이 좋아서 잘 변질되지 않는 것

**43** 바디 화장품의 종류와 사용 목적의 연결이 적합하지 않은 것은?
① 바디클렌저 – 세정·용제
② 데오드란트 파우더 – 탈색·제모
③ 선스크린 – 자외선 방어
④ 바스 솔트 – 세정·용제

**44** 다음 중 아래 설명에 적합한 유화형태의 판별법은?

> 유화 형태를 판별하기 위해서 물을 첨가한 결과 잘 섞여 O/W형으로 판별되었다.

① 전기전도도법   ② 희석법   ③ 색소첨가법   ④ 질량분석법

**45** 자외선 차단을 도와주는 화장품 성분이 아닌 것은?
① 파라아미노안식향산(Para-aminobenzoic Acid)
② 옥틸디메틸파바(Octyldimethyl PABA)
③ 콜라겐(Collagen)
④ 티타늄디옥사이드(Titanium Dioxide)

**46** 바디 샴푸의 성질로 틀린 것은?
① 세포간에 존재하는 지질을 가능한 보호
② 피부의 요소, 염분을 효과적으로 제거
③ 세균의 증식 억제
④ 세정제의 각질층 내 침투로 지질을 용출

**47** 향수를 뿌린 후 즉시 느껴지는 향수의 첫 느낌으로, 주로 휘발성이 강한 향료들로 이루어져 있는 노트(Note)는?
① 탑 노트(Top Note)
② 미들 노트(Middle Note)
③ 하트 노트(Heart Note)
④ 베이스 노트(Base Note)

**48** 보건행정의 특성과 가장 거리가 먼 것은?
① 공공성   ② 교육성   ③ 정치성   ④ 과학성

**49** 실내의 가장 쾌적한 온도와 습도는?
① 14℃, 20%   ② 16℃, 30%   ③ 18℃, 60%   ④ 20℃, 80%

**50** 이·미용업소에서 감염될 수 있는 트라코마에 대한 설명 중 틀린 것은?
① 수건, 세면기 등에 의하여 감염된다.
② 감염원은 환자의 눈물, 콧물 등이다.
③ 예방접종으로 사전 예방할 수 있다.
④ 실명의 원인이 될 수 있다.

**51** 다음 중 쥐와 관계 없는 감염병은?
① 유행성 출혈열   ② 페스트   ③ 공수병   ④ 살모넬라증

**52** 다음 소독제 중에서 할로겐계에 속하지 않는 것은?
① 표백분
② 석탄산
③ 차아염소산 나트륨
④ 염소 유기화합물

**53** 다음 중 예방법으로 생균백신을 사용하는 것은?
① 홍역   ② 콜레라   ③ 디프테리아   ④ 파상풍

**54** 인체의 창상용 소독약으로 부적당한 것은?
① 승홍수   ② 머큐로크롬액   ③ 희옥도정기   ④ 아크리놀

**55** 이·미용업 종사자가 손을 씻을 때 많이 사용하는 소독약은?
① 크레졸수   ② 페놀수   ③ 과산화수소   ④ 역성 비누

**56** 다음 중 공중위생감시원의 업무범위가 아닌 것은?
① 공중위생영업관련 시설 및 설비의 위생상태 확인 및 검사에 관한 사항
② 공중위생영업소의 위생서비스 수준 평가에 관한 사항
③ 공중위생영업소의 개설자의 위생교육 이행여부 확인에 관한 사항
④ 공중위생영업자의 위생관리 의무 및 영업자 준수사항 이행여부의 확인에 관한 사항

**57** 이·미용업영업자가 신고를 하지 아니하고 영업소의 상호를 변경할 때의 1차 위반 행정처분기준은?
① 경고 또는 개선명령
② 영업정지 3월
③ 영업허가 취소
④ 영업장 폐쇄명령

**58** 이·미용사의 면허를 받지 않은 자가 이·미용의 업무를 하였을 때의 벌칙기준은?
① 100만 원 이하의 벌금
② 200만 원 이하의 벌금
③ 300만 원 이하의 벌금
④ 400만 원 이하의 벌금

**59** 건전한 영업질서를 위하여 공중위생영업자가 준수하여야 할 사항을 준수하지 아니한 자에 대한 벌칙기준은?
① 1년 이하의 징역 또는 1천만 원 이하의 벌금
② 6월 이하의 징역 또는 500만 원 이하의 벌금
③ 3월 이하의 징역 또는 300만 원 이하의 벌금
④ 300만 원 이하의 벌금

**60** 이·미용업소 내에서 게시하지 않아도 되는 것은?
① 이·미용업 신고증
② 개설자의 면허증 원본
③ 개설자의 건강진단서
④ 요금표

**01** 딥클렌징에 대한 설명으로 잘못된 것은?
① 제품으로 효소, 스크럽 크림 등을 사용할 수 있다.
② 여드름성 피부나 지성 피부는 주 3회 이상 하는 것이 효과적이다.
③ 피부 노폐물을 제거하고 피지의 분비를 조절하는 데 도움이 된다.
④ 건성 피부와 민감성 피부는 2주에 1회 정도가 적당하다.

**02** 우드램프에 의한 피부의 분석 결과 중 틀린 것은?
① 흰색 – 죽은 세포와 각질층의 피부
② 연한 보라색 – 건조한 피부
③ 오렌지색 – 여드름, 피지, 지루성 피부
④ 암갈색 – 산화된 피지

**03** 매뉴얼 테크닉 작업 시 주의사항으로 옳은 것은?
① 동작은 강하게 하여 경직된 근육을 이완시킨다.
② 속도는 빠르게 하여 고객에게 심리적인 안정을 준다.
③ 손동작은 머뭇거리지 않도록 하며 손목이나 손가락의 움직임은 유연하게 한다.
④ 매뉴얼 테크닉을 할 때는 반드시 마사지 크림을 사용하여 시술한다.

**04** 피부 타입에 따른 화장품과의 연결이 잘못된 것은?
① 지성 피부 – 유분이 적은 영양 크림
② 정상 피부 – 영양과 수분 크림
③ 민감성 피부 – 지성용 데이 크림
④ 건성 피부 – 유분과 수분 크림

**05** 다음 중 당일 적용한 피부 관리 내용을 고객카드에 기록하고 자가관리 방법을 조언하는 단계는?
① 피부 관리 계획 단계        ② 피부 분석 및 진단 단계
③ 트리트먼트(Treatment) 단계   ④ 마무리 단계

**06** 매뉴얼 테크닉의 효과와 가장 거리가 먼 것은?
① 피부의 흡수 능력을 확대시킨다.  ② 심리적 안정감을 준다.
③ 혈액순환을 촉진한다.        ④ 여드름이 정리된다.

**07** 일시적인 제모방법에 해당되지 않는 것은?
① 제모크림    ② 왁스    ③ 전기응고술    ④ 족집게

**08** 천연팩에 대한 설명 중 틀린 것은?
① 사용할 횟수를 모두 계산하여 미리 천연팩을 만들어 준비해둔다.
② 신선한 무공해 과일이나 야채를 이용한다.
③ 만드는 방법과 사용법을 잘 숙지한 다음 제조한다.
④ 재료의 혼용 시 각 재료의 특성을 잘 파악한 다음 사용하여야 한다.

**09** 클렌징에 대한 설명으로 가장 거리가 먼 것은?
① 피부 노폐물과 더러움을 제거한다.
② 피부 호흡을 원활히 하는 데 도움을 준다.
③ 피부 신진대사를 촉진한다.
④ 피부 산성막을 파괴하는 데 도움을 준다.

**10** 딥클렌징 관리 시 유의사항으로 옳은 것은?
① 눈의 점막에 화장품이 들어가지 않도록 조심한다.
② 딥클렌징한 피부를 자외선에 직접 노출시킨다.
③ 흉터 재생을 위하여 상처 부위를 가볍게 문지른다.
④ 모세혈관 확장 피부는 부작용증에 해당하지 않는다.

**11** 기초 화장품의 사용 목적 및 효과로 가장 거리가 먼 것은?
① 피부의 청결 유지        ② 피부 보습
③ 잔주름, 여드름 방지      ④ 여드름의 치료

**12** 림프드레나쉬 기법 중 손바닥 전체 또는 엄지손가락을 피부 위에 올려 놓고 앞쪽 방향으로 하여 나선형으로 밀어내는 동작은?
① 정지상태 원 동작        ② 펌프 기법
③ 퍼올리기 동작          ④ 회전 동작

**13** 제모관리 중 왁싱에 대한 내용과 가장 거리가 먼 것은?
① 겨드랑이 및 입술 주위의 털 제거 시 하드왁스를 사용하는 것이 좋다.
② 콜드왁스(Cold Wax)는 데울 필요가 없지만 온왁스(Warm Wax)에 비해 제모 효과가 떨어진다.
③ 왁싱은 레이저를 이용한 제모와는 달리 모유두의 모모세포를 퇴행시키지 않는다.
④ 다리 및 팔 등 넓은 부위의 털을 제거할 때에는 부직포를 이용한 온왁스가 적합하다.

**14** 온열 석고마스크의 효과가 아닌 것은?
① 열을 내어 유효성분을 피부 깊숙이 흡수시킨다.
② 혈액순환을 촉진시켜 피부에 탄력을 준다.
③ 피지 및 노폐물 배출을 촉진한다.
④ 자극 받은 피부에 진정 효과를 준다.

**15** 신체 각 부위별 매뉴얼 테크닉을 하는 경우 고려해야 할 유의사항으로 가장 거리가 먼 것은?
① 피부나 근육, 골격에 질병이 있는 경우에는 피한다.
② 피부에 상처나 염증이 있는 경우에는 피한다.
③ 너무 피곤하거나 생리 중일 경우에는 피한다.
④ 강한 압으로 매뉴얼 테크닉을 오래 하여야 한다.

**16** 피부미용의 목적이 아닌 것은?
① 노화 예방을 통하여 건강하고 아름다운 피부를 유지한다.
② 심리적 · 정신적 안정을 통해 피부를 건강한 상태로 유지시킨다.
③ 분장 · 화장 등을 이용하여 개성을 연출한다.
④ 질환적 피부를 제외한 피부 관리를 통해 피부 상태를 개선시킨다.

**17** 클렌징 과정에서 제일 먼저 클렌징을 해야 할 부위는?
① 볼 부위    ② 눈 부위    ③ 목 부위    ④ 턱 부위

**18** 피부분석을 하는 목적은?
① 피부분석을 통해 고객의 라이프 스타일을 파악하기 위해서
② 피부 증상과 원인을 파악하여 올바른 피부 관리를 하기 위해서
③ 피부 증상과 원인을 파악하여 의학적 치료를 하기 위해서
④ 피부분석을 통해 운동 처방을 하기 위해서

**19** 다음 중 적외선에 관한 설명으로 옳지 않은 것은?

① 혈류의 증가를 촉진시킨다.

② 피부에 생성물이 흡수되도록 돕는 역할을 한다.

③ 노화를 촉진시킨다.

④ 피부에 열을 가하여 피부를 이완시키는 역할을 한다.

**20** 다음 중 자외선이 피부에 미치는 영향이 아닌 것은?

① 색소 침착　　　　　　　② 살균 효과

③ 홍반 형성　　　　　　　④ 비타민 A의 합성

**21** 피부에 있어 색소세포가 가장 많이 존재하고 있는 곳은?

① 표피의 각질층　　　　　② 표피의 기저층

③ 진피의 유두층　　　　　④ 진피의 망상층

**22** 우리 피부의 세포가 기저층에서 생성되어 각질세포로 변화하여 피부 표면으로부터 떨어져 나가는 데 걸리는 기간은?

① 대략 60일　② 대략 28일　③ 대략 120일　④ 대략 280일

**23** 사춘기 이후에 주로 분비가 되며, 모공을 통하여 분비되어 독특한 체취를 발생시키는 것은?

① 소한선　　② 대한선　　③ 피지선　　④ 갑상선

**24** 피지선에 대한 설명으로 틀린 것은?

① 피지를 분비하는 선으로 진피 중에 위치한다.

② 피지선은 손바닥에는 없다.

③ 피지의 하루 분비량은 10 ~ 20g 정도이다.

④ 피지선이 많은 부위는 코 주위이다.

**25** 체내에 부족하면 괴혈병 증상이 나타나고, 피부와 잇몸에서 피가 나며 빈혈을 일으켜 피부를 창백하게 하는 것은?

① 비타민 A　② 비타민 $B_2$　③ 비타민 C　④ 비타민 K

**26** 한선에 대한 설명 중 틀린 것은?

① 체온 조절기능이 있다.

② 진피와 피하지방 조직의 경계 부위에 위치한다.

③ 입술을 포함한 전신에 존재한다.

④ 에크린선과 아포크린선이 있다.

**27** 다음 중 피부의 기능이 아닌 것은?

① 보호작용　　　　　　　② 체온조절작용

③ 비타민 A의 합성작용　　④ 호흡작용

**28** 혈액 중 혈액응고에 주로 관여하는 세포는?

① 백혈구　② 적혈구　③ 혈소판　④ 헤마토크리트

**29** 다음 중 눈살을 찌푸리고 이마에 주름을 짓게 하는 근육은?

① 구륜근　② 안륜근　③ 추미근　④ 이근

**30** 피질의 세포 중 전해질 및 수분대사에 관여하는 염류피질호르몬을 분비하는 세포군은?

① 속상대　② 사구대　③ 망상대　④ 경팽대

**31** 뇌신경과 척수신경은 각각 몇 쌍으로 이루어져 있는가?

① 뇌신경 – 12, 척수신경 – 31　② 뇌신경 – 11, 척수신경 – 31

③ 뇌신경 – 12, 척수신경 – 30　④ 뇌신경 – 11, 척수신경 – 30

**32** 다음 중 간의 역할에 가장 적합한 것은?

① 소화와 흡수 촉진　　　　② 담즙의 생성과 분비

③ 음식물의 역류 방지　　　④ 부신피질호르몬 생산

**33** 두개골(Skull)을 구성하는 뼈로 알맞은 것은?

① 미골　　② 늑골　　③ 사골　　④ 흉골

**34** 물질 이동 시 물질을 이루고 있는 입자들이 스스로 운동하여 농도가 높은 곳에서 낮은 곳으로 분자가 액체나 기체 속을 퍼져나가는 현상은?

① 능동수송　② 확산　③ 삼투　④ 여과

**35** 전류에 대한 설명이 틀린 것은?

① 전류의 방향은 도선을 따라 (+)극에서 (–)극 쪽으로 흐른다.

② 전류는 주파수에 따라 초음파, 저주파, 중주파, 고주파 전류로 나뉜다.

③ 전류의 세기는 1초 동안 도선을 따라 움직이는 전하량을 말한다.

④ 전자의 방향과 전류의 방향은 반대이다.

**36** 피부미용기기로 사용되는 진공흡입기(Vacuum or Suction)와 관련이 없는 것은?

① 피부에 적절한 자극을 주어 피부기능을 왕성하게 한다.

② 피지 제거, 불순물 제거에 효과적이다.

③ 민감성 피부나 모세혈관 확장증에 적용하면 효과가 좋다.

④ 혈액순환 촉진, 림프순환 촉진에 효과가 있다.

**37** 확대경에 대한 설명으로 틀린 것은?

① 피부 상태를 명확히 파악할 수 있어 정확한 관리가 이루어지도록 해준다.

② 확대경을 켠 후 고객의 눈에 아이패드를 착용시킨다.

③ 열린 면포 또는 닫힌 면포 등을 제거할 때 효과적으로 이용할 수 있다.

④ 세안 후 피부분석 시 아주 작은 결점도 관찰할 수 있다.

**38** 갈바닉 전류의 음극에서 생성되는 알칼리를 이용하여 피부 표면의 피지와 모공 속 노폐물을 세정하는 방법은?

① 이온토포레시스　　　　② 리프팅 트리트먼트

③ 디스인크러스테이션　　④ 고주파 트리트먼트

**39** 다음 중 pH에 대한 옳은 설명은?

① 어떤 물질의 용액 속에 들어있는 수소이온의 농도를 나타낸다.

② 어떤 물질의 용액 속에 들어있는 수소분자의 농도를 나타낸다.

③ 어떤 물질의 용액 속에 들어있는 수소이온의 질량을 나타낸다.

④ 어떤 물질의 용액 속에 들어있는 수소분자의 질량을 나타낸다.

**40** 우드램프 사용 시 지성 부위의 코메도(Comedo)는 어떤 색으로 보이는가?

① 흰색 형광　　　　　　　② 밝은 보라

③ 노랑 또는 오렌지　　　　④ 자주색 형광

**41** 손을 대상으로 하는 제품 중 알콜을 주 베이스로 하며, 청결 및 소독을 주된 목적으로 하는 제품은?

① 핸드 워시(Hand Wash)

② 새니타이저(Sanitizer)

③ 비누(Soap)

④ 핸드 크림(Hand Cream)

**42** 클렌징 크림의 설명으로 맞지 않는 것은?
① 메이크업 화장을 지우는 데 사용한다.
② 클렌징 로션보다 유성 성분 함량이 적다.
③ 피지나 기름때와 같은 물에 잘 닦이지 않는 오염물질을 닦아내는 데 효과적이다.
④ 깨끗하고 촉촉한 피부를 위해서 비누로 세정하는 것보다 효과적이다.

**43** 미백 화장품에 사용되는 원료가 아닌 것은?
① 알부틴
② 코직산
③ 레티놀
④ 비타민 C의 유도체

**44** 다음 중 여드름의 발생 가능성이 가장 적은 화장품 성분은?
① 호호바 오일
② 라놀린
③ 미네랄 오일
④ 이소프로필팔미테이트

**45** 다음 중 캐리어 오일로서 부적합한 것은?
① 미네랄 오일
② 살구씨 오일
③ 아보카도 오일
④ 포도씨 오일

**46** 다음 중 화장품에 사용되는 주요 방부제는?
① 에탄올
② 벤조산
③ 파라옥시안식향산메틸
④ BHT

**47** 주름개선 기능성 화장품의 효과와 가장 거리가 먼 것은?
① 피부탄력 강화
② 콜라겐 합성 촉진
③ 표피 신진대사 촉진
④ 섬유아세포의 분해 촉진

**48** 공중보건학의 정의로 가장 적합한 것은?
① 질병예방, 생명연장, 질병치료에 주력하는 기술이 과학이다.
② 질병예방, 생명유지, 조기치료에 주력하는 기술이며 과학이다.
③ 질병의 조기발견, 조기예방, 생명연장에 주력하는 기술이며 과학이다.
④ 질병예방, 생명연장, 건강증진에 주력하는 기술이며 과학이다.

**49** 성층권의 오존층을 파괴시키는 대표적인 가스는?
① 아황산가스($SO_4$)
② 일산화탄소(CO)
③ 이산화탄소($CO_2$)
④ 염화불화탄소(CFC)

**50** 기생충과 중간숙주의 연결이 잘못된 것은?
① 광절열두조충증 – 물벼룩, 송어
② 유구조충증 – 오염된 풀, 소
③ 폐흡충증 – 민물게, 가재
④ 간흡충증 – 쇠우렁, 잉어

**51** 질병 발생의 3대 요인이 옳게 구성된 것은?
① 병인, 숙주, 환경
② 숙주, 감염력, 환경
③ 감염력, 연령, 인종
④ 병인, 환경, 감염력

**52** 다음 중 소독에 영향을 가장 적게 미치는 인자는?
① 온도
② 대기압
③ 수분
④ 시간

**53** 다음 중 넓은 지역의 방역용 소독제로 적당한 것은?
① 석탄산
② 알콜
③ 과산화수소
④ 역성비누액

**54** 100℃ 이상 고온의 수증기를 고압 상태에서 미생물, 포자 등과 접촉시켜 멸균할 수 있는 것은?
① 자외선 소독기
② 건열멸균기
③ 고압증기멸균기
④ 자비 소독기

**55** 모기를 매개곤충으로 하여 일으키는 질병이 아닌 것은?
① 말라리아
② 사상충염
③ 일본뇌염
④ 발진티푸스

**56** 이·미용업소에서 손님이 보기 쉬운 곳에 게시하지 않아도 되는 것은?
① 개설자의 면허증 원본
② 이·미용 신고증
③ 사업자 등록증
④ 이·미용 요금표

**57** 이·미용사의 면허를 받기 위한 자격요건으로 잘못된 것은?
① 교육과학기술부장관이 인정하는 고등기술학교에서 1년 이상 이·미용에 관한 소정의 과정을 이수한 자
② 이·미용에 관한 업무에 3년 이상 종사한 경험이 있는 자
③ 국가기술자격법에 의한 이·미용사의 자격을 취득한 자
④ 전문대학에서 이·미용에 관한 학과를 졸업한 자

**58** 영업정지처분을 받고 그 영업정지기간 중 영업을 한 때에 대한 1차 위반 시 행정처분기준은?
① 영업정지 10일
② 영업정지 20일
③ 영업정지 1월
④ 영업장 폐쇄 명령

**59** 이·미용사의 면허증을 다른 사람에게 대여한 때의 법적 행정처분 조치사항으로 옳은 것은?
① 시·도지사가 그 면허를 취소하거나 6월 이내의 기간을 정하여 업무정지를 명할 수 있다.
② 시·도지사가 그 면허를 취소하거나 1년 이내의 기간을 정하여 업무정지를 명할 수 있다.
③ 시장·군수·구청장은 그 면허를 취소하거나 6월 이내의 기간을 정하여 업무정지를 명할 수 있다.
④ 시장·군수·구청장은 그 면허를 취소하거나 1년 이내의 기간을 정하여 업무정지를 명할 수 있다.

**60** 이·미용사는 영업소 외의 장소에는 이·미용업무를 할 수 없다. 그러나 특별한 사유가 있는 경우는 예외가 인정되는데 다음 중 특별한 사유에 해당하지 않는 것은?
① 질병으로 영업소까지 나올 수 없는 자에 대한 이·미용
② 혼례 기타 의식에 참여하는 자에 대하여 그 의식 직전에 행하는 이·미용
③ 긴급히 국외에 출타하는 자에 대한 이·미용
④ 시장·군수·구청장이 특별한 사정이 있다고 인정하는 경우에 행하는 이·미용

**01** 클렌징 제품에 대한 설명이 틀린 것은?

① 클렌징 밀크는 W/O 타입으로 친유성이며 건성, 노화, 민감성 피부에만 사용할 수 있다.

② 클렌징 오일은 일반 오일과 다르게 물에 용해되는 특성이 있고 탈수 피부, 민감성 피부, 약건성 피부에 사용하면 효과적이다.

③ 비누는 사용 역사가 가장 오래된 클렌징 제품이고 종류가 다양하다.

④ 클렌징 크림은 친유성과 친수성이 있으며, 친유성은 반드시 이중세안을 해서 클렌징 제품이 피부에 남아 있지 않도록 해야 한다.

**02** 딥클렌징의 효과와 가장 거리가 먼 것은?

① 모공의 노폐물 제거

② 화장품의 피부 흡수를 도와줌

③ 노화된 각질 제거

④ 심한 민감성 피부의 민감도 완화

**03** 팩의 제거 방법에 따른 분류가 아닌 것은?

① 티슈오프 타입(Tissue off Type)

② 석고 마스크 타입(Gysum mask Type)

③ 필오프 타입(Peel off Type)

④ 워시오프 타입(Wash off Type)

**04** 클렌징 시술에 대한 내용 중 틀린 것은?

① 포인트 메이크업 제거 시 아이 · 립 메이크업 리무버를 사용한다.

② 방수(Waterproof) 마스카라를 한 고객의 경우에는 오일 성분의 아이 메이크업 리무버를 사용한다.

③ 클렌징 동작 중 원을 그리는 동작은 얼굴의 위를 향할 때 힘을 빼고 내릴 때는 힘을 준다.

④ 클렌징 동작은 근육결에 따르고, 머리쪽을 향하게 하는 것에 유념한다.

**05** 피부분석표 작성 시 피부 표면의 혈액순환상태에 따른 분류표시가 아닌 것은?

① 홍반 피부(Erythrosis Skin)

② 심한 홍반 피부(Couperose Skin)

③ 주사성 피부(Rosacea Skin)

④ 과색소 피부(Hyper Pigmentation Skin)

**06** 신체 각 부위 관리에서 매뉴얼 테크닉의 효과와 가장 거리가 먼 것은?

① 혈액순환 및 림프순환 촉진

② 근육의 이완 및 강화

③ 피부의 염증과 홍반 증상의 예방

④ 심리적 안정감을 통한 스트레스 해소

**07** 화장수의 도포 목적 및 효과로 옳은 것은?

① 피부 본래의 정상적인 pH밸런스를 맞추어 주며 다음 단계에 사용할 화장품의 흡수를 용이하게 한다.

② 죽은 각질세포를 쉽게 박리시키고 새로운 세포 형성 촉진을 유도한다.

③ 혈액순환을 촉진시키고 수분 증발을 방지하여 보습효과가 있다.

④ 항상 피부를 pH 5.5 약산성으로 유지시켜 준다.

**08** 피부 미용의 역사에 대한 설명 중 옳은 것은?

① 르네상스 시대 – 비누의 사용이 보편화

② 이집트 시대 – 약초 스팀법의 개발

③ 로마 시대 – 향수, 오일, 화장이 생활의 필수품으로 등장

④ 중세 시대 – 매뉴얼 테크닉 크림 개발

**09** 다음 중 피부 미용에서의 딥클렌징에 속하지 않은 것은?

① 스크럽　　② 엔자임　　③ AHA　　④ 크리스탈 필

**10** 피부 유형을 결정하는 요인이 아닌 것은?

① 얼굴형　　② 피부조직　　③ 피지 분비　　④ 모공

**11** 매뉴얼 테크닉의 효과와 가장 거리가 먼 것은?

① 혈액순환 촉진　　② 피부결의 연화 및 개선

③ 심리적 안정　　④ 주름 제거

**12** 일시적 제모에 해당하지 않는 것은?

① 족집게　　② 제모용 크림　　③ 왁싱　　④ 레이저 제모

**13** 팩에 대한 내용 중 적합하지 않은 것은?

① 건성 피부에는 진흙팩이 적합하다.

② 팩은 사용목적에 따른 효과가 있어야 한다.

③ 팩 재료는 부드럽고 바르기 쉬워야 한다.

④ 팩의 사용에 있어서 안전하고 독성이 없어야 한다.

**14** 카르테(고객카드)에 반드시 기입되어야 할 사항과 가장 거리가 먼 것은?

① 성명, 생년월일, 주소, 전화번호

② 직업, 가족사항, 환경, 기호식품

③ 건강상태, 정신상태, 병력, 화장품

④ 취미, 특기사항, 재산 정도

**15** 림프드레나쥐의 주대상이 되지 않는 피부는?

① 모세혈관 확장 피부　　② 튼 피부

③ 감염성 피부　　④ 부종이 있는 셀룰라이트 피부

**16** 안면관리 시 제품의 도포 순서로 가장 바르게 연결된 것은?

① 앰플 – 로션 – 에센스 – 크림　　② 크림 – 에센스 – 앰플 – 로션

③ 에센스 – 로션 – 앰플 – 크림　　④ 앰플 – 에센스 – 로션 – 크림

**17** 셀룰라이트(Cellulite)에 대한 설명 중 틀린 것은?

① 오렌지 껍질 피부모양으로 표현한다.

② 주로 여성에게 많이 나타난다.

③ 주로 허벅지, 둔부, 상완 등에 많이 나타나는 경향이 있다.

④ 스트레스가 주원인이다.

**18** 다리 제모의 방법으로 틀린 것은?

① 머슬린천을 이용할 때는 수직으로 세워서 떼어낸다.

② 대퇴부는 윗부분부터 밑부분으로 각 길이를 이등분 정도 나누어 내려가며 실시한다.

③ 무릎 부위는 세워놓고 실시한다.

④ 종아리는 고객을 엎드리게 한 후 실시한다.

**19** 피부의 색소와 관계가 가장 먼 것은?
① 에크린   ② 멜라닌   ③ 카로틴   ④ 헤모글로빈

**20** 다음 중 땀샘의 역할이 아닌 것은?
① 체온 조절   ② 분비물 배출   ③ 땀분비   ④ 피지 분비

**21** 피부 각질형성 세포의 일반적인 각화 주기는?
① 약 1주   ② 약 2주   ③ 약 3주   ④ 약 4주

**22** 콜레겐과 엘라스틴이 주성분으로 이루어진 피부조직은?
① 표피 상층   ② 표피 하층   ③ 진피조직   ④ 피하조직

**23** 어부들에게 피부의 노화가 조기에 나타나는 가장 큰 원인은?
① 생선을 너무 많이 섭취하여서   ② 햇볕에 많이 노출되어서
③ 바다에 오존 성분이 많아서   ④ 바닷일로 과로하여서

**24** 다음 중 광노화 현상이 아닌 것은?
① 표피 두께 증가   ② 멜라닌 세포 이상 항진
③ 체내 수분 증가   ④ 진피 내의 모세혈관 확장

**25** 피부의 천연보습인자(NMF)의 구성 성분 중 가장 많은 분포를 나타내는 것은?
① 아미노산   ② 요소
③ 피롤리돈 카르본산   ④ 젖산염

**26** 표피에서 촉감을 감지하는 세포는?
① 멜라닌 세포   ② 머켈 세포
③ 각질형성 세포   ④ 랑게르한스 세포

**27** 우리 몸의 대사과정에서 배출되는 노폐물, 독소 등이 배설되지 못하고 피부조직에 남아 비만으로 보이며 림프순환이 원인인 피부현상은?
① 쿠퍼로제   ② 켈로이드   ③ 알레르기   ④ 셀룰라이트

**28** 담즙을 만들어 포도당을 글리코겐으로 저장하는 소화기관은?
① 간   ② 위   ③ 충수   ④ 췌장

**29** 세포막을 통한 물질이동 방법 중 수동적 방법에 해당하는 것은?
① 음세포 작용   ② 능동수송
③ 확산   ④ 식세포 작용

**30** 중추신경계는 어떻게 구성되어 있는가?
① 중뇌와 대뇌   ② 뇌와 척수
③ 교감신경과 뇌간   ④ 뇌간과 척수

**31** 다음 중 배부(Back)의 근육이 아닌 것은?
① 승모근   ② 광배근   ③ 견갑거근   ④ 비복근

**32** 골격계에 대한 설명 중 옳지 않은 것은?
① 인체의 골격은 약 206개의 뼈로 구성된다.
② 체중의 약 20%를 차지하며 골, 연골, 관절 및 인대를 총칭한다.
③ 기관을 둘러싸서 내부 장기를 외부의 충격으로부터 보호한다.
④ 골격에서는 혈액세포를 생성하지 않는다.

**33** 다리의 혈액순환 이상으로 피부 밑에 형성되는 검푸른 상태를 무엇이라 하는가?
① 혈관 축소   ② 심박동 증가
③ 하지정맥류   ④ 모세혈관확장증

**34** 남성의 2차 성징에 영향을 주는 성스테로이드 호르몬으로 두정부 모발의 발육을 억제시키고 피지 분비를 촉진시키는 것은?
① 알도스테론(Aldosterone)
② 에스트로겐(Estrogen)
③ 테스토스테론(Testosterone)
④ 프로게스테론(Progesterone)

**35** 고형의 파라핀을 녹이는 파라핀기의 적용범위가 아닌 것은?
① 손관리   ② 혈액순환 촉진   ③ 살균   ④ 팩관리

**36** 컬러테라피의 색상 중 활력, 세포재생, 신경긴장완화, 호르몬대사 조절 효과를 나타내는 것은?
① 주황색   ② 노란색   ③ 보라색   ④ 초록색

**37** 다음 중 전류와 관련된 설명으로 가장 거리가 먼 것은?
① 전류의 세기는 1초에 한 점을 통과하는 전하량으로 나타낸다.
② 전류의 단위로는 A(암페어)를 사용한다.
③ 전류의 전압과 저항이라는 두 개의 요소에 의한다.
④ 전류는 낮은 전류에서 높은 전류로 흐른다.

**38** 브러시(프리마톨)의 사용방법으로 틀린 것은?
① 브러시는 피부에 90도 각도로 사용한다.
② 건성ㆍ민감성 피부는 빠른 회전수로 사용한다.
③ 회전속도는 얼굴은 느리게, 신체는 빠르게 한다.
④ 사용 후에는 즉시 중성 세제로 깨끗하게 세척한다.

**39** 피부미용기기의 부적용과 가장 거리가 먼 경우는?
① 임산부
② 알레르기, 피부상처, 피부질병이 진행 중인 경우
③ 지성 피부
④ 치아, 뼈, 보철 등 몸속에 금속장치를 지닌 경우

**40** 피부분석 시 사용하는 기기가 아닌 것은?
① pH측정기   ② 우드램프   ③ 초음파기기   ④ 확대경

**41** 다음 중 옳은 것만을 모두 짝지은 것은?

> A. 자외선 차단제에는 물리적 차단제와 화학적 차단제가 있다.
> B. 물리적 차단제에는 벤조페논, 옥시벤존, 옥틸디메칠파바 등이 있다.
> C. 화학적 차단제에는 피부에 유해한 자외선을 흡수하여 피부침투를 차단하는 방법이다.
> D. 물리적 차단제는 자외선이 피부에 흡수되지 못하도록 피부 표면에서 빛을 반사 또는 산란시키는 방법이다.

① A, B, C   ② A, C, D   ③ A, B, D   ④ B, C, D

**42** 화장품 제조의 3가지 주요기술이 아닌 것은?
① 가용화 기술   ② 유화 기술   ③ 분산 기술   ④ 융용 기술

**43** 에센셜 오일을 추출하는 방법이 아닌 것은?
① 수증기 증류법   ② 혼합법
③ 압착법   ④ 용제 추출법

**44** 기능성 화장품류의 주요 효과가 아닌 것은?

① 피부 주름 개선에 도움을 준다.
② 자외선으로부터 보호한다.
③ 피부를 청결히 하여 피부 건강을 유지한다.
④ 피부 미백에 도움을 준다.

**45** 다음 중 향료의 함유량이 가장 적은 것은?

① 퍼퓸(Perfume)
② 오데 토일렛(Eau de Toilet)
③ 샤워 코롱(Shower Cologne)
④ 오데 코롱(Eau de Cologen)

**46** 팩제의 사용 목적이 아닌 것은?

① 팩제가 건조하는 과정에서 피부에 심한 긴장을 준다.
② 일시적으로 피부의 온도를 높여 혈액순환을 촉진한다.
③ 노화한 각질층 등을 팩제와 함께 제거시키므로 피부 표면을 청결하게 할 수 있다.
④ 피부의 생리기능에 적극적으로 작용하여 피부에 활력을 준다.

**47** 화장품에 요구되는 4대 품질의 특성이 아닌 것은?

① 안전성
② 안정성
③ 보습성
④ 사용성

**48** 통조림, 소시지 등 식품의 혐기성 상태에서 발육하여 신경독소를 분비하여 중독되는 식중독은?

① 포도상구균 식중독
② 솔라닌 독소형 식중독
③ 병원성 대장균 식중독
④ 보툴리누스균 식중독

**49** 실내 공기의 오염지표로 주로 측정되는 것은?

① $N_2$
② $NH_2$
③ $CO$
④ $CO_2$

**50** 제2급감염병에 해당하지 않는 것은?

① 황열
② 풍진
③ 세균성 이질
④ 장티푸스

**51** 예방접종에 있어서 디.피.티(D.P.T)와 무관한 질병은?

① 디프테리아
② 파상풍
③ 결핵
④ 백일해

**52** 훈증 소독법에 대한 설명 중 틀린 것은?

① 분말이나 모래, 부식되기 쉬운 재질 등을 멸균할 수 있다.
② 가스(Gas)나 증기(Fume)을 사용한다.
③ 화학적 소독방법이다.
④ 위생해충 구제에 많이 이용된다.

**53** 100% 크레졸 비누액을 환자의 배설물, 토사물, 객담 소독을 위한 소독용 크레졸 비누액 100mℓ로 조제하는 방법으로 가장 적합한 것은?

① 크레졸 비누액 0.5mℓ + 물 99.5mℓ
② 크레졸 비누액 3mℓ + 물 97mℓ
③ 크레졸 비누액 10mℓ + 물 90mℓ
④ 크레졸 비누액 50mℓ + 물 50mℓ

**54** 질병 발생의 3대 요소가 아닌 것은?

① 병인
② 환경
③ 숙주
④ 시간

**55** 화학약품으로 소독 시 약품의 구비조건이 아닌 것은?

① 살균력이 있을 것
② 부식성, 표백성이 없을 것
③ 경제적이고 사용방법이 간편할 것
④ 용해성이 낮을 것

**56** 손님의 얼굴, 머리, 피부 등을 손질하여 손님의 외모를 아름답게 꾸미는 영업에 해당하는 것은?

① 미용업
② 피부미용업
③ 메이크업
④ 종합미용업

**57** 변경신고를 하지 아니하고 영업소의 소재지를 변경한 때의 1차 위반 행정처분 기준은?

① 영업정지 1월
② 영업정지 2월
③ 영업장 폐쇄명령
④ 영업허가 취소

**58** 이·미용업소에서 1회용 면도날을 손님 몇 명까지 사용할 수 있는가?

① 1명
② 2명
③ 3명
④ 4명

**59** 위생교육은 일 년에 몇 시간을 받아야 하는가?

① 2시간
② 3시간
③ 5시간
④ 6시간

**60** 다음 중 이·미용업무에 종사할 수 있는 자는?

① 공인 이·미용학원에서 3개월 이상 이·미용에 관한 강습을 받은 자
② 이·미용업소에 취업하여 6개월 이상 이·미용에 관한 기술을 수습한 자
③ 이·미용업소에서 이·미용사의 감독하에 이·미용업무를 보조하고 있는 자
④ 시장·군수·구청장이 보조원이 될 수 있다고 인정하는 자

**01** 매뉴얼 테크닉의 종류 중 기본 동작이 아닌 것은?
① 두드리기(Tapotment)
② 문지르기(Friction)
③ 흔들어주기(Vibration)
④ 누르기(Press)

**02** 다음 중 팩 사용 시 주의사항이 아닌 것은?
① 피부 타입에 맞는 팩제를 사용한다.
② 잔주름 예방을 위해 눈 위에 직접 덧바른다.
③ 한방팩, 천연팩 등은 즉석에서 만들어 사용한다.
④ 안에서 바깥방향으로 바른다.

**03** 파우더 타입의 머드팩에 대한 설명으로 옳은 것은?
① 유분을 공급하므로 노화 및 재생 관리가 필요한 피부에 사용
② 피지를 흡착하고 살균·소독, 항염작용이 있어 지성 및 여드름 피부 관리에 사용
③ 항염작용이 있어 민감성 피부 관리에 사용
④ 보습작용이 뛰어나 눈가나 입술 관리에 사용

**04** 클렌징 로션에 대한 알맞은 설명은?
① 사용 후 반드시 비누 세안을 해야 한다.
② 친유성 에멀젼(W/O 타입)이다.
③ 눈화장, 입술화장을 지우는 데 주로 사용한다.
④ 민감성 피부에도 적합하다.

**05** 습포의 효과에 대한 내용과 가장 거리가 먼 것은?
① 온습포는 모공을 확장시키는 데 도움을 준다.
② 온습포는 혈액순환 촉진, 적절한 수분 공급의 효과가 있다.
③ 냉습포는 모공을 수축시키며 피부를 진정시킨다.
④ 온습포는 팩 제거 후 사용하면 효과적이다.

**06** 피부 상담 시 고려해야 할 점으로 가장 거리가 먼 것은?
① 피부 관리 시 생길 수 있는 만약의 경우에 대비하여 병력사항을 반드시 상담하고 기록해둔다.
② 피부 관리 유경험자의 경우 그동안의 관리 내용에 대해 상담하고 기록해둔다.
③ 여드름을 비롯한 문제성 피부 고객의 경우 과거 병원치료나 약물치료의 경험이 있는지 기록해두어 피부 관리 계획표 작성 시 참고한다.
④ 필요한 제품을 판매하기 위해 고객이 사용하고 있는 화장품의 종류를 체크한다.

**07** 다음 중 매뉴얼 테크닉을 적용할 수 있는 경우는?
① 피부나 근육, 골격에 질병이 있는 경우
② 골절상으로 인한 통증이 있는 경우
③ 염증성 질환이 있는 경우
④ 피부에 셀룰라이트(Cellulite)가 있는 경우

**08** 신체 각 부위별 매뉴얼 테크닉 방법에 대한 내용 중 틀린 것은?
① 규칙적인 리듬과 속도를 유지하면서 관리한다.
② 전신에 대한 매뉴얼 테크닉은 강하면 강할수록 효과가 좋다.
③ 전신 매뉴얼 테크닉은 림프절이 흐르는 방향으로 실시한다.
④ 전신에 손바닥을 밀착시키고 체간(몸통)을 이용하여 관리한다.

**09** 매뉴얼 테크닉의 효과가 아닌 것은?
① 내분비기능의 조절
② 결체조직에 긴장과 탄력성 부여
③ 혈액순환 촉진
④ 반사작용의 억제

**10** 건성 피부의 관리방법으로 가장 거리가 먼 것은?
① 알칼리성 비누를 이용하여 자주 세안을 한다.
② 화장수는 알콜 함량이 적고 보습기능이 강화된 제품을 사용한다.
③ 클렌징 제품은 부드러운 밀크 타입이나 유분기가 있는 크림 타입을 선택하여 사용한다.
④ 세라마이드, 호호바 오일, 아보카도 오일, 알로에페리, 히알루론산 등의 성분이 함유된 화장품을 사용한다.

**11** 다음 중 피부 미용의 영역이 아닌 것은?
① 신체 각 부위 관리
② 레이저 필링
③ 눈썹정리
④ 제모

**12** 세안에 대한 설명으로 틀린 것은?
① 클렌징제의 선택이나 사용방법은 피부 상태에 따라 고려되어야 한다.
② 청결한 피부는 피부 관리 시 사용되는 여러 영양성분의 흡수를 돕는다.
③ 피부표면은 pH 4.5~6.5로서 세균의 번식이 쉬워 문제 발생이 잘 되므로 세안을 잘해야 한다.
④ 세안은 피부 관리에 있어서 가장 먼저 행하는 과정이다.

**13** 림프드레나쥐를 적용할 수 있는 경우에 해당되는 것은?
① 림프절이 심하게 부어있는 경우
② 감염성의 문제가 있는 피부
③ 열이 있는 감기 환자
④ 여드름이 있는 피부

**14** 다음 중 피부 유형에 맞는 화장품 선택이 아닌 것은?
① 건성 피부 – 유분과 수분이 많이 함유된 화장품
② 민감성 피부 – 향, 색소, 방부제를 함유하지 않거나 적게 함유된 화장품
③ 지성 피부 – 피지조절제가 함유된 화장품
④ 정상 피부 – 오일이 함유되어 있지 않은 오일 프리(Oil Free) 화장품

**15** 다음 중 딥클렌징의 대상으로 적합하지 않은 것은?
① 모세혈관 확장 피부
② 모공이 넓은 지성 피부
③ 비염증성 여드름 피부
④ 잔주름이 많은 건성 피부

**16** 제모 시 유의사항이 아닌 것은?
① 염증이나 상처, 피부질환이 있는 경우는 적용하지 말아야 한다.
② 장시간의 목욕이나 사우나 직후는 피한다.
③ 제모 부위는 유분기와 땀을 제거한 다음 완전히 건조된 후 실시한다.
④ 제모한 부위는 즉시 물로 깨끗하게 씻어 주어야 한다.

**17** 수요법(Water Therapy, Hydrotherapy) 시 지켜야 할 수칙이 아닌 것은?
① 식사 직후에 행한다.
② 수요법은 대개 5분에서 30분까지가 적당하다.
③ 수요법 전에 잠깐 쉬도록 한다.
④ 수요법 후에는 물을 마시도록 한다.

**18** 다음 중 물리적인 딥클렌징이 아닌 것은?
① 스크럽제
② 브러시(프리마톨)
③ AHA(Alpha Hydroxy Acid)
④ 고마쥐

**19** 건강한 손톱에 대한 설명으로 틀린 것은?
① 바닥에 강하게 부착되어야 한다.
② 단단하고 탄력이 있어야 한다.
③ 윤기가 흐르며 노란색을 띠어야 한다.
④ 아치형을 형성해야 한다.

**20** 천연보습인자에 대한 설명으로 틀린 것은?
① NMF(Natural Moisturizing Factor)
② 피부 수분보유량을 조절한다.
③ 아미노산, 젖산, 요소 등으로 구성되어 있다.
④ 수소이온농도의 지수 유지를 말한다.

**21** 진피에 함유되어 있는 성분으로 우수한 보습능력을 지녀 피부관리 제품에도 많이 함유되어 있는 것은?
① 알콜(Alcohol)
② 콜라겐(Collagen)
③ 판데놀(Panthenol)
④ 글리세린(Glycerine)

**22** 피부의 기능에 대한 설명으로 틀린 것은?
① 인체 내부 기관을 보호한다.
② 체온 조절을 한다.
③ 감각을 느끼게 한다.
④ 비타민 B를 생성한다.

**23** 다음 중 피부표면의 pH에 가장 큰 영향을 주는 것은?
① 각질 생성
② 침의 분비
③ 땀의 분비
④ 호르몬의 분비

**24** 탄수화물에 대한 설명으로 옳지 않은 것은?
① 당질이라고도 하며 신체의 중요한 에너지원이다.
② 장에서 포도당, 과당 및 갈락토오스를 흡수한다.
③ 지나친 탄수화물의 섭취는 신체를 알칼리성 체질로 만든다.
④ 탄수화물의 소화흡수율은 99%에 가깝다.

**25** 원주형의 세포가 단층으로 이어져 있으며 각질형성 세포와 색소형성 세포가 존재하는 피부세포층은?
① 기저층
② 투명층
③ 각질층
④ 유극층

**26** 다음 중 표피층에 존재하는 세포가 아닌 것은?
① 각질형성 세포
② 멜라닌 세포
③ 랑게르한스 세포
④ 비만 세포

**27** 인체에 있어 피지선이 전혀 없는 곳은?
① 이마
② 코
③ 귀
④ 손바닥

**28** 골격계의 형태에 따른 분류로 옳은 것은?
① 장골(긴뼈) : 상완골(위팔뼈), 요골(노뼈), 척골(자뼈), 대퇴골(넙다리뼈), 경골(정강뼈), 비골(종아리뼈) 등
② 단골(짧은뼈) : 슬개골(무릎뼈), 대퇴골(넙다리뼈), 두정골(마루뼈) 등
③ 편평골(납작뼈) : 척주골(척주뼈), 관골(광대뼈) 등
④ 종자골(종자뼈) : 전두골(이마뼈), 후두골(뒤통수뼈), 두정골(마루뼈), 견갑골(어깨뼈), 늑골(갈비뼈) 등

**29** 비뇨기계에서 배출기관의 순서를 바르게 표현한 것은?
① 신장 – 요관 – 요도 – 방광
② 신장 – 요도 – 방광 – 요관
③ 신장 – 요관 – 방광 – 요도
④ 신장 – 방광 – 요도 – 요관

**30** 다음 설명 중 틀린 내용은?
① 소화란 포도당을 산화하여 에너지를 생산하는 과정이다.
② 소화란 탄수화물은 단당류로, 단백질은 아미노산 등으로 분해하는 과정이다.
③ 소화란 유기물들이 소장의 융모상피가 흡수할 수 있는 크기로 잘리는 과정을 말한다.
④ 소화계에는 입과 위, 소장은 물론 간과 췌장도 포함된다.

**31** 폐에서 이산화탄소를 내보내고 산소를 받아들이는 역할을 수행하는 순환은?
① 폐순환
② 체순환
③ 전신순환
④ 문맥순환

**32** 성인의 척수신경은 모두 몇 쌍인가?
① 12쌍
② 13쌍
③ 30쌍
④ 31쌍

**33** 인체에서 방어작용에 관여하는 세포는?
① 적혈구
② 백혈구
③ 혈소판
④ 항원

**34** 근육은 어떤 작용으로 움직일 수 있는가?
① 수축에 의해서만 움직인다.
② 이완에 의해서만 움직인다.
③ 수축과 이완에 의해서 움직인다.
④ 성장에 의해서만 움직인다.

**35** 스티머 사용 시 주의해야 할 사항으로 틀린 것은?
① 오존이 함께 장착되어 있는 경우 스팀이 나오기 전 오존을 미리 켜두어야 한다.
② 일광에 손상된 피부나 감염이 있는 피부에는 사용을 금한다.
③ 수조 내부를 세제로 씻지 않도록 한다.
④ 물은 반드시 정수된 물을 사용하도록 한다.

**36** 진공흡입기(Suction)의 효과로 틀린 것은?
① 피부를 자극하여 한선과 피지선의 기능을 활성화시킨다.
② 영양물질을 피부 깊숙이 침투시킨다.
③ 림프순환을 촉진하여 노폐물을 배출한다.
④ 면포나 피지를 제거한다.

**37** 전동브러시(Frimator)의 올바른 사용 방법이 아닌 것은?
① 모세혈관 확장 피부에는 사용하지 않는다.
② 브러시를 미지근한 물에 적신 후 사용한다.
③ 손목에 힘을 주어 눌러가며 돌려준다.
④ 사용한 브러시는 비눗물로 세척 후 물기를 제거하고 소독기로 소독한 후 보관한다.

**38** 우드램프에 대한 설명으로 틀린 것은?
① 피부분석을 위한 기기이다.
② 밝은 곳에서 사용하여야 한다.
③ 클렌징 한 후 사용하여야 한다.
④ 자외선을 이용한 기기이다.

**39** 갈바닉(Galbanic) 기기의 음극 효과로 틀린 것은?
① 모공의 수축
② 피부의 연화
③ 신경의 자극
④ 혈액 공급의 증가

**40** 고주파 전류의 주파수(진동수)를 측정하는 단위는?
① W(와트)
② A(암페어)
③ Ohm(옴)
④ Hz(헤르츠)

**41** 캐리어 오일에 대한 설명으로 틀린 것은?

① 캐리어는 운반이란 뜻으로 캐리어 오일은 마사지 오일을 만들 때 필요한 오일이다.
② 베이스 오일이라고도 한다.
③ 에센셜 오일을 추출할 때 오일과 분류되어 나오는 증류액을 말한다.
④ 에센셜 오일의 향을 방해하지 않도록 향이 없어야 하고 피부 흡수력이 좋아야 한다.

**42** 계면활성제에 대한 설명으로 옳은 것은?

① 계면활성제는 일반적으로 둥근 머리 모양의 소수성기와 막대 꼬리 모양의 친수성기를 가진다.
② 계면활성제의 피부에 대한 자극은 양쪽성 > 양이온성 > 음이온성 > 비이온성의 순으로 감소한다.
③ 비이온성 계면활성제는 피부 자극이 적어 화장수의 가용화제, 크림의 유화제, 클렌징 크림의 세정제 등에 사용된다.
④ 양이온성 계면활성제는 세정작용이 우수하여 비누, 샴푸 등에 사용된다.

**43** 다음 중 냉각기에 의해 제조된 제품은?

① 립스틱　② 화장수　③ 아이섀도　④ 에센스

**44** 화장품의 분류와 사용목적, 제품이 일치하지 않는 것은?

① 모발 화장품 – 정발 – 헤어 스프레이
② 방향 화장품 – 향취 부여 – 오데 코롱
③ 메이크업 화장품 – 색채 부여 – 네일 에나멜
④ 기초 화장품 – 피부 정돈 – 클렌징 폼

**45** 팩의 분류에 속하지 않는 것은?

① 필오프(Peel-off) 타입　② 워시오프(Wash-off) 타입
③ 패취(Patch) 타입　④ 워터(Water) 타입

**46** 색소를 염료(Dye)와 안료(Pigmont)로 구분할 때 그 특징에 대해 잘못 설명한 것은?

① 염료는 메이크업 화장품을 만드는데 주로 사용된다.
② 안료는 물과 오일에 모두 녹지 않는다.
③ 무기안료는 커버력이 우수하고, 유기안료는 빛, 산, 알칼리에 약하다.
④ 염료는 물이나 오일에 녹는다.

**47** 기능성 화장품에 해당되지 않는 것은?

① 피부의 미백에 도움을 주는 제품
② 인체의 비만도를 줄여주는 데 도움을 주는 제품
③ 피부의 주름 개선에 도움을 주는 제품
④ 피부를 곱게 태워주거나 자외선으로부터 피부를 보호하는데 도움을 주는 제품

**48** 보건행정의 제원리에 관한 것으로 맞는 것은?

① 일반 행정 원리의 관리과정적 특성과 기획과정은 적용되지 않는다.
② 의사결정과정에서 미래를 예측하고, 행동하기 전의 행동계획을 결정한다.
③ 보건행정에서는 생태학이나 역학적 고찰이 필요 없다.
④ 보건행정은 공중보건학에 기초한 과학적 기술이 필요하다.

**49** 체온을 유지하는 데 영향을 주는 온열인자가 아닌 것은?

① 기온　② 기습　③ 복사열　④ 기압

**50** 제3급감염병이 아닌 것은?

① 결핵　　　　　② B형 간염
③ 파상풍　　　　④ 지카바이러스감염증

**51** 예방접종 중 세균의 독소를 약독화(순화)하여 사용하는 것은?

① 폴리오　② 콜레라　③ 장티푸스　④ 파상풍

**52** 어떤 소독약의 석탄산계수가 2.0이라는 것은 무엇을 의미하는가?

① 석탄산의 살균력이 2이다.　② 살균력이 석탄산의 2배다.
③ 살균력이 석탄산의 2%이다.　④ 살균력이 석탄산의 120%이다.

**53** 다음 중 소독약의 구비조건으로 틀린 것은?

① 인체에는 독성이 없어야 한다.
② 소독 물품에 손상이 없어야 한다.
③ 사용방법이 간단하고 경제적이어야 한다.
④ 소독 실시 후 서서히 소독 효력이 증대되어야 한다.

**54** 자비 소독 시 살균력을 강하게 하고 금속기자재가 녹스는 것을 방지하기 위하여 첨가하는 물질이 아닌 것은?

① 2% 중조　　　　② 2% 크레졸 비누액
③ 5% 석탄산　　　④ 5% 승홍수

**55** 무수알콜(100%)을 사용해서 70%의 알콜 1,800㎖를 만드는 방법으로 옳은 것은?

① 무수알콜 700㎖에 물 1,100㎖를 가한다.
② 무수알콜 70㎖에 물 1,730㎖를 가한다.
③ 무수알콜 1,260㎖에 물 540㎖를 가한다.
④ 무수알콜 126㎖에 물 1,674㎖를 가한다.

**56** 공중위생업소의 위생서비스 수준의 평가는 몇 년마다 실시해야 하는가?

① 매년　② 2년　③ 3년　④ 4년

**57** 이·미용업소의 위생관리 의무를 지키지 아니한 자의 과태료 기준은?

① 30만 원 이하　② 50만 원 이하　③ 100만 원 이하　④ 200만 원 이하

**58** 공중위생업자에게 개선명령을 명할 수 없는 것은?

① 보건복지부령이 정하는 공중위생업의 종류별 시설 및 설비기준을 위반한 경우
② 공중위생영업자는 그 이용자에게 건강상 위생요인이 발생하지 아니하도록 영업관련 시설 및 설비를 위생적이고 안전하게 관리해야 하는 위생관리의무를 위반한 경우
③ 면도기는 1회용 면도날만을 손님 1인에 한하여 사용한 경우
④ 이·미용기구는 소독을 한 기구와 소독을 하지 아니한 기구로 분리하여 보관해야 하는 위생관리의무를 위반한 경우

**59** 영업허가 취소 또는 영업장 폐쇄명령을 받고도 계속하여 이·미용영업을 하는 경우에 시장·군수·구청장이 취할 수 있는 조치가 아닌 것은?

① 당해 영업소의 간판 기타 영업표지용의 제거
② 당해 영업소가 위반한 것임을 알리는 게시물 등의 부착
③ 영업을 위하여 필수불가결한 기구 또는 시설물을 사용할 수 없게 하는 봉인
④ 당해 영업소의 입주에 대한 손해배상 청구

**60** 이·미용사 면허를 받을 수 있는 자가 아닌 것은?

① 고등학교에서 이용 또는 미용에 관한 학과를 졸업한 자
② 국가기술자격법에 의한 이용사 또는 미용사 자격을 취득한 자
③ 보건복지부장관이 인정하는 외국의 이용사 또는 미용사 자격 소지자
④ 전문대학에서 이용 또는 미용에 관한 학과 졸업자

**01** 짙은 화장을 지우는 클렌징 제품 타입으로 중성과 건성 피부에 적합하며, 사용 후 이중세안을 해야 하는 것은?
① 클렌징 크림
② 클렌징 로션
③ 클렌징 워터
④ 클렌징 젤

**02** 클렌징에 대한 설명이 아닌 것은?
① 피부의 피지, 메이크업 잔여물을 없애기 위한 작업이다.
② 모공 깊숙이 있는 불순물과 피부 표면의 각질 제거를 주목적으로 한다.
③ 제품 흡수를 효율적으로 도와준다.
④ 피부의 생리적인 기능을 정상적으로 수행하도록 도와준다.

**03** 마스크의 종류에 따른 사용 목적이 틀린 것은?
① 콜라겐 벨벳 마스크 – 진피에 수분 공급
② 고무 마스크 – 피부 진정, 노폐물 흡착
③ 석고 마스크 – 영양성분 침투
④ 머드 마스크 – 모공 청결, 피지 흡착

**04** 효소필링제의 사용법으로 가장 적합한 것은?
① 도포한 후 약간 덜 건조된 상태에서 문지르는 동작으로 각질을 제거한다.
② 도포한 후 효소의 작용을 촉진하기 위해 스티머나 온습포를 사용한다.
③ 도포한 후 완전하게 건조되면 젖은 해면을 이용하여 닦아낸다.
④ 도포한 후 피부 근육결 방향으로 문지른다.

**05** 신체 각 부위별 관리에서 매뉴얼 테크닉의 적용이 적합하지 않은 것은?
① 스트레스로 인해 근육이 경직된 경우
② 림프순환이 잘 안되어 붓는 경우
③ 심한 운동으로 근육이 뭉친 경우
④ 하체 부종이 심한 임산부의 경우

**06** 딥클렌징에 대한 설명으로 가장 거리가 먼 것은?
① 디스인크러스테이션은 주 2회 이상이 적당하다.
② 효소 타입은 불필요한 각질을 분해하여 잔여물을 제거한다.
③ 디스인크러스테이션은 전기물을 이용한 딥클렌징 방법이다.
④ 예민성 피부는 브러시 머신을 이용한 딥클렌징을 삼간다.

**07** 우리나라 피부미용 역사에서 혼례 미용법이 발달하고 세안을 위한 세제 등 목욕용품이 발달한 시대는?
① 고조선시대
② 삼국시대
③ 고려시대
④ 조선시대

**08** 지성 피부의 화장품 적용 목적 및 효과로 가장 거리가 먼 것은?
① 모공 수축
② 피지 분비 정상화
③ 유연 회복
④ 항염, 정화 기능

**09** 다음 중 건성 피부에 적용되는 화장품 사용법으로 가장 적합한 것은?
① 낮에는 O/W형의 데이 크림을, 밤에는 W/O형의 나이트 크림을 사용한다.
② 강하게 탈지시켜 피지샘 기능을 균형있게 해주고 모공을 수축해주는 크림을 사용한다.
③ 봄, 여름에는 W/O 크림을 사용하고 가을, 겨울에는 O/W 크림을 사용한다.
④ 소량의 하이드로퀴논이 함유된 크림을 사용한다.

**10** 매뉴얼 테크닉의 효과에 해당하지 않는 것은?
① 혈액순환을 촉진시킨다.
② 림프순환을 촉진시킨다.
③ 근육의 긴장을 감소하고 피부 온도를 상승시켜 기분을 좋게 한다.
④ 가슴과 복부관리를 통해 생리 시, 임신 초기 또는 말기에 진정 효과를 준다.

**11** 여드름 피부에 관련된 설명으로 틀린 것은?
① 여드름은 사춘기에 피지 분비가 왕성해지면서 나타나는 비염증성, 염증성 피부발진이다.
② 여드름은 사춘기에 일시적으로 나타나며 30대 정도에 모두 사라진다.
③ 다양한 원인에 의해 피지가 많이 생기고 모공 입구의 폐쇄로 인해 피지 배출이 잘 되지 않는다.
④ 선천적인 체질상 체내 호르몬의 이상현상으로 지루성 피부에서 발생되는 여드름 형태는 심상성 여드름이라 한다.

**12** 피부 관리를 위한 피부 유형분석의 시기로 가장 적합한 것은?
① 최초 상담 전 ② 트리트먼트 후 ③ 클렌징이 끝난 후 ④ 마사지 후

**13** 팩의 목적 및 효과와 가장 거리가 먼 것은?
① 피부의 혈행촉진 및 청정작용
② 피부 진정 및 수렴작용
③ 피부 보습
④ 피하지방의 흡수 및 분해

**14** 피부 관리 시 최종 마무리 단계에서 냉타올을 사용하는 이유로 가장 적합한 것은?
① 고객을 잠에서 깨우기 위해서
② 깨끗이 닦아내기 위해서
③ 모공을 열어주기 위해서
④ 이완된 피부를 수축시키기 위해서

**15** 다음 중 일시적 제모에 속하지 않는 것은?
① 전기분해법을 이용한 제모
② 족집게를 이용한 제모
③ 왁스를 이용한 제모
④ 화학탈모제를 이용한 제모

**16** 림프드레나쥐의 주된 작용은?
① 혈액순환과 신진대사 저하
② 노폐물과 독소물질을 림프절로 운반
③ 피부조직 강화
④ 림프순환 저하

**17** 웜왁스를 이용하여 제모하는 방법으로 옳은 것은?
① 제모 전에는 로션을 발라 피부를 보호한다.
② 왁스는 털이 난 방향으로 발라준다.
③ 왁스를 제거할 때는 천천히 떼어낸다.
④ 제모 후에는 온습포를 이용해 시술부위를 진정시킨다.

**18** 매뉴얼 테크닉의 쓰다듬기(Effleurage) 동작에 대한 설명 중 맞는 것은?
① 피부 깊숙이 자극하여 혈액순환을 증진한다.
② 근육에 자극을 주기 위하여 깊고 지속적으로 누르는 방법이다.
③ 매뉴얼 테크닉의 시작과 마무리에 사용한다.
④ 손가락으로 가볍게 두드리는 방법이다.

**19** 다음 단면도에서 모발의 색상을 결정짓는 멜라닌 색소를 함유하고 있는 모피질(Cortex)은?

① A  ② B  ③ C  ④ D

**20** 피부 색상을 결정짓는 데 주요한 요인이 되는 멜라닌 색소를 만들어 내는 피부층은?
① 과립층  ② 유극층  ③ 기저층  ④ 유두층

**21** 피부에 존재하는 감각기관 중 가장 많이 분포하는 것은?
① 촉각점  ② 온각점  ③ 냉각점  ④ 통각점

**22** 다음 중 UV-A(장파장 자외선)의 파장 범위는?
① 320~400nm  ② 290~320nm  ③ 200~290nm  ④ 100~200nm

**23** 천연보습인자(NMF)의 구성 성분 중 40%를 차지하는 중요성분은?
① 요소  ② 젖산염  ③ 무기염  ④ 아미노산

**24** 체조직 구성 영양소에 대한 설명으로 틀린 것은?
① 지질은 체지방의 형태로 에너지를 저장하며 생체액 성분으로 체구성 역할과 피부의 보호 역할을 한다.
② 지방이 분해되면 지방산이 되는데 이중 불포화지방산은 인체 구성성분으로 중요한 위치를 차지하므로 필수지방산이라고도 부른다.
③ 필수지방산은 식물성 지방보다 동물성 지방을 먹는 것이 좋다.
④ 불포화지방산은 상온에서 액체 상태를 유지한다.

**25** 땀샘에 대한 설명으로 틀린 것은?
① 에크린선은 입술뿐만 아니라 전신 피부에 분포되어 있다.
② 에크린선에서 분비되는 땀은 냄새가 거의 없다.
③ 아포크린선에서 분비되는 땀은 분비량이 소량이나 나쁜 냄새의 요인이 된다.
④ 아포크린선에서 분비되는 땀 자체는 무취, 무색, 무균성이나 표피에 배출된 후 세균의 작용을 받아 부패하여 냄새가 나는 것이다.

**26** 피부의 면역에 관한 설명으로 맞는 것은?
① 세포성 면역에는 보체, 항체 등이 있다.
② T림프구는 항원전달세포에 해당된다.
③ B림프구는 면역글로불린이라고 불리는 항체를 생성한다.
④ 표피에 존재하는 각질형성 세포는 면역조절에 작용하지 않는다.

**27** 일반적으로 피부 표면의 pH는?
① 약 4.5~5.5  ② 약 9.5~10.5  ③ 약 2.5~3.5  ④ 약 7.5~8.5

**28** 세포 내 소화기관으로 노폐물과 이물질을 처리하는 역할을 하는 기관은?
① 미토콘드리아  ② 리보솜  ③ 리소좀  ④ 골지체

**29** 다음 중 다당류인 전분을 이당류인 맥아당이나 덱스트린으로 가수분해하는 역할을 하는 타액 내의 효소는?
① 프티알린  ② 리파제  ③ 인슐린  ④ 말타아제

**30** 뉴런과 뉴런의 접속부위를 무엇이라고 하는가?
① 신경원  ② 랑비에 결절  ③ 시냅스  ④ 축삭종말

**31** 골격계의 기능이 아닌 것은?
① 보호기능  ② 저장기능  ③ 지지기능  ④ 열생산기능

**32** 인체의 3가지 형태의 근육 종류명이 아닌 것은?
① 골격근  ② 내장근  ③ 심근  ④ 후두근

**33** 림프순환에서 다른 사지와는 다른 경로인 부분은?
① 우측상지  ② 좌측상지  ③ 우측하지  ④ 좌측하지

**34** 수정과 임신에 대한 설명 중 잘못된 것은?
① 임신에서 분만까지의 기간은 약 280일이다.
② 모체와 태아 사이의 모든 물질교환이 이루어지는 곳은 태반이다.
③ 임신기간이 지날수록 프로게스테론과 에스트로겐은 증가한다.
④ 임신 2개월째에는 태아에 체모가 생기고 외음부에 남녀의 차이가 난다.

**35** 고주파 피부미용기기를 사용하는 방법 중 직접법을 올바르게 설명한 것은?
① 고객의 얼굴에 마른 거즈를 올리고 그 위를 전극봉으로 가볍게 관리한다.
② 적합한 크기의 벤토즈가 피부 표면에 잘 밀착되도록 전극봉을 연결한다.
③ 고객의 손에 전극봉을 잡게 한 후 얼굴에 마른 거즈를 올리고 손으로 눌러준다.
④ 고객에게 전극봉을 잡게 한 후 관리사가 고객의 얼굴에 적합한 크림을 바르고 손으로 관리한다.

**36** 피부분석 시 육안으로 보기 힘든 피지, 민감도, 색소침착, 모공의 크기, 트러블 등을 세밀하고 정확하게 분별할 수 있는 기기는?
① 스티머  ② 진공흡입기  ③ 우드램프  ④ 스프레이

**37** 매우 낮은 전압의 직류를 이용하며 이온영동법과 디스인크러스테이션의 두 가지 중요한 기능을 하는 기기는?
① 초음파기기  ② 저주파기기  ③ 고주파기기  ④ 갈바닉기기

**38** 지성 피부에 적용되는 관리 방법 중 적절하지 않은 것은?
① 이온영동침투기기의 양극봉으로 디스인크러스테이션을 해준다.
② 자켓법을 이용한 관리는 디스인크러스테이션 후에 시행한다.
③ T존(T-zone) 부위의 노폐물 등을 안면진공흡입기로 제거한다.
④ 지성 피부의 상태를 호전시키기 위해 고주파기의 직접법을 적용시킨다.

**39** 안면진공흡입기의 사용방법으로 가장 거리가 먼 것은?
① 사용 시 크림이나 오일을 바르고 사용한다.
② 한 부위에 오래 사용하지 않도록 조심한다.
③ 탄력이 부족한 예민성 피부, 노화 피부에 더욱 효과적이다.
④ 관리가 끝난 후 벤토즈는 미온수와 중성세제를 이용하여 잘 세척하고 알콜 소독 후 보관한다.

**40** 초음파를 이용한 스킨스크리버의 효과가 아닌 것은?
① 진동과 온열 효과로 신진대사를 촉진한다.
② 각질 제거 효과가 있다.
③ 피부 정화 효과가 있다.
④ 상처 부위에 재생 효과가 있다.

**41** 아로마테라피(Aromatherapy)에 사용되는 에센셜 오일에 대한 설명 중 가장 거리가 먼 것은?

① 아로마테라피에 사용되는 에센셜 오일은 주로 수증기 증류법에 의해 추출된 것이다.

② 에센셜 오일은 공기 중의 산소, 빛 등에 의해 변질될 수 있으므로 갈색 병에 보관하여 사용하는 것이 좋다.

③ 에센셜 오일은 원액을 그대로 피부에 사용해야 한다.

④ 에센셜 오일을 사용할 때에는 안전성 확보를 위하여 사전에 패취 테스트(Patch Test)를 실시하여야 한다.

**42** 화장품법상 화장품의 정의와 관련한 내용이 아닌 것은?

① 신체의 구조, 기능에 영향을 미치는 것과 같은 사용 목적을 겸하지 않는 물품

② 인체를 청결히 하고, 미화하고, 매력을 더하고, 용모를 밝게 변화시키기 위해 사용하는 물품

③ 피부 혹은 모발을 건강하게 유지 또는 증진하기 위한 물품

④ 인체에 사용되는 물품으로 인체에 대한 작용이 경미한 것

**43** 여드름 피부용 화장품에 사용되는 성분과 가장 거리가 먼 것은?

① 살리실산   ② 글리시리진산   ③ 아줄렌   ④ 알부틴

**44** 화장품 성분 중 무기안료의 특성은?

① 내광성, 내열성이 우수하다.

② 선명도와 착색력이 뛰어나다.

③ 유기용매에 잘 녹는다.

④ 유기안료에 비해 색의 종류가 다양하다.

**45** 기능성 화장품의 표시 및 기재사항이 아닌 것은?

① 제품의 명칭   ② 내용물의 용량 및 중량
③ 제조자의 이름   ④ 제조번호

**46** 아래에서 설명하는 유화기로 가장 적합한 것은?

> • 크림이나 로션 타입의 제조에 주로 사용된다.
> • 터빈형의 회전날개를 원통으로 둘러싼 구조이다.
> • 균일하고 미세한 유화입자가 만들어진다.

① 디스퍼(Disper)   ② 호모믹서(Homo-Mixer)
③ 프로펠러믹서(Propeller Mixer)   ④ 호모지나이져(Homogenizer)

**47** 화장수에 대한 설명 중 잘못된 것은?

① 피부의 각질층에 수분을 공급한다.

② 피부에 청량감을 준다.

③ 피부에 남아있는 잔여물을 닦아준다.

④ 피부의 각질을 제거한다.

**48** 감염병 관리상 그 관리가 가장 어려운 대상은?

① 만성 감염병 환자   ② 급성 감염병 환자
③ 건강보균자   ④ 감염병에 의한 사망자

**49** 수돗물로 사용할 상수의 대표적인 오염지표는?(단, 심미적 영향물질은 제외)

① 탁도   ② 대장균수   ③ 증발잔류량   ④ COD

**50** 일반적인 미생물의 번식에 가장 중요한 요소로만 나열된 것은?

① 온도 - 적외선 - pH   ② 온도 - 습도 - 자외선
③ 온도 - 습도 - 영양분   ④ 온도 - 습도 - 시간

**51** 비타민이 결핍되었을 때 발생하는 질병의 연결이 틀린 것은?

① 비타민 $B_1$ - 각기병   ② 비타민 D - 괴혈증
③ 비타민 A - 야맹증   ④ 비타민 E - 불임증

**52** 소독에 사용되는 약제의 이상적인 조건은?

① 살균하고자 하는 대상물을 손상시키지 않아야 한다.

② 취급방법이 복잡해야 한다.

③ 용매에 쉽게 용해되지 않아야 한다.

④ 향기로운 냄새가 나야 한다.

**53** 용품이나 기구 등을 일차적으로 청결하게 세척하는 것은 다음의 소독방법 중 어디에 해당되는가?

① 희석   ② 방부   ③ 정균   ④ 여과

**54** 알콜 소독의 미생물 세포에 대한 주된 작용기전은?

① 할로겐 복합물 형성   ② 단백질 변성
③ 효소의 완전 파괴   ④ 균체의 완전 용해

**55** 바이러스에 대한 일반적인 설명으로 옳은 것은?

① 항생제의 감수성이 있다.

② 광학현미경으로 관찰이 가능하다.

③ 핵산 DNA와 RNA 둘 다 가지고 있다.

④ 바이러스는 살아있는 세포 내에서만 증식 가능하다.

**56** 청문을 실시하여야 하는 사항과 거리가 먼 것은?

① 이·미용사의 면허취소, 면허정지

② 공중위생영업의 정지

③ 영업소의 폐쇄명령

④ 과태료 징수

**57** 이·미용업소의 위생관리기준으로 적합하지 않은 것은?

① 소독한 기구와 소독을 하지 아니한 기구를 분리하여 보관한다.

② 1회용 면도날은 손님 1인에 한하여 사용한다.

③ 피부미용을 위한 의약품을 따로 보관한다.

④ 영업장 안의 조명도는 75룩스 이상이어야 한다.

**58** 이·미용업의 상속으로 인한 영업자 지위승계 신고 시 구비서류가 아닌 것은?

① 영업자 지위승계 신고서

② 가족관계증명서

③ 양도계약서 사본

④ 상속자임을 증명할 수 있는 서류

**59** 영업소 폐쇄명령을 받고도 영업을 계속할 때의 벌칙기준은?

① 1년 이하의 징역 또는 1천만 원 이하의 벌금

② 1년 이하의 징역 또는 500만 원 이하의 벌금

③ 6월 이하의 징역 또는 500만 원 이하의 벌금

④ 6월 이하의 징역 또는 300만 원 이하의 벌금

**60** 과태료 처분에 불복이 있는 경우 어느 기간 내에 이의를 제기할 수 있는가?

① 처분한 날로부터 30일 이내

② 처분의 고지를 받은 날로부터 30일 이내

③ 처분한 날로부터 15일 이내

④ 처분이 있음을 안 날로부터 15일 이내

| 01 | ② | 02 | ④ | 03 | ② | 04 | ④ | 05 | ① | 06 | ② | 07 | ④ | 08 | ④ | 09 | ① | 10 | ③ | 11 | ① |
|----|---|----|---|----|---|----|---|----|---|----|---|----|---|----|---|----|---|----|---|----|---|
| 12 | ② | 13 | ② | 14 | ③ | 15 | ④ | 16 | ① | 17 | ④ | 18 | ④ | 19 | ④ | 20 | ④ | 21 | ② | 22 | ④ |
| 23 | ① | 24 | ③ | 25 | ① | 26 | ② | 27 | ④ | 28 | ④ | 29 | ④ | 30 | ④ | 31 | ④ | 32 | ③ | 33 | ② |
| 34 | ③ | 35 | ① | 36 | ② | 37 | ④ | 38 | ① | 39 | ③ | 40 | ④ | 41 | ② | 42 | ① | 43 | ② | 44 | ③ |
| 45 | ③ | 46 | ③ | 47 | ③ | 48 | ④ | 49 | ① | 50 | ④ | 51 | ③ | 52 | ① | 53 | ① | 54 | ④ | 55 | ① |
| 56 | ② | 57 | ③ | 58 | ① | 59 | ③ | 60 | ① | | | | | | | | | | | | | | |

**01** 딥클렌징은 모낭 내의 피지, 면포, 여드름 및 불순물들이 쉽게 배출되도록 도와준다.

**02** 피부상담의 목적은 고객의 방문 동기와 목적을 파악하고, 문제점과 원인을 파악하여 효율적인 관리방법과 계획을 세우는 데 있다.

**03** 알부틴은 티로시나제의 활성을 억제하여 색소침착을 막는 미백용 성분이다.

**04** 피부 상태는 계절이나 외부환경, 또는 내부요인으로 인해 쉽게 변하므로 매회 체크하는 것이 중요하다.

**05** 석고 마스크는 열작용으로 인해 유효성분을 피부 깊숙이 침투시켜 노화피부 및 건성 피부를 개선하는 목적으로 사용한다.

**06** 피부 관리는 얼굴과 전신의 상태를 유지 및 개선하여 피부를 정상화시키는 것을 말한다. 근육과 골절의 정상화는 피부 관리의 대상이 아니다.

**07** 색소침착피부의 경우 자외선 차단제를 골고루 발라 색소침착을 예방한다.

**08** 셀룰라이트는 지방의 과잉축적으로 인한 염증성 병변으로 림프드레나쥐 등의 수기요법으로 개선시킬 수 있다.

**09** ① 파라핀 팩은 열이 발생하므로 모세혈관 확장피부에는 오히려 더 자극적일 수 있다.
② Wash-off 타입의 팩은 물로 닦아내는 타입의 팩을 말한다.
③ Peel-off 타입의 팩은 건조 후 필름을 형성하는 타입을 말한다.
④ 건성 피부는 팩을 도포하여 건조시키는 것보다 일정 시간 경과 후 미온수로 닦아내는 것이 적당하다.

**10** 민감성 피부는 물리적인 자극을 피하고 알콜 성분은 탈지와 피부자극의 효과가 있으므로 무알콜 제품을 사용하는 것이 좋다.

**11** 여드름 피부나 염증 부위는 가급적 자극을 주지 않는 것이 좋으므로 스크럽 제품은 사용을 자제하는 것이 좋다.

**12** 노화 피부 : 멜라닌 생성 억제 및 피부기능 활성화

**13** 붉어지는 부위는 가급적 메이크업을 하지 않는 것이 좋다.

**14** 눈 주위는 매우 약한 부위이므로 전용 클렌징제를 이용하여 부드럽게 닦아 주어야 한다.

**15** 매뉴얼 테크닉 시술 시 속도와 리듬, 피부결의 방향, 연결성, 밀착감에 유의한다.

**16** 왁싱은 제모하고자 하는 부위의 털을 일시에 제거하여 즉각적인 효과를 얻을 수 있는 것이 특징이며, 4~6주 후 반복시술하여야 한다.

**17** 효소나 고마쥐를 이용하는 방법은 딥클렌징에 포함된다.

**18** 냉습포는 마무리 단계에서 모공을 수축시켜주고 청량감을 주는 목적으로 사용하기에 적합하다.

**19** 비타민은 비타민 D를 제외하고 모두 체내에서 합성이 되지 않는다.

**20** 피부에 제일 깊숙이 침투하는 자외선은 장파장인 UVA이다.

**21** 진피는 유두층과 망상층으로 구분되며, 피부부속기관이 망상층 내에 자리잡고 있다.

**22** 낭종은 제4기 여드름으로 진피에 자리잡고 통증을 유발하며 흉터가 남는 것이 특징이다.

**23** 기미는 멜라닌 세포의 과도생성으로 유발된다.

**24** 면역세포에 의한 면역은 B림프구와 T림프구로 나뉘는데 B림프구는 체액성 면역으로 면역글로불린이란 항체를 생성하며, T림프구는 세포성 면역을 말한다.

**25** 림프액은 항원·항체반응을 통한 면역반응에 관여하고 과도한 체액을 흡수하여 운반하는 기능을 한다.

**26** 항산화제는 노화를 지연시키는 물질이고, ①, ③, ④는 노화를 촉진시키는 원인이다.

**27** 기저층에는 각질형성세포와 멜라닌세포가 1 : 4~9의 비율로 분포되어 있다.

**28** 골격계의 기능에는 지지기능, 보호기능, 조혈작용, 운동기능, 저장기능 등이 있다. 체열생산기능을 하는 것은 근육계이다.

**29** 세포는 생명체의 기능적·구조적 최소단위이다.

**30** 간은 포도당을 글리코겐의 형태로 저장하며, 해독작용을 하고 담즙을 만들어 분비한다.

**31**
- 뉴런 : 신경조직의 최소단위
- 축삭돌기 : 세포로부터 받은 정보를 말초에 전달
- 수상돌기 : 외부자극을 받아 세포체에 정보 전달

**32** 교근은 씹는 작용을 하는 저작근에 속한다.

**33** 강축(Tetanus)은 연축이 합쳐져서 단일 수축보다 큰 힘과 지속적인 수축을 일으키는 근수축을 말한다.

**34** 모세혈관(Capillary)은 조직 사이에서 물질교환을 통해 산소와 영양을 공급하고 이산화탄소와 대사노폐물을 받아들이는 역할을 한다.

**35** 진공 흡입기는 피부표면을 진공상태로 만들어 세포와 조직에 적절한 압력을 가하는 기구이다.

**36** 스티머의 예열시간은 10분 정도이며 오존은 사용 직전 켜고, 오존 미사용 시에는 아이패드를 하지 않아도 된다.

**37** 적외선(Infra Red Lamp)은 열을 발생시켜 화장품의 흡수를 돕는다.

**38** 모세혈관 확장피부에는 가급적 브러싱의 사용을 피한다.

**39** 전류의 세기의 단위는 암페어(A)이며, 전압의 단위는 볼트(Volt)이다.

**40** 지성 피부 : 오렌지, 정상 피부 : 청백색, 과각질 : 흰색, 모세혈관 확장피부 : 진보라색

**41** 데오도란트는 몸냄새를 예방하거나 냄새의 원인이 되는 땀의 분비를 억제하는 물질로 항균기능이 있다.

**42** 화장품의 4대 요건은 안전성, 안정성, 사용성, 유효성이다.

**43** 호호바 오일(Jojoba Oil)은 액체왁스로 오일에 비해 안정성이 높으며, 피지성분과 유사하여 여드름 피부에 유효하며 피부친화성이 높다.

**44** 미백화장품의 경우 멜라닌 세포를 사멸시키는 물질, 멜라닌 색소를 제거하는 물질, 도파의 산화억제물질, 티로시나제의 작용억제 물질로 나뉜다.

**45** SPF(Sun Protection Factor)는 UV-B 방어효과를 나타내는 지수로, 자외선 차단제를 도포한 피부의 최소 홍반량/자외선 차단제를 도포하지 않은 대조 부위의 최소 홍반량으로 나타낸다.
③은 UV-C에 대한 설명이다.

**46** 글리세린은 피부를 촉촉하게 해주는 대표적인 보습제이다. 알파-하이드록시산은 미백(각질층 제거), 메틸파라벤은 방부제의 기능을 한다.

**47**
① 계면활성제는 둥근 머리 모양의 친수성기와 막대 모양의 친유성기로 나뉜다.
② 계면활성제의 피부에 대한 자극은 양이온성 〉 음이온성 〉 양쪽이온성 〉 비이온성의 순으로 감소한다.
④ 음이온성 계면활성제는 세정작용이 우수하여 비누, 샴푸 등에 사용된다.

**49** 보건행정의 정의 : 공중보건의 목적을 달성하기 위해 공중보건 원리를 적용하여 행정조직을 통해 행하는 일련의 과정

**50** 세균성 이질은 제2급감염병이다.

**51** 세균성 식중독의 특징 : 다량의 세균이나 독소량에 의해 발병하며 잠복기가 짧다. 주로 식품섭취로 발생하고 2차 감염은 드물며 면역 획득은 되지 않는다.

**52** 용질량(소독약)/용액량(희석량) X 100 = 2 / 100 × 100 = 2%

**53** 자비 소독 : 100℃ 끓는 물에 15~20분간 처리하는 방법으로 스테인리스류의 제품은 변형을 일으키지 않으므로 적합하다.

**54** 석탄산은 고온일수록 효과가 크다.

**55** 자외선 중 도노선(2,800~3,200Å) 파장에서 살균작용을 한다.

**56** 이·미용사 면허의 발급은 시장, 군수, 구청장이 실시한다.

**57** 외국에서 공중위생 감시원으로 활동한 경력이 있는 자는 공중위생 감시원이 될 수 없다.

**58** 위생교육 : 공중위생 영업자는 매년 3시간 위생교육을 받아야 한다.

**59** 과징금을 분할 납부하려는 과징금 납부 의무자는 그 납부 기한의 10일 전까지 증명 서류를 첨부하여 시장, 군수, 구청장에게 분할 납부를 신청해야 한다.

**60** 1차 위반 시 : 면허정지 3월, 2차 위반 시 : 면허정지 6월

| 01 | ② | 02 | ② | 03 | ① | 04 | ③ | 05 | ② | 06 | ② | 07 | ③ | 08 | ④ | 09 | ③ | 10 | ② | 11 | ① |
|----|---|----|---|----|---|----|---|----|---|----|---|----|---|----|---|----|---|----|---|----|---|
| 12 | ③ | 13 | ① | 14 | ③ | 15 | ④ | 16 | ④ | 17 | ② | 18 | ④ | 19 | ① | 20 | ② | 21 | ③ | 22 | ② |
| 23 | ① | 24 | ② | 25 | ③ | 26 | ④ | 27 | ② | 28 | ④ | 29 | ① | 30 | ② | 31 | ③ | 32 | ② | 33 | ① |
| 34 | ④ | 35 | ① | 36 | ③ | 37 | ② | 38 | ④ | 39 | ① | 40 | ④ | 41 | ② | 42 | ④ | 43 | ① | 44 | ④ |
| 45 | ① | 46 | ④ | 47 | ④ | 48 | ④ | 49 | ④ | 50 | ④ | 51 | ④ | 52 | ④ | 53 | ④ | 54 | ④ | 55 | ③ |
| 56 | ④ | 57 | ② | 58 | ② | 59 | ① | 60 | ② | | | | | | | | | | | | |

**01** 허니(왁스)를 도포할 때는 털이 자란 방향으로 도포하며 떼어낼 때는 반대방향으로 떼어낸다.

**02**
- 스파테라피(Spa-Therapy) : 스파기기와 물의 온열을 이용하는 미용요법
- 스톤테라피 : 냉온 스톤을 이용하여 혈액순환을 돕는 미용요법
- 허벌테라피 : 허브를 이용한 미용요법

**03** 모세혈관 확장피부는 민감한 피부이므로 필링을 피한다.

**04** 따뜻한 물을 마시게 하여 고객을 안정시킨다.

**06**
- 프릭션(Friction) : 문지르기 동작
- 유연법(Petrisage) : 근육을 횡단하듯 반죽하는 동작

**07** A.H.A는 글리콜산, 젖산, 구연산, 주석산, 사과산으로 구성되어 있으며 산성분을 이용하여 각질을 제거하는 방법이다.

**08** 딥클렌징은 클렌징 다음 단계에 시술하며 이후 매뉴얼 테크닉과 팩 도포 등으로 피부 관리를 시행한다. 딥클렌징 시술 후에는 피부 보호를 위한 제품 도포가 필요하다.

**09** 표피 수분부족 피부는 외부의 환경에 따라 발생하기 쉬우며 잔주름이 형성된다. 반면 진피 수분부족 피부는 피부 자체의 수화능력에 문제가 생겨서 발생하며 피부당김 현상이 내부에서 심하게 느껴진다.

**10** 석고 마스크는 석고의 건조에 따른 열발생과 밀폐에 의한 유효 성분의 침투로 피부의 상태를 개선시켜 준다.

**11** 입술화장을 지울 때는 포인트 메이크업 전용 리무버를 사용하여 바깥쪽에서 안쪽을 향하여 닦아준다.

**12** 피부에 집중적인 영양 공급 작용은 팩과 마스크 시술단계이다.

**13** 아줄렌은 캐모마일에서 추출한 성분으로 진정효과가 뛰어나다.

**14** 피부 질환 치료는 의료영역이다.

**15** 딥클렌징은 죽은 각질을 제거하여 유효성분의 침투를 돕는 과정이며, 팩과 마스크는 유효성분을 직접 침투시키는 과정이다.

**16** 티트리는 블렌딩하지 않고 직접 피부에 도포가 가능하며 여드름의 염증을 완화하는 효능이 있다.

**17** 매뉴얼 테크닉의 처음과 끝에 쓰다듬기(Effleurage)를 적용하여 그 시작과 끝을 알린다.

**18** 화학적 화상을 유발하여 피부세포 재생을 촉진하는 것은 의료행위이다.

**19** 하루에 약 1~2g 정도 분비된다.

**20** 표피의 구조는 내측부터 기저층 – 유극층 – 과립층 – 투명층 – 각질층으로 이루어져 있으며, 각질층이 피부의 가장 바깥 표면이다.

**21**
- 비타민 C : 아스코르빈산의 유도체
- 비타민 $B_2$ : 피지 분비 조절, 신진대사 촉진
- 비타민 E : 노화 예방

**22** 민감성 피부는 피부결이 섬세하지만 피부가 얇고 붉은 색이 많다.

**23** 세포간지질은 각질층을 단단하게 결합될 수 있도록 해주고 수분의 손실을 억제한다. 주로 세라마이드로 되어 있으며 각질층 사이에서 층상의 라멜라 구조로 존재한다.

**24** 대한선은 체취선으로 불리며 성, 인종을 결정지어주는 독특한 물질을 가지고 있고 모낭과 연결되어 있다.

**25** 콜라겐은 교원섬유로 불리며 진피의 구성 성분(90%)이다.

**26** 광노화의 반응은 표피의 두께 증가, 멜라닌 세포의 이상항진, 진피 내 모세혈관의 확장 등이다.

**27** 유극층은 림프액이 흐르며 수분과 영양을 많이 함유하고 있어 표피에서 가장 두꺼운 층이다(5~10층).

**28** 평활근은 여러 장기에서 근육조직(심장근 제외)을 구성한다. 평활근은 운동신경이 없고 자율신경이 분포되어 있다. 자율신경이 단순히 운동의 촉진 또는 억제를 관장할 뿐이기 때문에 장기에 따라서는 신경을 절단해도 자동적으로 움직일 수 있다.

**29** 호르몬을 분비하는 곳은 내분비계이며 혈관을 통해 운반되어 표적기관에 작용한다.

**30**
- 펩신 : 위에서 분비되는 단백질 분해효소
- 리파아제 : 췌장에서 분비되는 지방 분해효소
- 펩티다아제 : 소장에서 분비되는 단백질 분해효소

**31** 안면신경의 구성 성분
- 운동섬유 : 모든 표정근을 지배
- 특수감각신경섬유 : 혀의 전방 3분의 2 부분의 미각을 감지하는 고삭신경으로 하악신경의 설신경과 교통한다.

**32** 연골은 결합조직에 속하며 연공세포와 섬유들로 구성되며 탄력성이 있어 골과 골 사이의 충격을 흡수한다.

**33** 부신피질자극호르몬(ACTH) 기능 저하 시 저혈압과 스트레스에 민감해진다.

**34** 미토콘드리아는 체내에서 에너지(ATP)의 대부분을 만들어 내고 세포 내 호흡을 담당한다.

**35** 앰플 침투 : 이온토포레시스의 효과

**36** 전류 : 전도체라 불리는 물체를 통해 자유전자가 이동하는 것

**37** 적외선은 열을 발생시켜 모공을 확장하므로 선탠효과를 유도하는 자외선 사용 전에는 사용을 금지한다.

**38** 증기연무기(Steamer)는 마사지 전 단계에서 사용하며 모공확장 및 노폐물 배출 등을 통해 영양분 흡수를 촉진시킨다.

**39** 아나포레시스(Anaphoresis) : 바닉 전류 중 음(-)극을 이용한 것으로 제품을 피부 속으로 스며들게 한다.

**40** 디스인크러스테이션(Desincrustation)은 알칼리 성분이고 피지와 각질제거의 딥클렌징 원리를 가진 것으로 건성 피부에는 자극이 될 수 있다.

**41** 음이온성 계면활성제는 세정작용, 기포 형성 작용이 우수하여 비누, 클렌징 폼, 샴푸 등에 사용되나 탈지력이 강해 피부가 거칠어지기 쉽다.

**42** 자외선 차단제는 자외선 침투를 막아 피부를 보호하기 위한 것으로 노출 전에 발라야 효과적이다.

**43** 수증기 증류법은 가장 오래된 방법으로 많이 이용되고 증기와 열, 농축의 과정을 거쳐 수증기와 정유가 함께 추출되어 물과 오일을 분리시키는 방법이다.

**44** 화장품의 4대 요건 : 안전성, 안정성, 사용성, 유용성

**45** 기능성 화장품의 종류 : 미백 화장품, 여드름 화장품, 각질 제거용 화장품, 자외선 차단 화장품, 선탠 화장품, 리포좀 화장품, 레티노이드 화장품

**46** 바디 샴푸는 세정 후 피부 표면을 보호하고 보습의 기능을 가져야 한다.

**47** 농도에 따른 향수의 구분 : 퍼퓸 〉오데 퍼퓸 〉오데 토일렛 〉오데 코롱 〉샤워 코롱

**48** 식중독은 원인에 따라 세균성, 화학물질, 자연독, 곰팡이독 등으로 분류

**49** 공중보건학은 조직된 지역사회의 노력을 통하여 질병을 예방하고 수명을 연장하며 건강과 효율을 증진시키는 기술이며 과학이다.

**50** 보건행정은 공중보건의 기술을 행정조직을 통하여 공중의 건강을 유지 증진시키는 발전된 과학과 기술행정이다.

**51** 공수병 : 감염된 동물(개)에 의해 물렸을 때, 침에 의해 감염되는 바이러스성 인수공통감염병이다.

**52** 여과멸균법 : 혈청이나 약제, 백신 등 열에 불안정한 액체의 멸균에 주로 이용되는 멸균법으로 바이러스의 분리 및 세균의 대사물질을 균체로 분리 시에도 이용한다.

**53** 고압증기멸균기의 소독대상물 : 분말 제품, 모래, 예리한 칼날, 부식되기 쉬운 재질로 된 것은 사용이 부적합하다.

**54** 멸균 : 병원성, 비병원성 미생물 및 포자를 가진 것을 모두 사멸 또는 제거하는 것

**55** 소독제의 희석배수/석탄산의 희석배수

**56** • 과태료에 대하여 이의 제기자는 30일 이내에 처분권자에 이의를 제기할 수 있다.
• 이의 제기 시 처분권자는 지체없이 관할법원에 그 사실을 통보하고 관할법원은 비송사건절차법에 의한 과태료의 재판을 한다.

**57** 법 제3조의 2 : 이 · 미용업의 경우 면허소지자에 한해 공중위생영업자의 지위를 승계할 수 있다.

**58** 점빼기, 귓불뚫기, 쌍꺼풀수술, 문신, 박피술 그밖에 이와 유사한 의료행위 2차 위반 시 : 영업정지 2월

**59** 출입자 검문 및 통제는 폐쇄조치와 무관하다.

**60** 공중위생관리법은 공중이 이용하는 영업과 시설의 위생관리 등에 관한 사항을 규정함으로써 위생수준을 향상시켜 국민의 건강증진에 기여함을 목적으로 한다.

# 제3회 실전 적중문제 정답 및 해설

| 01 | ② | 02 | ④ | 03 | ④ | 04 | ① | 05 | ④ | 06 | ① | 07 | ④ | 08 | ① | 09 | ④ | 10 | ④ | 11 | ③ |
|----|---|----|---|----|---|----|---|----|---|----|---|----|---|----|---|----|---|----|---|----|---|
| 12 | ② | 13 | ③ | 14 | ② | 15 | ① | 16 | ④ | 17 | ① | 18 | ② | 19 | ① | 20 | ② | 21 | ③ | 22 | ② |
| 23 | ① | 24 | ③ | 25 | ① | 26 | ③ | 27 | ④ | 28 | ② | 29 | ① | 30 | ④ | 31 | ① | 32 | ③ | 33 | ② |
| 34 | ② | 35 | ④ | 36 | ④ | 37 | ③ | 38 | ③ | 39 | ④ | 40 | ④ | 41 | ② | 42 | ③ | 43 | ④ | 44 | ① |
| 45 | ① | 46 | ④ | 47 | ① | 48 | ③ | 49 | ④ | 50 | ③ | 51 | ① | 52 | ③ | 53 | ② | 54 | ① | 55 | ③ |
| 56 | ① | 57 | ① | 58 | ③ | 59 | ② | 60 | ③ | | | | | | | | | | | | |

**01** 얼굴에 얇은 필름막을 떼어내는 원리이므로 두껍게 바르면 떼어내기가 어렵다.

**02** 피부의 탄력 증진 : 문지르기, 반죽하기, 두드리기, 떨기의 효과

**03** A.H.A : 노화용 화장품 성분으로 피부에 도포 시 따가운 느낌을 부여한다.

**04** 석고팩 : 열작용과 적당한 압력에 의해 유효성분이 피부 깊숙이 침투되는 것을 도와준다.

**05** 민감성 피부 : 아줄렌, 위치하젤, 비타민 P, 비타민 K, 판테놀(비타민 $B_5$), 리보플라빈(비타민 $B_2$), 클로로필

**06** 냉습포 : 모공수축

**07** 딥클렌징의 목적은 일반 클렌징으로 제거할 수 없는 죽은 각질세포 제거와 각질 제거 후 영양물질의 흡수를 촉진시켜 피부 재생과 노화방지를 위한 조건을 제공하는 것이다.

**08** 클렌징 젤은 오일 성분이 전혀 함유되지 않은 제품으로 세정력이 뛰어나며 이중세안이 필요 없고 여드름, 알레르기 피부에 적합하다.

**09** 왁스를 바른 후 떼어낼 때는 털 성장의 반대방향으로 재빨리 떼어낸다.

**10** 클렌징 종류에는 크림, 로션, 오일, 비누 등 여러 종류가 있으며, 거품을 일으키는 것은 비누와 클렌징 폼 제품만 해당된다.

**11** 메이크업은 피부미용 영역에 해당되지 않는다.

**12** 지성 피부 : 피부가 두껍고 피지 분비가 왕성하여 피부 번들거림이 심하며 모공이 넓고 트러블 발생이 쉽다.

**13** 쓰다듬기(Effleurage)는 손가락을 포함한 손바닥 전체로 피부를 부드럽게 쓰다듬는 것이다.

**14** 민감성 피부 : 물리적인 제품을 피하고 저자극의 크림 타입의 딥클렌징제 사용

**15** 비닐을 감쌀 때는 피부가 호흡할 수 있도록 한다.

**16** 피부미용은 두피를 제외한 얼굴과 신체의 근육 및 피부에 기술을 행하여 영양을 공급하고 피부의 생리기능을 높여 건강한 피부를 유지시켜 주는 것

**17** 예민성 피부, 털이나 사마귀 부위, 정맥류, 혈관이상, 당뇨 등의 증상이 있는 경우는 제모를 금지한다.

**18** 피부 유형분석 기준 : 피부의 유·수분 측정

**19** 자외선의 단점 : 홍반 반응, 색소침착, 피부암 유발

**20** 소한증 : 땀의 분비가 감소하고 갑상선 기능 저하, 신경계 질환의 원인

**21** 태선화 : 표피 전체와 진피의 일부가 가죽처럼 두꺼워지며 딱딱해지는 현상으로 만성 소양성 질환에서 흔히 볼 수 있다.

**22** • 1도 화상 : 홍반성 화상  • 2도 화상 : 수포성 화상
• 3도 화상 : 괴사성 화상

**23** 기저층 : 표피의 가장 아래층으로 각질형성 세포 4~10, 멜라닌 세포 1의 비율로 존재

**24** 피지의 작용 : 체온저하 예방

**25** 과립층 : 케라토하이알린 과립이 존재, 각화과정 시작

**26** 진피의 구성세포 : 섬유아세포, 대식세포, 지방세포, 형질세포 등이 존재

**27** 비타민 C : 멜라닌 색소의 형성을 억제

**28** 안륜근 : 눈을 감고 뜨는 작용

**29** 길항근 : 서로 반대되는 작용

**31** 확산은 농도가 높은 곳에서 낮은 곳으로 이동하는 것을 말한다.

**32** 척주 : 경추 7개, 흉추 12개, 요추 5개, 천골, 미골로 구성

**33** 삼차신경은 얼굴의 피부, 턱, 혀에 분포되어 감각과 운동의 기능을 한다.

**34** 림프의 기능 : 림프기관들의 림프구 생산에 의한 신체방어 작용에 관여

**35** 스킨스코프 : 관리사와 고객이 동시에 정교한 피부분석을 할 수 있다는 장점이 있다.

**36** 바이브레이터기 사용 시 적당한 압력으로 멍들지 않게 신체 굴곡에 맞게 적용한다.

**37** 갈바닉 전류의 음극은 알칼리성 반응, 신경자극, 혈액공급 증가, 조직 연화, 세정 및 자극 효과

**38** 직류는 극성과 크기가 일정하고 변압기에 의한 조절이 불가능하며 측정이 쉽고 열작용을 한다.

**39** 민감성 피부의 관리 목적은 피부를 안정감있게 유지하고 보호하며 피부의 자극을 최소화하고 진정시키는 것이다.

**40** 고주파는 열을 발생시켜 살균효과를 가진다.

**41** 캐리어 오일 : 아로마 오일을 피부에 효과적으로 침투하기 위해 사용되는 식물유로 '베이스 오일'이라고도 한다.

**42** 리퀴드 파운데이션은 로션 타입으로 수분함유량이 많고 가볍고 산뜻하며 퍼짐성이 우수하여 투명감 있게 마무리된다.

**43** 알부틴 : 미백성분이다.

**44** 각질 제거의 화학적 방법으로 AHA(알파-하이드록시산)을 이용하여 각질을 산으로 녹여 제거한다.

**45** 아로마 오일은 식물의 꽃, 잎, 줄기, 뿌리, 열매 등에서 수증기 증류법, 용매추출법, 압착법, 침윤법, 이산화탄소 추출법 등으로 추출한 오일로 갈색 유리병에 담아 차갑고 어두운 곳에서 보관

**46** 베이스 메이크업 화장품 : 메이크업베이스, 파운데이션, 페이스파우더

**47** 유아용 제품과 저자극성 제품에 많이 사용되는 계면활성제는 양쪽성 계면활성제이다.

**48** 제1급감염병 : 에볼라바이러스병, 마버그열, 라싸열, 크리미안콩고출혈열, 남아메리카출혈열, 리프트밸리열, 두창, 페스트, 탄저, 보툴리눔독소증, 야토병, 신종감염병증후군, 중증급성호흡기증후군(SARS), 중동호흡기증후군(MERS), 동물인플루엔자 인체감염증, 신종인플루엔자, 디프테리아

**49** 만성 감염병 : 결핵, 나병, 성병, B형 간염, AIDS 등으로 환자가 사용한 오염된 식기나 기구의 사용으로 전파

**50** 공중보건의 대상 : 집단 또는 지역사회 주민

**51** 독소형 식중독 : 포도상구균, 보툴리누스균, 웰치균

**52** 고압증기멸균 소독 : 아포를 포함한 모든 미생물을 사멸

**53** 소독 : 감염을 일으킬수 있는 병원성 미생물을 주로 사멸하거나 제거시켜 감염을 제거하는 것

**54** 수용액 : $\dfrac{\text{용질량(소독약)}}{\text{용질량(희석액)}} \times 100 = \text{퍼센트(\%)}$

**55** 가스괴저균 : 아포형성 그람양성 간균과 구균

**56** 손님에게 성매매행위 알선 등의 행위 또는 음란행위를 하게 하거나 이를 알선 또는 제공했을 시 업소는 영업정지 3월, 업주는 면허정지 3월

**57** 보건복지부장관은 이 법에 관한 권한의 일부를 대통령령이 정하는 바에 의하여 시·도지사 또는 시장·군수·구청장에게 위임할 수 있다.

**58** 면허가 취소되거나 정지된 자는 지체없이 관할 시장·군수·구청장에게 면허증을 반납한다.

**59** 피부 미용 : 의료기기나 의약품을 사용하지 아니하는 피부 상태분석, 피부 관리, 제모, 눈썹정리

**60** 공중위생영업자가 그 공중위생영업을 양도하거나 또는 법인의 합병이 있는 때에는 그 양수인, 상속인 또는 합병 후 존속하는 법인이나 합병에 의하여 설립되는 법인은 그 공중위생영업자의 지위를 승계한다.

| 01 | ④ | 02 | ④ | 03 | ② | 04 | ③ | 05 | ② | 06 | ④ | 07 | ② | 08 | ② | 09 | ① | 10 | ② | 11 | ③ |
|----|----|----|----|----|----|----|----|----|----|----|----|----|----|----|----|----|----|----|----|----|----|
| 12 | ④ | 13 | ① | 14 | ④ | 15 | ④ | 16 | ① | 17 | ② | 18 | ③ | 19 | ② | 20 | ④ | 21 | ② | 22 | ② |
| 23 | ① | 24 | ② | 25 | ③ | 26 | ① | 27 | ② | 28 | ② | 29 | ② | 30 | ④ | 31 | ② | 32 | ④ | 33 | ② |
| 34 | ① | 35 | ④ | 36 | ② | 37 | ③ | 38 | ② | 39 | ③ | 40 | ③ | 41 | ④ | 42 | ④ | 43 | ③ | 44 | ② |
| 45 | ④ | 46 | ② | 47 | ④ | 48 | ④ | 49 | ② | 50 | ④ | 51 | ③ | 52 | ④ | 53 | ② | 54 | ① | 55 | ③ |
| 56 | ③ | 57 | ② | 58 | ① | 59 | ③ | 60 | ① | | | | | | | | | | | | |

**01**
- 문진 : 고객에게 질문
- 견진 : 육안이나 확대경, 우드램프 등을 사용
- 촉진 : 피부를 만져보거나 짚어봄

**02** 림프드레나쥐는 감염성 피부, 급성 혈전증, 갑상선 기능 항진증, 천식, 심부전증 환자에는 시술을 금한다.

**03** 셀룰라이트의 원인은 유전적, 내분비적, 외부적인 요인이 있으며, 내분비계의 불균형인 경우에는 신진대사 기능저하로 인한 지방연소 저하로 지방세포 안에 지방이 과축적되어 지방세포의 크기가 팽창된 것이다. 지방 세포수의 증가는 증식형 비만의 원인이다.

**04**
- 클렌징 젤 : 지방에 예민한 피부
- 포인트 메이크업 리무버 : 눈화장 제거
- 클렌징 밀크 : 연한 화장을 지울 때
- 클렌징 크림 : 두꺼운 화장을 지울 때

**05** 팩을 제거할 때에는 냉타올을 사용해 피부를 진정시키고 수렴 효과를 준다.

**06** 벨벳 마스크는 토너나 증류수에 개어서 유효성분을 침투시키는 것으로 기포 없이 밀착된 상태여야 성분 침투가 이루어진다.

**07** AHA는 5가지 과일산으로 지성 피부나 노화 피부, 색소침착 피부에 적당하며, 마무리할 때 냉습포를 사용하여 피부를 진정시켜준다.

**08** 딥클렌징은 클렌징으로 제거되지 않는 모공 속의 노폐물을 제거하고 각질을 정리하여 유효성분의 침투를 돕는다. 미백, 주름개선, 자외선 차단의 효과가 있는 것은 기능성 화장품이다.

**09**
- 에플로라지 : 쓰다듬기
- 타포트먼트 : 두드리기
- 니딩 : 반죽하기
- 롤링 : 피부를 나선형으로 굴려주기

**10** 건성 피부 : 보습, 영양공급

**11** 두드리기(타포트먼트) : 신경조직을 자극하여 혈액순환을 촉진시키며 피부조직에 원기를 회복시킨다.

**12** 마무리는 팩을 제거하고 피부 타입에 맞는 화장품을 도포하며 자외선 차단제를 바른다. 매뉴얼 테크닉은 딥클렌징 후에 실시하며 혈액순환 촉진을 통해 이후 관리 시 영양분의 흡수를 돕는다.

**13** 화학적 제모는 크림, 액체, 연고 형태로 함유된 화학성분이 털을 연화시켜 피부 표면의 모간 부분만 털을 제거하는 방법이다.

**14** 매뉴얼 테크닉은 손발 등의 반사구를 자극하여 반사작용을 돕는다.

**15** 왁스의 잔여물은 오일로 녹여 제거하고 냉습포로 진정시킨다.

**16** AHA는 5가지 과일산 추출물로 노화, 지성, 색소침착 피부의 딥클렌징용으로 적당하며, 예민 피부에는 자극적으로 사용을 제한한다.

**17** 민감성 피부 : 각질층이 매우 얇으며 홍조가 보인다.

**18** 특수 영양성분이 함유되어 있는 것은 세럼이나 영양 크림이다.

**19** 한선은 손바닥과 발바닥, 얼굴, 이마에 발달해 있다.

**20** 켈로이드는 상처가 치유되면서 진피의 교원질이 과다 생성되어 흉터가 굵고 크게 표면 위로 융기한 흔적이다.

**21** 비타민은 체내 대사의 조절소로, 생리작용을 조절하며 체내에서 합성되지 않아 음식으로 섭취해야 한다.

**22** 진피는 90% 정도의 콜라겐 단백질(교원섬유)로 채워져 있으며, 탄력섬유와 그물 모양으로 서로 짜여 있어 피부에 탄력성과 신축성을 부여한다.

**23** 한관종 : 에크린한선의 구진으로 주로 사춘기 이후의 여성에게 발생하며, 전기분해법, 레이저 요법, 냉동 요법 등으로 치료한다.

**24** 기미의 생성원인은 자외선이므로 자외선을 차단하여 멜라닌의 생성을 억제하는 것이 관리방법 중 하나이다.

**25** 태선화 : 만성 소양성 질환에서 흔히 볼 수 있는 것으로 표피 전체와 진피의 일부가 건조화되며 가죽처럼 두꺼워지고 유연성이 없어지며 딱딱해지는 상태이다.

**26** 피부 표면의 피지막은 정상상태에서는 W/O(유중수형)의 상태로 존재하나, 땀을 흘리면 체온의 일정한 유지를 위해 땀의 증발을 유도하도록 O/W의 형태로 변화한다.

**27** 각화과정은 각질형성 세포가 기저층, 유극층, 과립층, 투명층, 각질층으로의 이동 끝에 각질층의 제일 위층에서 죽은 세포가 되어 피부 표면에서 탈락하게 되는 일련의 현상을 말한다.

**28**
- 티로신 : 필수 아미노산
- 멜라토닌 : 수면조절 호르몬

- 글루카곤 : 혈당을 올려주는 호르몬
- 칼시토닌 : 혈액 속의 칼슘양을 조절하는 갑상선 호르몬

**29**
- 이두박근 : 상완이두근(윗팔의 안쪽에 있는 근육)
- 복직근 : 복부의 앞 중앙에 좌우 나란히 아래위로 있는 근육
- 삼각근 : 어깨를 둥글게 하고 팔을 움직이는 삼각형 모양의 근육
- 횡경막 : 흉강과 복강을 나누며, 호흡에 중요한 역할을 함

**30**
- 척수신경의 종류 : 경신경(8쌍), 흉신경(12쌍), 요신경(5쌍), 천골신경(5쌍), 미골신경(1쌍)
- 미주신경 : 뇌신경의 일종으로 내장에 분포하여 내장의 운동을 조절한다.

**31** 혈액량은 체중의 약 8%를 차지한다.

**32**
- 췌장 : 키모트립신 – 단백질
- 위 : 펩신 – 단백질
- 소장 : 락타아제 – 탄수화물

**33**
- 골막 : 뼈의 형성 및 조혈에 관여함
- 골단 : 장골의 끝부분으로 길이 성장이 일어남
- 골수 : 조혈기관
- 해면골 : 해면질로 된 심층부의 뼈로서 골 외부의 압력을 잘 견디는 다공성 구조

**34** 난소는 난포를 자극하여 난자의 성숙을 촉진시키며 여성의 2차 성징이 발현된다. 또한 황체 호르몬인 프로게스테론과 에스트로겐을 분비하는 내분비선의 기능도 한다.
- 고환 : 테스토스테론(남성 호르몬)
- 태반 : 난포 호르몬, 황체 호르몬
- 췌장 : 인슐린, 글루카곤

**35**
- 전기분해 : 물질에 전기 에너지를 가하여 산화·환원반응이 일어나도록 하는 것
- 전해질 : 물 등의 용매에 녹아서 이온으로 해리되어 전류를 흐르게 하는 물질
- 혼합물 : 두 종류 이상의 물질이 화학적 반응을 일으키지 않고 물리적으로 단순히 섞여 있는 물질
- 분자 : 물질적 성질을 가지고 있는 최소의 단위

**36**
- 볼트 : 전류의 압력
- 암페어 : 전류의 세기
- 와트 : 일정시간 동안 사용된 전류의 양
- 주파수 : 1초 동안 반복되는 진동의 횟수

**37** 엔더몰로지 : 전신 체형 관리 시에는 약 40~50분 정도 적용한다.

**38** 자외선을 사용한 기기 중 소독기는 UVC의 살균력을 이용한 것이다.

**39** 갈바닉의 디스크러스테이션 : 색소침착 부위의 표백 효과

**40** 프리마톨 : 전동기의 회전원리를 이용하여 모공의 피지와 묵은 각질을 제거하는 기기이다.

**41** 기능성 화장품 : 미백, 주름개선, 자외선 차단

**42** 아로마 오일은 여러 가지 기능을 가지고 있으며, 매우 강한 성분으로 피부에 직접 도포하지 않고 캐리어 오일에 블렌딩하여 사용한다.

**43** 페이셜 스크럽은 딥클렌징제의 일종으로 클렌징으로 제거되지 않는 모공 속의 노폐물과 불필요한 각질을 제거한다. 피부에 자극적인 방법이므로 민감한 피부에는 가급적 사용을 제한한다.

**44** 비누는 알칼리성으로 세정작용만 담당한다.

**45** 라놀린은 양모에서 추출한 성분으로 피부를 유연하게 하고 영양을 공급한다.

**46** 클렌징 워터는 알콜을 함유하고 있으며 가벼운 화장을 지우거나 화장 전에 피부를 청결히 닦아내는 목적으로 적합하다.

**47** 질병의 치료 및 진단은 의약품의 역할이다.

**48** 보툴리누스균 : 균의 포자가 햄이나 소시지, 통조림 등 혐기성 조건 하에 있는 식품 속에서 발아·증식하면 균체 외 독소를 생성하는데, 이것을 먹으면 매우 중증인 식중독(보툴리누스 중독)을 일으킨다. 80℃에서 30분 정도 가열하면 파괴되어 무독화된다.

**49** 사회보장은 사회보험, 공적부조 및 공공서비스로 나눌 수 있으며, 사회보험은 소득보장과 의료보장으로 구분된다. 공적부조는 생활보호와 의료급여로 나누어지며 공공서비스는 노령연금, 장애연금 등이 있다.

**50** 디프테리아는 제1급감염병으로 즉시 신고해야 한다.

**51**
- 조산 : 임신 20주에서 37주까지의 분만
- 유산 : 임신 7개월(20주) 이전에 태아가 죽어서 나오는 현상
- 사산 : 1,000g 이상 또는 28주 이상에서 태아가 사망

**53** 여과멸균법 : 열에 불안정한 용액의 멸균에 사용하는 소독법

**54** 자비 소독, 고압증기 소독법, 간헐멸균법 : 물리적 소독

**55**
$$석탄산계수 = \frac{소독약의\ 희석배수}{석탄산의\ 희석배수}$$
$4 = x / 90$  ∴ $x = 360$

**56**
- 미용업 : 손님의 얼굴, 머리, 피부 등을 손질하여 손님의 외모를 아름답게 꾸미는 공중위생영업
- 이용업 : 손님의 머리카락 또는 수염을 깎거나 다듬는 등의 방법으로 손님의 용모를 단정하게 하는 영업
- 공중위생영업 : 다수인을 대상으로 위생관리서비스를 제공하는 영업으로서 숙박업, 목욕장업, 이용업, 미용업, 세탁업, 건물위생관리업을 말한다.

**57** 시장·군수·구청장은 영업소의 폐쇄명령을 받고도 계속하여 영업을 하는 때에 관계공무원으로 하여금 영업소를 폐쇄할 수 있도록 조치를 취할 수 있다.

**58** 면허증을 다른 사람에게 대여한 경우 행정처분
- 1차 위반 : 면허정지 3월
- 2차 위반 : 면허정지 6월
- 3차 위반 : 면허취소

**59** 개선 명령 시의 명시 사항 : 위생관리기준, 발생된 오염물질의 종류, 오염허용기준을 초과한 정도와 개선기간을 명시

**60** 면허증 재교부 신청 : 면허증의 기재사항에 변경이 있을 때, 면허증을 분실한 때, 면허증을 사용할 수 없게 된 때

| 01 | ① | 02 | ① | 03 | ① | 04 | ③ | 05 | ① | 06 | ② | 07 | ① | 08 | ④ | 09 | ② | 10 | ② | 11 | ④ |
|----|---|----|---|----|---|----|---|----|---|----|---|----|---|----|---|----|---|----|---|----|---|
| 12 | ③ | 13 | ③ | 14 | ① | 15 | ④ | 16 | ① | 17 | ④ | 18 | ① | 19 | ③ | 20 | ② | 21 | ③ | 22 | ③ |
| 23 | ② | 24 | ① | 25 | ④ | 26 | ③ | 27 | ① | 28 | ③ | 29 | ③ | 30 | ④ | 31 | ④ | 32 | ① | 33 | ③ |
| 34 | ① | 35 | ④ | 36 | ④ | 37 | ② | 38 | ④ | 39 | ④ | 40 | ④ | 41 | ④ | 42 | ① | 43 | ② | 44 | ② |
| 45 | ③ | 46 | ④ | 47 | ① | 48 | ① | 49 | ① | 50 | ③ | 51 | ① | 52 | ② | 53 | ① | 54 | ① | 55 | ④ |
| 56 | ② | 57 | ① | 58 | ③ | 59 | ② | 60 | ③ | | | | | | | | | | | | |

**01** 피부미용사는 전문교육을 이수하여 정확한 피부분석과 판별 능력, 고객관리 및 화장품 성분, 상담기법의 전문지식, 피부 관리를 위한 숙련된 기술, 직업에 대한 자부심과 신념, 고객에 대한 매너와 서비스 정신, 전문적인 지식과 기술 향상을 위해 노력해야 한다.

**02** 스테로이드 : 호르몬 작용을 하는 약품으로 구분된다.

**03** 클렌징 크림은 친유성의 W/O 제품으로 유분이 많아 이중세안이 필요하며 세정력이 뛰어나 진한 메이크업에 적합하다. 지성 피부나 예민한 피부는 피하는 것이 좋다.

**04** 스프레이 타입은 화장수 제품의 형태이다.

**05** 고객카드 작성 시 고객의 병력을 꼭 확인하여 적합한 매뉴얼 테크닉을 진행해야 한다.

**06** 이중 마스크 사용 시 흡수가 용이한 수분성 제품을 먼저 적용시킨다.

**07** 왁스를 이용한 제모는 모근으로부터 털이 제거된다.

**08** 피부 타입에 맞는 앰플을 도포하고 얼굴 모양에 맞추어 벨벳을 얹는다.

**09** 피부미용의 기능 : 보호적 기능(관리적 기능), 심리적 기능, 미적 기능(장식적 기능)

**10** 여드름 피부는 노폐물 배출 및 림프순환을 원활히 해주는 림프드레나쥐 마사지 기법이 효과적이다.

**11** 피부미용 영역은 의료기기나 의약품을 사용하지 아니하는 피부상태 분석, 피부 관리, 제모, 눈썹 손질 등을 포함한다.

**12** 사소한 자극에 예민하게 반응하며 조절기능과 면역기능이 저하되어 있으므로 저자극성, 무향, 무색소, 무알콜, 무방부제 제품을 사용한다.

**13** 표피 수분부족 건성 피부 : 원인으로는 땀샘의 기능저하 또는 땀샘이나 피지선은 정상이나 후천적으로 피부세포가 지닌 수분량이 부족하게 된다.

**14** 딥클렌징 : 클렌징으로 제거되지 않은 피부각질층의 죽은 세포와 피부 노폐물을 연화시켜 인위적으로 없앤다.

**15** 피부미용사의 자세 : 허리를 세우고 발은 어깨넓이만큼 벌리고 손목에 힘을 뺀다.

**16** 온습포 효과 : 모공 확대, 혈액순환 촉진, 근육 이완, 잔여물 및 노폐물 제거 효과

**17** 지성 피부 : 과다한 피지 분비로 인해 트러블 발생이 많은 피부로 모공 확장, 피지 정리를 위한 살균 · 모공 수축의 효과가 있는 수렴 화장수와 수분공급 화장품을 선택한다.

**18** 혈액순환에 관한 질병이 있는 경우를 제외한 일반적인 부종은 매뉴얼 테크닉을 통해 혈액순환과 림프순환 촉진, 근육 이완 및 통증 완화를 증진시킨다.

**19** 투명층 : 주로 손, 발바닥에 존재하며 엘라이딘이라는 반유동 물질을 함유하고 있어 수분에 의한 팽윤성이 적다.

**20** 온각은 가장 둔감한 감각이다.

**21** 멜라닌 세포는 대부분 기저층에 존재한다.

**22** 진피층 : 피부의 90%를 차지하며 혈관, 림프가 있어 표피에 영양분을 공급하며 기질(무코다당체)과 교원섬유(콜라겐), 탄력섬유(엘라스틴) 등의 섬유성 단백질로 구성된다.

**23** 비타민 C는 항산화 비타민이라고도 하며, 콜라겐 형성에 중요한 역할, 멜라닌 색소 생성 억제를 통해 색소침착성 피부 예방, 과다 복용 시 소변을 통해 몸 밖으로 배출된다.

**24** 원발진 : 1차적 피부장애 증상으로 반점, 홍반, 구진, 농포, 팽진, 소수포, 대수포, 결절, 종양, 낭종이 해당된다.

**25** 펠라그라는 거친 피부라는 뜻으로, 트립토판과 나이아신의 대사 장애로 발병한다.

**26** 각질형성 세포 : 표피의 주요 구성 성분으로 표피 세포의 80%를 차지하는 각화 세포이다.

**27** 대상포진 : 수두 바이러스의 재활성화에 의해 지각신경 분포에 따라 띠모양으로 피부발진이 발생하며 심한 통증이 선행된다.

**28** 소화기관 : 입, 인두, 식도, 위, 소장, 대장, 항문

**29** 중추신경 : 뇌(대뇌, 간뇌, 중뇌, 소뇌, 연수), 척수로 이루어진다.

**30** 흉골 : 흉곽의 전벽중앙에 있는 판상골을 말하며, 호흡조절중추에 해당되는 기관으로 뇌, 척수를 보호하는 것과는 무관하다.

**31** 가소성(可塑性), 성형력(成形力), 적응성, 유연성은 모두 유사한 용어로, 잡아당기면 쉽게 늘어나서 장력(Tension)의 큰 변화 없이 본래 길이의 몇 배까지 변화되는 현상이다.

**32** 조혈자극인자 : 신장에서 분비하는 호르몬으로 적혈구 생산을 자극한다.

**33** 핵 : 세포 분열 및 단백질 합성에 관여한다.

**34** 요도 : 방광에서 신체 바깥으로 소변을 이동시키는 관

**35** 진공흡입기 사용이 부적합한 경우 : 모세혈관 확장 피부, 민감성 피부, 여드름 피부, 탄력이 떨어진 피부, 정맥류나 찰과상이 있는 피부, 알레르기성 피부

**36** 퓨즈 : 전선에 전류가 과하게 흐르는 것을 방지해주는 안전장치

**37** 이온토포레시스 : 갈바닉 전류를 이용한 피부미용기기

**38** 브러싱 기기 사용법 : 솔이 눌리거나 꺾이지 않게 수직으로 닿도록 해서 가볍게 누르듯 원을 그리며 굴곡을 따라 이동한다. 이때 회전속도는 피부 타입별로 정한다.

**39** 감응전류 : 시간의 흐름에 따라 극성과 크기가 비대칭적으로 변하는 전류로 저주파, 중주파는 근육을 자극하여 운동 효과와 지방분해를 통한 얼굴, 바디의 탄력관리 및 체형관리 효과가 있고 고주파는 심부열을 발생시켜 살균작용, 혈액순환, 신진대사 촉진 효과가 있다.

**40** 피부분석기기 : 확대경, 우드램프, 스킨스코프, 유·수분 측정기, pH측정기

**41** 메이크업 베이스 : 인공 피지막을 형성하여 피부를 보호하고 화장을 지속시킨다.

**42** 화장품 선택 시 검토 조건 : 안전성, 안정성, 사용성, 유용성

**43** 체취방지제 : 데오드란트 로션, 데오드란트 스틱, 데오드란트 스프레이, 데오드란트 파우더

**44** 희석법 : 물에 희석한 후 분산성에 의해 판정한다.

**45** 콜라겐 : 돼지 또는 식물에서 추출하며, 보습작용으로 피부에 촉촉함과 영양을 주는 단백질 성분이다.

**46** 각질 제거제 : 노화된 각질을 부드럽게 제거해준다.

**47** 탑노트 : 향수의 첫느낌, 휘발성이 강한 향료

**48** 보건행정의 특성 : 공공성, 사회성, 과학성, 교육성, 봉사성

**49** 실내의 쾌적 온습도 : 18℃, 40~70%

**50** 트라코마는 유행성 안질환으로 예방접종은 실시되지 않는다.

**51** 공수병 : 광견병이라고도 하며 감염된 개의 침으로 전파한다.

**52** 석탄산 : 페놀 화합물

**53** 생균백신 : 두창, 탄저, 광견병, 결핵, 황열, 폴리오, 홍역

**54** 승홍수는 0.1% 수용액을 손 소독에 사용하나, 점막이나 금속 소독으로는 부적합하다.

**55** 역성 비누 : 손 소독에 사용하며, 냄새 없고 독성도 적어 이·미용업소에서 널리 이용한다.

**56** 위생서비스의 수준평가 : 시장·군수·구청장의 업무이다.

**57** 신고를 하지 아니하고 영업소의 명칭 또는 상호를 변경 시 행정처분
 • 1차 위반 시 행정처분 : 경고 또는 개선명령
 • 2차 위반 시 행정처분 : 영업정지 15일
 • 3차 위반 시 행정처분 : 영업정지 1월
 • 4차 위반 시 행정처분 : 영업장 폐쇄명령

**58** 면허를 받지 않은 자가 이·미용의 업무를 하였을 때는 300만 원 이하의 벌금에 처한다.

**59** 공중위생영업자가 준수하여야 할 사항을 준수하지 아니한 자에 대한 벌칙기준 : 6월 이하의 징역 또는 500만 원 이하의 벌금에 처한다.

**60** 이·미용업소 내에서 게시해야 하는 것 : 이·미용업 신고증, 개설자의 면허증 원본, 요금표

| 01 | ② | 02 | ④ | 03 | ③ | 04 | ③ | 05 | ④ | 06 | ④ | 07 | ③ | 08 | ① | 09 | ④ | 10 | ① | 11 | ④ |
|----|---|----|---|----|---|----|---|----|---|----|---|----|---|----|---|----|---|----|---|----|---|
| 12 | ④ | 13 | ③ | 14 | ④ | 15 | ④ | 16 | ③ | 17 | ② | 18 | ② | 19 | ③ | 20 | ④ | 21 | ② | 22 | ② |
| 23 | ② | 24 | ③ | 25 | ③ | 26 | ③ | 27 | ③ | 28 | ③ | 29 | ③ | 30 | ② | 31 | ① | 32 | ② | 33 | ③ |
| 34 | ② | 35 | ② | 36 | ③ | 37 | ② | 38 | ③ | 39 | ① | 40 | ③ | 41 | ② | 42 | ② | 43 | ③ | 44 | ① |
| 45 | ① | 46 | ③ | 47 | ③ | 48 | ④ | 49 | ④ | 50 | ② | 51 | ① | 52 | ③ | 53 | ① | 54 | ③ | 55 | ④ |
| 56 | ③ | 57 | ② | 58 | ④ | 59 | ③ | 60 | ③ | | | | | | | | | | | | | | |

**01** 여드름 및 지성 피부 경우에도 주 2회 이상의 과도한 딥클렌징은 피부에 자극을 주어 민감화를 초래할 수 있다.

**02** 암갈색 – 색소침착된 피부나 검은 점

**03** 매뉴얼 테크닉을 시술할 때는 동작을 일정한 속도로 리듬을 맞추어 진행해야 하며, 피부 타입에 맞게 마사지 크림이나 오일, 영양 크림, 앰플 등을 적절히 섞어 시술한다. 매뉴얼 테크닉 시술 시 너무 강한 압으로 하면 피부에 자극을 줄 수 있기 때문에 주의한다.

**04** 민감성 피부는 피부에 자극이 적은 민감성 피부전용 크림으로 마무리 하는 것이 효과적이다.

**05** 피부 관리 시 마무리 단계에서는 고객의 다음 관리일정을 예약하고 자가관리 방법을 교육하며 그날의 피부 관리 내용을 기록하여 다음 피부 관리의 효율을 높이는 작업을 한다.

**06** 매뉴얼 테크닉의 효과는 혈액순환을 촉진하여 화장품의 흡수율을 높이고 피부 노폐물 배설작용을 도우며, 심리적 안정을 통해 피로 회복 효과를 높이는 것이다. 여드름의 개선과는 크게 관계가 없다.

**07** 전기응고술은 고주파에서 발생하는 높은 열을 이용하여 모근의 세포를 파괴하는 방법으로 영구적 제모에 속한다.

**08** 천연팩의 경우는 변질의 위험이 있으므로 사용 직전에 만들어 사용한다.

**09** 클렌징은 피부의 노폐물 및 메이크업을 제거하는 작업으로 피부 산성보호막을 파괴하지는 않는다.

**10** 딥클렌징 시술 시 눈이나 입술의 점막에 들어가지 않도록 하며 흉터나 개방된 상처, 모세혈관 확장 부위에는 시술을 피한다. 딥클렌징 시술 후 자외선에 노출되면 색소침착 등의 부작용을 초래할 수 있으므로 주의한다.

**11** 여드름의 치료는 의료 영역이다.

**12** ① 정지상태 원 동작 : 서 있는 원을 그리는 동작
② 펌프 기법 : 손가락을 밑으로 하고 펌프질하여 퍼올리는 동작
③ 퍼올리기 동작 : 손목 관절을 회전시켜 나선형으로 퍼올리는 동작
④ 회전 동작 : 손바닥 전체 또는 엄지손가락을 피부 위에 올려 놓고 앞쪽으로, 나선형으로 밀어내는 동작

**13** 왁싱은 영구적인 방법은 아니지만, 여러 번 반복하여 시술하면 모

세포를 퇴행시켜 털이 얇아지게 된다.

**14** 온열 석고마스크 시술 시 열이 발생하므로 민감성 피부는 피하는 것이 좋다.

**15** 매뉴얼 테크닉은 강약을 조절하여 리듬감 있게 시행하며 고객에 따라 적당한 시간 조절이 필요하다.

**16** 피부미용의 목적 : 인체의 모든 기능을 정상적으로 유지 · 증진시키며, 안면 및 전신의 피부를 분석하고 관리하여 피부를 개선시키는 것이다.

**17** 클렌징 시행 시 포인트 메이크업 리무버를 이용하여 눈과 입술의 화장을 먼저 지운다.

**18** 피부분석의 목적은 고객의 피부 상태와 유형을 정확히 파악하여 최적의 피부 관리를 시행하기 위함이다.

**19** 적외선은 열을 이용하여 혈관을 확장시키고 혈액순환을 촉진하며 노폐물 배출을 용이하게 한다. ③은 자외선에 대한 설명이다.

**20** 자외선은 피부에 비타민 D의 합성을 돕는다.

**21** 표피의 기저층에는 색소형성 세포가 존재하며 자외선의 영향을 받아 멜라닌을 합성한다.

**22** 피부의 각화 주기는 약 28일이다.

**23** 대한선은 체취선이라고도 불리며, 단백질을 함유한 땀을 생성하여 모공을 통해 배출한다.

**24** 피지선은 진피의 망상층에 위치하여 모낭에 연결되어 있으며, 하루 피지 분비량은 1~2g 정도이다.

**25** 비타민 C는 모세혈관벽을 간접적으로 튼튼하게 하며 결핍 시 괴혈병을 일으킨다.

**26** 에크린한선은 입술과 음부를 제외한 전신에 분포한다.

**27** 피부는 자외선에 의한 비타민 D의 합성작용을 한다.

**28** 혈소판은 지혈 및 혈액응고 작용에 관여한다.

**29** ① 구륜근(입둘레근) : 입을 열고 닫는 작용
② 안륜근(눈둘레근) : 눈을 감고 뜨는 작용
④ 이근(턱끝근) : 턱의 주름 형성

**30** 부신피질의 가장 바깥쪽인 사구대는 염류코티코이드가 분비된다.

**31** 뇌신경 12쌍, 척수신경 31쌍을 합하여 체성신경이라 한다.

**32** 간은 담즙을 생성하여 담낭에 저장한 후 소장으로 배출하여 지방 분해에 관여한다.

**33** 사골은 두개골에 딸린 뼈의 하나이다.

**34**
- 삼투 : 선택적으로 투과성 막을 통과하는 물의 확산으로 물(용매)이 용질의 농도가 낮은 곳에서 높은 곳으로 이동하는 것, 즉 용질은 통과하지 않고 용매가 이동하는 것이다.
- 여과 : 압력 차에 의하여 막을 통과하는 방법이다.
- 능동수송 : ATP 형성의 에너지 투입을 필요로 하며, 세포에서 일어나는 물질이동의 대부분이 능동이동이다.

**35** 전류는 주파수에 따라 저주파, 중주파, 고주파 전류로 나뉘며, 초음파는 주파수가 가청 범위를 초과하는 탄성파이다.

**36** 진공흡입기는 민감성 피부나 모세혈관이 확장된 부위, 개방된 상처에는 절대 사용을 금한다.

**37** 확대경 시술 시 고객의 눈에 자극이 가지 않도록 아이패드를 착용하고 확대경을 켠다.

**38** 디스인크러스테이션은 알칼리 용액을 바르고 음극을 적용하여 모낭 내 피지를 용해하는 딥클렌징 방법이다.

**39** pH(Potential of Hydrogen) : 어떤 물질의 용액 속에 들어있는 수소이온의 농도

**40** 우드램프 반응색상

| 피부 상태 | 우드램프 반응 색상 |
|---|---|
| 정상 피부 | 청백색 |
| 건성 피부 | 연보라색 |
| 민감성 피부, 모세혈관 확장 피부 | 진보라색 |
| 피지, 여드름, 지성 피부 | 오렌지색 |
| 노화 피부 | 암적색 |
| 각질 부위 | 흰색 |
| 색소침착 부위 | 암갈색 |
| 비립종 | 노란색 |
| 먼지, 이물질 | 흰 형광색 |

**41** 새니타이저는 핸드케어 제품으로 사용할 때 물을 사용하지 않고 손에 직접 바르며, 피부 청결 및 소독 효과를 위해 사용한다.

**42** 클렌징 크림은 유성 성분의 다량 함유로 짙은 화장이나 유용성 물질 제거에 용이하다.

**43** 비타민 A(Retinol, 레티놀) : 피부 재생과 주름 개선에 효과적인 성분이다.

**44** 호호바 오일은 피지의 성분과 비슷하며 수분함량이 높은 오일로 지성 피부의 마사지용으로 사용가능하다.

**45** 캐리어 오일로는 식물성 오일을 사용한다.

**46** 화장품에 주로 사용되는 방부제로는 파라옥시안식향산메틸, 파라옥시안식향산프로필, 이미디아졸리디닐우레아 등이 있다.

**47** 주름개선 기능성 화장품은 섬유아세포의 증가를 유도하여 콜라겐과 엘라스틴의 합성을 촉진시키는 기능을 한다.

**48** 공중보건학의 정의 : 질병예방, 생명연장, 신체적ㆍ정신적 건강 및 효율의 증진

**49** 염화불화탄소는 염소와 불소를 포함한 일련의 유기 화합물을 총칭하는 것이며 냉매, 발포제, 분사제, 세정제 등으로 산업계에 폭넓게 사용되고 있다. 미국 듀폰사 상품명인 프레온 가스로 일반화되어 널리 알려져 있다.

**50** ② 유구조충증(갈고리촌충증) – 돼지고기

**51** 질병 발생의 3대 요인 : 병인, 숙주, 환경

**52** 소독에 영향을 미치는 인자 : 농도, 온도, 반응시간

**53**
① 석탄산 – 소독약의 살균지표
② 알콜 – 피부, 기구의 소독
③ 과산화수소 – 미생물 살균 소독
④ 역성비누 – 손 소독

**54** 고압증기멸균기는 고압의 수증기를 이용하는 방법으로 아포까지 사멸시킬 수 있다.

**55** 발진티푸스는 이를 매개로 하는 감염병이다.

**56** 이ㆍ미용업소의 게시 의무사항 : 이ㆍ미용업 신고증, 개설자의 면허증 원본, 이ㆍ미용 요금표

**57** 미용사 면허 조건
- 전문대학 또는 이와 동등 이상의 학력이 있다고 교육과학기술부장관이 인정하는 학교에서 이용 또는 미용에 관한 학과를 졸업한 자
- 고등학교 또는 이와 동등의 학력이 있다고 교육과학기술부장관이 인정하는 학교에서 이용 또는 미용에 관한 학과를 졸업한 자
- 교육과학기술부장관이 인정하는 고등기술학교에서 1년 이상 이용 또는 미용에 관한 소정의 과정을 이수한 자
- 국가기술자격법에 의한 이용사 또는 미용사의 자격을 취득한 자

**58** 영업정지처분을 받고 그 영업정지기간 중 영업을 한 1차 위반 시 : 영업장 폐쇄 명령

**59** 면허증을 다른 사람에게 대여한 경우 : 1차 위반 시 – 면허정지 3월 / 2차 위반 시 – 면허정지 6월 / 3차 위반 시 – 면허 취소

**60** 보건복지부령이 인정하는 특별한 사유 : 질병으로 영업소까지 나올 수 없는 자에 대한 이ㆍ미용, 혼례 기타 의식에 참여하는 자에 대하여 그 의식 직전에 행하는 이ㆍ미용, 사회복지시설에서 봉사 활동으로 하는 이ㆍ미용, 방송 등의 촬영에 참여하는 사람에 대하여 그 촬영 직전에 하는 이ㆍ미용, 시장ㆍ군수ㆍ구청장이 특별한 사정이 있다고 인정하는 경우에 행하는 이ㆍ미용

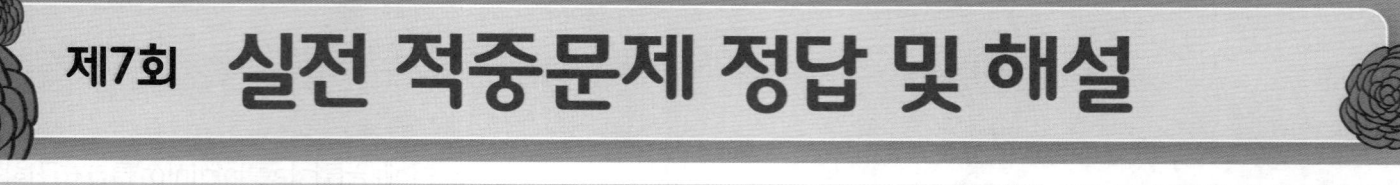
| 01 | ① | 02 | ④ | 03 | ② | 04 | ③ | 05 | ④ | 06 | ③ | 07 | ① | 08 | ③ | 09 | ④ | 10 | ① | 11 | ④ |
|----|---|----|---|----|---|----|---|----|---|----|---|----|---|----|---|----|---|----|---|----|---|
| 12 | ④ | 13 | ① | 14 | ④ | 15 | ③ | 16 | ④ | 17 | ④ | 18 | ① | 19 | ① | 20 | ④ | 21 | ④ | 22 | ③ |
| 23 | ② | 24 | ③ | 25 | ① | 26 | ② | 27 | ④ | 28 | ① | 29 | ③ | 30 | ② | 31 | ④ | 32 | ④ | 33 | ③ |
| 34 | ③ | 35 | ③ | 36 | ① | 37 | ④ | 38 | ② | 39 | ③ | 40 | ③ | 41 | ② | 42 | ④ | 43 | ② | 44 | ③ |
| 45 | ③ | 46 | ④ | 47 | ③ | 48 | ④ | 49 | ④ | 50 | ① | 51 | ④ | 52 | ① | 53 | ② | 54 | ④ | 55 | ④ |
| 56 | ① | 57 | ① | 58 | ① | 59 | ② | 60 | ③ | | | | | | | | | | | | |

**01** 클렌징 밀크는 로션 타입으로 친수성(O/W)이고 자극이 적어 모든 피부에 사용이 가능하며 건성·노화·민감성 피부에 특히 좋다.

**02** 딥클렌징은 일반 클렌징으로 제거되지 않는 죽은 각질 세포를 제거하고 피부 노폐물을 인위적으로 제거하는 작업으로 각질 제거 후 화장품의 피부 흡수를 용이하게 해준다. 단, 자극이 강하므로 민감성 피부는 가급적 피하는 것이 좋다.

**03** 팩은 제거하는 방법에 따라 필오프, 티슈오프, 워시오프 타입으로 나뉜다.

**04** 클렌징 동작을 할 때는 근육결의 방향대로 하고, 피부에 주름이 생기거나 처지지 않도록 아래로 내리는 동작은 힘을 빼준다.

**05** 과색소 피부는 멜라닌의 항진에 의한 것이다.

**06** 피부에 염증이 있거나 홍반이 있을 경우에는 매뉴얼 테크닉 동작이 자극을 주어 이러한 현상을 심화시킬 수 있으므로 가급적 피한다.

**07** 화장수의 도포 목적은 수분공급, pH조절, 피부정돈이며, 다음 단계의 화장품 흡수를 용이하게 하기 위해 보습제와 유연제를 함유하고 있다. 또한 pH에 따라 기능의 차이가 있는데, 로션과 크림은 수분증발을 방지하여 보습효과를 준다.

**08** 근대에 들어 비누의 사용이 보편화 되었으며, 중세에는 약초 스팀법이 개발되었고, 1901년에 마사지 크림이 제조되었다.

**09** 크리스탈 필은 의료행위로 병원에서 행해지는 딥클렌징이다.

**10** 피부 유형은 피부의 유분량과 수분량으로 결정되어지며, 이것은 피지선과 한선의 기능에 따라 좌우된다.

**11** 매뉴얼 테크닉은 혈액순환을 촉진시키고, 근육 이완 및 통증 완화에 효과가 있으며 노폐물과 노화된 각질을 제거하여 피부 상태를 개선시킬 수 있다.

**12** 레이저 제모는 모모세포를 영구적으로 파괴시키는 방법으로 영구적 제모법이다.

**13** 진흙팩은 피지를 흡착하는 기능이 있어 지성 피부에 적합하다.

**14** 고객카드 작성은 고객과의 상담내용을 토대로 효율적인 피부 관리를 실행하기 위한 것으로 재산 정도는 기입 대상이 아니다.

**15** 감염성 피부는 림프드레나쥐 시행으로 감염을 빠르게 진행시킬 수 있으므로 적용 대상에서 제외한다.

**16** 화장품 도포 시 피부에 수분함량이 많은 것을 먼저 도포하고 나중에 유분함량이 많은 제품을 도포하여 흡수를 높인다.

**17** 셀룰라이트의 주원인은 유전적인 순환장애, 호르몬의 작용, 정체된 림프순환 등이다.

**18** 머슬린 천을 이용할 때 가급적 눕혀서 수평으로 떼어내야 털이 끊기는 것을 방지할 수 있다.

**19** 피부의 색을 결정짓는 색소는 멜라닌, 카로틴, 헤모글로빈이다.

**20** 땀샘은 땀의 배출을 통해 체온을 조절하고 노폐물을 배설하며, 피지는 모공을 통해 배출된다.

**21** 일반적인 피부의 각화주기는 약 4주이다.

**22** 피부는 표피 – 진피 – 피하조직으로 나뉘며, 이 중 진피는 콜라겐과 엘라스틴이 주성분이다.

**23** 어부들은 작업환경상 태양에 많이 노출되므로 자외선에 의한 광노화 현상이 쉽게 나타난다.

**24** 광노화란 자외선에 노출 시 나타나는 피부조직의 변화로 건조가 심해져 피부가 거칠어지는 것이 특징이다.

**25** 피부의 천연보습인자는 우리 몸 내부에서 생산되는 천연의 수분을 말하고 각질세포 속에서 스폰지와 같은 역할을 하며, 또한 외부 환경으로 인한 수분 증발을 막아주는 역할을 한다. 구성 성분은 아미노산이 40%, 피롤리돈 카르본산 12%, 요소 7%, 암모니아 1.5%, 나트륨 5%, 칼슘 1.5%, 칼륨 4%, 마그네슘 1%, 젖산염 12%, 기타 성분으로 구성되어 있다.

**26** 머켈세포는 표피의 기저층에 위치하며 신경섬유의 말단과 연결되어 있어 촉각을 감지하는 세포로 작용하기 때문에 촉각세포라고도 한다.

**27** • 쿠퍼로제 : 모세혈관 확장 피부
• 켈로이드 : 진피 내 섬유성조직이 과성장하여 결절형태로 튀어나오는 현상으로 흉터가 아물면서 우둘투둘하게 솟아오르는 것
• 알레르기 : 특정의 항원에 의해 항체가 생산된 결과 항원에 대한 이상한 병적반응을 나타내는 현상

**28** 간은 담즙을 생성하여 담낭에 보관하였다가 십이지장으로 분비하여 소화를 돕는다.

**29** 세포막을 통한 수동 수송은 확산, 삼투, 여과 등의 이동을 말한다.

**30** 중추신경계는 뇌와 척수를 말한다.

**31** 비복근 : 대퇴부 하단의 뒤쪽 피하에 있는 큰 근육으로 일명 장딴지근이라고도 한다.

**32** 골 내부의 적색골수는 조혈기관으로 적혈구, 혈소판 및 백혈구를 생성한다.

**33** 하지정맥류 : 하지정맥류는 오래 서 있는 등 하지정맥 내의 압력이 높아지는 경우 정맥벽이 약해지면서 판막이 손상되어 심장으로 가는 혈액이 역류하여 늘어난 정맥이 피부 밖으로 보이게 되는 것이다.

**34** 테스토스테론은 남성 호르몬으로 발생기에 있어 남아로서의 표현형을 결정해주는 데 매우 중요한 역할을 하며, 사춘기에서는 2차 성징의 특징을 부여하고, 성인이 되어서는 남성으로서의 특성을 부여하여 내형 및 외형을 유지하게 해준다.

**35** 파라핀 마스크는 손 · 발관리에 주로 쓰이며 혈액순환을 돕고 표피에 습윤작용을 해준다. 사마귀 등의 감염 위험이 있는 경우 사용을 금한다.

**36** 주황색은 신진대사 촉진, 신경긴장 이완, 내분비선 기능 조절, 세포재생 작용 등의 효과가 있으며, 튼살 · 건성 · 문제성 · 알레르기성 · 민감성 피부의 관리에 적용된다.

**37** • 전류의 흐름 : (+)극에서 나와서 (−)극으로 이동
• 전자의 흐름 : (−)극에서 나와서 (+)극으로 이동

**38** 프리마톨은 강한 세정방법이므로 건성 · 민감성 피부는 가급적 사용을 제한한다.

**39** 피부미용기기를 사용하면 안 되는 경우는 전기적 저항이 낮아 전기에 민감하게 반응하는 경우이다. 지성 피부는 피부미용기기를 통해 피부 상태를 개선시킬 수 있다.

**40** 초음파기기는 노폐물 제거, 리프팅 효과, 피부 탄력 및 셀룰라이트 분해에 이용된다.

**41** • 물리적 차단제 : 이산화티탄, 산화아연, 탈크
• 화학적 차단제 : 벤조페논, 옥시벤존, 옥틸디메칠파바

**42** 융용기술 : 고체가 액체로 녹는 것

**43** 에센셜 오일의 추출법은 대표적인 것으로 수증기 증류법이 있으며, 압착법, 용제 추출법이 사용된다.

**44** 기능성 화장품은 주름개선, 미백, 자외선 차단의 기능을 가진다.

**45** 향수의 농도에 따른 분류 : 퍼퓸 〉 오데 퍼퓸 〉 오데 토일렛 〉 오데 코롱 〉 샤워 코롱

**46** 팩제는 건조 과정에서 피부에 일정한 긴장감을 준다.

**47** 화장품의 4대 요건 : 안전성, 안정성, 사용성, 유용성

**48** • 포도상구균 식중독 : 유제품과 육류제품
• 솔라닌 독소형 식중독 : 감자의 발아 부위

**49** 밀집 장소에서는 이산화탄소의 양이 증가하므로 실내공기 오염의 지표로 사용된다.

**50** 황열은 제3급감염병이다.

**51** 결핵 : BCG 예방접종

**52** 훈증 소독법은 해충의 소독에 적합한 화학적 소독 방법으로 가스나 증기를 이용한다.

**53** 환자의 배설물, 토사물, 객담 소독에는 3% 크레졸 용액으로 소독하는 것이 적합하며, 크레졸 비누액 3mL + 물 97mL로 제조한다.

**54** 질병 발생의 3대 요인 : 병인, 환경, 숙주

**55** 화학약품은 용해성과 안정성이 있어야 한다.

**56** 미용업 : 손님의 얼굴, 머리, 피부 등에 손질을 통하여 손님의 외모를 아름답게 꾸미는 영업

**57** 변경신고를 하지 아니하고 영업소의 소재지를 변경한 때 1차 위반 시에는 영업정지 1월이다.

**58** 이 · 미용업소에서 1회용 면도날은 손님 1인에 한하여 사용한다.

**59** 공중위생영업자가 매년 4시간씩 받도록 되어 있는 위생교육시간을 매년 3시간으로 조정하여 영세 자영업자의 부담을 완화했다. (공중위생관리법 시행규칙 개정안 : 2011. 02. 10)

| 01 | ④ | 02 | ② | 03 | ② | 04 | ④ | 05 | ④ | 06 | ④ | 07 | ④ | 08 | ② | 09 | ④ | 10 | ① | 11 | ② |
|---|---|---|---|---|---|---|---|---|---|---|---|---|---|---|---|---|---|---|---|---|---|
| 12 | ③ | 13 | ④ | 14 | ④ | 15 | ① | 16 | ④ | 17 | ① | 18 | ③ | 19 | ③ | 20 | ④ | 21 | ② | 22 | ④ |
| 23 | ③ | 24 | ③ | 25 | ① | 26 | ④ | 27 | ④ | 28 | ① | 29 | ③ | 30 | ① | 31 | ① | 32 | ④ | 33 | ② |
| 34 | ③ | 35 | ① | 36 | ② | 37 | ③ | 38 | ② | 39 | ① | 40 | ④ | 41 | ③ | 42 | ④ | 43 | ① | 44 | ④ |
| 45 | ④ | 46 | ④ | 47 | ② | 48 | ④ | 49 | ④ | 50 | ① | 51 | ④ | 52 | ② | 53 | ④ | 54 | ④ | 55 | ③ |
| 56 | ② | 57 | ④ | 58 | ③ | 59 | ④ | 60 | ③ | | | | | | | | | | | | |

**01** 매뉴얼 테크닉의 기본 동작은 쓰다듬기(Effleurage), 문지르기(Friction), 흔들어주기(Vibration), 반죽하기(Petrissage), 두드리기(Tapotment)이다.

**02** 팩 적용 시 고객의 눈이나 입에 팩제가 들어가지 않도록 주의해서 도포한다.

**03** 파우더 타입의 머드팩은 우수한 흡착능력이 있어 노폐물 제거에 효과적이며, 지성 및 여드름 피부 관리에 적합하다.

**04** 클렌징 로션 : 친수성(O/W 타입)이며 모든 피부에 적용 가능하고 이중세안이 필요 없지만, 눈화장과 입술화장은 전용제품을 이용하여 제거하는 것이 적합하다.

**05** 팩 제거 후에는 냉습포를 사용하여 모공을 수축시켜 준다.

**06** 피부 상담 시 병력사항이나 기존의 관리경력을 기록하여 피부관리에 참고하는 것이 좋으며, 홈케어가 고객의 피부 타입에 맞게 적절히 진행되고 있는지 체크하는 것도 피부 관리에 도움이 된다.

**07** 피부나 근육, 골격에 질병이 있을 경우, 통증이나 염증성 질환이 있는 경우에는 매뉴얼 테크닉을 적용하지 않는다.

**08** 매뉴얼 테크닉 시술 시 압력이 너무 강하면 모세혈관이나 림프관에 손상을 줄 수 있으므로 적절한 힘의 분배와 강도를 조절한다.

**09** 손과 발의 반사구에 매뉴얼 테크닉을 적용하면 인체 부위의 에너지 흐름을 원활히 할 수 있다.

**10** 알칼리성 비누는 피부의 산성 피지막을 파괴하고 유분과 수분을 제거하므로 잦은 세안은 건성 피부의 문제점을 심화시킨다.

**11** 레이저 필링은 의료영역이다.

**12** 피부표면의 pH 4.5~6.5는 약산성 상태이며, 피부표면이 알칼리성일 때 세균의 번식이 쉽다.

**13** 림프드레나쥐는 여드름 피부, 부종, 모세혈관 확장 피부에도 적용이 가능하다.

**14** 지성 피부의 경우 오일 프리 화장품을 선택한다.

**15** 모세혈관 확장 피부는 딥클렌징이나 매뉴얼 테크닉을 가급적 피한다.

**16** 제모한 부위는 진정젤을 발라주어 자극을 줄여주며 24시간 이내에 목욕, 비누 사용, 세안, 메이크업, 햇빛자극을 피한다.

**17** 수요법은 식사 후 최소 한 시간 이후에 실시하는 것이 좋다.

**18** AHA는 화학적인 딥클렌징 방법으로 천연산 성분을 이용하여 노폐물과 각질을 제거하는 방법이다.

**19** 건강한 손톱은 연한 핑크빛을 띠고 투명해야 한다.

**20** 천연보습인자 NMF는 아미노산, 세라마이드, 젖산, 요소 등으로 구성되어 있으며, 피부의 수분보유량을 조절한다.

**21** 콜라겐(교원섬유)은 진피의 주성분으로 보습작용이 우수하여 피부에 촉촉함을 부여한다.

**22** 피부에 자외선을 조사하면 표피 내의 프로비타민 D가 비타민 D로 변환되어 구루병을 예방할 수 있다.

**23** 에크린한선에서 분비되는 땀은 산도가 pH 3.8~5.6인 약산성으로 피지와 함께 산성보호막을 형성한다.

**24** 탄수화물의 지나친 섭취는 신체를 산성 체질로 만든다.

**25** 기저층은 표피의 가장 아래쪽의 어린 세포층으로 각질형성 세포와 멜라닌형성 세포가 4 : 1 내지 10 : 1의 비율로 존재한다.

**26** 비만세포는 피부의 진피층(결합조직)에 존재한다.

**27** 손바닥과 발바닥에는 피지선이 없다.

**28** 단골 : 수근골, 족근골 / 편평골 : 두개골, 견갑골, 늑골, 흉골 / 종자골 : 슬개골

**29** 신장(오줌 생성) – 요관(연동운동) – 방광(소변 일시 저장) – 요도(오줌을 연동운동으로 몸 밖으로 배출)

**30** 소화란 음식물과 영양소를 흡수하기 쉬운 형태로 변화시키는 과정이다.

**31**
• 폐순환 : 폐에서 이산화탄소를 산소로 바꾸는 가스교환작용
• 체순환(전신순환) : 혈액이 심장에서 나가 전신을 통해 다시 심장으로 들어오는 혈액순환작용
• 문맥순환 : 체순환(대순환) 중 장으로 들어간 동맥이 융털돌기 속의 모세혈관으로 퍼졌다가 간문맥으로 모여 간을 거쳐서 대정맥으로 합쳐지는 순환

**32** 척수신경은 총 31쌍으로 구성되어 있다(경신경 : 8쌍, 흉신경 : 12 쌍, 요신경 : 5쌍, 천골신경 : 5쌍, 미골신경 : 1쌍).

**33** 백혈구는 세균 등을 혈관으로 끌어들여 무력화시키는 식균작용을 하고 세균을 소화시켜 신체를 방어한다.

**34** 근육의 수축과 이완에 의해 운동이 일어난다.

**35** 스티머 사용 시 오존은 스팀분사 이후 켜도록 하고, 내부는 물과 식초를 이용하여 세척하고 정수된 물을 사용하여 석회질이 끼지 않도록 한다.

**36** 진공흡입기는 세포와 조직에 적절한 압력을 가하여 정체된 노폐물을 효과적으로 배설시키는 데 도움을 주는 피부 관리기기이다.

**37** 전동브러시 사용 시에는 브러시 끝을 피부 표면에 수직으로 세워 접촉시킨 후 손목에 힘을 빼고 가볍게 원을 그리며 이동한다.

**38** 우드램프는 자외선을 피부에 비추었을 때 고객의 피부 상태에 따라 다양한 색상을 나타내는 것을 이용하여 피부 상태를 분석하는 기기로, 어두운 곳에서 관찰하여야 한다.

**39** • 갈바닉의 음극 효과 : 알칼리성 물질 침투, 신경자극 및 활성화, 혈관 · 모공 · 한선 확장, 피부조직 이완
• 갈바닉의 양극 효과 : 산성 물질 침투, 신경안정 및 진정작용, 혈관 · 모공 · 한선 수축, 피부조직 강화

**40** 고주파기는 주파수 100,000Hz 이상의 교류 전류를 이용한 기기이다.

**41** 캐리어 오일은 베이스 오일로도 불리며, 정유(에센셜 오일)를 피부 속으로 운반시켜주는 매개물로 혼합 시 정유성분이 그대로 유지될 수 있으며 베이스 오일 자체가 약리적 효과가 있는 것을 사용한다. 피부 타입에 따라 호호바 오일, 스윗 아몬드 오일, 아보카도 오일, 윗점 오일 등이 사용된다.

**42** 계면활성제의 특징
• 계면활성제는 머리 모양의 친수성기와 막대 모양의 소수성기를 가진다.
• 양이온 〉 음이온 〉 양쪽성 〉 비이온 순으로 피부에 자극적이다.
• 음이온 계면활성제는 세정력이 우수하고, 양이온 계면활성제는 살균력이 우수하다.

**43** 립스틱은 안료와 레이크를 유성성분에 섞어 잘 분쇄하고 혼합하여 향료를 가한 후 성형기에 붓고 급히 냉각시키면 수축되면서 굳어져 쉽게 성형기에서 립스틱이 떨어져 나온다.

**44** 기초화장품 – 피부 정돈 – 화장수(유연 화장수, 수렴 화장수)

**45** 팩은 제거 방법에 따라 필오프 타입, 워시오프 타입, 티슈오프 타입으로 나뉘며, 형태에 따라서는 파우더 타입, 크림 타입, 젤 타입, 점토 타입, 패취 타입, 고무 타입 등으로 나뉜다.

**46** 염료는 물 또는 오일에 녹는 색소로 메이크업 제품에는 사용하지 않는다.

**47** 기능성 화장품은 미백, 주름 개선, 자외선 차단에 효과가 있는 화장품을 말한다.

**48** 보건행정은 공중보건의 목적을 달성하기 위하여 공중보건의 원리를 적용하고 행정조직을 통하여 행하는 일련의 과정을 말하며 과학의 시초 위에 수립된 기술행정이다.

**49** 온열인자는 기온, 기습, 기류, 복사열이다.

**50** 결핵은 제2급감염병이다.

**51** • 생균백신 사용 – 홍역, 결핵, 폴리오
• 사균백신 사용 – 장티푸스, 파라티푸스, 콜레라, 백일해, 일본뇌염
• 순화독소 사용 – 디프테리아, 파상풍

**52** 살균제의 효과를 석탄산의 효력과 비교하여 계산하는 것이 일반적인데, 석탄산계수가 높을수록 소독 효과가 뛰어나다.

**53** 소독약은 가능하면 빠른 효과를 나타내면서 살균 소요시간이 짧을수록 좋다.

**54** 승홍수는 0.1% 수용액을 손 소독에 사용하나, 점막이나 금속 소독으로는 부적합하다.

**55** 무수알콜 1,260ml + 물 540ml = 1,800ml(알콜이 70% 들어있는 수용액)

**56** 공중위생업소의 위생서비스 수준의 평가는 2년마다 실시해야 한다.

**57** 200만 원 이하 과태료 : 이 · 미용업소의 위생관리 의무를 지키지 아니한 자, 영업소 외의 장소에서 이용 또는 미용업무를 행한 자, 위생교육을 받지 아니한 자

**58** 1회용 면도날을 2인 이상의 손님에게 사용한 경우 : 1차 위반 – 경고, 2차 위반 – 영업정지 5일, 3차 위반 – 영업정지 10일, 4차 위반–영업장 폐쇄명령

**59** 영업허가 취소 또는 영업장 폐쇄명령을 받고도 계속하여 이 · 미용영업을 하는 경우 ①, ②, ③의 조치를 취할 수 있다.

**60** 이 · 미용사 면허를 받을 수 있는 자
• 외국의 이 · 미용사도 보건복지부령이 정하는 바에 의하여 시장 · 군수 · 구청장의 면허를 받아야 한다.
• 전문대 이상 미용학과 졸업자, 교육과학기술장관이 인정하는 학교에서 미용 또는 이용학과를 졸업한 자
• 교육부장관이 인정하는 고등기술학교에서 1년 이상 이 · 미용과정을 이수한 자
• 국가기술자격법에 의한 이용사 또는 미용사의 자격을 취득한 자

| 01 | ① | 02 | ② | 03 | ① | 04 | ② | 05 | ④ | 06 | ① | 07 | ④ | 08 | ③ | 09 | ① | 10 | ④ | 11 | ② |
|----|---|----|---|----|---|----|---|----|---|----|---|----|---|----|---|----|---|----|---|----|---|
| 12 | ③ | 13 | ④ | 14 | ④ | 15 | ① | 16 | ② | 17 | ② | 18 | ③ | 19 | ② | 20 | ③ | 21 | ④ | 22 | ① |
| 23 | ④ | 24 | ③ | 25 | ① | 26 | ③ | 27 | ① | 28 | ③ | 29 | ① | 30 | ③ | 31 | ④ | 32 | ④ | 33 | ① |
| 34 | ④ | 35 | ① | 36 | ③ | 37 | ④ | 38 | ① | 39 | ③ | 40 | ④ | 41 | ③ | 42 | ④ | 43 | ④ | 44 | ① |
| 45 | ③ | 46 | ② | 47 | ③ | 48 | ④ | 49 | ③ | 50 | ③ | 51 | ④ | 52 | ① | 53 | ① | 54 | ② | 55 | ④ |
| 56 | ④ | 57 | ③ | 58 | ③ | 59 | ① | 60 | ② | | | | | | | | | | | | | | |

**01** 클렌징 크림은 세정력이 뛰어나 짙은 화장을 지우는 데 적합하며 유분이 많아 이중세안을 해야 한다.

**02** 딥클렌징은 클렌징으로 제거되지 않은 각질 제거와 모낭 내의 피지, 면포, 불순물 등이 쉽게 배출되도록 도와준다.

**03** 콜라겐 벨벳 마스크는 표피의 수분 공급에 적합하다.

**04** 효소필링제는 단백질을 분해하는 효소가 촉매제로 작용하여 죽은 각질을 분해하는 것으로 피부에 도포 후 적절한 온도와 습도를 만들어주면 효과가 크게 나타난다.

**05** 임산부의 경우 강한 매뉴얼 테크닉을 적용하게 되면 유산의 위험성이 있을 수 있다.

**06** 디스인크러스테이션은 안면박리 또는 노폐물 각질 제거라고 하는 딥클렌징의 단계로 주 1회가 적당하다.

**07** 조선시대에 전통 화장술이 완성되었으며, 혼례 때 이마에는 곤지, 양볼에는 연지, 입술은 빨갛게 칠하는 미용법이 성행하였다.

**08** 지성 피부의 화장품 적용 목적은 과다하게 분비된 피지를 제거하여 맑고 깨끗한 피부를 유지하기 위함이다.

**09** 건성 피부는 피부에 유·수분을 공급하여 건조함과 잔주름 개선에 주안점을 둬야 한다. 하이드로퀴논은 미백 효과가 있는 성분으로 화장품에서의 사용이 금지되어 있다.

**10** 임신기에는 복부에 매뉴얼 테크닉을 적용하는 것을 금한다.

**11** 스트레스 등으로 인한 성인 여드름의 경우 30대 이후에도 발생할 가능성이 높다.

**12** 피부 유형분석은 클렌징으로 메이크업을 깨끗이 지운 후 시행해야 정확한 분석을 할 수 있다.

**13** 팩의 적용 목적은 피부의 문제점들을 개선하기 위한 것으로 피하지방층에는 적용하지 않는다.

**14** 피부 관리의 마지막 단계에서는 모공 수축과 진정 효과를 위해 냉습포를 적용한다.

**15** 전기분해법은 모근에 전기침을 꽂아 전류를 이용해 모근을 파괴하는 방법으로 영구적 제모에 속한다.

**16** 림프드레나쥐는 림프순환을 촉진시켜 노폐물의 배출을 돕고 면역을 강화시켜 주는 마사지 기법이다.

**17** 제모 전에는 유·수분을 모두 제거하고 왁스를 털이 난 방향으로 바르며, 제거할 때는 털의 반대방향으로 신속히 제거한다. 제모 후에는 냉습포나 알로에 젤을 발라 진정시킨다.

**18** 매뉴얼 테크닉의 쓰다듬기는 마사지의 시작과 끝을 알리는 동작으로 손가락과 손바닥 전체로 피부를 부드럽게 쓰다듬어 피부의 긴장을 완화하고 신경을 안정시킨다.

**20** 표피의 기저층에는 멜라닌 세포가 존재하며, 멜라닌 세포가 지속적으로 생산하는 멜라닌 양에 의해 피부색이 결정된다.

**21** 피부에 존재하는 감각기관의 분포는 신체부위에 따라 조금씩 다르지만, 일반적으로 '통각점 〉 압점 〉 냉각점 〉 온각점'의 순으로 존재한다.

**22** UV-A(장파장 자외선) : 320~400nm
UV-B(중파장 자외선) : 290~320nm
UV-C(단파장 자외선) : 200~290nm

**23** 천연보습인자는 우리 몸 내부에서 생산되는 천연의 수분을 말하며, 각질세포 속에서 스폰지와 같은 역할을 할 뿐만 아니라 수분을 일정하게 유지시키는 보습성분이다. 천연보습인자의 구성 성분은 아미노산이 40%, 카르복시산 12%, 요소 7%, 기타 성분 등으로 구성되어 있다.

**24** 불포화지방산은 상온에서 액체상태를 유지하는 것이며, 필수지방산은 우리 몸에 반드시 필요하지만 체내에서 만들어지지 않는 지방산이다. 리놀산, 리놀렌산, 아라키돈산 등의 필수지방산은 모두 불포화지방산의 종류들이나 불포화 지방산에는 이외에도 팔미트산, 스테아르산, 올레산 등이 포함된다.

**25** 에크린선은 입술, 음부, 손톱을 제외한 전신에 분포되어 있다.

**26**
- T림프구 : 세포성 면역
- B림프구 : 체액성 면역(면역글로불린이라고 불리는 항체를 생성)
- 피부 : 인체 내부를 보호하기 위한 기능
- 보체 : 생체 내에서 면역작용에 관계하는 20여종의 단백질로 구성된 단백질 복합체

**27** 일반적인 피부 표면의 pH는 약 4.5~5.5인 약산성이다.

**28** 리소좀은 가수분해효소를 가지고 있어 세포 내 소화에 관여한다.

**29**
- 프티알린 : 녹말을 당으로 변화시키는 침 속에 들어 있는 아밀라아제로, 녹말을 가수분해하여 말토스로 만드는 소화효소
- 리파제 : 지방분해효소
- 인슐린 : 체내 포도당의 양을 조절하는 호르몬
- 말타아제 : 말토스를 가수분해하여 2분자의 글루코스를 생성하는 효소

**30** 시냅스 : 한 뉴런의 축삭돌기 말단과 다음 뉴런의 수상돌기 사이의 연접부위

**31** 근육계의 기능 : 열 생산 기능

**32** 근육은 골격근(횡문근), 내장근(평활근), 심근으로 분류된다.

**33** 림프순환에서 두부의 우측, 우측경부 및 우측팔에서 생성된 림프는 우림프관으로 모아져 정맥으로 회수된다.
나머지 부분은 흉관으로 모아져 정맥으로 유입된다.

**34** 임신 14주째가 되면 태아의 생식기가 발달하고 체모와 손톱 등이 생긴다.

**35** 고주파 직접법은 자극과 건조 효과가 있어 지성 피부나 여드름 피부에 적합하며, 관리 시 안면과 목에 영양 크림을 도포하고 마른 거즈를 덮은 후 전극봉을 밀착시켜 작은 원을 그리며 관리한다.

**36** 우드램프는 자외선램프를 통해 피부 상태에 따라 다른 색을 내는 원리를 이용한 것이다.

**37** 갈바닉기기는 갈바닉 직류(미세 직류로 한 방향으로만 흐르는 극성을 가진 전류)의 같은 극끼리 밀어내고 다른 극끼리 끌어당기는 성질을 이용한 것이다.

**38** 지성 피부는 갈바닉기기의 음극봉을 이용하여 노폐물을 배출시킨다.

**39** 안면진공흡입기는 노폐물 제거 및 모낭 청결을 위해 사용하며 예민성 피부, 모세혈관확장증에는 사용이 부적합하다.

**40** 스킨스크리버는 상처 부위에는 사용을 금한다.

**41** 에센셜 오일은 피부 자극이 심하므로 반드시 캐리어 오일에 희석하여 사용한다.

**42** 화장품은 인체를 청결, 미화하여 매력을 더하고 용모를 밝게 변화시키거나 피부, 모발의 건강을 유지 또는 증진하기 위하여 인체에 사용되는 물품으로서 인체에 대한 작용이 경미한 것을 말한다.

**43** 알부틴은 미백에 효과가 있는 성분이다.

**44** 무기안료는 색상이 화려하지 않고 빛, 산, 알칼리에 강하다.

**46** 호모믹서 : 물을 기름에 유화시키기 위해 기름방울을 미세하게 해주는 기기

**47** 화장수는 피부의 수분 공급, pH 조절, 피부 정돈을 위해 사용한다.

**48** 건강보균자 : 임상적 증상을 전혀 나타내지 않고 보균 상태를 지속하고 병원체를 배출하는 보균자로 특히 감염병 관리상 문제가 된다.

**49** 대장균은 그 자체가 직접 유해하지는 않으나 다른 미생물이나 분변의 오염을 추측할 수 있으며 검출방법이 간단하고 정확하기 때문에 수질오염의 지표로 사용된다.

**50** 미생물 번식에 가장 중요한 요소는 온도, 습도, 영양분이며, 자외선, pH 등이 영향을 미친다.

**51** 비타민 D가 부족하면 구루병이 발생한다.

**52** 소독약의 구비조건은 살균력이 강하며 안전성이 있고 부식성과 표백성이 없으며 용해성과 안정성을 갖추고 냄새가 없고 탈취력이 있어야 한다.

**53** 희석은 살균 효과는 없으나 세균의 군락 형성을 방해하여 발육을 지연시키므로 소독의 실시와 같이 균수를 감소시킬 수 있다.

**54** 알콜은 미생물의 단백질 변성이나 용균, 대사기전에 저해작용을 하여 소독작용을 나타낸다.

**55** 바이러스는 DNA와 RNA 둘 중 하나만 가지고 있으며 전자현미경으로 측정이 가능하다. 또한 바이러스는 항생제에는 반응하지 않으며 생세포 내에서만 증식이 가능하다.

**56** 이용사 및 미용사의 면허 취소, 공중위생영업의 정지, 일부 시설의 사용 중지 및 영업소 폐쇄명령 등의 처분을 하고자 하는 때에는 청문을 실시하여야 한다.

**58** 이 · 미용업의 상속으로 인한 영업자 지위승계 신고 시 상속자임을 증명할 수 있는 서류를 제출한다.

**59** 영업소 폐쇄명령을 받고도 영업을 계속할 때에는 1년 이하의 징역 또는 1천만 원 이하의 벌금을 부과한다.

**60** 과태료 처분에 불복이 있는 경우 처분의 고지를 받은 날로부터 30일 이내에 이의를 제기할 수 있다.

# Part 04

상시시험
문제분석
특강 자료

# 상시시험 문제분석 특강 자료

## 1 과목 피부미용학

### 특강 피부미용개론 | 피부미용개론

① 피부미용이라는 명칭은 독일의 미학자 바움바르덴에 의해 처음 사용되었음
② Cosmetic이란 용어는 독일어로 Kosmetik에서 유래됨
③ 피부미용이라는 의미로 사용되는 용어는 각 나라마다 다양하게 지칭되고 있음
④ Esthetique라는 용어는 화장품과 피부 관리를 구별하기 위해 사용된 것임

### 특강 피부분석 및 상담 | 피부 타입별 피부 관리방법

**모세혈관 확장 피부의 피부 관리방법**
① 화장품은 무알콜 제품을 사용해 자극을 주지 않음
② 가급적이면 필링을 하지 않음
③ 마사지는 부드럽게 시행하여 자극을 줄이고 림프드레나쥐를 주로 시행함
④ 필오프 타입의 팩제는 가급적 사용을 자제함
⑤ 피부를 진정시키고 강화시키는 아줄렌, 하마멜리스, 루틴, 알로에 성분의 제품을 사용함

**복합성 피부의 피부 관리방법**
① 복합성 피부는 얼굴 부위에 따라 상반되거나 전혀 다른 피부 유형이 공존하므로 피부 부위에 따라 유·수분의 균형적인 관리에 주안점을 두며, 부위에 따라 차별적으로 관리함
② T존 부위는 물리적 제품(고마쥐, 스크럽)을 적용하고, U존 부위는 효소 타입을 적용하여 관리함
③ 팩 도포 시 T존 부위는 피지흡착 효과가 있는 클레이팩으로 관리하며, U존 부위는 보습 효과가 있는 팩제를 사용함

### 특강 피부분석 및 상담 | 건성 피부의 특징

① 각질층의 수분이 10% 이하이고, 피지 분비량이 적기 때문에 피부 표면이 쉽게 건조하며 윤기가 없고 잔주름이 많음
② 피부 손상과 주름이 잘 발생되며, 색소침착이 쉬움
③ 피부가 얇고 외관으로 피부결이 섬세해 보임
④ 피부 모공이 작고, 화장이 들뜨기 쉬움

### 특강 클렌징 | 클렌징

**클렌징의 목적**
① 피부의 피지, 메이크업 잔여물을 없애기 위해서 실행
② 피부의 생리적인 기능을 정상적으로 되도록 함
③ 오랜 클렌징은 피부에 자극이 될 수 있으므로 3분 정도의 문지르기 동작 후 클렌징제를 깨끗이 닦아내는 것이 좋음
 ※ 모공 깊숙이 있는 불순물과 피부 표면의 각질 제거를 주목적으로 함(딥클렌징)

**클렌징 크림 적용 시 주의점**
① 클렌징 크림은 진한 메이크업 화장을 지우는 데 사용됨
② 클렌징 크림은 클렌징 로션보다 유성성분의 함량이 많음
③ 피부의 피지나 기름때 같은 물에 잘 제거되지 않는 오염물질을 닦아내는 데 효과적임
④ 클렌징 크림 적용 후에는 깨끗한 피부를 위해서 비누로 세정하는 것이 좋음
⑤ 민감성 피부의 경우 트러블을 일으킬 수 있으므로 사용을 자제함

### 특강 딥클렌징 | 딥클렌징

**딥클렌징의 목적**
① 불필요한 각질세포를 제거함
② 피부 혈색을 개선시킴
③ 피부에서 면포 추출을 용이하게 함
④ 딥클렌징을 매일 적용하면 피부에 자극이 될 수 있으므로, 일주일에 1~2회 적용하는 것이 적당함

**딥클렌징의 분류**

**(1) 물리적 딥클렌징**
① 손이나 기계 등을 이용한 물리적 자극으로 노화된 각질을 제거하는 방법이며, 문지르는 마찰동작이므로 예민성 피부, 염증성 피부, 모세혈관 확장 피부는 적용을 피하는 것이 좋음
② 물리적 딥클렌징의 종류 : 스크럽제, 브러시(프리마톨), 고마쥐

**(2) 생물학적 딥클렌징**
① 단백질을 분해하는 효소가 촉매제로 작용하여 피부 표피의 죽은 각질을 분해하는 방법이며, 피부에 발라두고 적절한 온도와 습도를 만들어주면 효소가 작용하여 딥클렌징 효과가 나타난다.
② 생물학적 딥클렌징의 종류 : 효소(Enzyme)

**(3) 화학적 딥클렌징**
① 화학적으로 합성된 유효성분들을 이용하여 피부에 노폐물과 각질을 제거하는 방법

② 화학적 딥클렌징의 종류 : AHA(α-hydroxy Acid), BHA(β-hydroxy Acid)
  - AHA : 보습 효과, 노화 피부에 좋음
  - BHA : 여드름, 블랙헤드 제거에 효과적임

## 특강  매뉴얼 테크닉  매뉴얼 테크닉의 동작별 효과

① 쓰다듬기 : 혈액과 림프순환을 자극하여 독소 제거, 피부진정과 긴장완화 효과가 있음
② 문지르기 : 기름샘을 자극하여 노폐물 제거 효과가 있음
③ 두드리기 : 피부조직에 자극을 주어 혈액순환을 촉진시키고 피부의 탄력성을 증가시켜 말초신경조직을 자극시킴
④ 반죽하기 : 피하조직과 결체조직 강화 효과, 혈관 확장, 신진대사 활성화, 피하조직의 노폐물 제거

## 특강  매뉴얼 테크닉  매뉴얼 테크닉의 손동작

① 속도와 리듬감을 주어서 관리하며, 매뉴얼 테크닉 동작이 연결성 있게 관리되어야 함
② 고객의 피부결의 방향에 맞게 관리해 주어야 함
③ 고객에게 보이기 위한 화려한 손동작보다는 적당한 압으로 매뉴얼 테크닉 손동작을 적절히 활용해야 함
④ 적절한 힘을 분배해서 세기를 조절함
⑤ 손의 밀착력을 높여서 매뉴얼 테크닉 효과를 높임

## 특강  팩과 마스크  벨벳 마스크 적용 시 주의할 점

벨벳 마스크 적용 시 기포가 생기는 부분은 마스크의 영양성분이 피부에 침투되기 어렵기 때문에 마스크 부착에 기포가 생기지 않도록 주의해서 부착시킴

## 특강  팩과 마스크  천연팩

① 마스크 재료로는 신선한 무공해 과일이나 야채를 사용하는 것이 좋음
② 마스크를 만드는 방법이나 사용하는 방법을 잘 숙지하고 마스크를 적용할 시점에 제조해서 사용함
③ 마스크 제조 시 재료를 혼용할 때는 각 재료의 특성과 효과를 잘 파악한 후 사용해야 함
④ 천연물질 중 자체에 소량의 특성이 있는 경우도 있어 민감한 피부의 경우는 트러블을 일으킬 수 있음
⑤ 천연팩제는 만든 즉시 사용하고 매번 새롭게 제조하여 사용함

## 특강  제모  제모관리

제모의 종류와 방법
① 왁스는 고형이나 아주 걸쭉한 상태로 바르기 쉬운 온도로 녹여 사용하며, 종류로는 크게 웜왁스, 콜드왁스로 나뉨
② 영구적 제모에는 전기탈모법, 전기핀셋탈모법 등이 있음
③ 왁스를 이용한 제모법은 피부 관리실에서 가장 널리 이용되는 방법으로, 전문적인 기술을 요하며 모근으로부터 털이 제모됨
④ 왁스를 고객에게 적용하기 전에는 관리자의 손목 안쪽에 왁스의 온도를 감지한 뒤 고객에게 사용해야 함

왁스 제모 시 털의 길이
① 왁스 시술 시 털의 적당한 길이는 1cm이고, 온왁스는 제모 전에 미리 데운 후 왁스를 바르고 머절린을 비스듬히 떼어냄
② 시술 후 남아 있는 왁스의 끈적임은 왁스제거용 리무버로 닦아내면 됨
③ 왁스 제거 시 직각으로 떼어낼 경우에는 털이 끊기는 경우가 생길 수 있음

## 특강  전신관리  림프드레나쥐를 적용하지 말아야 하는 증상

① 심부전증, 혈전증, 급성염증 및 악성종양, 결핵, 알레르기성 피부, 감염성 피부질환자 등에게는 림프드레나쥐 적용을 피해야 함
② 켈로이드는 피부의 결합조직이 이상 증식하여 단단하게 융기한 것으로 림프드레나쥐 적용이 가능함
③ 셀룰라이트나 튼살에 적용이 가능하며, 수술 후 상처 회복에 효과가 있음

## 특강  마무리  피부 관리 마무리

피부 관리 후 피부미용사가 마무리해야 할 사항
① 고객의 피부 관리카드에 관리내용과 사용한 화장품에 대해서 기록을 남김
② 고객이 집에서 자가관리를 할 수 있도록 홈케어에 대해 알려주고 기록하여, 추후 참고자료로 활용함
③ 피부미용관리가 마무리되면 베드와 주변정리를 함
④ 단, 마무리 후에는 고객에게 반드시 메이크업을 해 줄 필요는 없음

피부 관리 마무리 시 주의사항
① 피부 관리 마무리 동작으로는 피부 타입에 따라 화장수 외에 에센스 등으로 보습과 영양성분 등을 침투시켜주며, 피부 노폐물, 각질 제거와 수분과 영양을 단시간에 공급해주는 팩을 사용하는 것도 좋음
② 안면 관리나 전신 관리 후 기초화장품을 이용하여 피부를 정리하는 단계이며, 스킨, 에센스, 영양 크림, 자외선 차단제의 순으로 마무리 함

## 2 과목 피부학

### 특강 | 피부와 피부부속기관 | 멜라닌 세포

① 멜라닌 세포는 멜라닌 색소를 만들며 피부의 기저층에 위치
② 자외선을 흡수 또는 산란시켜 자외선으로부터 피부가 손상되는 것을 방지
③ 멜라닌 세포의 수는 피부색에 관계없이 일정하며, 멜라닌 세포가 계속적으로 생산하는 멜라닌 양에 의해 피부색이 결정

### 특강 | 피부와 피부부속기관 | 손톱

**손톱의 구성**

① 조체 : 손톱 본체
② 조근 : 손톱 뿌리 부분으로 손톱이 자라는 부분
③ 조상 : 손톱 밑의 피부로 신경조직과 모세혈관이 존재함
④ 반월 : 손톱에서 반달 모양으로 희게 보이는 아랫부분

### 특강 | 피부노화 | 피부노화기전

① SOD라고 하는 항산화효소나 항산화물질(비타민 C와 E, 폴리페놀, 코엔자임Q 10 등)은 활성산소를 불활성화시키고 물과 산소로 분해하여 무독화시킴
② 산소라디컬(활성산소)은 분자로 결합되기 전의 원자상태로 있는 산소원자로, 반응성이 높아서 세포를 공격하여 기능 저하를 초래함

### 특강 | 피부와 영양 | 여드름 피부(Acne Skin)

**여드름 피부의 원인**

① 피지선의 기능이상, 호르몬의 영향, 여드름균의 모낭 침입, 유전
② 피부연고의 장기사용, 화학적 자극, 잘못된 식습관
③ 잘못된 화장품 선택, 프로게스테론, 변비, 스트레스 등

**여드름 피부의 관리**

항균, 소독, 소염, 진정관리에 중점을 두어 피부 관리한다.

**여드름의 종류**

① 비화농성 여드름 : 열린 여드름(블랙헤드), 닫힌 여드름(화이트헤드)
② 염증성 여드름 : 구진, 농포, 결절, 낭포

**여드름을 악화시키는 원인**

스트레스, 태양광선, 습기와 열, 압력과 마찰, 배란기, 임신 초기, 여드름을 유발하는 성분

---

**여드름 관리방법**

각질 제거, 피지 흡착, 박테리아 성장 억제, 림프드레나쥐를 통한 진정

※ 참고 : 화농성 여드름에는 석고, 벨벳은 피하며, 고주파 기계가 효과적

### 특강 | 피부와 영양 | 아토피 피부염의 주의사항

① 목욕보다는 샤워를 하여 피부청결을 유지
② 급격한 환경의 변화와 자극성 음식은 가급적 피하는 것이 좋음
③ 우유나 계란의 섭취는 아토피 피부염의 발생률을 높일 수 있음
④ 집먼지 진드기가 살지 못하도록 항상 집안을 청결히 함

### 특강 | 피부와 광선 | 태양광선의 장점

① 체내에서 프로비타민 D를 비타민 D로 전환하여 칼슘 등 몸에 필요한 영양소 공급에 도움을 줌
② 체내의 노폐물 제거 및 신진대사를 활발하게 함
③ 여드름이나 건선, 백반증 등을 치료하고, 살균효과, 온열효과 등에도 도움을 줌

### 특강 | 피부와 광선 | 적외선 & 자외선

**적외선**

장파장, 열선, 혈액순환 촉진, 신진대사 원활, 근육이완 효과

**자외선** : 단파장, 냉선, 신진대사 촉진, 살균 소독, 비타민 D 형성

| 자외선 구분 | 파장 | 피부에 미치는 영향 |
|---|---|---|
| UVA | 장파장 (320~400nm) | • 피부의 태닝효과<br>• 광노화의 원인(예 썬탠)<br>• 진피, 모세혈관까지 침투가능 |
| UVB | 중파장 (290~320nm) | • 홍반 현상 유발<br>• 수포 형성 유발 가능성<br>• 표피 기저층까지 침투(예 썬번) |
| UVC | 단파장 (290nm 이하) | • 피부의 상층부에만 도달<br>• 강한 살균력으로 바이러스, 세균 파괴효과<br>• 피부암 유발 가능성 |

### 특강 | 피부와 광선 | 멜라닌의 형성과정

티로신 → 도파 → 도파퀴논 → 도파크롬 → 멜라닌 형성

### 특강 | 피부노화 | 피부노화

**피부노화를 가속시키는 요인** : 불규칙적인 식생활, 공해, 스트레스

**내인성 노화** : 나이가 들어감에 따라 나타나는 자연적 노화현상

**피부노화지연을 위한 운동프로그램**

① 자신의 체력을 보호하는 근력과 근지구력을 향상시키기 위해 노력
② 체중조절과 영양상태를 위한 식단과 음식을 섭취하도록 함

③ 긍정적인 사고로 즐거운 생활을 할 수 있도록 함

## 피부노화의 현상

① 피부 주름 형성

② 피부 처짐과 탄력감소

③ 피부 색소침착

### 특강 | 피부와 부속기관 | 표피

**각질층** : 약 14~20개의 층으로 구성되며, 케라틴, 지질, 천연보습인자, 무핵의 사세포층이 있음

※ 참고
천연보습인자 M.N.F : 친수성 성분으로 각질층의 수분보습량을 조절하는 물질의 총칭(아미노산 40%, P.C.A 12%, 젖산 12%, 요소 7%)

**투명층** : 2~3층으로 된 편평한 세포로, 손과 발바닥에 존재하며, 무핵세포, 엘라이딘을 함유하고 있음

**과립층** : 작은 과립모양의 케라토히알린을 함유하고 있어 각질화 과정이 시작됨. 수분저지막이 함유되어 있고, 수분 30%, 각화유리질과립으로 빛을 반사함

**유극층** : 살아있는 유핵 세포로 구성되어 있고, 표피 전체의 영양을 관장하고, 세포간교를 형성. 피부에서 가장 두꺼운 층이며, 면역기능을 담당하는 랑게르한스 세포가 존재함

**기저층** : 평균적으로 수분 70%를 함유하고 있고, 케아티노사이트(각질형성 세포, 각화 세포), 멜라노사이트(색소 세포), 머켈 세포(촉각 세포)가 존재. 모세혈관으로부터 영양을 공급받아 세포분열을 통해 새로운 세포 형성을 함

### 특강 | 피부와 부속기관 | 진피

**유두층** : 영양공급과 체온조절 기능

- 진피의 10~20%를 차지하고, 표피와 경계부위 작은 돌기물이 유두모양을 형성함
- 유두층에는 혈액순환과 관련있는 모세혈관과 림프를 운반하는 림프관이 위치함

※ 참고
- 콜라겐(교원섬유, 아교섬유) : 섬유상 단백질로, 가늘고 느슨한 조직으로 구성
- 엘라스틴(탄력섬유) : 탄력성이 강한 단백질로 피부탄성을 결정하는 요소로, 1.5배까지 늘어남. 가늘고 느슨한 조직으로 구성되어 있으며, 노화될수록 진피와의 경계인 물결모양의 파형이 완만해짐

**망상층** : 피부의 강도를 갖게 해주는 기능

- 콜라겐과 엘라스틴과 기질(무코다당류)로 구성되어 있으며, 그 모양이 마치 그물망처럼 생겨 망상층이라 불림
- 망상층에는 모세혈관이 거의 없으며, 림프관, 피지선, 한선, 신경 등이 복잡하게 분포되어 있음
- 콜라겐과 엘라스틴이 유두층보다는 다량 분포되어 있음

※ 참고
- 기질(무코다당류) : 진피에서 수분을 함유하는 역할을 하며, 주성분이 히알루론산
- 히알루론산 : 탄력섬유와 결합섬유 사이에 존재하는 보습성분으로, 아기의 피부는 히알루론산이 많이 존재하며, 수분을 끌어당기는 기능이 있음

### 특강 | 피부와 부속기관 | 피하조직(피하지방)

- 조직의 탄력성이 떨어지면 피부 처짐의 원인이 되기도 함
- 여성의 곡선미도 피하지방의 발달에 의해 생김
- 진피와 근육층 사이에 존재하며, 완충작용, 절연작용을 함

### 특강 | 피부와 부속기관 | 피부 부속기관

#### (1) 한선

에크린선, 소한선

① 입술, 생식기 외 입술을 제외한 전신에 분포되어 있음

② 무색, 무취의 약산성 액체를 분비함

③ 체온유지 및 노폐물 배출함

④ 땀샘 분비 이상으로 많은 양의 땀이 배출될 경우 다한증이라고 함

아포크린선, 대한선

① 유백색의 배꼽, 생식기, 항문 특정부위에 분포되어 있으며, 모공과 연결되어 있음

② 출생 시 전신의 피부에 형성되나, 생후 5개월경 점차 퇴화되었다가 사춘기부터 분량이 증가함

③ 여성이 남성보다 더 발달되어 있음

④ 표피에 배출된 후 세균에 의해 분해되어 특유의 액취증을 형성함

#### (2) 피지선

① 진피의 망상층에 위치하고, 일반적으로 1일 1~2g 분비됨

② 인체 정중앙 부위에 많이 분포되어 있고, 손바닥과 발바닥을 제외한 전신에 분포

③ 얼굴 부분에 가장 많이 분포하고 있음

④ 사춘기에 가장 왕성하게 형성되며, 남녀 모두 테스토스테론과 밀접하게 관련 있음

※ 참고
독립피지선 : 입술, 눈가 부위에 있으며, 보호막인 피지 분비량이 적어 건조함이 쉽게 느껴짐

### 특강 | 피부면역 | 과색소침착증상 & 저색소침착증상

과색소침착증상 : 기미, 주근깨, 갈색반점, 검버섯, 오타모반, 릴흑피증
저색소침착증상 : 백피증, 백반증

### 특강 | 피부면역 | 면역 & 항원 & 항체

면역 : 항원으로부터 생긴 질환이나 질병에 대해 저항하는 인체의 방어체계

항원 : 외부에서 침입한 세균 및 바이러스로 면역반응을 유발할 수 있는 원인물질

항체 : 항원자극에 의하여 만들어지는 물질로서, 일정한 조직이 항원을 만났을 때 몸 안에서 대응하여 생기는 물질

---

**특강  피부면역   비특이성 면역 & 특이성 면역**

비특이성 면역(자연면역, 선천면역) : 피부와 점막, 염증 및 발열작용, 대식작용 등

특이성 면역(획득면역, 후천면역)

① B세포(체액면역, 골수에서 생성되어 항원과 반응하여 '면역글로불린'이라는 단백질을 분비, 간접적으로 항원을 공격함)

② T세포(세포성면역, 흉선에서 유래하는 림프구로 혈액 내 림프구의 약 70~80% 차지)

---

**특강  피부면역   원발진 & 속발진**

원발진 : 반점, 반, 판, 결절, 종양, 구진, 팽진, 소수포, 대수포, 농포, 낭종 등

속발진 : 반흔, 인설, 가피, 찰상, 미란, 궤양, 균열, 켈로이드, 위축, 태선화 등

---

**특강  피부면역   피부의 생리기능**

보호작용, 체온조절작용, 분비 및 배설작용, 감각·지각 작용, 흡수작용, 비타민 D의 합성작용, 호흡작용 등

감각 및 지각분포의 수 : 촉각점 25개, 압각점 6~8개, 통각점 100~200개, 온각점 1~2개, 냉각점 12개

---

**특강  피부와 부속기관   모발**

모발의 특징 : 피부 표면을 보호하며, 신체에 유해물질의 침입을 방지하는 기능을 함. 체온을 유지하고 촉각 및 통각을 전달하며, 피지 노폐물을 몸 밖으로 배출

모발의 형태

① 취모 : 태아 5개월 경에 생겨 태아를 보호함

② 연모 : 취모가 빠지고 이어서 나는 솜털로 사춘기까지 존속하며, 부드럽고 멜라닌 색소가 적음

③ 종모(경모) : 사춘기 전후에 검게 자라는 털로, 수질이 있고 굵으며 멜라닌 색소가 풍부

모발의 수명

① 성장기 : 모근세포의 세포분열 및 증식작용으로 모발이 왕성하게 자라는 시기로, 3~5년이며 모발의 88%를 차지

② 퇴행기 : 성장기를 지나면서 대사과정이 느려지며 모발의 성장이 더뎌지는 시기로, 약 1개월이며 모발의 1%를 차지

③ 휴지기 : 성장이 멈추는 정지단계, 모근이 빠지는 시기로 2~3개월이며, 전체 모발의 11%를 차지

---

## ③ 과목  해부생리학

**특강  세포와 조직   세포기관**

① 동물세포에만 있는 세포 소기관 : 리소좀, 중심소체, 편모

② 식물세포에만 있는 세포 소기관 : 세포벽, 엽록체, 액포

---

**특강  세포와 조직   진피**

① 진피의 구조 : 유두층, 망상층

② 진피의 구성 : 교원섬유, 탄력섬유, 기질

③ 진피에 존재하는 세포 : 섬유아세포, 대식세포, 비만세포

---

**특강  세포와 조직   간의 특징 및 기능**

① 인체에서 가장 큰 장기로 재생력이 강함

② 영양물질의 합성 : 탄수화물 대사에 관여하여 글리코겐의 형태로 에너지 저장, 지질을 분해하여 에너지 생성, 단백질 형성 및 분해

③ 체내에 들어온 유해물질을 해독하는 기능

④ 담즙 분비에 관여

⑤ 혈액응고에 관여

---

**특강  골격계통   두개골(Skull)을 구성하는 뼈**

두개골을 구성하는 여러 개의 머리 뼈 중에서 뇌두개골을 구성하는 뼈를 말하며, 후두골, 접형골, 측두골, 두정골, 전두골, 사골, 하비갑개, 누골, 비골, 서골 등 10종이 포함됨

---

**특강  근육계통   승모근**

① 승모근은 뇌신경 중 11번째 신경인 부신경의 지배를 받음

② 기시부는 두개골의 저부임

③ 쇄골과 견갑골에 부착되어 있음

④ 견갑골의 내전과 머리를 신전함

---

**특강  신경계통   말초신경**

① 중추신경계와 몸의 말단부를 연결하는 신경계

② 뇌와 연접된 12쌍의 뇌신경과 척수와 연접된 31쌍의 척수신경으로 구성됨

③ 기능에 따라 체성신경계(뇌신경, 척수신경)와 자율신경계(교감신경, 부교감신경)로 구분됨

**특강**  순환계통  **동맥의 특징**

① 심장에서 온몸으로 혈액을 보내주는 혈관
② 심장의 운동으로 혈압이 높아 혈관벽이 정맥보다 두껍고 튼튼하게 이루어져 있음
③ 내막, 중막, 외막의 3층 구조로 이루어져 있음

**특강**  참고  **피지선**

① 진피의 망상층에 위치하고 있으며 포도송이 모양으로 모낭과 연결되어 피지선을 통하여 피지를 배출함
② 손바닥과 발바닥을 제외한 신체의 대부분에 분포하며, 주로 T존 부위, 목, 가슴, 등에 분포함
③ 사춘기 남성에게 집중적으로 분비됨

**특강**  참고  **림프액의 기능**

① 항원 및 식균작용, 면역반응
② 체내의 노폐물 운반
③ 체액의 이동

**특강**  참고  **인체의 각 주요 호르몬의 기능 저하에 따라 나타나는 인체 현상**

① 난포자극호르몬(FSH)의 기능저하 : 불임
② 인슐린(Insulin)의 기능저하 : 당뇨
③ 에스트로겐(Estrogen)의 기능저하 : 무월경
④ 부신피질자극호르몬(ACTH)의 기능저하 : 다뇨증, 저혈압증, 탈수증 등

# ④ 과목 피부미용기기학

**특강**  피부미용기기  **전기의 단위**

① 암페어(A) : 전류의 크기
② 볼트(V) : 전압의 크기
③ 옴(Ω) : 저항의 크기(※ 전류의 흐름을 방해함)
④ 와트(W) : 전력의 크기

※ 주파수 : 1초 동안 반복하는 진동의 횟수
  헤르츠(Hz) : 주파수의 단위

**특강**  피부미용기기  **갈바닉 전기**

갈바닉 전류의 같은 극끼리 밀어내고 다른 극끼리 끌어당기는 성질을 이용한 기기

| 양극(+)의 효과 | 음극(–)의 효과 |
|---|---|
| • 산성에 반응함 | • 알칼리에 반응함 |
| • 신경자극 감소 | • 신경 자극 |
| • 염증 감소 | • 혈액공급 증가 |
| • 혈관 수축 | • 조직 연화 |
| • 수렴 효과 | • 세정 효과 |
| • 피부조직을 단단하게 함 • 진정 효과 | • 자극 효과 |

**특강**  피부미용기기 사용법  **진공흡입기**

① 모낭 청결 및 피부의 노폐물 제거를 촉진함
② 혈액순환, 림프순환 촉진
③ 지방 제거 효과 및 체지방 감소
④ 피부탄력 증진 및 셀룰라이트 분해 효과
※ 얼굴결에 따라 림프절 방향으로 움직이며 압력을 체크

**특강**  피부미용기기 사용법  **전동브러시**

① 모세혈관 확장 피부, 피부질환, 상처, 최근 수술부위에는 적용하지 않음
② 브러시를 미지근한 물에 적신 후 사용함
③ 브러시 사용 시 손목에 힘을 주지 않고 90도 각도로 사용함
④ 면포나 모공의 피지, 각질을 제거하는 효과
⑤ 브러시는 가볍게 원을 그리며 얼굴 굴곡에 따라 이동함

**특강**  피부미용기기 사용법  **리프팅기**

① 노화로 늘어진 피부근육에 약한 전류로 자극하여 근수축의 효과를 주어 피부탄력을 회복함
② 리프팅기 적용 시 눈, 입, 목은 아주 부드럽게 적용하며, 강도와 속도는 고객에게 맞추어 조절하여 5~15분 정도 적용함
③ 리프팅기 종류로는 장갑형 리프팅기, 전극봉 리프팅기, 초음파 리프팅기가 주로 사용됨
④ 임산부, 피부질환자, 실리콘 및 치아보철기 착용자, 인공심장 착용자는 사용 부적합

**특강**  피부미용기기 사용법  **갈바닉의 디스인크러스테이션**

① 알칼리 성분으로 피부표면의 피지와 각질세포, 노폐물을 배출시켜 세정효과를 제공하는 딥클렌징 방법
② 노폐물 배출 촉진, 모낭 내 피지 및 각질 제거, 색소침착 방지 및 미백 효과가 있음
④ 임산부, 모세혈관 확장증, 당뇨, 최근 수술환자 등은 사용 부적합함

# ⑤ 과목 화장품학

## 특강 | 화장품 제조 | 유화형태

### 유중수형 에멀젼(W/O)

① 유분감이 많아 피부 흡수가 느리며, 사용감이 무거움

② O/W형보다 지속성이 높음

③ 주로 크림류로 쓰임(예 영양 크림, 헤어 크림, 클렌징 크림, 선 크림 등)

### 수중유형 에멀젼(O/W)

① 피부흡수가 빠름

② 사용감이 산뜻하고 가벼움

③ 지속성이 낮음

④ 주로 로션류로 쓰임(예 보습 로션, 선탠 로션 등)

## 특강 | 화장품 제조 | 왁스

### 식물성 왁스

① 호호바 오일 : 호호바 나무 열매에서 추출하며, 인체의 피지와 유사한 화학구조의 물질들을 함유하고 있어 피부 친화성이 좋음

② 카르나우바 왁스 : 카르나우바 야자잎에서 추출하며, 립스틱, 크림 등으로 사용됨

### 동물성 왁스

① 라놀린 : 양모에서 추출하여 사용됨

② 밀납 : 벌집에서 추출하여 사용됨

※ 동물성 왁스는 유연한 촉감과 피부친화성이 뛰어나나 피부 트러블의 유발 가능성이 있음

## 특강 | 화장품 제조 | 에센셜 오일을 추출하는 방법

① 증류법 : 가장 오래 사용된 추출방법으로, 수증기 증류법, 물증류법이 있음

② 용제 추출법 : 유기용매를 이용하여 추출하는 방법

③ 압착법 : 열매 껍질이나 내피를 기계로 압착하는 추출방법

④ 침윤법 : 온침법, 냉침법, 담금법 등에 의한 추출방법

⑤ 이산화탄소 추출법 : 최근 개발된 추출방법으로 초저온에서 추출하는 방법

## 특강 | 화장품의 종류와 기능 | 화장수(스킨 로션)의 사용 목적

① 세안을 하고 나서도 지워지지 않는 피부의 잔여물을 제거하기 위한 목적

② 세안 후 남아있는 세안제의 알칼리성 성분 등을 닦아내어 피부 표면의 산도를 약산성으로 회복시켜 피부를 부드럽게 하기 위한 목적

③ 보습제, 유연제의 함유로 각질층을 촉촉하고 부드럽게 하면서 다음 단계에 사용할 화장품의 흡수를 용이하게 하기 위한 목적

## 특강 | 화장품의 종류와 기능 | 기능성 화장품의 종류

① 미백 화장품 : 알부틴, 비타민 C, 하이드로퀴논(화장품에는 사용금지) 등을 이용하여 피부미백 효과가 있는 화장품

② 주름개선 화장품 : 레티놀, 항산화제, 베타카로틴 등을 이용하여 피부 재생 및 피부유연 효과가 있는 화장품

③ 자외선 차단 화장품 : 자외선 산란제, 자외선 흡수제로 구분되며, 자외선 차단의 효과가 있는 화장품

# ⑥ 과목 공중위생관리학

## 특강 | 공중보건학 | 공중보건의 목적

① 질병예방    ② 수명연장    ③ 신체적·정신적 건강 및 효율의 증진

(단, 질병치료는 의료의 영역임)

※ 공중보건학 출제 비중이 커졌으며 근육, 골격 명칭이 순우리말 명칭으로도 많이 나옴

## 특강 | 공중보건학 | 보건소 · 보건지소 · 보건진료소

우리나라 보건사업 업무를 초말단에서 담당하고 있는 보건행정기관임

## 특강 | 공중보건학 | 각종 지표

① 건강지표 : 비례사망률, 평균수명, 조사망률, 영아사망률

② 보건의료지표 : 보건정책, 의료시설 및 인력 등

③ 사회경제지표 : 인구증가율, 국민소득 등

## 특강 | 공중보건학 | 병원체의 종류에 따른 감염병 분류

| 구분 | | 감염병 종류 |
|---|---|---|
| 세균성 | 소화기계 감염병 | 장티푸스, 콜레라, 파라티푸스, 세균성이질 등 |
| | 호흡기계 감염병 | 디프테리아, 백일해, 성홍열, 결핵, 폐렴 등 |
| 바이러스성 감염병 | | B형간염, 인플루엔자, 소아마비, 일본뇌염, 홍역 등 |
| 리케치아성 감염병 | | 발진티푸스, 쯔쯔가무시 등 |

## 특강 소독학 · 화학적 소독법

① 알콜 : 에탄올 70~80%의 농도로 사용하며, 단백질 변성제와 지질의 용제로서 효과적인 살균작용을 함
② 포름알데히드 : 피부에 사용 금지
③ 역성비누 : 무독성, 침투력, 살균력이 강하여 손 소독에 주로 사용됨
④ 석탄산(페놀계) : 소독약의 살균지표 1~3% 수용액을 사용하며, 의류, 침구에 사용
⑤ 과산화수소 : 과산화수소 3% 용액을 사용하며, 구내염, 입안 세척, 상처 소독에 사용

## 특강 소독학 · 승홍수의 특징

① 염화 제2수은의 수용액으로 강력한 살균력이 있음
② 물에 녹지 않는 무색, 무취용액으로 독성이 강하고 금속을 부식시킴
③ 독성이 강하여 금속을 부식시키므로 금속류 소독에 사용하지 않음
④ 소금을 섞었을때 용액이 중성화되어 자극이 완화됨
⑤ 온도가 높을수록 살균력이 강화됨

## 특강 공중위생관리법규 · 출제문제를 분석한 특강 법규

• 이·미용업장에서 영업정지처분을 받거나 폐쇄명령을 받고도 영업을 계속한 자는 1년 이하의 징역 또는 1천만 원 이하의 벌금에 처해짐
• 공중위생관리법상 이·미용업소의 조명 기준 : 75룩스 이상
• 보건복지부장관, 시·도지사 또는 시장·군수·구청장은 공중위생관리상 필요하다고 인정하는 때에는 공중위생영업자 및 공중이용시설의 소유자 등에 대하여 필요한 보고를 하게 하거나 소속공무원으로 하여금 영업소·사무소·공중이용시설 등에 출입하여 공중위생영업자의 위생관리 의무이행 및 공중이용시설의 위생관리실태 등에 대하여 검사하게 하거나 필요에 따라 공중위생영업장부나 서류를 열람하게 할 수 있음
• 이·미용업소 내에서 게시해야 하는 것 : 이·미용업 신고증, 개설자의 면허증 원본, 요금표
• 소독을 한 기구와 소독을 하지 아니한 기구를 각각 다른 용기에 넣어 보관하지 아니한 때에 대한 2차 위반 시의 행정처분기준 : 영업정지 5일
• 이·미용사의 면허증을 다른 사람에게 대여한 때의 법적행정처분은 시장·군수·구청장이 그 면허를 취소하거나 6개월 이내의 기간을 정하여 업무정지를 명할 수 있음

# 1주일 완성 피부미용사
# 필기시험 총정리문제

**발 행 일** 2025년 1월 10일 개정16판 1쇄 발행
2025년 4월 10일 개정16판 2쇄 발행

**저    자** 황해정·김승아 공저

**발 행 처**  크라운출판사
http://www.crownbook.co.kr

**발 행 인** 李尚原
**신고번호** 제 300-2007-143호
**주    소** 서울시 종로구 율곡로13길 21
**공 급 처** 02) 765-4787, 1566-5937
**전    화** 02) 745-0311~3
**팩    스** 02) 743-2688, (02) 741-3231
**홈페이지** www.crownbook.co.kr
**I S B N** 978-89-406-4844-5 / 13590

**특별판매정가  20,000원**